Jetzt helfe ich mir selbst

Motor
buch
Verlag

Einbandgestaltung: Louis Dos Santos

Bilder/Zeichnungen: Jürgen Kindler, Christoph Pandikow, Fiat Presse Service, Hella KGaA Hueck & Co, Bosch

Vielen Dank für die tatkräftige Unterstützung an: Autohaus Walter Kindler, Alexandra Kindler, Kerstin Schutzbach

Text und redaktionelle Bearbeitung: Jürgen Kindler

Alle Angaben und Ratschläge in diesem Ratgeber sind nach bestem Wissen und Gewissen erteilt. Eine Haftung der Autoren oder des Verlages und seiner Beauftragten für Personen-, Sach- und Vermögensschäden ist jedoch ausgeschlossen.
Dieser Band entspricht dem Kenntnisstand zum Zeitpunkt der Drucklegung. Abweichungen durch Weiterentwicklung der beschriebenen Fahrzeuge, geänderte Anweisungen des Fahrzeugherstellers bzw. neue gesetzliche Bestimmungen sind möglich.

ISBN 978-3-613-03255-2

1. Auflage 2011

Lizenznehmer des Motorbuch Verlags, Postfach 103743, 70032 Stuttgart
Ein Unternehmen der Paul Pietsch Verlage GmbH & Co

Sie finden uns im Internet unter:
www.motorbuch-verlag.de

Herstellung: Ipa, 71665 Vaihingen/Enz
Druck und Bindung: Druck + Verlag Südwest, 76131 Karlsruhe
Printed in Germany

Fiat Panda

(Typ 169)

Benziner, Diesel und Erdgas
ab Baujahr 2003

Inhalt

Ein Ratgeber stellt sich vor

»An den neuen Autos kann ich doch nichts mehr selber machen« ist ein Satz, den wir häufig hören, dem wir aber ebenso wenig zustimmen wie Sie. Denn wozu sollten Sie sonst dieses Buch in den Händen halten? Wahr ist, dass durch den vermehrten Anteil von Elektronik und vor allem die Vernetzung der Systeme im Fahrzeug mancher Fehler nicht so leicht zu orten ist. Wahr ist aber auch, dass moderne Autos durch den Einsatz der Elektronik wesentlich zuverlässiger, sicherer und umweltfreundlicher sind als die simpel aufgebauten aber auch wartungsintensiven Fahrzeuge früherer Tage. Es liegt uns also fern den Fortschritt zu verdammen, auch wenn er uns und Ihnen ab und zu einen Streich spielt.

Hilfe zur Selbsthilfe

Was Sie tun können, wenn das Auto den Dienst verweigert, oder besser noch: was Sie tun können, damit es gar nicht erst so weit kommt, soll Gegenstand dieses Ratgebers sein. Und auch wenn Sie den Fehler vielleicht nicht selbst beheben können – wir zeigen Ihnen, wie Sie die Ursache präzise einkreisen können. Und zwar ohne Profi-Ausrüstung. So können Sie der Werkstatt wichtige Informationen liefern und kostbare Arbeitszeit für die Fehlersuche einsparen.

Tipps und Wissenswertes

Damit Ihnen niemand etwas vormachen kann, gewähren wir Einblick in die Autotechnik, erläutern Fachbegriffe im umfangreichen Techniklexikon und informieren Sie über Wissenswertes aus der Welt der Technik. Darüber hinaus erhalten Sie Tipps, die zum Teil bares Geld wert sind: So können Sie zum Beispiel die Lebensdauer Ihrer Scheibenwischer erheblich verlängern. Wie das geht, erfahren Sie im Kapitel »Fit durch den Winter«. Diesem Thema widmen wir übrigens ein ganzes Kapitel, da in der dunklen Jahreszeit besonders viel zu beachten ist. Das fängt bei der Wahl der richtigen Bereifung an und endet mit einem paar robuster Schuhe im Kofferraum noch lange nicht. Denn immer noch wagen sich zu viele Autofahrer mit Sommerreifen auf die Piste. Fest in dem Glauben »wird schon gut gehen«. Damit auch wirklich alles gut geht, sollten Sie dieses Buch von Anfang bis Ende durchlesen.

Sicherheit hat Vorrang

Wie durch den Winter, wollen wir Sie mit diesem Ratgeber natürlich auch durch die übrigen Jahreszeiten begleiten. Ihre Sicherheit und Zufriedenheit steht dabei an erster Stelle. Wichtiger als das Reparieren von sicherheitsrelevanten Baugruppen erscheint uns in diesem Band das frühzeitige Erkennen eines Schadens. Genau dabei wollen wir Sie unterstützen. Ein Störungsbeistand ist daher fester Bestandteil eines jeden Kapitels. Zudem bieten wir Ihnen ein Diagnose-Schema, das ganz allgemein eventuelle Unzulänglichkeiten am Auto entlarvt. Und zwar bevor etwas schiefgeht. Auch bei einem anstehenden Termin zur Hauptuntersuchung kann diese Schnelldiagnose jede Menge Ärger und Geld sparen. Abgesehen davon haben wir regelmäßig wiederkehrende Überprüfungsarbeiten für Sie zusammengefasst. Diese dürfen Sie sich gerne kopieren und für sich abheften.

Reparaturen in der heimischen Garage

Sollten Sie bereits im Umgang mit Werkzeug geübt sein, werden wir Sie Schritt für Schritt durch die einzelnen Arbeitsgänge führen. Dabei beschränken wir uns in dieser Reihe auf leichte Wartungs-, Pflege- und Reparaturmaßnahmen, die Sie ohne Weiteres in der heimischen Garage durchführen können. Welche Grundausstattung Sie dafür benötigen und wie das Ganze ideal in Ihre Garage passt, haben wir für Sie gleich an Anfang dieses Buches zusammengefasst. Gut ausgestattete Werkstätten, ob privat oder gewerblich betrieben, möchten wir auf den entsprechenden Band »Reparaturanleitung« des Bucheli-Verlages verweisen. Dort wird mit gewohnter Präzision das Zerlegen komplizierter Baugruppen wie Motor und Getriebe beschrieben.

Für mehr Spaß am Auto

Zum Schluss möchten wir Sie auf ein besonderes »Schmankerl« unseres Buches hinweisen: Zu jedem Kapitel bieten wir Ihnen einen Überblick zum Thema »besser machen«. Dort stellen wir Ihnen eine Auswahl von empfehlenswerten Zubehör- und Anbauteilen vor, die Sie gegebenenfalls in Eigenregie montieren können – damit Sie in Zukunft noch mehr Freude an Ihrem Auto haben.

Damit Sie sich besser zurechtfinden

Wenn Sie etwas Bestimmtes in diesem Buch suchen, haben Sie verschiedene Möglichkeiten. Natürlich können Sie auf das vertraute Inhaltsverzeichnis zurückgreifen. Aber auch beim schnellen Durchblättern werden Sie sich leicht zurechtfinden. Den Hinweis, in welchem Kapitel Sie sich bewegen, finden Sie oben links. Dazu die Information, ob es sich in diesem Abschnitt um theoretisches Wissen, konkrete Arbeitsanleitungen oder Vorschläge zur Optimierung handelt. Rechts oben auf jeder Seite haben wir den Bereich dargestellt, der im jeweiligen Abschnitt behandelt wird. Damit können Sie das Buch auf der Suche nach bestimmten Inhalten auch durch die Finger laufen lassen, ohne zuerst im Inhaltsverzeichnis suchen zu müssen.

INFORMATION

Bevor Teile ausgebaut oder etwas auseinandergenommen werden, ist es immer besser, die theoretischen Zusammenhänge zu kennen. Wenn Sie dieses Zeichen sehen, erklären wir die Funktion der Technik, ihre Bedeutung für das gesamte Auto und Ihren Alltag damit. Oder wir informieren Sie ganz einfach auch einmal über den historischen Hintergrund der Entwicklung. Dieser Abschnitt soll Sie also mit der Technik Ihres Autos vertraut machen. Mit dem nötigen theoretischen Wissen im Hinterkopf schraubt es sich viel leichter.

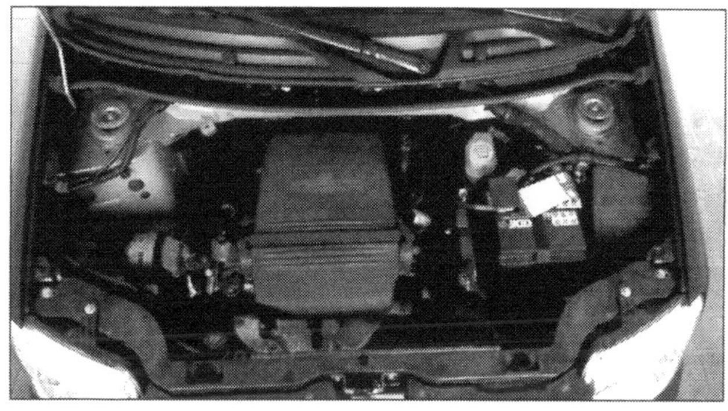

ARBEITSSCHRITTE

Sobald am Auto gearbeitet wird, werden Sie dieses Symbol sehen. Auf diesen Seiten dürfen Sie Schritt-für-Schritt-Anleitungen zum Ein- und Ausbau von Teilen erwarten. Bei der Auswahl haben wir uns strikt daran gehalten, was in der heimischen Garage noch machbar ist und was nicht. Und damit Sie sehen, dass wir uns gerne die Finger für Sie schmutzig machen, haben wir bewusst gebrauchtes Werkzeug benutzt und uns nicht ständig die Finger gewaschen. Wir hoffen, dass die Fotos Ihnen dennoch Appetit auf das Schrauben machen.

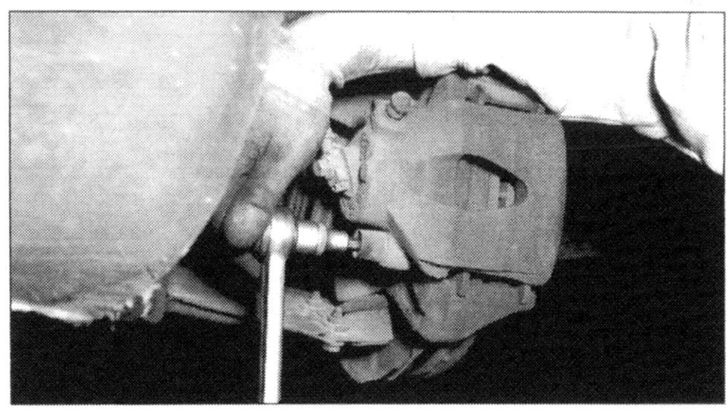

BESSER MACHEN

Nicht alle Fahrzeuge müssen serienmäßig bleiben. In der Praxis gleicht sogar kaum ein Auto dem anderen. Autos werden tiefer gelegt, Karosseriebauteile werden verändert oder die Innenausstattung individualisiert. Vielleicht benutzen Sie dieses Buch ja auch um Ihr Auto gezielt zu verbessern. Damit wir uns richtig verstehen: Dieses Buch ist keine Tuninganleitung, aber immerhin stellen wir Ihnen verschiedenste zusätzliche Teile vor und verraten Ihnen, worauf Sie beim Einkauf von Zubehörteilen achten sollten.

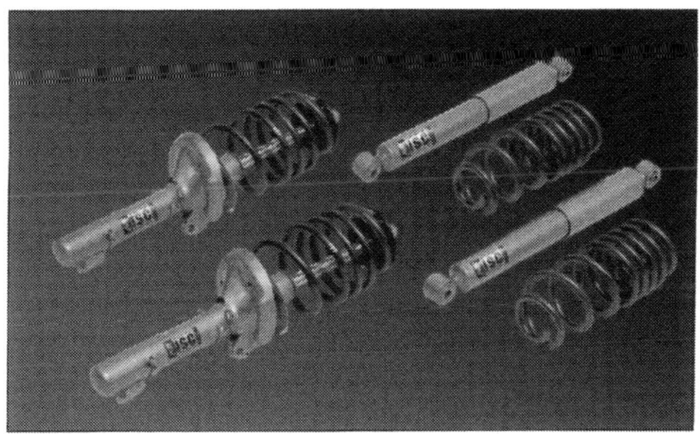

Rechte und Pflichten

Sie haben einen Wagen erworben und sind der Meinung, er ist kaputt oder funktioniert nicht so wie er sollte? Bevor Sie sich unnötig aufregen, sollten Sie sich zuerst kundig machen, wie es um Ihre Rechte steht. Dann müssen Sie sicherstellen, dass Sie keinem Irrtum unterliegen und es sich hier tatsächlich um einen Mangel handelt.

Was ist ein Mangel?

Vereinfachte Darstellung des § 434 BGB:
Eine Sache ist frei von Mängeln, wenn sie sich für die Verwendung eignet, für die sie gemäß Kaufvertrag gedacht war oder sie sich für die gewöhnliche Verwendung eignet oder die Beschaffenheit aufweist, die man üblicherweise erwarten kann. Das beinhaltet auch Eigenschaften, von denen der Käufer aufgrund von Aussagen, die in der Werbung oder von Mitarbeitern des Verkäufers gemacht wurden, ausgehen kann. Liegt also tatsächlich ein Mangel vor, wie z. B. eine deutlich geringere Höchstgeschwindigkeit als im Prospekt angegeben, sollten Sie sich auf das Gespräch mit dem Kundendiensttechniker vorbereiten und Ihr Recht einfordern. Damit Sie Ihr Anliegen präzise und fachlich richtig an den Mann bringen können, nachfolgend einige Begriffserklärungen und Zusammenhänge.

Gewährleistung, Sachmangelhaftung & Garantie

Garantie und Gewährleistung (Letzteres ist die so genannte Sachmangelhaftung) sind zwei völlig verschiedene und vor allem unabhängige Sachverhalte. Diese beiden Begriffe werden oft umgangssprachlich miteinander verwechselt oder vertauscht. Um nicht missverstanden zu werden, sollten Sie diese Begriffe unbedingt voneinander trennen.

Die Garantie ist eine freiwillige und zusätzliche Leistung des Verkäufers oder Herstellers. Sie kann nach Belieben ausgestaltet oder befristet sein und sie folgt aus einer eigenständigen Vereinbarung im Rahmen des Kaufvertrages bzw. in Verbindung mit dem Kaufvertrag. Die Garantie kann an bestimmte Voraussetzungen geknüpft sein, kann bestimmte Kosten ausschließen und auch die Leistungen einschränken. Dies könnte beispielsweise bedeuten, dass die Garantie nur greift, wenn Sie das Fahrzeug regelmäßig in der dem Händler angegliederten Werkstatt warten lassen und Sie nur die Materialkosten und nicht die Arbeitszeit bei einem Schaden erstattet bekommen. Also sollten Sie sich die Garantiebedingungen vor dem Kauf genau anschauen, um diese später nicht durch ein Falschverhalten zu verwirken. Auf Verlangen müssen Ihnen die Garantiebestimmungen, wenn sie Ihnen zugesprochen werden, auch in schriftlicher Form ausgehändigt werden.

Die Gewährleistung (Sachmangelhaftung) folgt aus den gesetzlichen Regelungen zum Kaufvertrag. Eine Gewährleistung (Sachmangelhaftung) ist in dem Augenblick gegeben, wenn ein rechtsgültiger Kaufvertrag geschlossen wird. Eine Ausnahme ist nur möglich, wenn die Gewährleistung (Sachmangelhaftung) wirksam ausgeschlossen ist. Ein vollständiger Ausschluss der Gewährleistung (Sachmangelhaftung) im Rahmen eines Kaufvertrags zwischen einem Unternehmer (z. B. Kfz-Händler) als Verkäufer und einer Privatperson als Käufer ist nicht möglich. Die Gewährleistung (Sachmangelhaftung) kann aber z. B. bei Abschluss eines Kaufvertrages zwischen Privatpersonen vollständig ausgeschlossen werden. Dies muss dann aber ausdrücklich und individuell im Kaufvertrag geregelt sein.

Mit dem Gewährleistungsrechts-Änderungsgesetz vom 01.01.2007 ergaben sich unter anderem folgende Neuerungen:
– Bei neuen Sachen beträgt die Frist grundsätzlich 2 Jahre ab Datum der Übergabe.
– Bei gebrauchten Sachen kann eine Frist von 1 Jahr vereinbart werden (nicht in Allgemeinen Geschäftsbedingungen!), wobei nur Kraftfahrzeuge, die älter als ein Jahr (ab Erstzulassung) sind, als gebrauchte Sachen gelten.
– Innerhalb der ersten sechs Monate hat bei einer Reklamation der Händler zu beweisen, dass die Sache zum Zeitpunkt der Übergabe dem Vertrag entsprach (also keinen Mangel hatte). Nach 6 Monaten hat der Kunde die Beweispflicht (bisher hatte ausschließlich der Kunde die Beweispflicht).

Diese beschriebenen Regelungen, die die Rechte des Endkunden stärken, sind verständlicherweise bei den Autohändlern nicht so gut angekommen, und diese suchen nach Möglichkeiten, wie sie die Gewährleistung (Sachmangelhaftung) einschränken oder gar ausschließen können. In den letzten Jahren hat darum der Handel mit Bastlerfahrzeugen und Schrottautos massiv zugenommen. In solchen Verträgen werden dann sämtliche Gewährleistungsansprüche (Sachmangelhaftung) ausgeschlossen, obwohl die Fahrzeuge teilweise mit frischer Plakette der Haupt- und Abgasuntersuchung versehen sind. Solche und ähnliche Vorgänge können die Gerichte allerdings recht gut einschätzen und entscheiden meistens zu Gunsten des Verbrauchers. Ebenso verhält es sich mit den Verkäufen, die »im Auftrag« stattfinden. Ein Händler, der in seinem Namen die aktuelle Hauptuntersuchung und weitere Instandsetzungsarbeiten durchgeführt hat, wird es vor Gericht schwer haben zu beweisen, dass er den Autoverkauf nur vermittelt hat. Er wird damit auch nicht die gesetzlichen Regelungen beschneiden können. Je klarer die Vereinbarung und je genauer die Fahrzeugbeschreibung, desto geringer ist das Haftungsrisiko. Wir raten Ihnen, einen Musterkaufvertrag für Gebrauchtwagen sowie einen Gebrauchtwagen-Zustandsprüfbericht zu verwenden. Damit lassen sich kostspielige Prozesse und unangenehme Streitigkeiten vermeiden.

Zusammenfassung:
Eine freiwillige Garantie besteht also zusätzlich zur gesetzlichen Gewährleistung (Sachmangelhaftung) und ist im Umfang der Leistungen, im Vergleich zur Gewährleistung (Sachmangelhaftung), meistens eingeschränkt. Allerdings greift sie oft auch noch für Mängel, die erst nach dem Kauf auftreten, was so nicht auf die gesetzliche Gewährleistung (Sachmangelhaftung) zutrifft.

Zum Reizthema Farbabweichung

Farbabweichung kann ein Sachmangel sein. Das Oberlandesgericht Köln hat zu diesem Thema eine wichtige Entscheidung getroffen: Danach gehört die Farbe eines Neufahrzeugs zu den Beschaffenheitsmerkmalen und stellt ein äußerliches Merkmal des Fahrzeugs dar, welches für den Käufer im Rahmen der Kaufentscheidung maßgeblich ist. Ergeben sich Abweichungen im Farbton des bestellten zu dem tatsächlich gelieferten Fahrzeug, so kann der Käufer hierauf grundsätzlich Gewährleistungsansprüche geltend machen. Durch das OLG Köln bestätigtes Urteil des LG Aachen vom 26.04.2005 (Az. 12 O 493/04).

Das Recht der Nachbesserung

Seit dem 01.01.2002 gibt die neue Rechtslage sowohl dem Käufer als auch dem Verkäufer einen Anspruch auf Beseitigung eines Mangels. Anstatt von Nachbesserung spricht jetzt das Gesetz von Nacherfüllung. Grundsätzlich hat der Händler das Recht bis zu drei Mal nachzuerfüllen. Hierbei hat der Verkäufer die zum Zwecke der Nacherfüllung erforderlichen Aufwendungen zu tragen, das sind Transport-, Wege-, Arbeits- und Materialkosten. Zu beachten ist in diesem Zusammenhang, dass der Verkäufer sein Recht einen Mangel nachzubessern behält, auch wenn Reparaturen bereits in einer fremden Werkstatt erfolglos waren. Der Verkäufer muss sich diese Nachbesserungsversuche nicht zurechnen lassen, er kann auf eine Nacherfüllung im eigenen Firmensitz bestehen. OLG Köln vom 14.02.2006 (Az. 20U 188/05).

Wandlung und Preisnachlass

Hat sich ein erheblicher Mangel nach drei Nacherfüllungsversuchen immer noch nicht beseitigen lassen oder fehlen zugesicherte Eigenschaften, haben Sie das Recht auf Wandlung oder Preisnachlass. Dies ist dann auch der Zeitpunkt, an dem Sie einen Rechtsanwalt zu Rate ziehen sollten. Sie werden sich auf jeden Fall eine Nutzungspauschale, die abhängig ist von der genutzten Laufleistung des Fahrzeugs, anrechnen lassen müssen. Eine Wandlung ist grundsätzlich nur dann möglich, wenn sich das Fahrzeug noch im Originalzustand befindet.

Der Kulanzantrag

Nach Ablauf der Gewährleistungszeit und gegebenenfalls der Garantiezeit bleibt Ihnen immer noch die Möglichkeit der Kulanzregelung beim Händler. Die Kulanz bezeichnet im Allgemeinen ein Entgegenkommen zwischen den Vertragspartnern nach Vertragsabschluss. Sie regelt den Ablauf der freiwilligen Reparatur und Serviceleistungen nach Ablauf der gesetzlichen oder individualvertraglichen Gewährleistungsverpflichtungen. Die Kulanzregelung wird in der Regel als Maßnahme zur Kundenbindung dargestellt.

Hinweis: Dieses Kapitel soll nur erste Hinweise geben und erlaubt daher keinen Anspruch auf Vollständigkeit. Obwohl es mit größtmöglicher Sorgfalt erstellt wurde, kann eine Haftung für die inhaltliche Richtigkeit nicht übernommen werden.

Lernen Sie Ihr Auto kennen

Egal, ob Sie Ihren Panda schon lange besitzen oder ihn eben erst erworben haben – nehmen Sie sich die Zeit und erkunden Sie Ihr Fahrzeug gründlich. Denn selbst wenn Sie die Bedienungsanleitung gelesen haben, wovon wir selbstverständlich ausgehen, kennen Sie bestimmt noch nicht alle Details Ihres Autos.

Die Fahrgestellnummer

Die Fahrgestellnummer enthält bereits etliche – in Zahlen- und Buchstabencodes verschlüsselte – Informationen zu Ihrem Panda. Deren Bedeutung können Sie als Do-it-Yourselfer nun kennen lernen und auch entziffern. Die Fahrgestellnummer finden Sie an verschiedenen Stellen Ihres Panda angebracht. In den Unterlagen für den Service, links im Kofferraum auf dem Typenschild und rechts neben der Mulde des Reserverads im Kofferraumboden eingeschlagen.

Die Fahrgestellnummer: Im Kofferraumboden ist die Fahrgestellnummer in die Karosserie eingeschlagen.

Stelle	Bedeutung	Beispiele	Auswertung
1, 2, 3	Weltherstellercode	ZFA = Fiat	ZFA
4, 5, 6	Fahrzeugmodell	169 = New Panda	169
7,8	Füllzeichen	Ohne Bedeutung	00
9	Füllzeichen	ohne Bedeutung	0
10–17	Fortlaufende Herstellungsnummer	12345678	12345678

Das Typenschild

Das Fahrzeugtypenschild kann im Kofferraum links neben dem Reserverad gesehen werden. Es enthält:

- A. Hersteller
- B. ABE-Nr.
- C. Kennzeichnungscode des Fahrzeugtyps
- D. Fortl. Herstellungs-Nr.
- E. Zulässiges Gesamtgewicht
- F. Zulässiges Gesamtgewicht mit Anhänger
- G. Zul. Achslast vorne
- H. Zul. Achslast hinten
- I. Motortyp
- L. Code Karosserieversion
- M. Ersatzteilnummer
- N. Trübungswert Abgasrauch (nur Dieselfahrzeuge)

Zusätzlich finden Sie an der Heckklappe links noch das Kennschild für die Lackfarbe Ihres Pandas.
Das Lackkennschild enthält folgende Daten:

- A. Lackhersteller
- B. Bezeichnung der Farbe
- C. Farbencode Fiat
- D. Farbcode für Nachbesserungen oder Nachlackierung

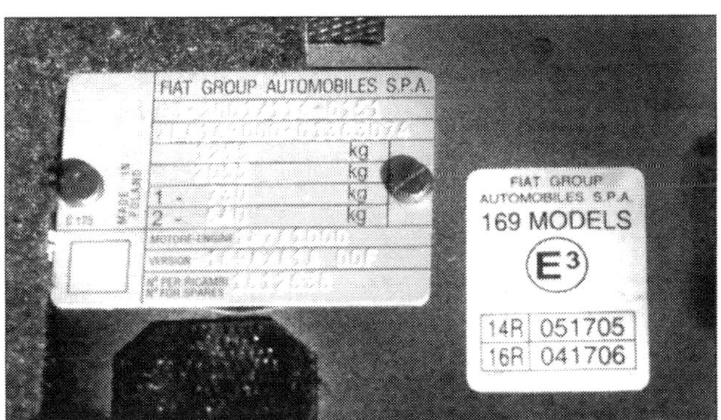

Das Typenschild.

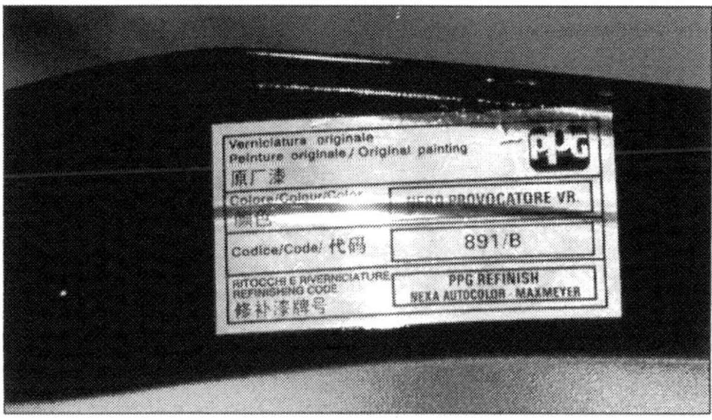

Kennschild für die Lackfarbe.

Die Motorkennnummer

Die Motornummer ist bei den Ottomotoren vorne am Kurbelgehäuse im Bereich des Abgaskrümmers eingestanzt. Beim Dieselmotor finden Sie die Motornummer ebenfalls im Kurbelgehäuse eingestanzt. Hier jedoch in der Nähe des Getriebes. Allerdings ist die Motornummer ohne Hilfsmittel, bzw. ohne den Ausbau diverser Teile nicht zu sehen. Daher sollten Sie besser auf die Daten des Typenschildes zurückgreifen.

Der Fahrzeugschein

Eine sehr ergiebige Informationsquelle ist der Fahrzeugschein. Neben der Fahrgestellnummer finden Sie weitere, für die Ersatzteilbeschaffung oder den Reparaturauftrag wichtige Angaben und Schlüsselnummern (Angaben in Klammern gelten für neue Zulassungsbescheinigungen):

- zu 2: Herstellercode (2.1)
- zu 3: Typ und Ausführung (2.2)
- zu 32: Datum der Erstzulassung (B)
- zu 4: Fahrgestellnummer (E)

Natürlich ist es nicht der richtige Begriff, aber »Zulassungsbescheinigung Teil 1« wird sich sicher nie im Volksmund durchsetzen. Auch die zwar europäisch einheitliche, aber für uns doch neue optische Ordnung löst bei der Suche nach den Informationen meist hilfloses Suchen aus. Deshalb haben wir die wichtigsten Informationen zum »schnell mal finden« kenntlich gemacht. HSN und TSN sind die Kürzel für den Herstellercode (früher »Ziffer2«) und den Typcode früher die ersten drei Ziffern der »Ziffer3«) des Fahrzeugscheins. Diese beiden Nummern, zusammen mit der Erstzulassung, helfen bei der Teilebeschaffung im Zubehörmarkt.

Auch wenn diese Informationen bereits auf der Rückseite des Fahrzeugscheins vermerkt sind, hat man meist die Kennnummer vergessen, bis man im Fahrzeugschein auch nur in die Nähe der Information gekommen ist. Aus diesem Grund schlüsseln wir diese Informationen hier an dieser Stelle auf.

Inhalt der Servicemappe.

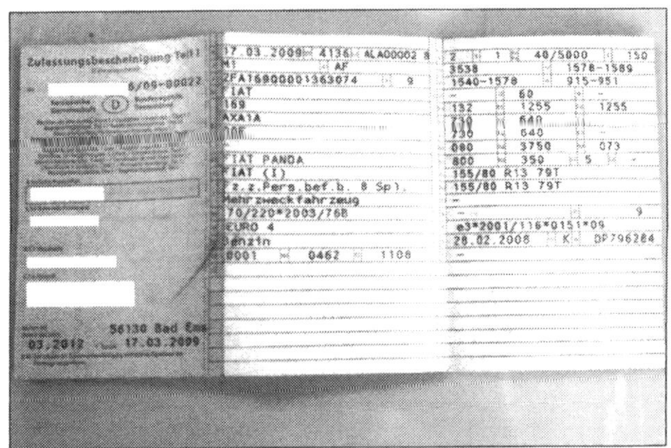
Zulassungsbescheinigung Teil I
17.03.2009
ZFA16900001363074
FIAT
FIAT PANDA
FIAT (I)
Mehrzweckfahrzeug
70/220*2003/76B
EURO 4
Benzin
0001 0462 1108
155/80 R13 79T
155/80 R13 79T
e3*2001/116*0151*09
28.02.2008
56130 Bad Ems
03.2012 17.03.2009

Der Fahrzeugschein.

Lesehilfe zum »Fahrzeugschein«

B	Erstzulassung	2.1	HSN Herstellerschlüsselnummer
D.1	Hersteller	2.2	Prüfziffer und TSN Typschlüsselnummer
D.2	Typ	3	Prüfziffer für die Fahrgestellnummer
D.3	Handelsbezeichnung	4	Art des Aufbaus (EG-Bezeichnung)
E	Fahrgestellnummer	5	Bezeichnung der Fahrzeugklasse und des Aufbaus
F.1	Zulässiges Gesamtgewicht	6	Erstellungsdatum der EG-Typennummer
F.2	Zulässiges Gesamtgewicht in Deutschland	7.1	Zulässige Achslast Achse 1
G	Leergewicht	7.2	Zulässige Achslast Achse 2
H	Gültigkeitsdauer	7.3	Zulässige Achslast Achse 3
I	Ausstellungsdatum dieses Scheines	8.1	Zulässige Achslast in Deutschland Achse 1
J	Fahrzeugklasse (Pkw, Lkw)	8.2	Zulässige Achslast in Deutschland Achse 2
K	EG-Typennummer	8.3	Zulässige Achslast in Deutschland Achse 3
L	Anzahl der Achsen	9	Anzahl der Achsen
O.1	Anhängelast gebremst	10	Codenummer zur Kraftstoffart
O.2	Anhängelast ungebremst	11	Codenummer zur Fahrzeugfarbe
P.1	Hubraum des Motors (in cm^3)	12	Rauminhalt des Tanks bei Tankfahrzeugen (in m^3)
P.2 / P.4	Motorleistung (in kW)	13	Stützlast (in kg)
P.3	Kraftstoffart	14	Bezeichnung der nationalen Emissionsklasse
Q	Leistungsgewicht (nur bei Motorrädern)	14.1	Codenummer zu der Schadstoffklasse
R	Farbe des Fahrzeuges	15.1	Bereifung auf der Achse 1
S.1	Sitzplätze mit Fahrersitzplatz	15.2	Bereifung auf der Achse 2
S.2	Stehplätze	15.3	Bereifung auf der Achse 3
T	Höchstgeschwindigkeit (in km/h)	16	Nummer der Zulassungsbescheinigung Teil 2 (Fahrzeugbrief)
U.1	Standgeräusch in dB (A)	17	Merkmal zur Betriebserlaubnis
U.2	Drehzahl zum Standgeräusch	18	Länge in mm
U.3	Fahrgeräusch in dB (A)	19	Breite in mm
V.7	CO2-Ausstoß (in g/km) kombinierter Wert	20	Höhe in mm
V.9	Schadstoffklasse	21	Sonstige Vermerke
2	Kurzbezeichnung Hersteller	22	Bemerkungen und Ausnahmen

Generation zwei

Mit dem bei FIAT intern bezeichneten Typ 169 kommt im Herbst 2003 die zweite Auflage des erfolgreichen Kleinwagens aus Italien auf den Markt. Der Nuova (neue) Panda tritt ein schweres Erbe an. Sein Vorgänger wurde in der Zeit von 1980 bis 2003 schließlich über 4 Millionen Mal gebaut. Damit zählt er noch heute zu den erfolgreichsten Modellen der Marke Fiat.

Ibiza I.

Der Panda fiel vor allem durch seine kantige und glattflächige Form auf und wurde spöttelnd als »Haushaltsgerät auf Rädern« bezeichnet. Durch dieses einfache Design und die sehr spartanische Innenausstattung (die Sitze der ersten Generation erinnerten eher an Campingmöbel) konnte der Panda jedoch auch zu einem sehr günstigen Preis angeboten werden. So kostete ein Panda im Jahr 2000 in Italien ca. 5000 €. Aufgrund der verschärften Abgasnormen nahm Fiat 1996 den Panda vom europäischen Markt. Lediglich in Italien war er noch erhältlich.

Es standen anfangs drei Motoren zur Auswahl. Der 650 cm³ luftgekühlte Zweizylinder mit 22 kW (30 PS) und zwei wassergekühlte Vierzylinder mit 849/903 cm³ und 25/33 kW (34/40 PS).

Ab 1986 baute Fiat den Panda mit so genannten »FIRE-Motoren«.

Diese wurden vollständig robotergesteuert bearbeitet und montiert. Sie haben weniger bewegte Teile als der ältere OHV-Motor, eine zahnriemengetriebene obenliegende Nockenwelle und eine fünffach gelagerte Kurbelwelle. Alle FIRE-Motoren im Fiat Panda sind 8-Ventiler mit 769/999/1108 cm³ Hubraum und 34/44+45/50+55 PS (25/32+33/37+40 kW). Zur Gemischaufbereitung verwendete Fiat zuerst ausschließlich Weber-Einfachvergaser; mit Einführung des Katalysators wurde ab 1987 die Bosch-Mono-Jetronic und ab 1992 eine Weber SPI verbaut.

Ein Novum stellte der Panda Selecta dar. Anstelle des inzwischen serienmäßigen 5-Gang-Getriebes wurde ein stufenloses Getriebe (ECVT) mit Schubgliederband und Magnetpulverkupplung eingesetzt. Das ECVT-Getriebe basiert auf der DAF-Variomatic; es wurde von Fiat weiterentwickelt und bei Fuji Heavy Industries produziert. Zwischen 1986 und 1992 gab es den Panda als Version »D« mit einem aus dem Fiat Uno stammenden 1301 cm³-Dieselmotor, der 37 PS (27 kW) hatte.

Unterschiede der ersten beiden Serien

Die erste Baureihe des Fiat Panda wurde von 1980 bis 1986 gebaut (»MK1«). Zu ihr zählen Panda 30, Panda 34, Panda 45 sowie die ersten Allradversionen Panda 4x4. 1986 wurde der Panda mit dem neuen Fire-Motor ausgestattet und einer umfangreichen Überarbeitung unterzogen. Der Blech-Kühlergrill wurde durch einen aus Kunststoff ersetzt und das hintere Nummernschild war nun nicht mehr auf der Heckklappe angebracht, sondern in die Stoßstange integriert. Die Federung der Hinterachse wurde nicht mehr durch Blattfedern, sondern durch eine so genannte Omega-Achse realisiert, wodurch der Endschalldämpfer bei den neueren Modellen links statt rechts sitzt. Auch das Interieur erhielt 1986 ein Facelift, ein weiteres erfolgte 1991 (es gab jetzt »Sitze« und keine Gartenstühle mehr). Die Reihe nach der Umgestaltung im Jahr 1986 (»MK2«) umfasste zunächst nur Panda 750 (769 cm³) und Panda 1000 (999 cm³). Später wurde das Fahrzeug mit den Motorisierungen 900 (kein Fire-Motor) und 1100 (1108 cm³) angeboten.

Panda I.

Ein Kleiner - ganz groß

Auch wurden in der langen Bauzeit viele Sondermodelle des Panda vorgestellt.
So wurde von 1983 an ein geländegängiger Panda 4x4 mit zuschaltbarem Allradantrieb angeboten, der auch an der Rallye Paris-Dakar teilnahm. Der Allradantrieb wurde von Steyr Puch in Graz entwickelt, das komplette Auto wurde in Österreich montiert. Der Motor des rund 850 kg schweren Wagens hatte 948 cm³ und 48 PS. Ab 1986 wurde der FIRE-Motor mit 999 cm³ und 45 PS, später die 1108-cm³-Maschine mit 54 PS eingebaut. Im Jahr 1990 wurde der Panda Elettra vorgestellt. Bei diesem Modell handelte es sich um ein ökologisches Fahrzeug mit Elektromotor. Sein größtes Problem aber waren die schweren Batterien, die das Gewicht auf bis zu 1150 kg anhoben. Von der Elettra-Serie, die in geringer Stückzahl meist von italienischen Kommunen eingesetzt wurde, gab es neben dem Panda noch den Fiat Seicento und den Fiat Ducato.
In Spanien wurde der Fiat Panda von 1986 bis 1998 von der damaligen Konzerntochter Seat unter dem Namen Seat Panda gebaut. Die Fahrzeuge waren nahezu identisch. Später baute Seat den ursprünglichen Panda in optisch leicht veränderter Form als Seat Marbella weiter.

Der Neue: Nuova Panda (Typ 169)

Seit Herbst 2003 gibt es einen vollständig neuen Fiat Panda (Typbezeichnung 169), der 2004 zum Auto des Jahres gewählt wurde. Er hat mit dem alten nur den Namen gemeinsam, ist im Vergleich zu diesem größer, stärker motorisiert und reichhaltiger ausgestattet. Gebaut wird der neue Fiat Panda nun nicht mehr in Italien, sondern im polnischen Tychy.
Der neue Panda wird nur als Fünftürer gebaut. Die Motorenpalette umfasst drei Otto-Triebwerke (1.1 Liter mit 40 kW/55 PS, 1.2 Liter mit 44 kW/60 PS und 1.4 Liter mit 74 kW/100 PS) sowie einen Turbodiesel mit Common-Rail-Einspritzung, der 51 kW(70 PS) leistet. Außerdem gibt es einen »Renn-Panda« (Panda 100HP), der ein Sportfahrwerk und einen 74-kW-Motor hat. Geplant ist seit längerer Zeit eine Abarth-Version mit ca. 99 kW/135 PS (1.4 Turbo). Der neue Panda war seit seiner Markteinführung durchgehend das meistverkaufte Auto seiner Klasse in Europa.

Panda 4x4.

Panda Van.

Panda MK II.

Seat Marbella.

Ursprünglich sollte der neue Panda den Namen »Gingo« tragen. Daher tragen die ersten Fiat Panda der aktuellen Baureihe auch ein Schild der ursprünglichen Baureihe. In Fan-Kreisen wird der neue Panda auch gern als Gingo bezeichnet, um auf die Unterschiedlichkeit hinzuweisen.

Nuova Panda.

Seit Januar 2005 ist eine Allrad-Version (»Fiat Panda 4x4«) erhältlich. Er ist unter anderem zu erkennen am quer liegenden Endschalldämpfer und der etwas größeren Bodenfreiheit. Im Januar 2006 wurde eine Variante des 4x4 als »Fiat Panda Cross« vorgestellt, ausschließlich mit dem 1.3 Multijet 16V Diesel (51 kW) lieferbar. Seit Januar 2007 ist der Fiat Panda auch als Erdgasfahrzeug erhältlich. Der »Fiat Panda Panda Natural Power« ist das erste Fahrzeug seiner Klasse mit Unterflurtechnik. Möglich macht dies die Plattform des Fiat Panda 4x4, auf der die neue Version der Baureihe aufbaut. Der neue Fiat wird von einem aus anderen Modellen der Baureihe bekannten 1,2-Liter-Vierzylinder-Motor angetrieben, der durch seine bivalente Auslegung wahlweise mit Erdgas oder Benzin betrieben werden kann. Er leistet im Gasbetrieb 52 PS (39 kW) und mit Benzin betrieben 60 PS (45 kW). Der Verbrauch beträgt im Erdgasbetrieb auf 100 km 4,2 Kilogramm Erdgas beziehungsweise 6,2 Liter auf 100 Kilometern im Benzinbetrieb. Beim Ausnutzen beider Tankfüllungen (13 Kilogramm Erdgas, 30 Liter Benzin) beträgt die Reichweite rund 750 Kilometer.

Die Panda-Familie.

Fiat Panda: superkompakt und geräumig

Mit dem Fiat Panda unterstreicht der italienische Automobilhersteller ein weiteres Mal seine führende Rolle in der Entwicklung von Kleinwagen, was auch der Gewinn des Titels »Auto das Jahres 2004« unterstreicht. Ein Segment, das mit vielen Fiat-Modellen verbunden ist: vom ersten Fiat 500 bis zum Fiat 600, vom Fiat 126 bis zum Fiat Panda, vom Fiat Cinquecento bis zum Fiat Seicento.

Der Fiat Panda wendet sich an Kunden, die ein Fahrzeug mit kompakten Abmessungen wünschen, das gleichzeitig aber Komfortelemente von höheren Klassen bietet. Ein Fahrzeug, das trotz aller Wirtschaftlichkeit Fahrspaß vermittelt. Ein Fahrzeug, das ebenso im Stop-and-go-Verkehr der Innenstädte zuhause ist wie auf dem Wochenendtrip oder der Urlaubsreise.

Der fünftürige Fiat Panda entspricht mit einer Länge von 3,54 Metern und einer Breite von 1,59 Metern den gängigen Maßen seiner Klasse, bietet mit einer Höhe von 1,54 Metern jedoch zusätzlich Komfortattribute und damit bequem Platz für vier (auf Wunsch auch fünf) Personen. Er besticht durch eine klare Linienführung, die ihm zusammen mit dynamischen Elementen ein jugendlich-keckes Aussehen verleiht. Robust und solide vermittelt er den Eindruck eines in der Größe der Klasse entrückten Fahrzeuges. Das gilt auch für den geräumigen Innenraum. Er ist funktional eingerichtet und weist Komfortmaße auf, die zu den besten im A-Segment zählen. In der Ellenbogenbreite vorn sowie der Kopffreiheit (auch im Fond) ist der Fiat Panda eine Klasse für sich.

Der Fiat Panda verbindet seine Geräumigkeit mit einer in seiner Klasse nicht alltäglichen Variabilität. So kann die mittig geteilte Rücksitzbank insgesamt um 16 Zentimeter nach vorne verschoben werden: im Vergleich zur Grundausstattung acht Zentimeter weiter nach hinten für mehr Beinfreiheit und acht Zentimeter weiter nach vorne für einen größeren Kofferraum. Die Rückenlehnen können in drei unterschiedlichen Stellungen arretiert oder einzeln ganz nach vorn geklappt werden. Dadurch ergibt sich ein variabler, durch die große Heckklappe gut zugänglicher Gepäckraum, der je nach Bedarf ein unterschiedliches Ladevolumen aufweisen kann (206 bis 860 Liter).

Weitere Stärken des Fiat Panda sind der bequeme Ein- und Ausstieg, die komfortablen Sitze, die Beinfreiheit im Fond, die erhöhte Sitzposition und das pfiffige Armaturenbrett mit mittig platziertem Schalthebel. Vorbildlich ist er auch in Sachen Sicherheit. Bis zu sechs Airbags (Frontairbags, Seitenairbags sowie Kopfairbags vorne und hinten), Gurtstraffer vorn, Kopfstützen auf allen Sitzen und Isofix-Befestigungen an der Rücksitzbank sind dafür ebenso ein Beleg wie ABS mit EBD (Serie ab Dynamic) sowie auf Wunsch ESP inklusive Bremsassistent und Anfahrhilfe am Berg – eine Neuheit im A-Segment.

Der Fiat Panda wird auf dem deutschen Markt in vier Ausstattungsversionen (Panda, Active, Dynamic und Emotion) sowie mit wahlweise drei Motorisierungen angeboten: ein 1,1-Liter-Vierzylinder mit 40 kW (54 PS) und ein 44 kW (60 PS) starker 1,2-Liter-Vierzylinder. Beide stammen aus der Fire-Familie und erfüllen die Abgasnorm Euro 4. Eine Neuheit in der Klasse ist der 1,3-Liter-Multijet-Diesel. Das Triebwerk baut bei der Einspritzung auf das revolutionäre Multijet-System. Es leistet 51 kW (70 PS), garantiert gute Fahrleistungen (0 bis 100 km/h in 13,0 Sekunden, Höchstgeschwindigkeit 160 km/h), verbraucht 4,3 l/100 km (kombiniert nach 99/100/EG) und erfüllt die Steuer sparende Euro 4-Abgasnorm. Die Motoren sind mit modernen Fünfgang-Getrieben gekoppelt; wahlweise wird ein automatisiertes Getriebe mit sequentieller Schaltung angeboten (DualogicTM).

Der Fiat Panda überrascht auch bei der Ausstattung. Bereits die Basisversion ist u. a. mit Fahrer- und Beifahrerairbag, Wärme dämmender Verglasung, Seitenschutzleisten, drei Getränkedosenhaltern in der Mittelkonsole, Scheinwerfern mit »Follow-me-home«-Funktion, umklappbarer Rücksitzbank, Analogzeituhr, Handschuhfach und Make-up-Spiegel auf der Beifahrerseite ausgestattet. Die Active-Ausstattung bietet zusätzlich elektrische Fensterheber vorn, höhenverstellbares Lenkrad, elektrische Servolenkung mit zuschaltbarer Cityfunktion und Zentralverriegelung. Allen Versionen gemeinsam sind frische Farben, die den agilen wie innovativen Charakter des Fiat Panda unterstreichen.

Auf Wunsch offeriert der Fiat Panda Ausstattungsinhalte, die in der Klasse bis dato nicht üblich sind. Dazu gehören u. a. Klimaautomatik (Serie Emotion), Parksensoren hinten, HiFi-Anlage mit sechs Lautsprechern und Subwoofer, verschiebbare Rücksitzbank inklusive in drei Positionen verstellbarer Lehne und das elektrische Glasschiebedach »Sky Dome«. Drei optionale Ausstattungspakete decken preisgünstig weitere Ausstattungswünsche ab.

Natural Power – die Erdgas-Fahrzeuge von Fiat

- Serienmäßig mit bivalentem Motor für Benzin- oder Gasantrieb
- Niedrige Betriebskosten und ein vorbildliches Umweltverhalten

Europaweit ist Fiat die Nummer eins auf dem Markt für Erdgas-Fahrzeuge. Dieser Erfolg steht in der Tradition der Marke, stets technologisch innovative und gleichzeitig wirtschaftlich interessante Automobile anzubieten. Zusätzliche Bedeutung gewinnt die umweltfreundliche Antriebsalternative durch die intensivierten Maßnahmen zur Senkung der Belastung mit Kohlendioxid (CO2).
Auch in Deutschland findet der sowohl ökologisch als auch ökonomisch vorteilhafte Treibstoff immer größere Verbreitung. Seit 2000 hat sich die Zahl der Erdgasfahrzeuge auf deutschen Straßen auf über 75.000 mehr als verzehnfacht (Zum Vergleich: In Italien sind knapp eine halbe Million Fahrzeuge mit Erdgas zugelassen). Die Zahl der Tankstellen, die das international CNG (Compressed Natural Gas) genannte Gas anbieten, ist auf rund 800 gestiegen (Tankstellen-Finder und weitere Informationen unter www.fiat-erdgas.de).
Mit Erdgas schonen zukunftsorientierte Autofahrer und Unternehmen aber nicht nur Umwelt und Technik, sondern auch ihr Kraftstoffbudget. Noch mindestens bis zum Jahr 2018 gilt für Erdgas eine deutlich günstigere Besteuerung als für Benzin oder Diesel. Weitere finanzielle Anreize für Privatpersonen und gewerbliche Fahrzeugnutzer bieten zum Teil kräftige Zuschüsse zahlreicher regionaler Gasversorger und der Kreditanstalt für Wiederaufbau (Übersicht unter www.erdgasfahrzeuge.de). Durch das im Vergleich zu Benzin oder Diesel deutlich niedrigere Preisniveau an der Tankstelle amortisiert sich der geringfügig höhere Fahrzeug-Neupreis meist schon nach kurzer Zeit. Je nach Entwicklung des Ölpreises sparen Erdgasautos bis zu 50 Prozent pro 100 Kilometer gegenüber Benzinern und bis zu 30 Prozent gegenüber Diesel-Fahrzeugen.

Fiat Panda Panda

Der Fiat Panda Panda ist das weltweit erste Fahrzeug seiner Klasse, bei dem die Gastanks in Unterflurtechnik montiert sind. Möglich macht dies die Plattform des Fiat Panda 4x4, auf der die Natural Power-Alternative der Baureihe aufbaut. Sie erlaubt durch ihre Struktur die Unterbringung der beiden Erdgastanks unter dem Fahrzeugboden. Die beiden Gasflaschen haben zusammen eine Kapazität von zwölf Kilogramm und beeinträchtigen durch ihre Unterbringung weder das Fahrverhalten noch den Platz für Passagiere und Gepäck.

Der Fiat Panda Panda wird von einem 1.2-Liter-Vierzylinder-Motor angetrieben, der im Gasbetrieb 38 kW (52 PS) und mit Benzin betrieben 44 kW (60 PS) leistet. Der umweltfreundliche Antrieb ermöglicht eine Höchstgeschwindigkeit von 140 km/h bzw. 148 km/h. Der Verbrauch beträgt 6,4 m3 CNG bzw. 6,2 l pro 100 km (kombiniert nach RL 80/1268/EWG). Beim Ausnutzen beider Tankfüllungen (18 Kubikmeter Erdgas, 30 Liter Benzin) beträgt die Reichweite rund 730 Kilometer – ein in der Klasse konkurrenzloser Wert.

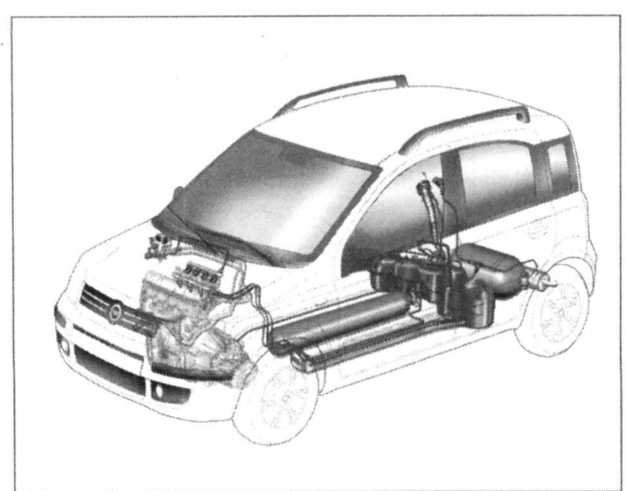

Panda Natural Power (die Aufteilung der Tanks).

Panda 100hp.

Panda Cross.

Panda Dakar.

Sicherheitssysteme im Panda

Man spricht von aktiven und passiven Sicherheitselementen eines Fahrzeuges. Die Bedeutung dieser Begriffe ist meist aber gar nicht klar. Aktive Sicherheitseinrichtungen tragen zusammen mit den Elementen der passiven Sicherheit zum Schutz für die Fahrzeuginsassen bei. Bauteile, die zur **aktiven Sicherheitsausrüstung** eines Fahrzeuges zählen, sind diejenigen, die einen Unfall verhindern können. Betrachten wir zuerst einige Bauteile, die der aktiven Sicherheit zugerechnet werden. Für ein besseres Verständnis gliedern wir diese in drei Gruppen:

Konstruktive Maßnahmen zur aktiven Sicherheit:

In dieser Gruppe werden die Bauteile eingeordnet, die durch die Gestaltung und Auslegung der Karosserie realisiert werden. Dazu zählen beispielsweise eine leichtgängige aber nicht rückmeldungsfreie Lenkung, die dem Fahrer den Fahrbahnkontakt vermitteln kann, eine ausgewogene und für möglichst alle Betriebszustände gelungene Abstimmung des Fahrwerks, wirkungsvolle Bremsen und durchzugsstarke Motoren.

Ergonomische Maßnahmen zur aktiven Sicherheit:

Unter diesen Aspekt fällt die Fahrzeugausrüstung, die die Fahrzeugbedienung erleichtert und ein entspanntes Fahren ermöglicht. Der Konzentrationserhalt des Fahrers ist ein wichtiger Gesichtspunkt für die Unfallvermeidung. Man kann sich leicht vorstellen, welchen Einfluss komplizierte Bedienelemente verursachen können, wenn man sich die Gesetzeslage hinsichtlich der Benutzung von Telefonen während der Fahrt anschaut. Jeder kleine Moment der Unaufmerksamkeit bedeutet eine potentielle Gefahr in einen Unfall verwickelt zu werden. So gehören Fahrzeugausrüstungen wie gute Sitze, das Belüftungs- und Klimatisierungssystem, gute Rundumsicht und möglichst günstig angeordnete Schalter und Anzeigen dazu.

Maßnahmen zur Regelung für aktive Sicherheit:

In diese Gruppe werden die Bauteile eingegliedert, die auf der Elektronik basierende Eingriffe in elektronische oder hydraulische Regelsysteme vornehmen. Eingriffe werden beispielsweise in das Bremssystem vorgenommen. Das Anti-Blockier-System (ABS) verhindert, dass ein Rad überbremst wird und ermöglicht so sehr kurze Bremswege mit sicherer Lenkbarkeit des Fahrzeuges auch während der Bremsung. Die Elektronische Bremskraftverteilung(EBV), die Elektronische Differenzialsperre (EDS) sowie das Elektronische Stabilisierungsprogramm (ESP) greifen auch auf die Bremse ein. So wird in der EDS-Funktion beispielsweise das durchdrehende Rad so weit gezielt abgebremst, dass der Antrieb auf das nicht drehende Rad möglich wird. EBV ermöglicht eine optimale Verteilung der größtmöglichen Bremskraft auf jedes einzelne Rad der Hinterachse. Auch in wechselnden Situationen wie unterschiedlichen Untergründen, Eis und Laub ist es entgegen dem mechanischen Bremskraftregler nun möglich jedes Rad entsprechend zu regeln. Durch das ESP wird durch gezielten Bremseinsatz das Ausbrechen des Fahrzeugs erfolgreich verhindert. Die Antriebs-Schlupf-Regelung (ASR) trägt in Zusammenarbeit mit EDS und einer bedarfsgerechten Reduzierung des Motordrehmomentes einen wichtigen Teil für die Fahrt auf rutschigem Untergrund wie Schnee und Eis bei.

Die **passiven Sicherheitselemente** kommen dann zum Tragen, wenn der Unfall gerade passiert. Die Komponenten der passiven Sicherheit stellen alle konstruktiven Maßnahmen dar, die dazu dienen, die Fahrzeuginsassen vor Verletzungen zu schützen oder zumindest die Verletzungsgefahren zu verringern. Der Begriff »passiven Sicherheit« bezieht sich auf das Kollisionsverhalten (Crashtests) und berücksichtigt über den Schutz der Insassen hinaus auch den Schutz anderer Verkehrsteilnehmer.

Insassenschutz:
Unter dem Begriff Insassenschutz versteht man den Schutz des Fahrzeugführers und seiner Mitfahrer. Zu den wichtigsten Bauteilen gehören neben dem Gurtsystem die Airbags und eine »verformungssteife« Fahrgastzelle mit Knautschzonen in Front, Heck und Seiten-Bereich. Diese Komponenten sorgen für einen weitestgehend schützenden Abbau der Aufprallenergie und den sicheren Halt der unfallbeteiligten Fahrzeuginsassen.

Partnerschutz:
Unfälle passieren eben nicht nur in einem Fahrzeug. Im Normalfall sind immer andere Verkehrsteilnehmer oder auch Verkehrspartner an einem Unfall beteiligt. Gerade bei Fußgängern, Radfahrern und natürlich auch den Bikern ist kein System vorhanden, das eventuelle Unfallfolgen verringern kann. Dieser Aspekt wird bei der Fahrzeugentwicklung heute auch mit einbezogen. Frontbereiche sollen immer auch so konstruiert sein, dass sie die Aufprallenergie aufnehmen oder verringern können, die bei einem Fußgängerunfall den Verkehrspartner erheblich verletzen könnte. Hierin findet sich dann auch der Grund für Kunststoffstoßfänger und Motorhauben ohne Flächenverstrebungen.

Grundsätzlich ist es verboten Arbeiten an sicherheitsrelevanten Systemen durchzuführen, die entweder nicht durch den Hersteller freigegeben wurden oder besondere Kenntnisse erfordern. Airbag-Systeme sind Sprengmittel im Sinne des Gesetzgebers. Für den Umgang mit den sprengmittelhaltigen Bauteilen muss ein Sachkundenachweis vorliegen. Zur Auslösung einer Airbageinheit kann im ungünstigen Fall schon die elektrostatische Aufladung der Kleidung ausreichen.

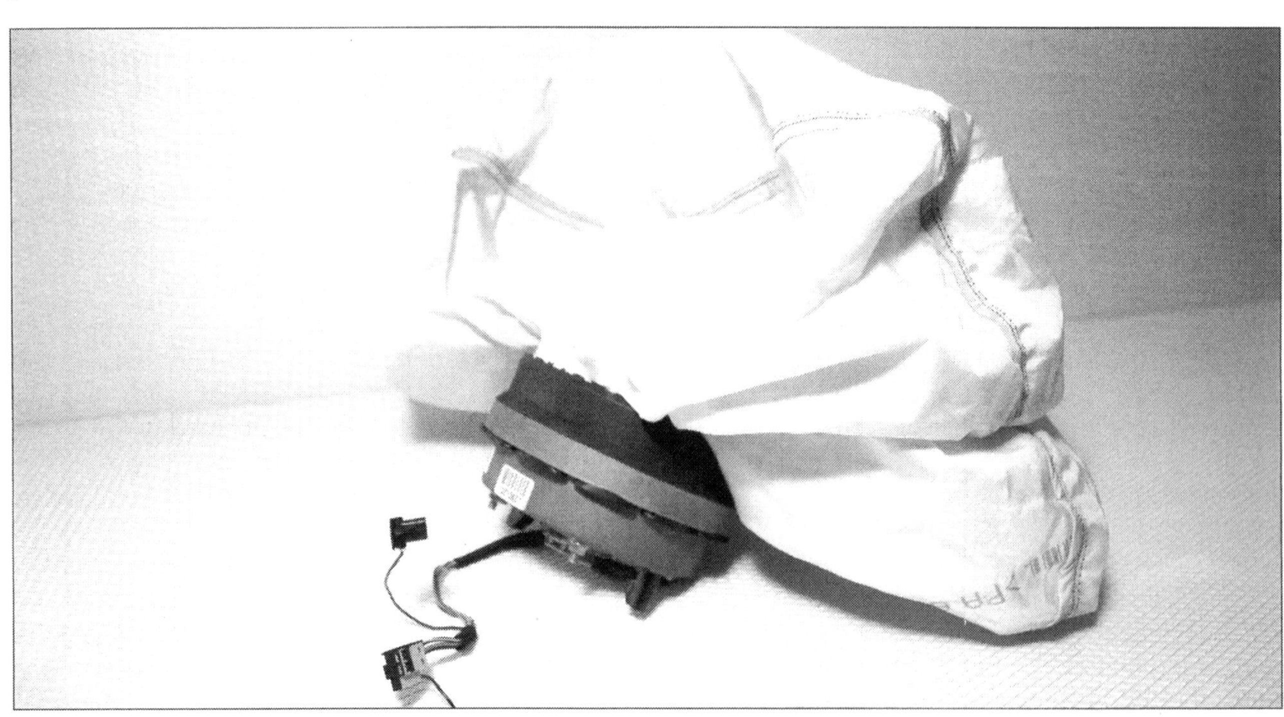

Die Kräfte, die der Airbag bei der Zündung freisetzt, können Sie tödlich verletzen!!! EXPLOSIONSGEFAHR.

Investition in die Zukunft

Ohne das richtige Werkzeug geht nichts. Wenn Sie vorhaben, sich intensiv um Ihr Auto zu kümmern, müssen Sie sich zunächst Gedanken um das nötige Handwerkszeug machen. Was Sie dazu unbedingt brauchen und wie Sie alles in der heimischen Garage unterbringen können, wollen wir Ihnen in diesem Kapitel zeigen.

Egal, ob Sie nun häufig oder eher selten, aus purer Lust am Basteln oder um Geld zu sparen am Auto schrauben: Sie müssen dafür zuerst die richtigen Voraussetzungen schaffen. Leider ist das mit Kosten verbunden. Doch wenn Sie bedenken, was eine Arbeitsstunde in der Werkstatt kostet und dass hochwertiges Werkzeug fast ein Leben lang hält, rechnet sich die Investition früher oder später.

Was muss ich als Erstes anschaffen?

Beginnen Sie mit einem Ordnungssystem, bestehend aus einer stabilen Werkbank mit Unterschränken und einem abschließbaren Schrankaufsatz. Ohne ein Ordnungssystem und eine stabile Werkbank sollten Sie nicht beginnen, denn Ordnung und Sauberkeit sind beim Schrauben oberstes Gebot. Das Schöne daran: Das Ganze passt problemlos in eine normale Einzelgarage und bietet Ihnen auf Jahre die nötige Sicherheit. Bei einer Markenfirma wie Gedore kostet eine solche Kombination rund 4200 Euro ohne Inhalt. Der lässt sich mit der Zeit ergänzen. Lassen Sie sich doch von nun an zum Geburtstag oder zu Weihnachten hochwertiges Werkzeug schenken, die Schränke werden sich schneller füllen als Sie denken.

Woran erkenne ich gutes Werkzeug?

Gutes Werkzeug kann in der Regel nicht billig sein. Ein Ring-/Maulschlüssel kostet je nach Größe zwischen fünf und 15 Euro, so dass ein Satz mit den zehn gebräuchlichsten Größen schon auf rund 80 Euro kommt. Noch größer sind die Qualitäts- und Preisunterschiede bei den Steckschlüsselsätzen – oft auch Umschaltknarren mit Nüssen genannt. Ein solider Kasten mit 19 Teilen und Verlängerungen kostet an die 200 Euro, hält dafür aber auch höchste Belastungen aus. Auch das Gewicht ist ein gutes Indiz: Je schwerer das Werkzeug ist, umso stabiler ist der Stahl. Nehmen Sie zum Vergleich ein paar Schlüssel in die Hand und achten Sie auf Maßhaltigkeit und die Oberfläche.

Was tun, wenn ich keine Garage habe?

Der ideale Ort zum Schrauben ist natürlich eine in sich abgeschlossene Garage – je größer umso besser. Aber auch wenn Sie lediglich über einen Stellplatz verfügen oder gar im Freien arbeiten müssen, gibt es eine Lösung: Ein Werkstattwagen (links im Bild) lässt sich nach getaner Arbeit leicht wegräumen. Zum Beispiel

Die heimische Garage.

in den Keller. Nur allzu schwer beladen sollte er dann nicht sein. Achten Sie beim Kauf auf die Lagerung der Schubladen. Ein Werkstattwagen in Profi-Qualität kann ohne Inhalt um die 1000 Euro kosten.

Was kostet mich das alles?

Zunächst einmal viel Geld, und bitte sparen Sie dabei nicht zu sehr. Ansonsten kostet es nämlich auch noch Ihre Gesundheit. Natürlich müssen Sie nicht auf Anhieb 8000 Euro ausgeben, so viel kostet nämlich die Ausrüstung in unserer voll ausgestatteten Garage im Bild links. Allerdings handelt es sich hier auch um einen kompletten Werkzeugsatz eines Markenherstellers in Profi-Qualität. Damit werden normalerweise Werkstätten ausgerüstet. Wir haben die Ausstattung zudem um einige pfiffige und günstige Hilfsmittel, zum Beispiel aus dem Programm von Conrad-Elektronik ergänzt, auf die wir später noch genauer eingehen.

Lohnt sich das denn?

Wir meinen: Ja! Wie viel Geld Sie letztendlich ausgeben wollen, bleibt Ihnen überlassen. Beachten Sie dabei aber immer den Grundsatz: Weniger (dafür aber von hoher Qualität) ist mehr als viel (und viel kaputt). Rechnen Sie einfach über die nächsten 15 Jahre…

Schrauben ist gefährlich

GEFAHRENHINWEIS

Ob nun reines Hobby oder beruflich: Das Schrauben birgt gewisse Risiken. Vom kleinen Kratzer bis hin zum tödlichen Unfall ist schon alles vorgekommen. Beachten Sie daher stets folgende Grundregeln:

- Benutzen Sie nur hochwertiges Werkzeug!
- Schrauben Sie möglichst immer von sich weg!
- Sichern Sie angehobene Lasten lieber doppelt!
- Sorgen Sie für ausreichende Belüftung!
- Tragen Sie wann immer möglich Schutzkleidung!
- Das gilt ganz besonders für die Augen!
- Wenden Sie niemals Gewalt an, meist gibt es eine andere, elegantere Lösung für das Problem!
- Sorgen Sie dafür, dass immer jemand in der Nähe ist, der Ihnen in Notfällen helfen kann!

Dass Essen, Trinken und offenes Licht sowie Zigaretten am Arbeitsplatz nichts verloren haben, setzen wir als selbstverständlich voraus. Lagern Sie aber auch keine Flüssigkeiten in Trinkflaschen. Selbst an destilliertem Wasser kann ein Mensch sterben! Und zu guter Letzt: Legen Sie sich zur Sicherheit einen Verbandskasten und einen Feuerlöscher bereit.

Der Werkzeugwagen: Was sich in diesem Rollcontainer alles verbirgt, sehen Sie auf den Bildern rechts. Diese Luxusversion ist abschließbar und hat laufruhige Gummiräder.

Die Grundausstattung

Gutes Werkzeug kann billig sein, ist es in der Regel aber nicht. Ein Satz Ring-/Maulschlüssel kostet schon rund 80 Euro. Noch größer sind die Qualitäts- und Preisunterschiede bei den Steckschlüsselsätzen – oft auch Knarrenkästen genannt. Das wichtigste Teil ist hierbei die Knarre selbst. Die Sperrklinken sollten austauschbar sein, gute Hersteller bieten dafür Ersatzteile und einen Service an. Besonders wichtig ist das bei einem Drehmomentschlüssel, der regelmäßig kalibriert werden sollte. Drehmomentschlüssel nach der Arbeit immer entspannen!
Sehr wichtig ist auch die Qualität von Schraubendrehern und Zangen. Damit werden hohe Kräfte übertragen, die das Werkzeug aushalten muss.

Schraubendreher: Entscheidend ist der Griff und die Qualität der Spitze. Je drei Größen von Schlitz- und Kreuzschlitz sollten für den Anfang genügen.

Steckschlüssel: Auch Nüsse und Knarre genannt. Ein guter Kompromiss ist ein Satz mit dem Verbindungsmaß 3/8 Zoll. Niemals an der Umschaltknarre sparen!

Ring-Maulschlüssel: Ein kompletter Satz dieser Kombinationsschlüssel von acht bis 22 Millimeter reicht in den meisten Fällen. Zusätzlich gibt es Spezialschlüssel.

Torx-Abteilung: Immer mehr Schraubverbindungen haben Torx- oder Vielzahnköpfe. In diesem Fach ist alles versammelt, was beim Arbeiten an Torx Schrauben dienlich ist.

Zangen: Wichtig sind eine verstellbare Wasserpumpenzange, eine Flach- oder Spitzzange sowie eine Kombizange mit integriertem Seitenschneider.

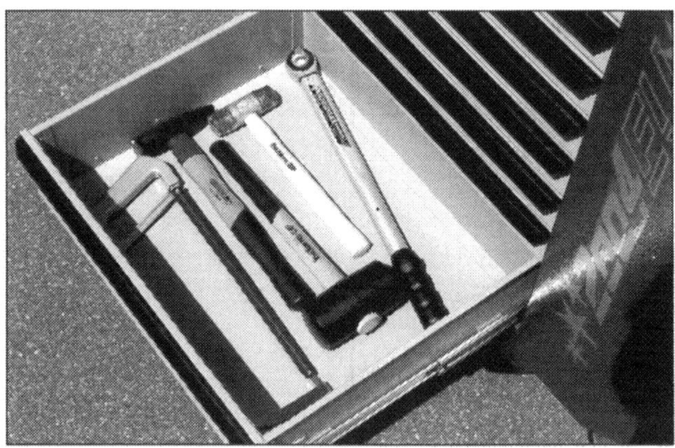

Hammer, Säge, Drehmoment: Die schweren Werzeuge sollten immer im untersten Schubfach ihren Platz finden. Meistens ist dieses Fach auch größer als die anderen.

T-Griffe: Werden meist im Karosseriebereich eingesetzt. Das übertragbare Drehmoment ist nicht sehr hoch, dafür sind auch tief sitzende Schrauben gut zu ereichen.

Gekröpfte Schlüssel: Manche Schrauben lassen sich überhaupt nur mit einem gekröpftem Schlüssel erreichen. Es gibt verschiedene Ausführungen, auch für Spezialfälle. Die meisten dieser Schlüssel sind als Vielzahnschlüssel ausgelegt. Hier sollte man speziell auf gute Qualität achten und auch den Zustand des Schlüssels regelmäßig kontrollieren.

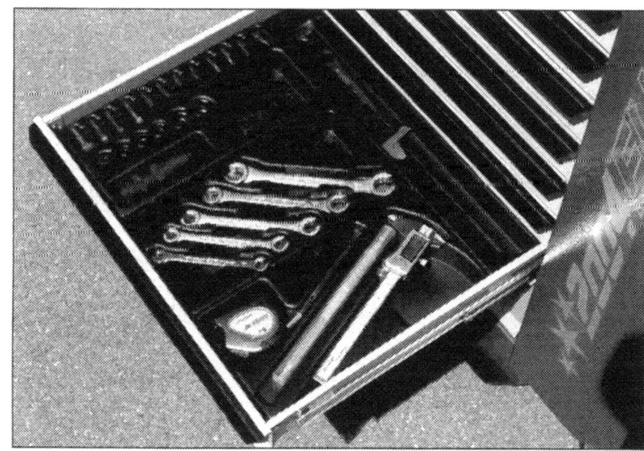

Spezialaufgaben: Selten benötigte Werkzeuge wie Bremsleitungsschlüssel, Messschieber oder auch die verschiedenen Spezialbits sollten ein extra Fach bekommen.

Nützliches Zubehör

Wenn Sie genügend Platz haben, können Sie das gesamte Werkzeug auch in einer Werkbank-/Werkzeugschrank-Kombination unterbringen. Lassen Sie aber noch etwas Platz übrig, denn neben gutem Werkzeug beherbergt die Schraubergarage auch immer einige nützliche Helfer.

Sicherer Stand: Stabile Auffahrrampen sind für die meisten Arbeiten unter dem Auto völlig ausreichend. Zwar können Sie die Räder nicht abnehmen, dafür steht das Auto sicher.

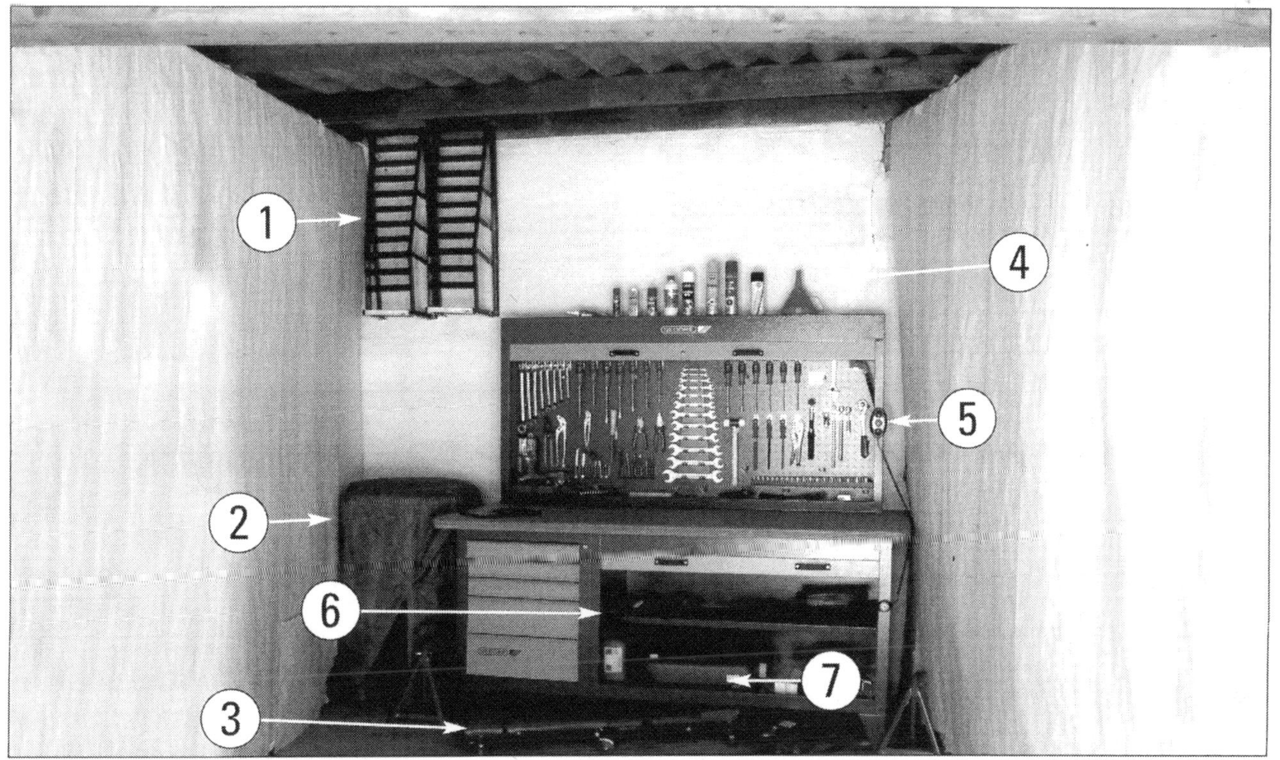

Des Schraubers Traum: Mit einem cleveren Werkstatt-System können Sie sich auch auf begrenztem Raum ein wahres Schrauberparadies schaffen. Tatsächlich steht diese Einzelgarage, was die Ausrüstung angeht, einer Profi-Werkstatt kaum nach. Alles was jetzt noch fehlt, ist eine Hebebühne, doch diese braucht leider vier Meter Raumhöhe.

Beste Bedingungen: Auf einem solchen Reifenbaum sind nicht benötigte Räder perfekt untergebracht. Zwischen den Rädern bleibt etwas Luft, das Gewicht trägt die Felge.

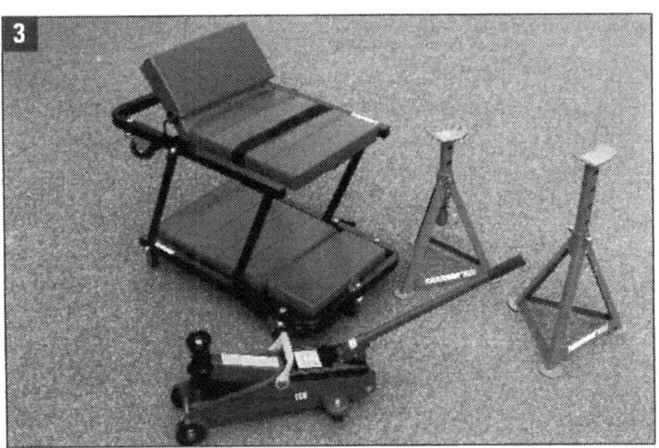

Helfer für unten: Unterstellböcke und ein hydraulischer Wagenheber sind ein Muss. Ein Rollbrett, das sich zum Hocker falten lässt, ist dagegen schon fast Luxus.

Werkstattapotheke: Auch ein kleines Sortiment von chemischen Produkten gehört zur Werkstatt. Unverzichtbar sind Teilereiniger und Sprühfett, aber auch die Kupferpaste werden wir noch brauchen.

Ampellösung: Damit wir die kostbare Werkbank nicht mit dem wertvollen Blech rammen, haben wir einen Abstandswarner montiert. Gefunden bei Conrad-Elektronik

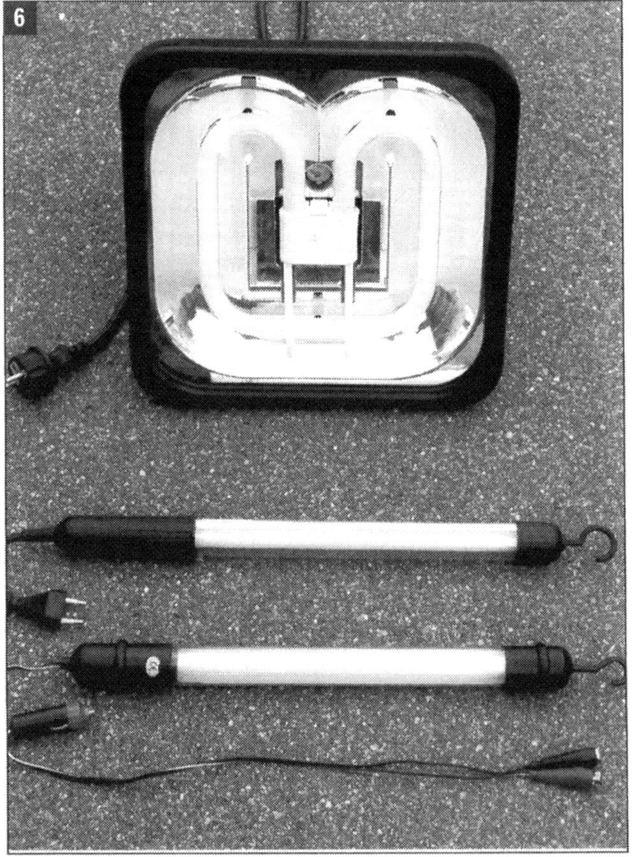

Es werde Licht: Wenn Sie nicht sehen, woran Sie schrauben, ist das Scheitern vorprogrammiert. Es gibt wirklich genug Möglichkeiten, für ordentliches Licht zu sorgen. Für den Blick in dunkle Ecken und schlecht zugängliche Stellen ist eine kleine LED-Taschenlampe ein unentbehrliches Hilfsmittel.

Ölige Helfer: Für den Ölwechsel empfehlen wir eine solche Wanne und ein Trichterset. Wer absaugen will, braucht eine Pumpe, die für Öl geeignet ist. Absaugen sollte aber immer eine Notlösung bleiben. Schon beim Ablaufen des Motoröls lassen sich gut Rückstände wie Wasser oder sogar Späne erkennen und verhindern so schon oft teure Folgeschäden.

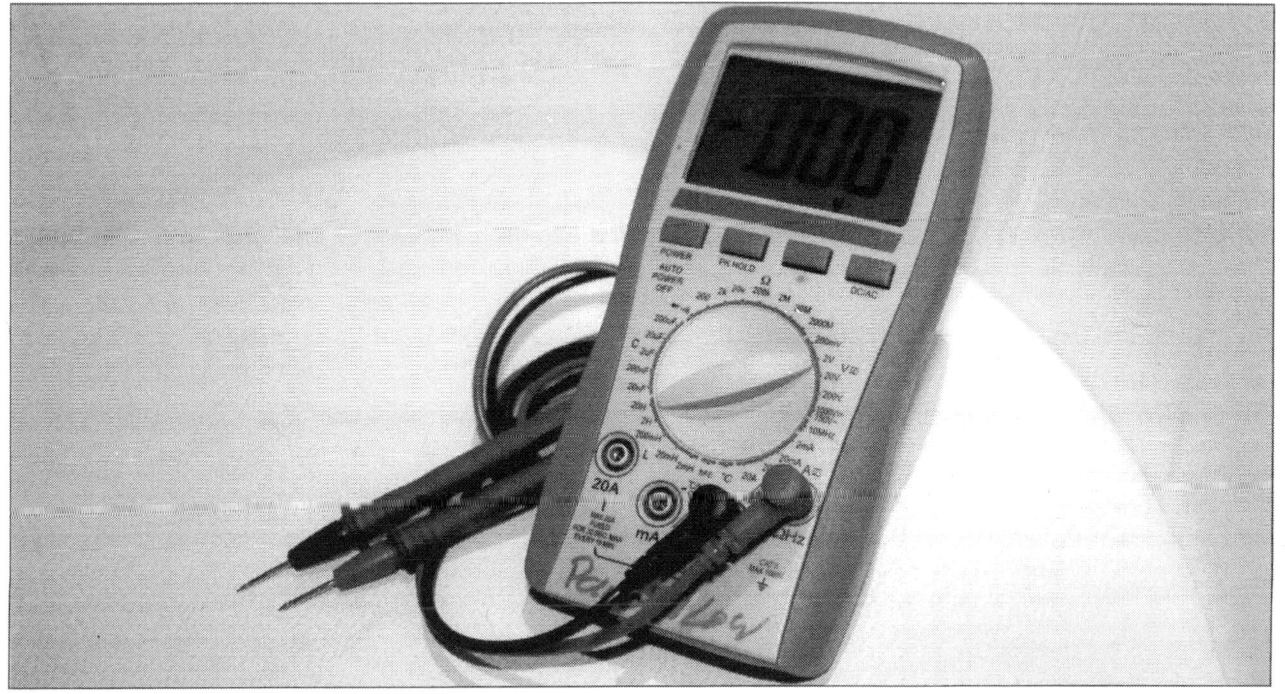

Multifunktionsmessgerät: Ohne Multimeter geht es heute leider nicht mehr. Ein einfaches Multimeter mit möglichst großem Display und brauchbaren Messspitzen kostet ab 40 Euro aufwärts. Es sollte wenn möglich keine automatische Bereichswahl (Auto-Range) haben. Für die Vergesslichen unter den Schraubern sorgt eine »Auto-Power-Off«-Schaltung für eine batterieschonende, automatische Abschaltung des Gerätes bei Nichtgebrauch.

In der Werkstatt

Was braucht die Werkstatt?

Aufgrund der vielen Ausstattungsvarianten und verfügbaren Extras moderner Autos ist eine genaue Bestimmung des Fahrzeugtyps nicht immer nur anhand der Fahrgestellnummer möglich. Wenn Sie also eine Werkstatt aufsuchen, die Ihren Wagen noch nicht kennt, sollten Sie alle Unterlagen mitnehmen (Serviceheft, Radiocode, ABEs und Zubehörunterlagen). Berücksichtigen Sie auch vorhandenes Zubehör wie Sonderfelgen mit Schloss. Bei Arbeiten an der Wegfahrsperre oder den Schließsystemen werden in der Regel alle Fahrzeugschlüssel benötigt. Ansonsten räumen Sie Ihr Auto aus und entfernen alle privaten Sachen und auch die Musik-CDs. So gibt es hinterher keine Diskussionen, ob Dinge fehlen oder nicht.

Diese Angaben braucht die Werkstatt:

- Schlüsselnummer (Hersteller)
- Schlüsselnummer (Typ)
- Zulassungsdatum
- Motorisierung
- Fahrgestellnummer

Das müssen Sie dabei haben:

- Fahrzeugschein
- Serviceheft
- Adapter oder Schlüssel für Felgenschlösser
- Radiocode
- alle Schlüssel (bei Arbeiten am Schließsystem oder an der Wegfahrsperre)

Eine klare Auftragserteilung

Um nicht mit einer Reparaturrechnung konfrontiert zu werden, die weit über dem Erwarteten liegt, sollten Sie der Werkstatt Ihres Vertrauens ein Kostenlimit angeben und darauf bestehen Sie zu kontaktieren, falls es zu unerwarteten Mehrarbeiten kommt. Erteilen Sie Ihren Arbeitsauftrag immer schriftlich, denn mündliche Absprachen sind nur schwer einklagbar und beweisbar. Die Kopie des schriftlichen Arbeitsauftrags in Ihrer Tasche gibt Ihnen die Rechtssicherheit. Dank moderner EDV-Anlagen ist es auch oft kein Problem, auf die Schnelle einen schriftlichen Kostenvoranschlag zu erhalten. Dieser ist ebenfalls verbindlich und in der Regel noch detaillierter als der Arbeitsauftrag. Beachten Sie bitte: Der tatsächliche Rechnungsbetrag darf bis zu 10% über den geschätzten Kosten liegen, ohne dass es einer erneuten Zustimmung Ihrerseits bedarf. Eine termingerechte Fertigstellung einer Standardreparatur ist heutzutage üblich.
Oberste Voraussetzung für ein gutes Arbeitsergebnis in der Werkstatt und einen geringen Geldschwund in Ihrem Geldbeutel ist eine exakte Fehlerbeschreibung mit Angabe des gewünschten Ergebnisses.

Fehlerbeschreibung

Nehmen wir einmal an, Ihr Auto klappert hin und wieder und Sie möchten dieses in einer Werkstatt beseitigen lassen. Bei unserem jetzigen Beispiel spielt es keine Rolle, ob Sie selbst bezahlen oder andere Ansprüche stellen. Denn im Vordergrund steht erst einmal ein nicht funktionierendes Auto, das repariert wer-

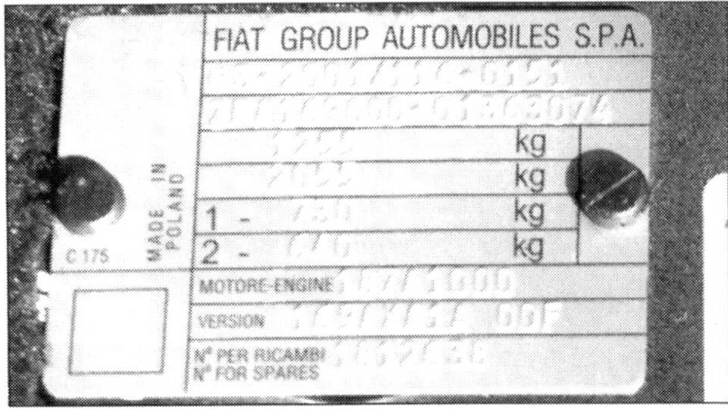

Das Typenschild: Beim Panda finden Sie das Typenschild im Kofferraum, links neben der Reserveradmulde.

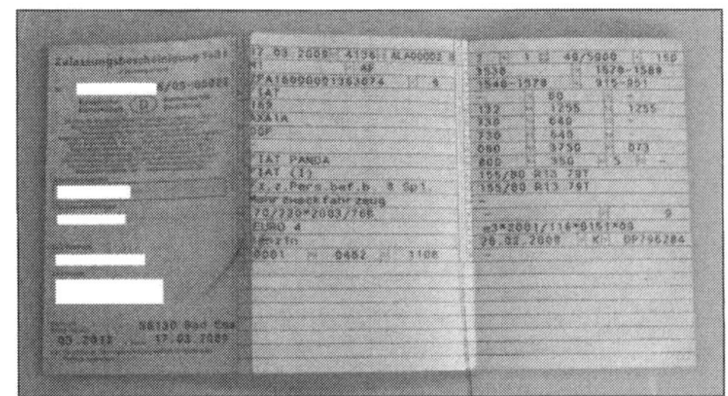

Der Fahrzeugschein: Hier findet die Werkstatt die wichtigsten Daten und auch die Fahrgestellnummer.

den soll, und dem Schaden ist es schließlich egal, wer die Rechnung bezahlt. Damit also der Werkstattmeister nicht viele Stunden und Kilometer in Ihrem Auto zurücklegen muss, um ein Klappern zu lokalisieren, das eventuell gar nicht das ist das Sie meinen, sollten Sie möglichst präzise Angaben machen. Der vorhandene Fehler muss reproduzierbar sein. Das heißt, Sie sollten genau beschreiben, wann der Wagen klappert. Eine gute Hilfestellung bieten hier die W-Fragen:

Wann tritt das Problem immer auf? »Beim Befahren von Unebenheiten, wie zum Beispiel über die Brücke XY in eine bestimmte Richtung. Bei Temperaturen unter null Grad ist das Klappern am deutlichsten zu hören, die Motortemperatur spielt dabei keine Rolle.«

Wie kann man das Geräusch verstärken oder abschwächen? »Die Geschwindigkeit, mit der man über die Brücke fährt ist egal, aber man darf kein Gas geben, um das Klappern zu hören.«

Wo kommt das Geräusch her? »Es scheint von vorn rechts zu kommen; wenn ich meine Hand auf das Armaturenbrett lege, kann ich es sogar fühlen.«

Wieso sind Sie nicht schon früher damit gekommen? »Weil das Klappern erst seit ein paar Wochen vorhanden ist.«

Wer hat zuletzt an dem Wagen Hand angelegt? »Sie haben hier den letzten Kundendienst gemacht, ich habe nur die Winterräder montiert.«

Was haben Sie schon dagegen unternommen? »Ich habe schon alle losen Gegenstände aus dem Wageninneren entfernt, aber es hat sich nichts geändert.«

Bei einer präzisen Fehlerbeschreibung können Sie sicher sein, dass der Mechaniker den Fehler schneller eingrenzen kann, und auch das Reparaturergebnis ist für alle Beteiligten einfach und schnell überprüfbar. Diese W-Fragen sind mit leichten Abwandlungen auf nahezu alle Mängel anwendbar. Möglicherweise finden Sie das Problem auch selbst, wenn Sie sich die richtigen Fragen stellen. Denn niemand kennt Ihren Wagen besser als Sie selbst. Oftmals sind es Kleinigkeiten, die Sie nebenher erwähnen, aber dem Mechaniker die richtige Richtung weisen.

Der Ton macht die Musik

Oft treten Probleme auf, wenn es um Leistungen der Gewährleistung oder Garantie geht. Auch wenn Sie sich im Recht fühlen und vielleicht auch Recht haben, beachten Sie bitte, das Sie meistens nur mit einem Angestellten sprechen, und dessen Motivation entscheidet in der Regel über die Art und Dauer Ihrer Auftragsabwicklung. Damit Ihr Anliegen zur vollsten Zufriedenheit bearbeitet wird, sollten Sie die üblichen zwischenmenschlichen Verhaltensregeln einhalten, auch wenn Sie schon eine halbe Stunde in der Warteschlange stehen. Nicht jeder Zeitpunkt ist gleich gut für einen Werkstattbesuch, der Freitag vor einem langem Wochenende oder Ferienbeginn ist kein so guter Tag. Wir empfehlen Ihnen, sich vorher anzumelden und dem entsprechenden Mitarbeiter eine kurze Schilderung Ihres Anliegens zu geben. Oft kann dieser schon im Vorfeld wichtige Informationen bereitstellen oder auf etwas hinweisen, das Sie nicht vergessen sollten mitzubringen.

Wenn es doch zu Differenzen kommt, versuchen Sie, den Vorgang noch einmal mit dem Verantwortlichen sachlich durchzugehen, eventuell auch unter Beteiligung des Mechanikers oder Meisters. Dieses Gespräch sollte in einem separaten Raum stattfinden und nicht vor weiteren Kunden. Für das Unternehmen kann es sehr schädlich sein, wenn laute Streitereien vor der Kundschaft ausgetragen werden, entsprechend wird die Reaktion ausfallen. Nehmen Sie ruhig sachkundige Verstärkung mit, Ihr Gegenüber wird auch nicht alleine sein. Ein Zeuge kann später sehr wichtig sein. Sollte das nicht das gewünschte Ergebnis bringen, haben Sie noch die Möglichkeit ein Schlichtungsverfahren einzuleiten. Ein solches Verfahren, welches unter der Regie der jeweils zuständigen Handwerkskammer durchgeführt wird, stellt ein Angebot sowohl an das Mitgliedsunternehmen der Handwerkskammer als auch an dessen Auftraggeber dar, sich außergerichtlich zu einigen. Ziel eines Schlichtungsverfahrens ist, die Streitigkeiten zwischen dem Handwerker und dessen Auftraggeber schnell und unbürokratisch, möglichst durch eine gütliche Einigung, beizulegen. Sollte dies alles nicht funktionieren, können Sie immer noch den teilweise langwierigen und möglicherweise auch kostspieligen juristischen Weg einschlagen. So weit sollten Sie es aber nicht kommen lassen.

Großer Panda-Waschtag

Sein eigenes Auto zu pflegen macht Spaß. Sie sichern damit nicht nur den Wert, sonder lernen Ihr Auto auch bis in den letzten Winkel kennen. Das ist die ideale Voraussetzung, wenn wir später beginnen wollen Teile zu demontieren.

Werterhalt

Ein Auto zu besitzen ist für die meisten Menschen weitaus mehr als nur eine bequeme Alternative zu Straßenbahn oder Fahrrad. So auch für Sie. Schließlich haben Sie sich bewusst für ein bestimmtes Modell entschieden, in Ihrer Lieblingsfarbe und mit genau den Ausstattungsmerkmalen, die Sie mögen. Der Lack funkelt in der Sonne, der Innenraum riecht angenehm. Da stellt sich zu Recht ein gewisser Besitzerstolz ein, zumal ein Auto auch eine hübsche Stange Geld kostet. Diesen Wert gilt es zu erhalten, denn vielleicht kommt der Tag, an dem Sie sich doch von Ihrem Schmuckstück trennen wollen oder müssen. Dann geht es um Bares und wie so oft im Leben zählt hier der erste Eindruck. Und stellen Sie sich einfach vor, Sie müssten ein jahrelang vernachlässigtes Auto vor dem Verkauf in Form bringen. Eine Wahnsinns-Arbeit, nur für den Käufer! Also pflegen Sie Ihr Auto regelmäßig. Sie werden sehen, das macht sogar Spaß! Wie das am besten geht und was Sie dabei beachten, müssen erfahren Sie hier.

Waschanlage oder Handwäsche?

Eine der wichtigsten Fragen, die ebenso heiß wie häufig diskutiert wird. Und leider können auch wir keine eindeutige Antwort darauf geben. Einerseits ist die Maschinenwäsche natürlich die bequemste Variante und auch in Sachen Umwelt erste Wahl (siehe auch Kasten rechts), andererseits haben die Vertreter der Handwasch-Fraktion natürlich recht, wenn sie vor Kratzern und anderen Beschädigungen warnen. Denn natürlich gehen in Waschanlagen manchmal Außenspiegel zu Bruch oder die Bürsten hinterlassen auf dunklen Lacken leichte Kratzer. Das passiert allerdings nur bei schlecht gewarteten oder veralteten Anlagen aber auch genauso, wenn der Schwamm bei der Handwäsche nicht sauber ist. Wie die meisten Fahrzeuge hat auch die Karosserie Ihres Pandas viele tückische Stellen. Dazu gehören zum Beispiel die Falze und Kanten an den Türinnenseiten oder auch am Kofferraum. Die Reinigung in der Waschanlage allein kann also zu unbefriedigenden Resultaten führen und Sie müssen am Ende ein paar Stellen doch von Hand nachputzen.

Woran erkenne ich eine gute Waschanlage?

Zunächst einmal ist natürlich die neuere und weniger frequentierte Waschanlage die bessere Wahl. Moderne Anlagen steuern die Bürsten optisch und besitzen genügend Flexibilität, um auch mit den ungewöhnlichen Formaten moderner Autos zurechtzukommen. Wenn Sie eine alte Anlage sehen, die noch mit Fühlern arbeitet, die über die Konturen der Karosserie schleifen, fahren Sie am besten gleich weiter. Auch gebogene oder ausgefranste Borsten sind kein gutes Zeichen. Dann wird diese Waschanlage sehr oft benutzt, ohne dass der Betreiber gerne Geld investiert. Die Folge ist eine Breitseite für den Lack, da die Borstenenden keine saubere Arbeit leisten können. Beobachten Sie einfach einen Waschgang eines anderen Kunden und achten Sie auch darauf, ob das Auto zu Beginn des Waschganges mit genügend Wasser benetzt wird. Denn auch hier wird manchmal gespart oder verstopfte Düsen werden erst gar nicht gereinigt.

⚠ Putzen gefährdet die Umwelt

GEFAHRENHINWEIS

Ausnahmsweise gilt dieser Gefahrenhinweis nicht Ihnen, sondern der Umwelt. Den Wagen vor der eigenen Haustür zu waschen, ist längst nicht mehr überall erlaubt – und das aus gutem Grund: Mit dem Abwasser können gefährliche Stoffe in das Grundwasser gelangen. So zum Beispiel Öl oder Chemikalien, die Sie zum Reinigen verwenden. Auch der Trinkwasserverbrauch ist nicht zu unterschätzen. In Waschanlagen werden diese Stoffe durch Abscheider aufgefangen und das Wasser mehrmals aufbereitet und erneut verwendet. Auch die verschmutzten Lappen sind im Grunde genommen Sondermüll, besonders wenn Sie damit dicke Ölkrusten beseitigt haben. Wir raten Ihnen deshalb, grundsätzlich einen ausgewiesenen Waschplatz aufzusuchen. Am besten einen der überdacht ist, so müssen Sie auch nicht darauf achten, dass Ihnen die Sonne unter Umständen hässliche Wasserflecke in den Lack brennt. Und Sie sind unter Ihresgleichen: Autoliebhaber, die ihr Fahrzeug nicht nur als Fortbewegungsmittel sehen, sondern es mit Hingabe pflegen. Also ein guter Ort für Benzingespräche.

Schadet häufiges Waschen dem Lack?

Heutige Lacke sind außerordentlich resistent gegen Umwelteinflüsse. Sie müssen selbst bei relativ frisch lackierten Teilen (zum Beispiel nach einer Unfallreparatur) keine Angst haben. Die größere Gefahr geht von Vogelkot, Insekten oder Pflanzensäften aus, die den Lack mit der Zeit angreifen. Also am besten gleich abwaschen!

Das Grundrüstzeug: Unterschiedliche Pflegesubstanzen sowie die richtige Auswahl an Tüchern, Schwämmen und Bürsten sind zur gründlichen Reinigung unerlässlich.

Wichtige Hilfsmittel und Putzutensilien

Egal ob Sie nur von Hand waschen, oder Ihren Wagen zunächst durch eine Waschanlage jagen – Sie brauchen in jedem Fall noch ein paar Dinge um Ihr Schmuckstück perfekt in Form zu bringen. Denn auch die beste Waschanlage lässt manchmal ein paar Stellen aus. Am besten entfernen Sie mit einer gründlichen Vorbehandlung hartnäckige Verunreinigungen und warten dann mit Schwamm und Leder bewaffnet am Ausgang der Waschanlage, um sofort nacharbeiten zu können. Und natürlich sollten Sie sich bei dieser Gelegenheit auch gleich den Stellen widmen, die eine Waschanlage niemals erreichen kann: Hierzu zählen beispielsweise die Innenseiten der Scheiben oder auch die Einstiegsleisten. Wir haben darum für Sie hier die wichtigsten Utensilien zusammengestellt, die Sie beim Waschgang unbedingt parat haben sollten.

Vorbehandlung

Vor einer gründlichen Reinigung sollten Sie Ihren Wagen auch einer gründlichen Vorbehandlung unterziehen. Widmen Sie sich akribisch den großen Flächen der Karosserie. Inspizieren Sie gleichzeitig die gesamte Karosserie auf Kratzer. Später gehen wir darauf ein, wie Sie Ihren Panda vor Kleinschäden mit relativ geringem Aufwand und vor allen Dingen vertretbaren Kosten schützen können. Arbeiten Sie von oben nach unten, fangen Sie mit dem Dach an und verteilen Sie von dort den Waschschaum auf die restliche Karosserie. Hilfreich ist die Waschbürste um alle Stellen am Dach zu erreichen, ohne auf Tuchfühlung mit der Fahrzeugflanke gehen zu müssen. Geben Sie aber acht, dass die Dreckreste Ihres Vorgängers nicht mehr im Bürstenkopf hängen und so Ihre Lackoberfläche verkratzen. Besonders die Felgen müssen Sie sich gesondert vornehmen. Denn an den Rädern setzt sich aggressiver Bremsstaub fest und kann dort die Oberfläche angreifen. Reinigen Sie daher die Felgen mit der Bürste vor, um anschließend noch mit dem kleinen Haushaltsschwamm (Vorsicht im Umgang mit der Scheuerfläche) und einer Bürste nachzuarbeiten. Für Insektenreste an der Front empfiehlt sich ein Insektenreiniger zur Vorbehandlung. Zum Schluss waschen Sie den Wagen großzügig mit dem Dampfstrahler ab. Halten Sie dabei aber unbedingt genügend Abstand.

Der große Schwamm: Ein weicher Schwamm ist bei der Handwäsche das wichtigste Putzutensil. Er eignet sich aber auch gut zur Vorreinigung oder zum Nachputzen.

Gegen Insektenreste: Besonders hartnäckig können Insektenreste auf den Streuscheiben der Scheinwerfer anhaften. Rücken Sie dem Fliegendreck mit einem Zellstoffpapier und etwas Schaumreiniger oder Insektenlösemittel zu Leibe.

Bremsstaub an den Felgen: Der schwarze Abrieb an den Radzierblenden und Felgen sieht nicht nur hässlich aus, er greift auch das Material an. Daher immer gut abspülen.

Grober Dreck an der Karosse: Die starken Verschmutzungen lösen Sie zunächst mit dem Hochdruckreiniger.

Pinsel und Bürste: Die Feinarbeit an den Felgen erledigen Sie am besten mit einem kleinen Haushaltsschwamm und einer Bürste an einem flexiblen Drahtstiel oder Pinsel.

Vorsicht beim Dampfstrahlen

GEFAHRHINWEISE

Ein Dampfstrahler ist an sich eine tolle Erfindung: Heißes Wasser, das unter extrem hohem Druck aus einer Düse schießt, löst fast jede Schmutzkruste. Besonders gut natürlich dicke Ölkrusten an Motor und Getriebe. Hiervon raten wir aber dringend ab. Denn die im Motorraum verbauten Elektronikteile können durch die eindringende Feuchtigkeit erheblichen Schaden nehmen. Die Folge könnte ein kostspieliger Austausch des Motorsteuergerätes sein. Der Motorraum sollte daher nur mit geeigneten, so genannten Kaltreinigern und in Handarbeit, oder noch besser vom Profi gesäubert werden. Auch für den Kühler ist ein Dampfstrahler Gift. Denn der scharfe Strahl dringt mit großem Druck durch die feinen Lamellen und kann diese deformieren. Bleiben noch die Felgen. Tatsächlich kann der Dampfstrahler hier im Kampf mit Bremsstaub und anderen Verschmutzungen viel bewirken. Meistens reflektieren die Speichen den Strahl jedoch in die Richtung, in der Sie gerade stehen. Und wehe, Sie kommen dem Reifen zu nah! Auch in der Seitenwand moderner Pneus kann der enorme Druck des Wasserstrahls Schaden anrichten. Also wenigstens 50 cm Abstand halten!

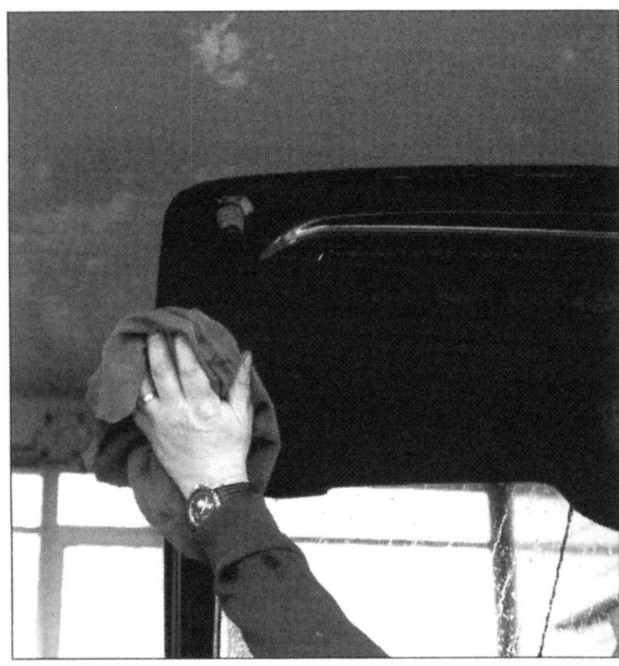

Heckdeckel innen: Kontrollieren Sie die Umlaufkante des Heckdeckels auf Restverschmutzungen. Reiben Sie die betreffenden Stellen gründlich aber vorsichtig sauber.

Nachbehandlung der kritischen Stellen

Ein perfektes Finish macht den Unterschied. Also ist nach dem Waschgang nochmals Handarbeit angesagt. Nehmen Sie sich insbesondere der schwierigen Stellen an. Hierzu zählen wie bereits erwähnt die Einstiegsleisten, aber auch die Innenseiten und Aussparungen der Türen und des Heckdeckels. Fahren Sie auf gar keinen Fall sofort nach der Wäsche los, denn sonst war die Arbeit bis dahin vergebens. Die noch feuchten Stellen, zum Beispiel an der Unterkante der seitlichen Schweller, nehmen sofort wieder Straßenschmutz auf, der durch die Räder und den Fahrtwind aufgewirbelt wird.

Türkanten: Jede Tür einzeln öffnen und mit dem Tuch nachfahren. Genauso an den Einstiegsleisten und eventuell auch die Schwellerkanten behandeln.

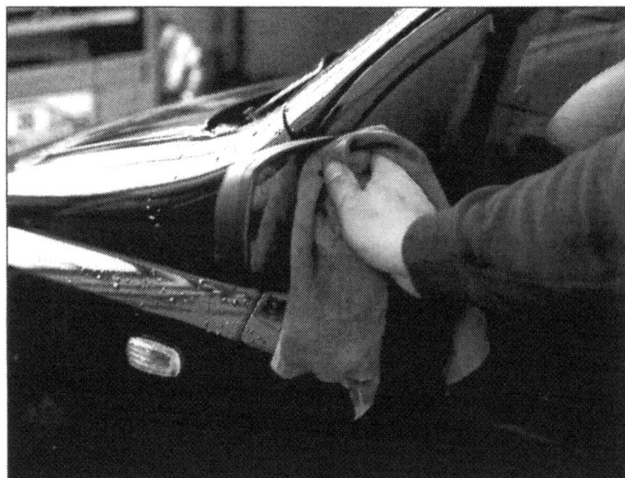

Spiegelgehäuse und Glas: Restfeuchtigkeit an den Seitenspiegeln mit dem Tuch vorsichtig abwischen. Dabei das Gehäuse mit dem Lappen von hinten festhalten und abreiben.

Große Flächen: Um die restlichen Wassertropfen zu entfernen, ist das gute alte Leder immer noch unschlagbar. Aber Vorsicht: Niemals über noch schmutzige Stellen wischen!

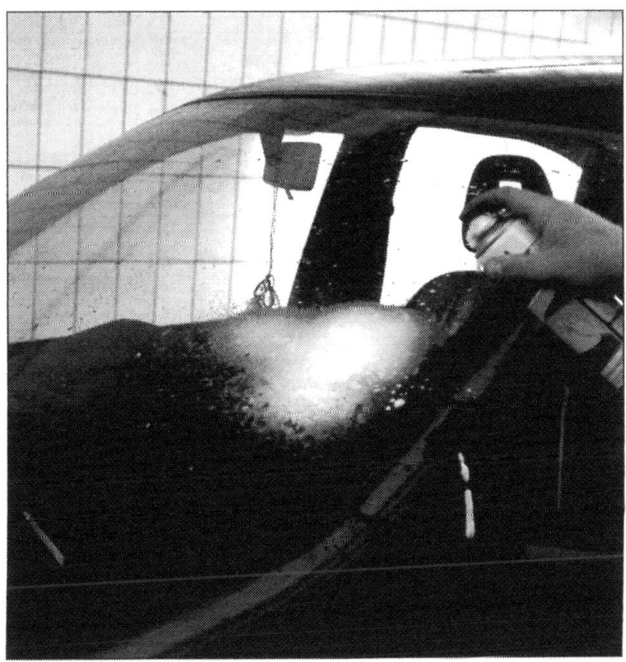

Scheiben: Für den klaren Durchblick sorgt ein fusselfreies Tuch, mit dem die Scheiben innen und außen abgewischt werden. Ohne Reiniger geht auch das Leder.

WISSENSWERTES

Nanotechnologie

Als Forschungsfeld mit Zukunftspotential bietet die Nanotechnologie schon heute viele Anwendungen im und rund ums Fahrzeug. Beispiele sind blendungsfreie Tachoverglasungen oder auch Verbundglas, das Infrarotstrahlung absorbiert und so die Wärmeeinwirkung aufs Fahrzeuginnere reduziert. Der berühmteste Nanoeffekt ist aber der Lotusblüteneffekt, der selbstreinigende Oberflächen ermöglicht. Zur längerfristigen Versiegelung der Lackoberfläche bieten nun auch einige Pflegefachbetriebe diesen Lackschutz an. Was

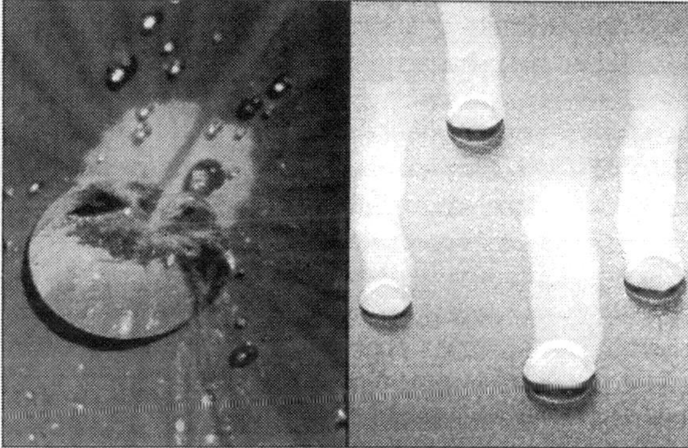

Nach dem Vorbild der Natur: Nanopartikel reduzieren die Benetzbarkeit und verhindern dadurch Schmutzanhaftungen an der Oberflächen.

für den Oberflächenschutz durch Anstreichfarben an Häuserfassaden oder auch Dachziegeln gut funktioniert, birgt beim bewegten Fahrzeug noch gewisse Schwierigkeiten. Die Rauigkeit der mikroskopisch kleinen Strukturen, welche eine geringe Benetzbarkeit und damit auch ein hohes Maß an Selbstreinigung bewirken, könnten nämlich schnell durch Insekten verkrustet werden. Dennoch bieten immer mehr Pflegefachbetriebe Nanotechnologie als Langzeitschutz an. Im Unterschied zu einer Wachsversiegelung hält der Nanoschutz mitunter bis zu drei Jahre und das bei vergleichbaren Kosten. Wenige Fahrzeughersteller bieten mittlerweile auch den Nanoschutz ab Werk. Eine Nanoschicht im Klarlack sorgt für höhere Resistenz gegen mechanische Beanspruchung und Korrosion, was in der Praxis eine höhere Kratzfestigkeit bedeutet. Die Forschung arbeitet derzeit an weiteren praktischen Anwendungen. Selbstreinigende Felgen oder auf Knopfdruck wechselnde Farbe sind so vielleicht schon bald mehr als nur eine Vision.

Polieren und Konservieren

Dem Lackkleid sollten Sie von Zeit zu Zeit eine Politur gönnen. Dadurch kann der Schmutz nicht so leicht anhaften und auch das Wasser perlt einfach ab. Das ist übrigens ein guter Indikator für den richtigen Zeitpunkt: Bildet das Wasser größere Pfützen auf der Karosserie, sollten Sie die Oberfläche neu versiegeln. Im Handel sind zahllose Produkte zu finden, vom leichten Mittel bis zum schleifenden Reiniger für stark verwitterte Lacke. Lesen Sie also die Beschreibung aufmerksam durch und verwenden Sie im Zweifelsfall stets das weniger aggressive Produkt. Etwas anders sieht es unter dem Panda aus. Obwohl hier ab Werk ausreichend Korrosionsschutz vorhanden ist, sollten Sie bei Gelegenheit nochmals nacharbeiten. Die Falze und Hohlräume freuen sich über eine Extraportion Wachs, die das Eindringen von Feuchtigkeit und den daraus resultierenden Kantenrost um Jahre verzögert. Dazu muss allerdings der Unterboden zuerst von allen Verkleidungen befreit werden. Behalten Sie diese Spezialbehandlung also im Kopf, wenn Sie weiter hinten im Buch beginnen, Teile des Unterbodens zu demontieren. Langfristigen Schutz kann auch die Versiegelung mit Wachs vom Fachmann bieten. Sie kostet, summiert auf die Wirkdauer, etwa so viel wie die Wagenwäschen, die man sich dadurch ersparen kann und hält bis zu einem ganzen Jahr. Neuerdings bieten manche Pflegefachbetriebe auch die Versiegelung mittels Nanotechnologie (siehe Kasten) an. Diese Art das Fahrzeugäußere zu versiegeln kostet zwar mehr, hält dafür aber auch mitunter bis zu drei Jahre.

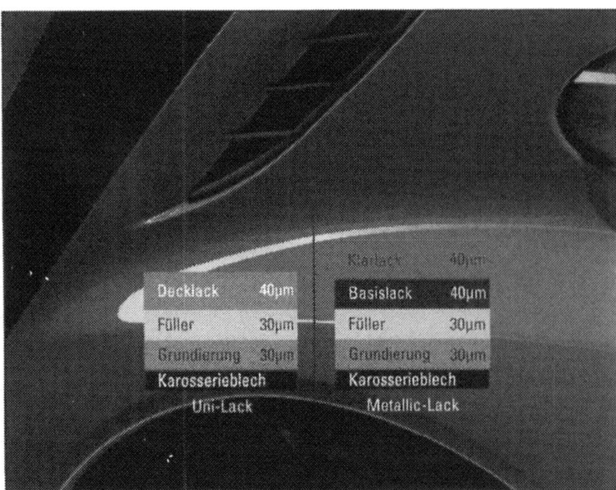

Lackschichten: Die Lackoberfläche ist durch unterschiedlich dicke Schichten aufgebaut und schützt das Blech darunter vor Korrosion.

Kleiner Schmierdienst

Überall dort, wo sich Teile der Karosserie relativ zueinander bewegen, entstehen Reibungskräfte, die nach und nach aber vor allen Dingen bei mangelnder Schmierung das Material der Kontaktflächen verschleißen. Türen, Schlösser und Scharniere müssen daher mit einem Spritzer Öl in Gang gehalten werden. Die Aufbringung der Schmiermittel macht Ihnen wenig Aufwand. Die meisten Spraydosen haben zum gezielten Einbringen einen Sprühkopf als längliches und flexibles Röhrchen. Dadurch ersparen Sie sich zumindest aufwändige Demontagen. Der langfristige Effekt dieser Arbeit ist aber dennoch nicht zu unterschätzen. Empfehlenswert sind so genannte Gelsprays. Sie haften aufgrund ihrer weniger flüchtigen Konsistenz besser und verteilen sich zugleich sehr weitläufig bis in den letzten Spalt. Außerdem haften diese Mittel länger als normales Öl.

Türschloss: Gelegentlich ein paar Spritzer Öl halten die Verriegelungsmechanik in Gang. Gelspray verteilt sich bis in den letzten Winkel und haftet länger als normales Öl.

Schließzylinder: Die Mechanik der Schließzylinder können Sie mit Sprayölen in Gang halten. Benutzen Sie bei der Anwendung ein Tuch, um überschüssiges Öl aufzufangen.

Türscharniere: Quietschende Scharniere sind nervig und außerdem der Beleg mangelnder Fürsorge. Beugen Sie durch regelmäßige Öl-Anwendung vor. Dabei auch gleich die Türfeststeller an den im Bild angezeigten Stellen schmieren.

Pflege des Innenraumes

Natürlich gibt es unzählige Mittelchen für die Pflege unterschiedlichster Materialien. Und jede Woche kommt ein neues hinzu. Wir können daher keine konkrete Produktempfehlung aussprechen, wollen Ihnen aber gerne erklären, welche Art von Produkt an welcher Stelle angebracht ist.

Aufwändige Geschichte: Die Reinigung des Panda-Innenraumes nimmt viel Zeit in Anspruch und braucht eine Menge unterschiedlicher Mittel. Auf den ersten Blick erkennen wir in diesem Cockpit verschiedene Materialien und Oberflächen. Fast jede braucht eine andere Behandlung. Hier natürlich nicht im Bild: Die unangenehmen Gerüche. Aber auch dafür gibt es Lösungen: Eine Schale Essigwasser, über Nacht in den Fahrzeuginnenraum gestellt, wirkt Wunder.

Lüftungsdüsen: Zum Entfernen von Staub empfiehlt sich ein handelsüblicher Malerpinsel mit langen Borsten, der sich auch für sonstige schwer zugängliche Stellen eignet.

Knöpfe und Schalter: Etwas Cockpitspray auf einen Lappen sprühen und die Knöpfe gründlich säubern. Schon setzt sich kein Speck mehr darauf ab.

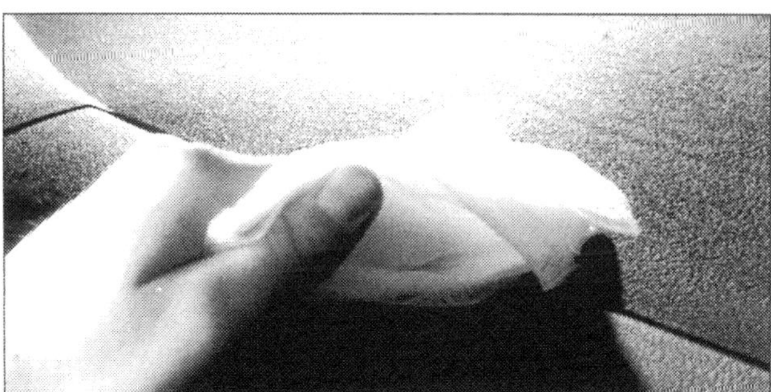

Kunststoffoberflächen: Bewährt haben sich antistatische Mittel (Cockpitspray), die verhindern, dass Staub und Schmutz vom Kunststoff angezogen werden.

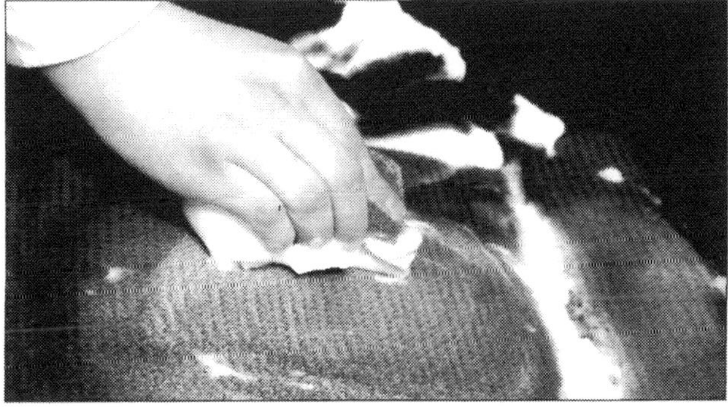

Textilien: Schwierig zu reinigen, da sich der Schmutz in den Fasern festkrallt. Probieren Sie Polsterreiniger, aber zunächst an einer unauffälligen Stelle, um die Verträglichkeit zu testen.

Gläser aus Kunststoff: Hier ist größte Vorsicht angebracht. Zu scharfe Mittel oder schmutzige Lappen verursachen sehr schnell Kratzer oder blinde Stellen.

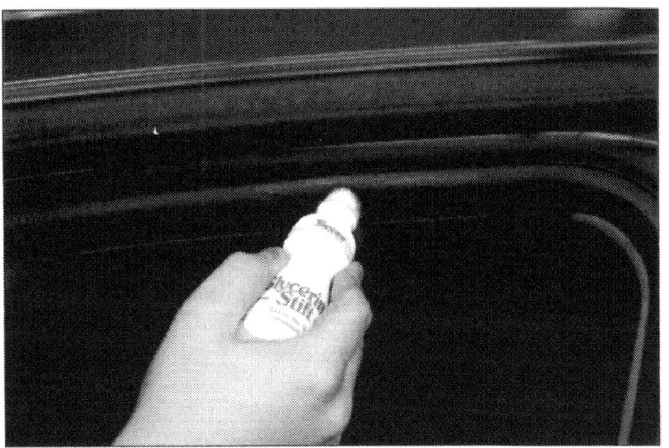

Gummidichtungen: Diese müssen innen wie außen geschmeidig bleiben. Besonders wichtig ist das im Winter. Spezielle Gummipflegemittel geben dem elastischen Material zusätzlich den Glanz.

Wertsteigerung durch Aufbereitung

Vielleicht kommt irgendwann die Zeit, wo Sie sich von Ihrem Panda trennen müssen oder wollen. Möchten Sie nun zur Wertsteigerung beitragen und einen höheren Erlös erzielen, gibt es vor dem Verkauf verschiedene Dinge zu beachten. Erstens sollten Sie Ihren Panda dem Nachbesitzer in einem technisch einwandfreien Zustand überlassen. Der TÜV nimmt Wertgutachten vor und checkt das Fahrzeug auf etwaige Mängel. Verschiedene Prüfpunkte werden in einem detaillierten Bericht aufgelistet, dazu gehören Bremsen, Lenkung, Fahrwerk, Antrieb, Auspuffanlage, Elektrik und Beleuchtung, Karosserie und Lackierung sowie der Innenraum. Ein Gebrauchtwagenzertifikat sorgt zusätz-

PRAXISTIPP

Aufbereitung vom Profi

Die Abwägung, ob es sich für die vorhandenen Kleinschäden an Ihrem Fahrzeug lohnt einen Profi zu engagieren oder nicht, wird dann relevant, wenn Sie sich von Ihrem Wagen trennen wollen oder müssen. Denn auch bei der Fahrzeugwartung und -pflege hat sich leider die »Geiz-ist-geil«-Mentalität in letzter Zeit bemerkbar gemacht. Trotz des gestiegenen Anteils älterer Fahrzeuge in Deutschland (das Durchschnittsalter des bundesweiten Fahrzeugbestandes beträgt mitt-

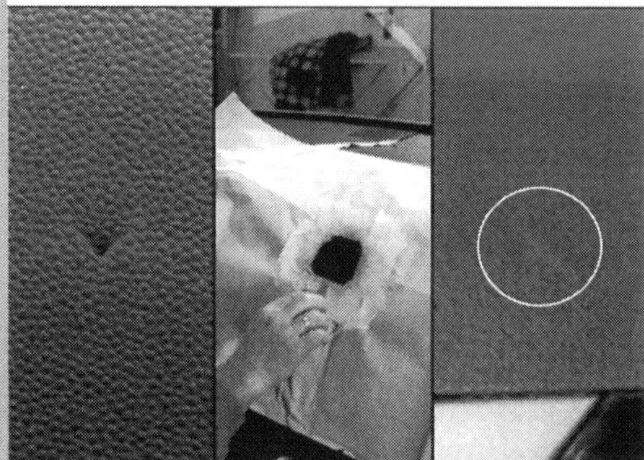

Befriedigendes Resultat: Ein Loch im Armaturenträger vor und nach der Reparatur.

lerweile acht Jahre), scheinen sich immer weniger Besitzer um den Allgemeinzustand ihres Fahrzeugs Gedanken zu machen. Wartung und Kundendienst werden vernachlässigt, die Motivation sinkt, in das Fahrzeug und den fälligen Service Geld zu investieren. Die Folge sind sich anhäufende Kleinmängel, die in ihrer Summe das Gesamtbild und die Erscheinung eines Kfz schnell trüben. Dies ist eine Chance für Besitzer wie Sie, die pfleglich mit ihrem Automobil umgehen. Sie können sich mit Ihrem ordentlich gepflegten Fahrzeug hervorheben und zusätzlich durch eine optische Generalüberholung den Wiederverkaufswert steigern. Praxistests haben gezeigt, dass professionell aufbereitete Fahrzeuge in aller Regel einen deutlich höheren Verkaufspreis erzielen als ohne vorherige Verschönerungsmaßnahmen. Die Schönheitskur kann so eine Wertsteigerung von bis zu 1000 Euro erzielen. Rechnet man die ca. 400 bis 500 Euro Aufwendungen ein, bleibt immer noch ein schöner Überschuss von mehreren hundert Euro.

lich für Vertrauen und dient als neutrale Verhandlungsbasis. Außerdem bleiben Sie und der Käufer vor bösen Überraschungen bewahrt, die unnötigen Ärger verursachen. Doch was kann man, außer dem technischen Check Up und der obligatorischen Wagenreinigung innen und außen, noch tun?

Komplettsanierung innen und außen

Eine Möglichkeit den Wagenwert zu steigern, ist die professionelle Aufbereitung Ihres Fahrzeugs. Innenraum und Karosserie erhalten dabei eine Komplettsanierung, kleinere Mängel und Schönheitsfehler werden beseitigt oder zumindest retuschiert. Ihr Panda steht anschließend im frischen Glanz da und macht so gleich auf den ersten Blick einen guten Eindruck. Auch ein Panda, der vor allem als urbanes Fortbewegungsmittel dem harten Autoalltag ausgesetzt war, trägt wahrscheinlich dementsprechende Spuren davon. Kleine Kratzer oder Beulen außen, die Löcher der Handyhalterung im Armaturenträger oder des Rauchers Unachtsamkeit, die sich im Sitzpolster als Brandloch verewigt hat. Die vielfältigen Methoden der Kleinreparaturen helfen, diese Schönheitsfehler bei relativ geringem Aufwand zu beseitigen. Aller Euphorie vorangestellt, sollten Sie sich aber im Klaren sein, dass die Aufbereitung keinen Neuwagen hervorzaubert. Machen Sie sich daher mit den Leistungen Ihres Profiaufbereiters vertraut und besprechen Sie ausführlich den erwünschten Umfang Ihrer Fahrzeugrenovierung. Machen Sie ihn auf kritische Stellen aufmerksam. So fällt eine sorgfältige Einschätzung, wie das erreichbare Ergebnis aussehen könnte, leichter.

Auspolieren kleiner Kratzer

Kleinere Kratzer lassen sich oft mit wenig Aufwand und ohne besondere Hilfsmittel entfernen.
Wichtig hierbei ist, dass die Kratzer nur in der obersten Lackschicht vorhanden sind.
Zuerst einmal muss das Fahrzeug gründlich gewaschen werden. So wird sichergestellt, dass man beim Polieren nicht mit Schmutzpartikeln die nächsten Kratzer in den Lack einarbeitet. Für den nächsten Schritt darf das Blech der zu polierenden Stelle nicht heiß sein. Bei einem zum Beispiel durch die Sonne aufgeheizten Lack trocknet die Politur zu schnell ab und erschwert die Arbeit ungemein. Für das Auspolieren reicht ein etwas kräftiger Lackreiniger aus. Er übernimmt die Schleifarbeit. Der Trick liegt darin, die Lackdicke etwas abzuschleifen, um sie wieder in die gleiche Höhe zu bekommen wie den Kratzer. So fällt diese Stelle nicht mehr auf. Je nach Aggressivität des Lackreinigers kann das sehr schnell gehen. Grundsätzlich sollte dann in einem zweiten Schritt die Umgebung des Kratzers leicht mitbehandelt werden. So wird vermieden, dass sich diese aufbereitete Stelle vom umliegenden Lackbild abhebt.

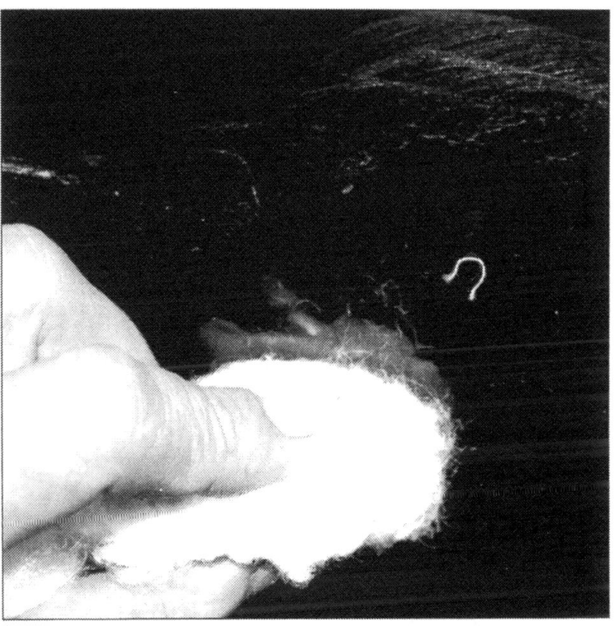

Auspolieren eines Kratzers: Auch wenn es nicht so aussieht, es wird geschliffen.

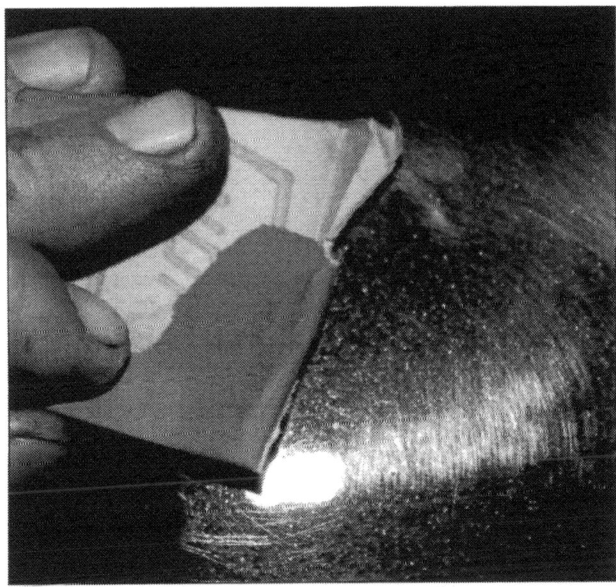

Auspolieren einer Kratzers mit Schleifpapier: Sieht eigenartig aus, ist aber sehr effektiv. Wichtig sind die Handhaltung und etwas Erfahrung.

Eine weitere Möglichkeit ist das Polieren mit Nassschleifpapier. Die Körnung sollte dann aber um 1500 liegen. Die Vorarbeit wird dann mit dem Schleifpapier und viel Wasser erledigt.
Es sollte aber trotzdem mit Lackreiniger nachgearbeitet werden. Im nächsten Schritt werden die Rückstände des Lackreinigers vollständig entfernt. Zum Abschluss wird die geschliffene Fläche mit einer Wachspolitur versiegelt und nach dem Abtrocknen der Wachsschicht gründlich mit einem weichen Lappen poliert.

Polieren der Fläche: Zum Abschluss muss nun Glanz entstehen.

Mehr als ärgerlich: Beulen und Kratzer

Wie schon erwähnt: Die Karosserie des Panda ist sehr widerstandsfähig. Doch irgendwann ist es vielleicht doch passiert: Es fällt irgendein Gegenstand auf das Blech oder der Lack ist durch einen tiefen Kratzer verunziert. Im Prinzip bleibt Ihnen dann fast nichts anderes übrig, als die Fahrt zum Lackierer beziehungsweise Karosseriebauer anzutreten. Reparaturversuche zu Hause sind bei allem Aufwand meistens nicht von dauerhaftem Erfolg. Daher wollen wir Ihnen hier bildhaft zeigen, wie der Profi einer Beule in einem Karosserieblech zu Leibe rückt. Das Problem in diesem Fall ist: Die Beule ist von innen nicht zugänglich, muss also von außen Stück für Stück herausgezogen werden. Hierzu verwendet der Profi einen Zuganker, der an die betroffene Stelle angeschweißt wird. Mit dieser Behelfsvorrichtung kann der Profi durch Ziehen die Einwölbung wieder herausbekommen. Danach wird der Anker wieder entfernt und die Stelle geglättet sowie anschließend lackiert.

Zuganker anschweißen: Auf das normalerweise blanke Blech wird mit einem Starkstrom-Schweißgerät eine Art Unterlegscheibe in der Beule angeheftet.

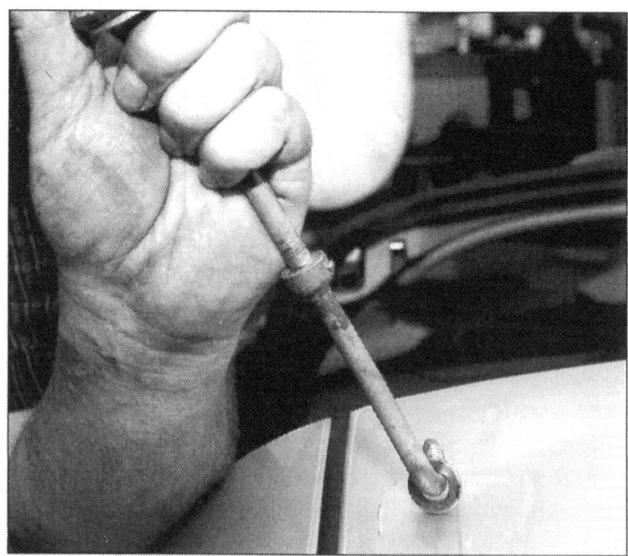

Ziehen des Blechs: Mit einem Schlaghammer, der an der Scheibe befestigt ist, wird die Beule vorsichtig herausgezogen. Meistens sind mehrere Durchgänge erforderlich.

PRAXISTIPP

Frontscheiben reparieren

Noch ein empfindlicher Punkt an der Karosserie sind die Scheiben. Kratzer und Steinschläge sind im Sommer schon lästig, im Winter jedoch werden Beschädigungen zur echten Gefahr. Abgesehen von den Reflektionen sammelt sich in den Kratern Schmutz, den der Wischer über die Scheibe verteilt. Zudem wird die Scheibe im Winter zerbrechlicher. Wenn der zwischen den Schichten liegende Plastikfilm von +20 Grad auf -5 Grad abkühlt, verhärtet die Scheibe um 57 Prozent. Die Spannungen verteilen sich über die gesamte Scheibe, aus einem kleinen Sprung wird dann schnell ein Riss. Spätestens dann muss die ganze Scheibe getauscht werden. Wenn Sie jedoch rechtzeitig handeln, können Steinschläge noch repariert werden. Dazu wird die schadhafte Stelle mit einem speziellen Harz gefüllt. Voraussetzung: Der Krater darf nicht ausgefranst oder weiter gerissen sein. Auch darf die Reparaturstelle nicht im direkten Sichtfeld des Fahrers liegen – so schreibt es zumindest der Gesetzgeber vor. Mit etwas Glück kommen Sie sogar an der Rechnung vorbei: Manche Versicherungen verzichten bei dieser Art der Reparatur auf den Einbehalt der Selbstbeteiligung. Denn das kommt die Assekuranzen immer noch billiger, als der Austausch einer kompletten Scheibe. Pionierarbeit auf diesem Gebiet hat die Firma Carglass geleistet, die mit rund 1700 Filialen inzwischen zu den Marktführern im Bereich Autoglas gehört. Auf der gut gemachten Internetseite www.carglass.de finden Sie weitere Informationen und eine Filiale in Ihrer Nähe. Im Internet können Sie sogar schon direkt einen Termin vereinbaren.

Erstaunliches Ergebnis: Ein Steinschlag vor und nach der Reparatur mit Kunstharz.

Fit durch den Winter

Auto fahren macht auch im Winter Spaß, vorausgesetzt, Sie haben den Wagen fit für die kalte Jahreszeit gemacht. Auch Sie selber müssen sich natürlich auf den Winter und seine Tücken einstellen und sich rechtzeitig ein paar Gedanken machen.

Eine Frage der Traktion

Mit dem Frontantrieb hat der Panda im Schnee grundsätzlich gute Karten. Die Antriebskraft wird vorne dank des Motorgewichtes in Traktion umgesetzt. Deshalb sind gute Winterreifen Pflicht. Auch von der Schneekettenpflicht auf manchen Passstraßen sind Sie trotz der überragenden Traktion nicht entbunden. Die Schneeketten sollten immer auf der Vorderachse montiert werden. Die in allen Modellen serienmäßig vorhandenen elektronischen Regelsysteme ABS und EBD (elektronische Bremskraftverteilung) sowie das optional lieferbare ASR und ESP helfen natürlich auch im Winter. Damit übertrifft der Panda sogar die Selbstverpflichtung der europäischen Automobilindustrie (ACEA vom 1. Juli 2004), nach welcher alle Fahrzeuge unter 2,5 t zulässigem Gesamtgewicht serienmäßig zumindest mit ABS ausgestattet sein sollen. Höchstens beim Herausschaukeln aus Schneeverwehungen sollten diese Fahrhilfen kurzfristig abgeschaltet werden. Es kann in bestimmten Fällen passieren, dass die Fahrdynamikregelung in das Notprogramm fällt und die Warnlampe leuchtet. Zum Beispiel wenn Sie die Vorderräder lange auf einer glatten Stelle durchdrehen lassen und dabei stark lenken, oder auch bei der Verwendung von Schneeketten aufgrund unterschiedlicher Abrollumfänge der Räder. Starten Sie in solchen Fällen den Motor neu um die Systeme zu reaktivieren.

Winterausrüstung mitnehmen

Damit Sie gut gerüstet sind, empfehlen wir Ihnen die folgenden Utensilien mitzuführen:

- Eine fertige Mischung Frostschutz für die Scheibenwaschanlage (A).
- Damit der Sprit nicht ausgehen kann, einen Reservekanister (B).
- Eine warme Decke (C), falls Sie festsitzen und der Sprit doch ausgeht.
- Eine kleine Schaufel für eine Tiefschneehavarie (D). Damit kann der Schnee vor den Rädern weggeschaufelt werden.
- Eine Kopflampe, bei der Sie im Dunkeln die Hände frei haben (E).
- Ein Seil oder, besser noch, einen langen Schwerlast-Spanngurt (F). Damit können Sie andere Autofahrer aus dem Graben ziehen oder selbst geborgen werden. Mit Hilfe der Ratsche und einem Baum können Sie sich sogar selbst helfen.
- Ein Starthilfekabel (G).

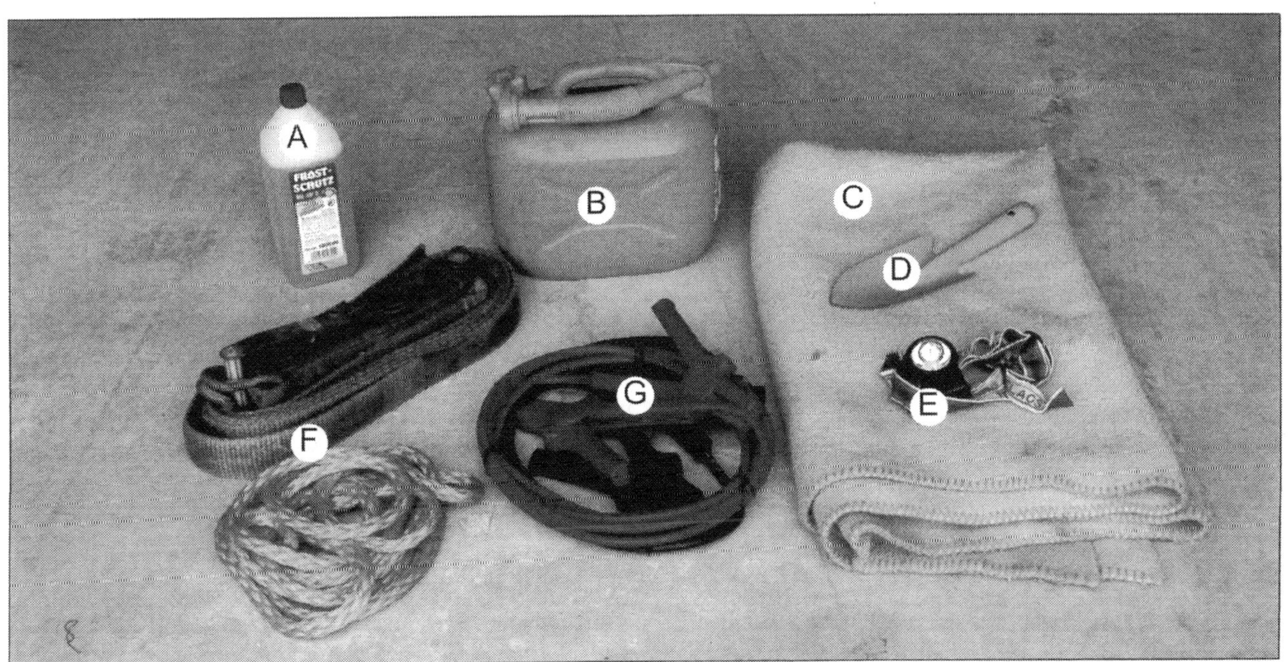

Winter-Grundausrüstung: (A) Frostschutz für die Scheibenwaschanlage, (B) Reservekanister, (C) Decke, (D) kleine Schaufel, (E) Kopflampe, (F) Abschleppseil oder Spanngurt, (G) Starthilfekabel.

Startschwierigkeiten im Winter vermeiden

Der Motorstart wird unter winterlichen Bedingungen schnell einmal zu einem Problemfall. Denn nicht nur das Motoröl wird bei niedrigen Temperaturen dickflüssiger, sondern auch die Batterie gibt bei Frost weniger Leistung ab. Zusammengenommen können dies im Winter K.-o.-Kriterien für das Fortkommen sein. Denn gerade jetzt braucht der (Anlasser-)Motor mehr Leistung, um die erhöhten Reibwiderstände zu überwinden. Sie können es der Batterie aber so leicht wie möglich machen, indem Sie auf Strom fressende Funktionen bei stehendem Motor verzichten (Radio, Innenbeleuchtung, etc.). Schalten Sie vor dem Start unnötige Verbraucher ab, hierzu zählen zum Beispiel die Lüftung oder das Radio. Das Licht sollte beim Startvorgang aus sein, ebenso die Innenraumbeleuchtung oder Sitzheizung. Wenn Sie dies beachten, wird die Batterie am wenigsten in Anspruch genommen und kann Startschwierigkeiten im Winter vermeiden.

Winterreifen

Grundvoraussetzung für sicheres Vorankommen bei Minusgraden sowie Eis und Schnee ist die richtige Bereifung Ihres Panda. Denn die vier handtellergroßen Flächen aus Gummi zwischen Ihnen und der Fahrbahnoberfläche stellen nun mal das wichtigste Bindeglied zur Straße dar. Seit 04.12.2010 schreibt die Bundesregierung Winterreifen bei Eis, Schnee und Schneematsch vor. Zulässig sind auch so genannte Ganzjahres- oder Allwetterreifen, sofern sie mit dem M+S-Symbol gekennzeichnet sind. Aber beachten Sie: Ganzjahresreifen können für unkritische Wetterlagen mit milden Temperaturen ausreichend sein. Bei plötzlichem Kälte- und Schneeeinbruch sind sie aber schlichtweg ungeeignet. Weder die geübte Hand noch die Elektronik können dann bei unzureichender Bodenhaftung/Bereifung das Fahrzeug noch kontrollieren. Gehen Sie also auf Nummer sicher, was das Vorankommen auf vier Rädern angeht – verwenden Sie einen vernünftigen Satz Winterreifen. Welche Winterreifen geeignet sind und vor allen Dingen passen, erfahren Sie auf den folgenden Seiten genauso, wie Sie ohne Risiko beim Winterreifenkauf auch Geld sparen können und die Winterreifen auch sicher anbringen. Damit Sie keinen Fehlgriff machen, haben wir die wichtigen Prüfkriterien ebenfalls aufgeführt.

WISSENSWERTES

Das Schneeflockensymbol

Der großen Verunsicherung vieler Autofahrer, welche Reifen sich im Winter am besten eignen, soll durch das Schneeflockensymbol Einhalt geboten werden. Die Entstehungsgeschichte dieses Symbols rührt auch aus dem zum Teil betriebenen Missbrauch mit der »M+S«-Kennung (engl.: Mud and Snow = Matsch und Schnee), die nicht als geschützte Kennzeichnung für unbeschränkte Wintertauglichkeit gilt. Denn nicht alle mit M+S gekennzeichneten Reifen weisen die Lamelleneinschnitte in den Profilblöcken auf, die für

Schneeflockensymbol

Garant für Wintertauglichkeit: Reifen mit der Schneeflocke zusätzlich zur M+S Kennung

gute Traktion auf Schnee sorgen. Daher tragen etwa auch Reifen für den Geländeeinsatz dieses Symbol. Doch gerade gröbere Allradreifen sind für den Einsatz im Winter höchst ungeeignet. Für die Experten des Deutschen Verkehrssicherheitsrats ist der Winterreifen mit Schneeflockensymbol daher Favorit für die sichere Fahrt. Die auf der Reifenflanke dargestellte Schneeflocke hat sich im Jahr 2002 europaweit als freiwilliges Hersteller-Kennzeichen von Winterreifen zusätzlich zur M+S-Markierung durchgesetzt. Angebracht wird sie aber nur an Reifen, die auch streng den vorgegebenen Spezifikationen entsprechen. Dies gilt für Reifen, die im Vergleich mit einem Standard-Referenzreifen mindestens sieben Prozent mehr Traktion auf Schnee bieten und zudem über einen um ebenfalls sieben Prozent kürzeren Bremsweg verfügen. M+S-Reifen hingegen müssen per Definition nur ein besonders grobes Profil besitzen. Die M+S-Kennzeichnung auf der Reifenflanke allein fordert aber keine bestimmte Schnee-Performance.

Die 7-Grad-Empfehlung

Ob die so genannte 7-Grad-Empfehlung als Marketingmaßnahme oder aufgrund früherer Reifenentwicklungen entstanden ist, lässt sich auch von uns nicht mehr nachvollziehen. Ihre Kernaussage ist, dass Winterreifen bei Temperaturen bis 7 Grad Celsius angeblich bessere Eigenschaften als Sommerreifen hätten. Dem entgegen haben verschiedene Tests jedoch solche pauschale Aussagen widerlegt. Denn auch bei Temperaturen knapp über dem Gefrierpunkt können mit Sommerreifen sowohl auf nasser als auch auf trockener Fahrbahn kürzere Bremswege erzielt werden als mit vergleichbaren Winterreifen. Winterreifen sind vor allen Dingen für winterliche Straßenverhältnisse ausgelegt. Sie verfügen über eine kälteresistente Gummimischung, die bei Minustemperaturen weniger verhärtet und damit eine bessere Verzahnung und Kraftübertragung mit dem Untergrund ermöglicht. Winterreifen sind mit dem M+S-Symbol und einer stilisierten Schneeflocke gekennzeichnet (s. Kasten). Anders als bei Sommerreifen ist es bei Winterreifen erlaubt, abweichend von den einzuhaltenden Angaben des Fahrzeugscheines, Reifen mit niedrigerem Geschwindigkeitsindex einzusetzen. In Deutschland ist in diesem Fall auch ein Aufkleber mit dem Aufdruck »XXX km/h« im Sichtbereich des Fahrers anzubringen.

Richtige Winterreifen für den Panda

Die Wahl der richtigen Winterreifen für den Panda fällt angesichts der vielen Angebote auf dem Markt nicht leicht. Muss es ein teurer High-Performance-Pneu sein oder reicht auch das günstige No-name-Fabrikat? Die Fahrzeughersteller empfehlen immer Markenreifen, da hier die Qualität keinen Schwankungen unterliegt und auch die Modellwechsel nachvollziehbar werden. Darüber hinaus sind aber auch jede Saison neue Modelle verfügbar. Ausgiebige Tests, zum Beispiel vom ADAC, zeigen, welche Winterreifen auch für die Panda-Dimensionen empfehlenswert und welche weniger geeignet sind. Die Tests gehen daher auf unterschiedliche Eigenschaften der Pneus, beispielsweise die Bremseigenschaften, auch bei trockener, unbeschneiter Fahrbahn ein. Sie können Ihre Kaufentscheidung nach den für Sie relevanten Kriterien fällen, dabei sollte aber in jedem Fall die Fahrsicherheit vor Sparsamkeit stehen.

Bessere Haftung dank Lamellen

Durch Forschung und Entwicklung der Reifenhersteller kam man nicht nur darauf, kälteresistente Gummimischungen zu verwenden, sondern auch die einzelnen Profilblöcke mit feinen Lamellen-Einschnitten und vielen Rillen zu versehen. Diese dienen als scharfe Greifkanten beim Abrollen des Rades auf der Fahrbahn. Der dynamische Prozess an der Auflagefläche erhöht die Verzahnungskräfte besonders mit losem Untergrund wie z. B. Schnee. Mit anderen Worten: Der lamellierte Reifen hat dadurch, dass er sich in den Untergrund rein krallt, mehr Grip. Die Lamellen sind andererseits auch ein guter Verschleißindikator: Mit zunehmender Abnutzung verschwinden die unterschiedlich tief geschnittenen Lamellen. Ihre beschriebene Wirkung nimmt ab. Unter 4 mm Profilstärke verlieren Winterreifen auf Schnee daher ihren Nutzen und sollten durch neue ersetzt werden. Es spricht allerdings wenig dagegen, Winterreifen im Frühjahr noch bis auf eine Profiltiefe von rund 3 mm aufzubrauchen.

Fast so gut wie Stollen: Stollen sind am Autoreifen tabu, aber mit Lamellen wird dennoch ein guter Kraftschluss auf Schnee erreicht.

Geringer Geräuschpegel

Auch bei der Minderung der Geräuschemission ging man mit Cleverness vor: Die Lamellenprofile erlaubten zum einen eine geringere Höhe der einzelnen Profilblöcke, was sich insbesondere auf das Geräusch verursachende Eigenschwingverhalten positiv auswirkte. Zum anderen wurden die Profilblöcke unterschiedlich groß gestaltet werden, sodass die nach dem Abrollen nachschwingenden Blöcke unterschiedliche Eigenschwingfrequenzen aufweisen. Ein eigendynamisches und geräuschvolles Schwingen bei einer bestimmten Geschwindigkeit wird so unterbunden.

Gebrauchte Winterreifen

PRAXISTIPP

Seit dem 04.12.2010 sind Autofahrer verpflichtet, im Winter ihr Fahrzeug mit »geeigneter Bereifung« auszurüsten. Damit gibt es für Autofahrer keine Ausrede mehr, auf Winterreifen zu verzichten. Wer dennoch ohne erwischt wird, riskiert ein Bußgeld und im Falle eines Unfalls sogar den Versicherungsschutz. Nicht selten ist der Erwerb von Winterrädern, also dem Komplettsatz von Reifen und Felgen, aber auch eine Kostenfrage. Bares Geld lässt sich beim Kauf gebrauchter Winterreifen sparen. Diese finden Sie zum Beispiel bei Winterreifen-Börsen, die vielerorts meist Anfang November stattfinden. Achten Sie auf Hinweise in Ihrer Tageszeitung oder informieren Sie sich im Internet z. B. auf den Seiten des ADAC. Notieren Sie sich vor dem Kauf unbedingt die für Ihr Fahrzeug passenden Reifengrößen. Sie sind im Fahrzeugschein hinterlegt. Der Reifenhersteller Continental schafft zudem auf seinen Internetseiten mit dem »Reifenkonfigurator« Klarheit. Nach Eingabe der Schlüsselnummer (s. Fahrzeugschein), werden auch alternative Reifengrößen aufgeführt. Haben Sie nun einen passenden Satz gefunden, inspizieren Sie ihn nach den Prüfkriterien: Profiltiefe, Reifenalter und Erscheinungsbild (Beschädigungen etc.), bevor Sie zugreifen. Informationen zu den Bezeichnungen und Beschriftungen finden sie auch in diesem Buch.

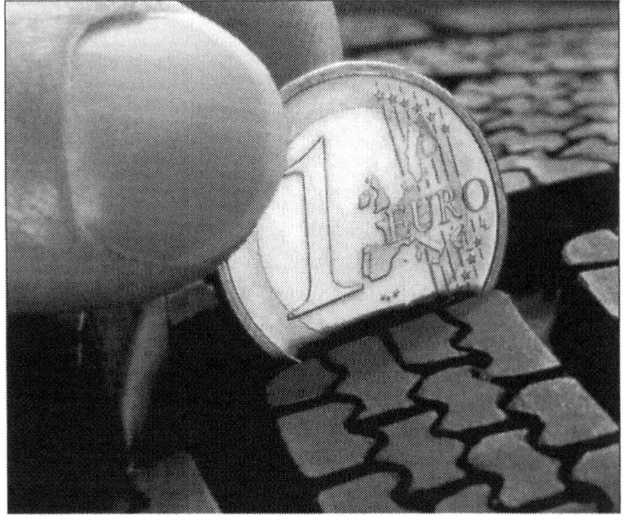

Münztest: Winterreifen bieten nur genug Traktion auf Schnee, wenn die Profiltiefe mindestens vier Millimeter beträgt. Das entspricht in etwa dem goldenen Rand einer Ein-Euro Münze.

Schneeketten anlegen üben

Spezielle Schneeketten für den Panda gibt es beim Fiat-Händler oder auch im Zubehörhandel. Ein gutes Set umfasst zwei Schneeketten im wasserfesten Transportbeutel, das problemlos im Kofferraum verstaubar ist und sich auch als Unterlage bei der Montage verwenden lässt. Schneeketten können aber auch beim ADAC ausgeliehen werden. Dringend zu empfehlen ist, für die Montage eine zusätzliche Fußmatte mitzuführen. Das erspart einem die obligatorischen durchweichten Hosen besonders im Kniebereich. Gefütterte Arbeitshandschuhe erleichtern die Arbeit mit den kalten Schneeketten im Schnee erheblich.

Trockenübung hilft: Schon ein paar Gartenhandschuhe schützen die Finger, es empfiehlt sich die Anleitung evtl. in einer Klarsichthülle zu verstauen.

Scheibenwaschanlage

Der einwandfreie Zustand der Waschanlage an Ihrem Panda ist ein wichtiges Sicherheitsmerkmal. Denn saubere Scheiben und eine klare Sicht sind Grundvoraussetzung für Ihre Sicherheit beim Fahren. Damit Sie unterwegs auch bei widrigsten Umständen wie Regen oder Schnee den Durchblick behalten, sollten Sie sich regelmäßig von der fehlerfreien Funktion Ihrer Wischanlage überzeugen. Die meisten Arbeiten sind leicht zu erledigen. Wir zeigen Ihnen auf den folgenden Seiten, worauf Sie insbesondere zu achten haben und welche Arbeitsschritte nötig sind. Hierzu gehören zum Beispiel die Kontrolle der Wischergummis und gegebenenfalls deren Austausch.

Wischwasser

Vergessen Sie nicht das Wischwasser aufzufüllen und achten Sie dabei auf den richtigen Wischwasserzusatz. Fiat empfiehlt das konzerneigene Scheibenreinigungskonzentrat. Die Verwendung eines falschen Waschmittelzusatzes kann zum Aufschäumen an den Spritzdüsen führen, was ein Grund unzureichender Waschleistung sein kann. Fiat proklamiert für das Scheibenreinigungskonzentrat eine optimale Strahlverteilung an den Düsen. Außerdem bietet es im Mischungsverhältnis ein Drittel Konzentrat zu zwei Drittel Wasser einen Frostschutz bis zu Temperaturen von -25 °C. Damit dürfte auch im Winter eine sichere Funktion der Waschdüsen gewährleistet sein. Da der Behälter für das Waschwasser sehr versteckt angebracht und die Einfüllöffnung sehr klein ist, gestaltet sich die Befüllung recht schwierig. Ohne Trichter ist hier so gut wie nichts zu machen.

Wasser reicht nicht.

Die Mischung macht's: Ein Drittel Zusatz auf zwei Drittel Wasser schützt vor Einfrieren des Wischwassers bis -25 °C.

Wischerblatt wechseln

Um an den Scheibenwischern arbeiten zu können, sollten die Scheibenwischer in die Grundstellung gebracht werden. Das heißt, die Wischer müssen in der Ruhestellung stehen. Um sicher zu gehen, dass dies auch der Fall ist, sollte man bei eingeschalteter Zündung den Wischerschalter einmal kurz betätigen. Nun wird abgewartet, bis die Wischer die Grundstellung eingenommen haben, bevor die Zündung wieder ausgeschaltet wird und die Arbeiten an den Wischern beginnen können. So können die Wischer ausgebaut und/oder geprüft werden. Dies sollte nicht bei geöffneter Haube geschehen. Die Scheibenwischer könnten im ungünstigsten Fall mit der geöffneten Haube kollidieren.

- Bei hochgeklapptem Wischerarm den Clip durch Drücken ausrasten (wie in Bild 1 dargestellt).
- Wischerblatt durch Ziehen vom Wischerarm lösen (2)
- Zum Einbau das neue Wischerblatt auf den Wischerarm (3) schieben, bis der Clip eingerastet ist.

Der Wechsel der Wischerblätter empfiehlt sich regelmäßig im Frühling und Herbst. Mittlerweile gibt es für fast alle Fahrzeugtypen die im Panda später in Serie verbauten Aero-Scheibenwischer von Bosch auch zum Nachrüsten. Ihr Vorteil: Eine Federschiene aus Spezialstahl ersetzt die sonst üblichen Gelenke und Bügel des Wischblattes, die es an die Windschutzscheibe pressen. Die Federschiene ist dazu exakt an die Krümmung der Windschutzscheibe angepasst. Dadurch wird die Wischqualität wesentlich verbessert. Die gleichmäßig starke Anpresskraft reduziert auch den Verschleiß und erhöht dadurch die Lebensdauer. Auch die Montage ist durch einen so genannten Quick-Clip-Adapter erheblich leichter. Gehen Sie zur Demontage wie folgt vor:

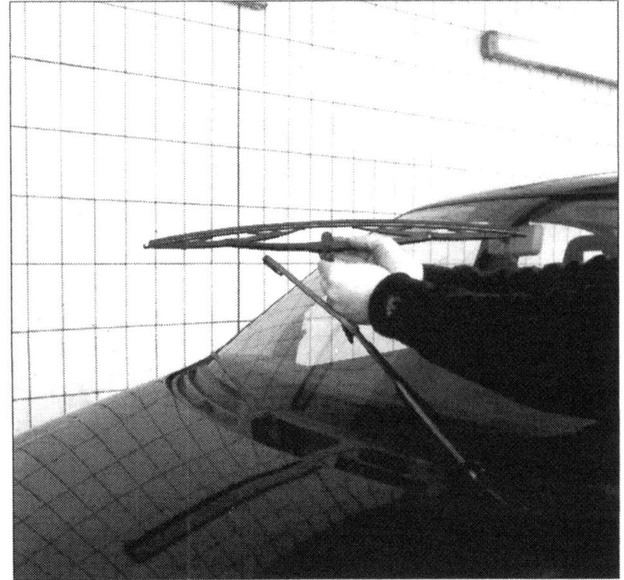

Wischerblatt wechseln: Hebel (1) drehen und Wischer nach unten (2) andrücken.

- Wischerblatt hochklappen und rechtwinklig zum Wischerarm stellen.
- Arretierungsfeder des Wischerblatts zusammendrücken (siehe Pfeil 1).
- Wischerblatt nach unten aus dem Haken am Wischerblatt ziehen (Pfeil 2).

Kontrolle der Wischerblätter

Die Pflege der Wischergummis wird nur allzu gerne vernachlässigt. Dies kann sich aber später bei einer langen Fahrt im Regen bitter rächen. Eingerissene und poröse Gummilippen ziehen Schlieren, anstatt die Scheibe vom Wasser zu befreien. In der Dunkelheit laufen Sie dadurch Gefahr im Blindflug unterwegs sein zu müssen, da der Blendeffekt durch die Lichtbrechungen stark zunimmt. Heben Sie zur Kontrolle die Wischerarme von der Scheibe und fahren Sie mit der Fingerkuppe die Auflagefläche ab. Rillen und Vertiefungen sind ein klares Indiz für den fälligen Austausch. Kontrollieren Sie auch die Wischermechanik. Sie darf nicht verbogen sein.

Rubbelnde Scheibenwischer

Nicht immer muss die Ursache für nerviges Rubbeln der Wischerblätter ein defektes Wischergummi sein. Der Anstellwinkel, in welchem die Gummis auf der Scheibe aufliegen, ist ein wichtiges Einstellkriterium. Das Wischergummi sollte sowohl beim Hoch- als auch beim Herunterlaufen so stehen, dass die Gummilippe über die Scheibe zieht. Sollte dies nicht der Fall sein, können Sie durch vorsichtiges Verdrehen des Wischerarmes die Stellung anpassen.

Einstellen und Prüfen der Endablage der Scheibenwischer vorne

- Schalten Sie die Zündung ein und betätigen Sie den Scheibenwischer.
- Schalten Sie nun den Scheibenwischer aus und lassen Sie ihn auf die Abschaltstellung laufen.
- Schalten Sie nun die Zündung aus. Prüfen Sie, ob die Scheibenwischer auf dem Kreis (siehe Pfeil im Bild) auf der Windschutzscheibe stehen. Sollte dies nicht der Fall sein, müssen die Wischerarme gelöst und versetzt werden.

Scheibenwischer einstellen.

Einstellen und Prüfen der Endablage der Scheibenwischer hinten

Auch hier sollte die Wischanlage einmal ein- und wieder ausgeschaltet werden. Der Scheibenwischer läuft so auf seine Endstellung.
Der Scheibenwischer für die Heckklappe soll auf dem Kreis (siehe Pfeil im Bild) in der Heckscheibe stehen. Stimmt der Abstand nicht, muss hier dann der Wischerarm gelöst und versetzt werden.

Einstellen Scheibenwischer an der Heckklappe.

Waschdüsen prüfen und einstellen

Waschdüsen vorne

Die Scheibenwaschdüsen können beim Panda nur bedingt eingestellt werden. Das heißt, sie können in geringem Masse in der Höhe verstellt werden. Sollte die Düse einmal eingestellt werden müssen, so benutzen Sie auf keinen Fall eine Nadel oder Ähnliches. Hier wird auf das Düseneinstellwerkzeug von Fiat verwiesen, da die Nadel die Bohrung beschädigen kann. Die Düsen sind vom Hersteller aus voreingestellt und müssen bei größeren Unregelmäßigkeiten ersetzen werden.

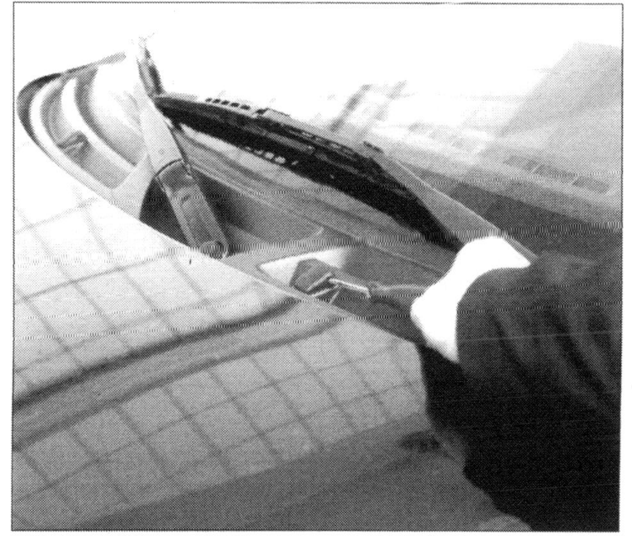

Waschdüsen vorne.

Waschdüsen hinten prüfen und einstellen

Für die Heckscheibe sieht das allerdings anders aus. Die Düsen sind voreingestellt, können aber in der Höhe und seitlich korrigiert werden.
Der Wasserstrahl soll die Scheibe im oberen Drittel

treffen. Auch hier wird auf das Düseneinstellwerkzeug von Fiat verwiesen, da die Nadel auch hier die Bohrung beschädigen kann.

Waschdüsen hinten.

Unzureichende Waschleistung der Düsen
Drei mögliche Ursachen kommen in Betracht.
Erstens können die Düsen falsch eingestellt sein, zweitens die Verwendung eines zum Aufschäumen oder zu Ablagerungen neigenden Waschmittelzusatzes. Und drittens ein unzureichender Wasserdurchsatz durch Verunreinigung einer Düse oder durch einen abgeknickten oder undichten Schlauch. Stellen Sie stets sicher, dass keine ungeeigneten Waschmittelzusätze verwendet werden, die Schaumbildung an der Spritzdüse verursachen. Kontrollieren Sie auch, ob der Sprühstrahl beider Düsen gleichmäßig stark ist. Ist dies nicht der Fall, dann bauen Sie die »schwächere« Düse aus und blasen die Düse mit Druckluft aus. Sollte diese Maßnahme zu keinen Erfolg führen, prüfen Sie bitte, ob der betreffende Schlauch abgeklemmt oder undicht ist.

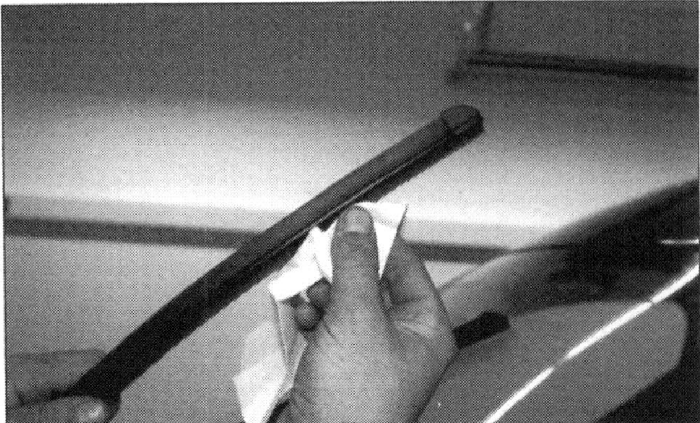

Wischerkontrolle: Inspizieren Sie die Gummilippe auf Rillen und Vertiefungen. Das Gelenk muss leichtgängig sein damit die Wischergummis satt auf der Scheibe aufliegen.

PRAXISTIPP

Scheiben schonend enteisen

Für viele, die keinen Garagenstellplatz ihr Eigen nennen, gehören zugefrorene Scheiben im Winter zum alltäglichen Graus. Und wer hat schon Lust, am frühen Morgen oder späten Abend sich mit dem ungemütlichen Gekratze und Geschabe aufzuhalten? Wer jedoch, egal ob aus Faulheit oder Unvernunft, nur ein kleines Guckloch freilegt und dann losfährt, begibt sich und andere beim anschließenden Blindflug in höchste Gefahr. Zudem nimmt man so das Risiko in

Schonende Prozedur: Enteisung per Spraydose.

Kauf, bei einem Unfall haftbar gemacht zu werden und ein saftiges Bußgeld zu kassieren. Der Gesetzgeber schreibt nämlich dem Fahrzeughalter vor, dass er laut §23 StVO dafür zu sorgen hat, dass die Sicht weder durch Beladung noch durch den Zustand des Fahrzeugs beeinträchtigt ist. Was also tun, will man sich und die durch die Kratzprozedur stark in Mitleidenschaft gezogene Scheibenoberfläche schonen? Eine Möglichkeit ist die Verwendung eines Scheiben-Enteisers, den es als Spray- oder Pumpdose zu kaufen gibt. Dieser sorgt mit einer konzentrierten alkoholischen Formel dafür, dass die Eisschicht abtaut. Qualitätsunterschiede der Produkte lassen sich zum Beispiel am Sprühbild erkennen: Wird die Scheibe gleichmäßig benetzt, ist die Wirkung effektiver. Besonders die kratzempfindlichen Stellen wie Außenspiegel oder Gummiteile, aber auch die Kunststoff-Heckscheibe einiger Cabrios, profitieren durch kaum erforderliche mechanische Beanspruchung.

Heizung / Lüftung prüfen

Damit im Winter die Scheiben auch von innen möglichst schnell und zuverlässig frei werden, müssen Heizung und Lüftung, aber auch die Klimaanlage in tadellosem Zustand sein. Die Klimaanlage kann nämlich auch im Winter wertvolle Dienste leisten: Die Luft wird getrocknet und das Beschlagen der Scheiben vermindert. Leider behindert der im Frischluftkanal integrierte Wärmetauscher einer Klimaanlage die Frischluftzufuhr von außen, weshalb Sie das Gebläse im Winter immer mindestens auf Stufe 1 mitlaufen lassen müssen.

Vorgehen:

- Prüfen Sie zunächst, ob das Gebläse in allen Stufen wirkungsvoll arbeitet, indem Sie die Luft auf die mittleren Ausströmer lenken und alle Schalterstellungen durchprobieren. Eventuell den Reinluftfilter wechseln.

- Ab einer Motortemperatur von 60 Grad oder nach ca. fünf Kilometern Fahrt, muss aus den Ausströmern warme Luft kommen, sobald Sie die Einstellung der Temperatur verändern.

- Prüfen Sie zum Abschluss noch, ob die Luftverteilung funktioniert. Sie können das an den jeweiligen Düsen erfühlen und auch hören. Beim Umschalten öffnen und schließen sich die jeweiligen Klappen des Lüftungssystems. Gerade die Funktion zur Belüftung der Frontscheibe ist sehr wichtig. Sie muss sich auch so einstellen lassen, dass keine zusätzlichen Austrittsstellen für die Luft geöffnet werden. Nur so bleibt die Frontscheibe – gerade in der Phase, in der das Auto noch nicht warm ist – beschlagfrei.

Ausströmdüsen dürfen nicht verstopfen: Testen Sie den Luftstrom einzelner Düsen regelmäßig durch Drehen des Reglers.

Frostschutz prüfen

Sowohl dem Kühlwasser als auch dem Scheibenwaschwasser wird ein Frostschutzmittel beigemischt. Während das Mittel für den Kühlwasserkreislauf zusätzlich für einen Korrosionsschutz im Motor sorgt und deshalb auch im Sommer im Kühlsystem verbleiben muss, gibt es für das Scheibenwaschwasser je nach Jahreszeit verschiedene Mittel. Bringen Sie die Mittel nicht durcheinander und kippen Sie niemals Frostschutzmittel für die Scheibe in den Kühlkreislauf oder umgekehrt. Das kann fatale Folgen haben! Um bei Ihrem Panda den Frostschutzgehalt des Kühlwassers zu überprüfen, benötigen Sie einen extra langen Schlauch an der Frostschutzspindel, da der Einfüllstutzen für das Kühlwasser sehr lang ist.

Arbeitsschritte:

- Die Flüssigkeiten können mit einer Spindel geprüft werden. Ziehen Sie so viel Flüssigkeit in das Gerät, bis der Schwimmer frei schwebt. Sie können dann ablesen, bis wie viel Grad der Frostschutz gewährleistet ist. Mit minus 30 Grad sind Sie gut gerüstet. Füllen Sie am besten immer ein fertiges Gemisch nach.
- Der Ausgleichsbehälter für das Kühlwasser befindet sich beim Panda in Fahrtrichtung gesehen rechts, hinter dem Scheinwerfer.
- Der Vorratsbehälter für das Waschwasser sitzt beim Panda vorne rechts im Radkasten hinter der Radhausschale. Dieser ist jedoch vom Motorraum aus zu befüllen.

Dichtungsgummis pflegen

Die Dichtungsgummis sind bei Minustemperaturen besonderen Anforderungen ausgesetzt. Kaputte Gummidichtungen sind nicht nur optisch ein Problem, sondern können im Extremfall zu Wassereinbruch und übermäßigen Scheibenbeschlag führen. Sparen Sie also nicht bei der Pflege, denn der Wechsel defekter Dichtungen ist aufwändig und insofern auch nicht billig. Verwenden Sie lieber regelmäßig einen Gumpflegestift. Dieser verhindert im Winter das Festkleben von Gummidichtungen an Türen, Scheiben und Kofferraumdeckeln. Zusätzlich wird das Gummi geschmeidig gehalten, was vor dem Brüchigwerden schützt.

Gummidichtungen:

Diese müssen innen wie außen geschmeidig bleiben. Besonders wichtig ist das im Winter. Spezielle Gummipflegemittel geben dem elastischen Material zusätzlich den Glanz zurück.

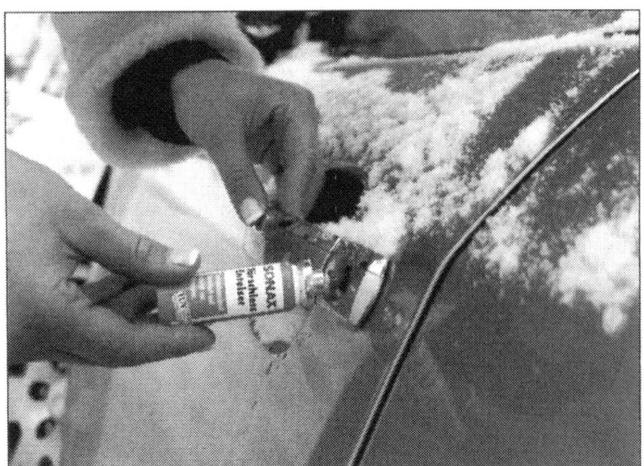

Schmieren und Pflegen: Den Gummidichtungen müssen Sie in der kalten Jahreszeit besondere Beachtung schenken. Verwenden Sie dazu am besten einen Glycerinstift. Er hält die Dichtungen geschmeidig

Türschlossenteiser

Auch die Verwendung eines Türschlossenteisers kann nicht schaden, insbesondere wenn Sie an Ihrem Panda die Türen nicht per Funkschlüssel öffnen. Beachten Sie aber, dass der Enteiser nicht ins Fahrzeug gehört. Dort nutzt er im Fall der Fälle nämlich nichts. Sie sollten jedoch darauf achten, dass sie einen hochwertigen Enteiser verwenden. Diese haben nämlich auch gleich ein Schmiermittel für die Schlösser enthalten.

Das Feuerzeug ist im Übrigen keine Alternative. Denn durch die Erhitzung des Schlüssels riskieren Sie einen Schaden an dem im Schlüssel integrierten Mikrochip der Wegfahrsperre. Haben Sie dennoch das Schloss auf diese Art geöffnet, kommen Sie erst recht nicht vom Fleck.

Am besten griffbereit in der Tasche: Den Türschlossenteiser nicht im Fahrzeug vergessen. Ist das Schloss zugefroren, bringt er Ihnen dort am allerwenigsten. Unterlassen Sie bitte auch das Zündeln mit dem Feuerzeug am Schlüssel.

WISSENSWERTES: Schmutz kostet Leuchtkraft

Waschen Sie, besonders in der schmuddeligen Jahreszeit, die Scheinwerfer häufiger als die Karosserie. Denn Schmutzpartikel auf den Abdeckgläsern schlucken die Lichtstrahlen oder leiten sie in die Irre. Folge: geringere Sichtweite, unkontrolliertes Streulicht, starke Blendung – vornehmlich bei Nebel. Schon nach einer etwa halbstündigen Fahrt auf feuchter Straße können die Scheinwerfer Ihres Autos zu über 60 Prozent verschmutzt sein. Entsprechend mager ist dann die Lichtausbeute – ein Gefahrenpotenzial für Sie und andere Verkehrsteilnehmer. Die am Panda angebrachten Halogenscheinwerfer können Sie beim Tankstellenstopp mit den vorhandenen Mitteln schnell von der Schmutzschicht befreien. Eine Reinigung unterwegs mit Wasser und Schwamm wirkt Wunder und sichert anschließend wieder die volle Leuchtkraft des Scheinwerfers. Achten Sie aber darauf, dass die Schmutzpartikel nicht die Klarglasleuchten der Scheinwerferabdeckung beschädigen oder verkratzen. Die Scheibe der Pandascheinwerfer kann nämlich nicht als separates Teil ersetzt werden. Dies hat zur Folge, dass im Fall von verkratzten (durch falsche Pflege) oder gebrochenen Scheiben (durch einen Unfall bedingt) der Austausch des kompletten Scheinwerfers fällig wird.

Bessere Wischerblätter

In der kalten und nassen Jahreszeit ist eine gute Sicht das A und O beim Autofahren. Wechseln Sie daher am besten zu Beginn des Herbsts die Wischerblätter gegen einen neuen Satz. Bei dieser Gelegenheit wäre der Umstieg auf die Aerotwin-Wischer aus dem Hause Bosch günstig. Diese etwas teureren Wischblätter werden durch mathematische Berechnungen individuell an die Wölbung der Windschutzscheiben, auch der des Panda, zugeschnitten. Der Anpressdruck ist damit gleichmäßig auf die gesamte Wischerblattlänge verteilt. Der übliche Spoiler wird überflüssig, was auch den Geräuschpegel und Luftwiderstand minimiert.

Bessere Wischerblätter.

Starthilfebooster

Wollen Sie bei Fahrten in entlegene Wintergebiete auf Nummer sicher gehen, was das Starten des Motors betrifft, sollten Sie einen so genannten Starthilfebooster mit an Board haben. Dieser hilft Ihnen auch, wenn die Autobatterie den Dienst, sei es wegen der Kälte oder des schlechten Ladezustands (oder schlimmstenfalls beidem) verweigert. Der Starthilfebooster agiert dann als kleines Kraftwerk, so dass auch die müdeste Batterie Ihnen nicht zum Verhängnis werden kann und Sie Ihren Panda starten können.

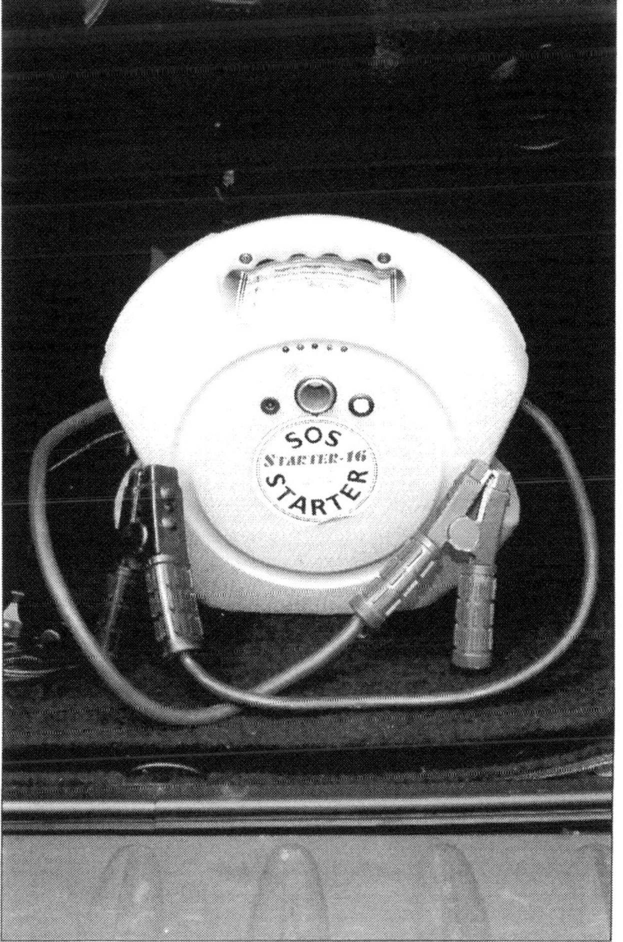

Starthilfebooster.

Standheizung nachrüsten

Eine Standheizung ist ein echter Zugewinn an Komfort und Sicherheit. Lästiges Scheibenkratzen entfällt und der bereits warme Motor läuft vom Start weg schadstoffarm und abgasreduziert. Den Einbau müssen Sie allerdings dem Fachmann überlassen.

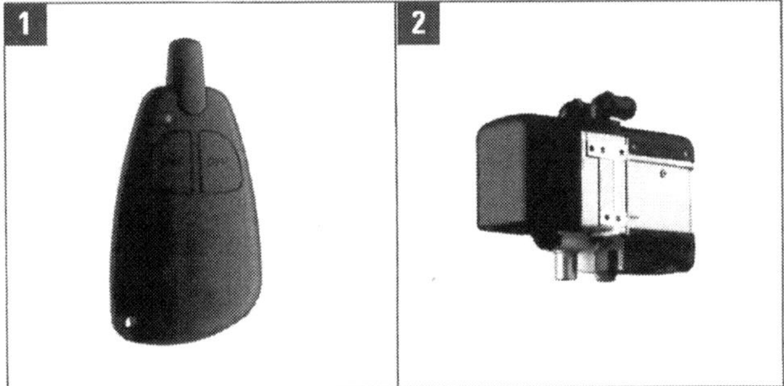

Fernbedienung Standheizung (1), Standheizung (2).

Sitzheizung einbauen

Wer seinen Panda mit einem Komfortmerkmal erweitern möchte, hat dazu reichlich Möglichkeiten. Eine dieser Möglichkeiten ist die Nachrüstung einer Sitzheizung. Die im Zubehör angebotenen Carbon-Heizmatten sind wesentlich bruchfester als die ab Werk verbauten Elemente, ohne deshalb wesentlich mehr zu kosten. Ein einfaches Nachrüstkit ist inklusive Schalter und Kabel schon für rund 100 Euro pro Sitz zu haben. Der Einbau muss allerdings nach TÜV-Auflage durch einen Fachbetrieb erfolgen.

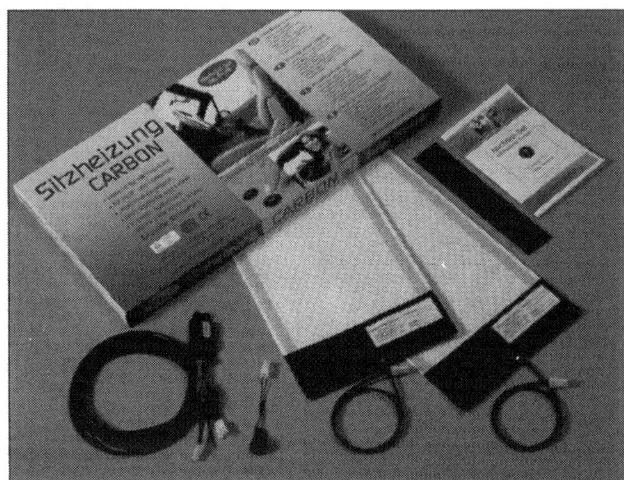

Sitzheizung.

CHECKLISTE

Checkliste für den Winter

Bereich	Worauf Sie achten sollten	Was zu tun ist
A Motor	**1** Motoröl	Das Motoröl wird durch extreme Kaltstarts und die großenTemperaturschwankungen stärker belastet als im Sommer. Vielleicht etwas kürzere Intervalle fahren und ein gutes Öl mit niedriger Viskosität spendieren. (Beachten Sie dazu unbedingt die Hinweise im Kapitel »Antrieb«)
	2 Kühlmittel	Ist der Frostschutzgehalt zu niedrig und das Kühlwasser friert ein, kann das Eis den Motor sprengen. Also rechtzeitig messen und einen anstehenden Wechsel auf den Herbst legen.
	3 Thermostat	Wenn im Winter der Thermostat nicht vollständig schließt, braucht der Motor lange, um warm zu werden. Beobachten und bei langer Warmlaufphase wechseln.
B Räder und Reifen	**1** Winterreifen	Winterreifen funktionieren auf Schnee nur gut, wenn noch mindestens 4 mm Profiltiefe übrig ist. Reifen im Oktober montieren. Falls Sie neue Reifen brauchen: Nicht erst auf die ersten Schneeflocken warten, denn dann hat der Reifenhändler garantiert keine Zeit.
C Licht und Sicht	**1** Beleuchtung	Kontrollieren Sie regelmäßig die Beleuchtungsanlage und reinigen Sie die Klarglasabdeckungen der Scheinwerfer. Im Winter sind einwandfrei funktionierende Scheinwerfer unentbehrlich.
	2 Verglasung **3** Scheibenwischer	Die Scheiben sollten frei von Kratzern und Steinschlägen sein. Spendieren Sie im Herbst neue Wischer und füllen Sie genügend Frostschutz in die Waschanlage.
D Karosserie	**1** Türen und Hauben	Sprühen Sie die Dichtungen großzügig mit Silikonspray ein, das verhindert das Festfrieren.
	2 Schlösser und Scharniere	Die Gelenke freuen sich über eine Extraportion Öl bzw. Fett. Das verhindert nebenbei auch Korrosion.
	3 Lack	Gönnen Sie dem Lack regelmäßige Wäschen. So setzt sich erst gar keine Salzkruste fest.
E Elektrik	**1** Batterie	Lassen Sie eine Batterie-Kurzschlussprüfung durchführen um festzustellen, wie viel Kapazität noch vorhanden ist. Batterien leiden unter Kälte, das gilt übrigens auch für die Fernbedienung.
	2 Heizung und Lüftung	Vor dem Winter Reinluftfilter wechseln.

Fit im Sommer

Auch im Sommer sollten sie einige Dinge beachten, bevor sie auf große Fahrt gehen.

Reifen

Sommerzeit ist Reisezeit, und die will gut vorbereitet sein. Nach dem Packen kommt Ihr Panda dran. Passen Sie in jedem Fall den Reifendruck dem Beladungszustand an. Im Tankdeckel oder in der Bedienungsanleitung finden Sie dazu eine tabellarische Übersicht.
Auch der Reservereifen darf nicht vergessen werden. Nur ein intaktes Reserverad kann bei einer Reifenpanne auch weiterhelfen. Die Notfallausrüstung wie Warndreieck, Sicherheitswesten und natürlich auch das Werkzeug sollte zweckmäßig und griffbereit untergebracht werden. Eine Reifenpanne findet eher selten auf einem Parkplatz statt. Wenn nun auf der Autobahn das halbe Auto wieder ausgeräumt werden muss, nur um die notwendigen Utensilien zusammenzusuchen, vergeht nicht nur Urlaubszeit sondern die Gefährdung auf der Autobahn nimmt mit der Standzeit zu. Hilfreich ist es sicherlich, das Werkzeug in der Ablage der Reserveradmulde zu platzieren.

Werkzeug, Warndreieck und Verbandskasten

Vergewissern Sie sich, dass Ihre Sommerreifen noch genügend Profil haben. Gesetzlich vorgeschrieben sind zwar lediglich 1,6 mm Profiltiefe; wer jedoch mit diesen Reifen eine Vollbremsung hinlegen muss oder gar in den Regen kommt, hat schlechte Karten. Denn schon bei ca. 4 mm, also rund der Hälfte des Profils neuer Reifen, verlängert sich der Bremsweg aus 100 km/h bereits um mehr als zwei Wagenlängen.

Bremsweg aus 100 km/h (regennasse Fahrbahn)

Profiltiefe	Bremsweg	
8 mm	70 m	--
4 mm	82 m	17%
3 mm	87 m	24%
2 mm	97 m	39%

Erschreckende Zahlen: Die Profiltiefe ist ein entscheidender Sicherheitsfaktor vor allem bei Nässe (Quelle: www.kfz-tech.de).

Profiltiefe korrekt bestimmen

Zur Ermittlung der Profiltiefe empfiehlt sich ein Profiltiefenmesser (Bild 2). Entscheidend sind die Hauptprofilrillen. Messen Sie nicht auf den Erhebungen des TWI (Tread Wear Indikator = Profil-Abnutzungsanzeiger). Die Profiltiefe messen Sie in den Hauptprofilrillen an den am stärksten verschlissenen Stellen des Reifens. Die Positionen der TWI-Indikatoren (Bild 1) sind an der Reifenschulter sichtbar und zeigen die gesetzliche Mindestvorgabe von 1,6 mm an.

1

2

Kleine Reifenkunde

PRAXISTIPP

Seit 01. Januar 2006 ist es Gesetz, dass laut Straßenverkehrsordnung (§2 Abs. 3a) bei Kraftfahrzeugen die Ausrüstung an die Wetterverhältnisse anzupassen ist. Hierzu gehört insbesondere eine »geeignete Bereifung«. Damit sollte es nun nicht mehr nur für Fachleute, sondern für alle Autofahrer selbstverständlich sein, dass Sommer und Winter ihre eigenen Reifen hinsichtlich Profil und Gummimischung benötigen. Gerade auf der Fahrt in den Urlaub kommt es darauf an, der Bereifung besondere Aufmerksamkeit zu schenken. Wer weiß schon, dass ein moderner Reifen aus bis zu 16 verschiedenen Gummimischungen bestehen kann, die zum Beispiel folgende Anforderungen erfüllen müssen: Geringst möglicher Abrieb, Rissfestigkeit, Rutschwiderstand, geringer Rollwiderstand, dynamische Beständigkeit, Luftdichtigkeit, Laufruhe sowie Alterungsbeständigkeit. Allerdings bestimmen nicht nur Gummimischung und Auslegung des Profils – zum Beispiel das Lamellenprofil eines Winterreifens – die Leistung eines Reifens. Mindestens genauso wichtig sind nach Aussage der Kfz-Innungsexperten die unterschiedlichen Profiltiefen. Zwar schreibt der Gesetzgeber hier nur einen Mindestwert von 1,6 Millimetern vor, aber in der Praxis ergeben sich andere und realistischere Werte. Auf eine einfache Formel gebracht: Profiltiefe Sommerreifen: Minimum 3 Millimeter; Profiltiefe Winterreifen: Minimum 4 Millimeter. Die Gründe für diese Empfehlungen sind zahlreich und absolut sicherheitsrelevant. Mit dem Minimalprofil von 1,6 Millimeter verlängert sich bei Nässe der Bremsweg bereits um das Doppelte. Wenn man weiter weiß, dass bei nasser Fahrbahn die Drainagerillen bei 80 km/h bis zu 25 Liter Wasser pro Sekunde und bei 140 km/h bis zu 43 Liter kanalisieren müssen, erübrigt sich wohl jede weitere Diskussion um falsche Sparsamkeit. Gerade vor der sommerlichen Urlaubsreise mit ihren erhöhten Anforderungen an Temperaturen, Fahrzeuggewicht und Geschwindigkeit raten die Fachleute der Kfz-Meisterbetriebe zu einer detaillierten Reifenkontrolle, bei der neben der Erhöhung des Luftdrucks speziell auf Beschädigungen an Lauffläche, Seitenwand und Ventilabdichtung sowie auf Profiltiefe geachtet werden muss. Gehen Sie also beim einzigen Bindeglied zwischen Ihnen und dem Straßenbelag keine unnötigen Risiken ein und kontrollieren Sie regelmäßig Ihre Fahrzeugbereifung.

Auch der Blick unter die Motorhaube ist sehr wichtig. Prüfen Sie alle wichtigen Flüssigkeitsstände des Fahrzeuges. Dazu gehören vor allen Dingen der Kühlwasserstand, der Ölstand und auch die Scheibenwaschanlage.

Motorraum und Übersicht der Kontrollpunkte.
1 Luftfilterkasten, 2 Batterie, 3 Sicherungskasten, 4 Bremsflüssigkeitsbehälter, 5 Ölpeilstab, 6 Öleinfüllstutzen,7 Kühlwasserbehälter, 8 Waschwasserbehälter

Wie funktioniert die Klimaanlage?

Eine Klimaanlage ist eine feine Sache, keine Frage, doch wie funktioniert diese Anlage eigentlich? Das Funktionsprinzip ist vergleichbar mit dem des heimischen Kühlschranks. Ein vom Motor angetriebener Kompressor (1) verdichtet das dampfförmige Kältemittel, welches sich dabei erhitzt. Beim anschließenden Abkühlen im Kondensator (10) wird das Mittel wieder flüssig. Durch ein Ventil (12) wird diese abgekühlte Flüssigkeit nun in den Verdampfer (13) eingespritzt. Beim Verdampfungsprozess wird nun der außen an dem Waben- und Röhrensystem vorbeiströmenden Luft aus dem Fahrgastraum Wärme und Feuchtigkeit entzogen. Die Luft kühlt ab und wird zurück in den Innenraum geleitet. Die Intensität der Abkühlung hängt im Wesentlichen vom Luftdurchsatz und der eingestellten Temperatur ab. Das heißt: Je höher die Gebläsestufe und je niedriger die gewählte Temperatur, desto kälter wird es. Intelligente Klimasysteme zeichnen heutzutage zusätzliche Sensoren und Steuereinheiten aus. Diese bestimmen nicht nur anhand der Gurtschlösser die Anzahl der klimabedürftigen Insassen, sondern können auch mittels Fotodioden die Sonneneinstrahlung berechnen und so den hitzegeplagtesten Passagier ausmachen und dementsprechend die Kälteverteilung koordinieren.

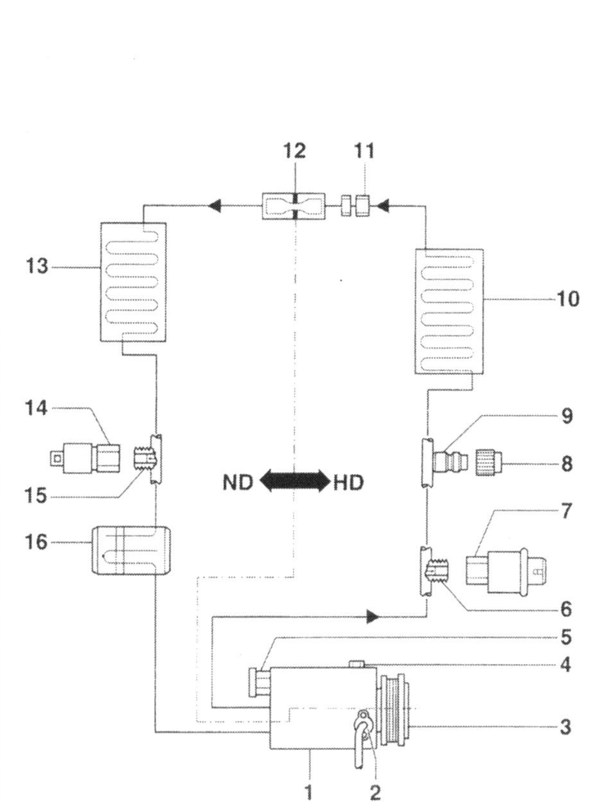

Funktionsprinzip Klimaanlage: Der Kreislauf ist in einen Nieder- und einen Hochdruckkreis aufgeteilt.

Die Klimaautomatik

Das Schrauben am Klimatisierungs-System scheitert weniger an Sicherheitsrisiken. Es ist vielmehr die komplizierte Technik, die dem Heimwerker das Leben schwer macht. Fiat unterscheidet zwischen manuellen Klimaanlage und Klimaautomatik. Die Klimaautomatik hält vollautomatisch die gewählte Fahrzeuginnentemperatur. Weiterhin werden jedoch die Temperatur der ausströmenden Luft sowie die Gebläsedrehzahl (Luftmenge) und Luftverteilung automatisch verändert. Die Anlage berücksichtigt auch starke Sonneneinstrahlung. Ein Nachregeln von Hand ist überflüssig. Das Klima-Steuergerät verarbeitet vielfältige Informationen von Sensoren. Die gesamte Anlage wird über elektrische Stellmotoren gesteuert. Sämtliche Luftklappen bewegen sich vollautomatisch. Das Steuergerät hat ebenfalls die Magnetkupplung am Klimakompressor im Griff. Empfohlen wird folgende Standardeinstellung

PRAXISTIPP

Gebrauch Klimaanlage

Beim ausgiebigen Sonnenbad Ihres Fahrzeugs heizt sich der Innenraum auf Temperaturen bis zu 60 °C oder gar noch mehr auf. Sie sollten daher vor dem Losfahren zunächst alle Türen öffnen und die größte Hitze entweichen lassen. Danach erst die Fahrt antreten und zum zügigem Herunterkühlen zunächst volle Gebläsestufe wählen. Dann schnell kleiner drehen, um unnötige Zugluft zu vermeiden. Die automatische Klimaanlage regelt sensorgesteuert Temperatur, Gebläsestufe und Luftverteilung selbsttätig. Bei manuell

Einstellungssache: Reglereinheit der Klimaanlage

geregelten Klimageräten übernehmen Sie diese Aufgaben selbst. Die Wohlfühl-Temperatur liegt im Sommer bei etwa 22 °C, bei extremer Hitze etwa drei bis vier Grad höher. Kurz vor dem Ziel die Klimaanlage abschalten, dann lässt sich ein Temperaturschock beim Aussteigen vermeiden. Im Winter ist eine Temperatur von etwa 21 °C ideal. Apropos: Auch im Herbst und Winter sollten Sie gelegentlich die Klimaanlage aktivieren. Dies vermindert nicht nur durch die Aufnahme der Feuchtigkeit aus der Luft das Anlaufen der Scheiben, sondern dient auch dem Schutz des Klimasystems und seiner Aggregate vor Korrosion. Folgende Indizien deuten auf einen Defekt der Klimaanlage hin und erfordern einen sofortigen Werkstattbesuch: Schlechte Gerüche aus den Lüftungsdüsen, verminderte oder gar keine Kälteleistung der Anlage, erhöhter Kraftstoffverbrauch oder eine ständig beschlagene Windschutzscheibe. Vermeiden Sie durch unregelmäßige Checks auch, dass Bakterien und Pollen sowie Sporen dem Innenraumfilter übel zusetzen können. Vor allem bei Allergikern können Husten und Niesen gefährliche Situationen beim Fahren hervorrufen.

für alle Jahreszeiten: Stellen Sie die Temperatur auf 22 °C und drücken Sie die Taste AUTO. Bei dieser Einstellung wird am schnellsten ein behagliches Klima erreicht. Die Einstellung sollte nur verändert werden, wenn das persönliche Wohlbefinden es erfordert. Damit die Klimaautomatik einwandfrei funktionieren kann, muss der Lufteinlass vor der Windschutzscheibe frei von Eis, Schnee und Blättern sein. Empfohlen wird, bei Umluftbetrieb im Fahrzeug nicht zu rauchen, da sich der aus dem Fahrzeuginnern angesaugte Rauch auf dem Verdampfer absetzt und zu dauerhafter Geruchsbelästigung führt. Wenn nach Einschalten der Zündung alle Symbole im Anzeigenfeld etwa 15 Sekunden blinken, liegt eine Störung vor, die nur in der Fachwerkstatt behoben werden kann. Sollte die Kühlanlage einmal nicht arbeiten, kann entweder die Außentemperatur niedriger als etwa +5 °C sein, der Kompressor der Kühlanlage wegen zu hoher Motor-Kühlmitteltemperatur vorübergehend abgeschaltet haben oder die Sicherung durchgebrannt sein.

((BILD 10.8)) Nach Werksvorgabe: Die Idealtemperatur im Fahrzeuginnenraum beträgt rund 22 °C.

GEFAHRHINWEISE

⚠ Kältemittel

Die Bauteile des Klimasystems sowie alle Kältemittelschläuche und -leitungen, finden Sie beim Panda vorn links halb neben und halb vor dem Motor, den sie fast ganz umgeben. Doch Vorsicht: Hier müssen Sie sich selbst als passionierter Schrauber bremsen! Denn bei den Komponenten der Klimaanlage bestehen gesundheitliche Risiken und auch die Gefahr Ihre Klimaanlage bei Reparaturversuchen zu beschädigen! So kann der Umgang mit Kältemitteln Erfrierungen bei Berührung verursachen oder gar zum Ersticken am Boden oder in unteren Räumen, wegen der Schwere des Mittels, führen. Klimaanlagen dürfen also nur von Fiat oder in Service-Stützpunktwerkstätten instand gesetzt bzw. ersetzt werden. Riskieren Sie hier keine gesundheitlichen Schäden oder teure Nachreparaturen. Denn der Kältemittelkreislauf der Klimaanlage darf nicht geöffnet werden. Das Neubefüllen ist Werkstatt-Sache. Zudem könnten Sie sich bei unsachgemäßer Handhabung auch strafbar machen: Das Ablassen von Kältemittel in die Umwelt ist eine strafbare Handlung. Sollte Ihre Klimaanlage also der Wartung bedürfen, fahren Sie am besten gleich in Ihren Servicebetrieb.

Der Pollenfilter (optional)

Der Filter für den Innenraum sollte einmal im Jahr, am besten im Frühjahr vor Beginn des Pollenflugs, oder alle 20.000 km erneuert werden. Empfehlenswert ist es, den Pollenfilter vor der Urlaubsfahrt zu erneuern. Der Filter sitzt seitlich im Heizungsgehäuse und ist von der Beifahrerseite aus zu erreichen.

Benötigtes Material und Werkzeug
- Austauschfilter
- Schraubendreher

Ausbau alter Filter:

- Verkleidung des Mitteltunnels abschrauben.
- Pollenfilterdeckel losschrauben und abnehmen (sitzt sehr fest).
- Achten Sie darauf, dass Ihnen beim Ausbau ggf. Schmutz und Blätter aus der Lüftungsanlage entgegenkommen können. Also nicht zu dicht mit uem Kopf heran gehen.
- Schacht aussaugen.
- Filter auswechseln.

Neuen Filter einsetzen:

- Einbaurichtung beachten. Auf dem Filter sind Pfeile angebracht.
- Den Filter in das Gebläsegehäuse einsetzen.
- Die weitere Montage erfolgt in umgekehrter Reihenfolge.

Klimaanlage desinfizieren

Die Komponenten der Klimaanlage sollten regelmäßig, mindestens einmal im Jahr oder alle 15.000 Kilometer desinfiziert werden. An den Wärmetauschern setzen sich sonst Bakterien ab, die zu üblen Gerüchen, beschlagenen Scheiben und sogar zu Erkrankungen der Atemwege führen können. Sie brauchen dazu Desinfektionsspray und eine Atemschutzmaske. Sprühen Sie zunächst eine Ladung Spray in die Austrittsdüsen. Schalten Sie das Gebläse auf Umluft und maximale Geschwindigkeit. Um die Batterie nicht unnötig zu belasten, kann dabei der Motor laufen. Sprühen Sie nun das Desinfektionsspray in Ansaugrichtung vor den Wärmetauscher. Tragen Sie dabei eine Atemschutzmaske. Lassen Sie die Lüftung bei geschlossenen Scheiben rund 10 Minuten bei voller Leistung laufen. Die Luft im Innenraum wird dadurch mehrmals umgewälzt.

12V-Kühltasche fürs Auto

Getränke und ein Vesper sind auf langen Reisen eine willkommene Erfrischung in den Pausen und stärken die Insassen für die Weiterfahrt. Zum Transport des Reiseproviants empfiehlt sich daher logischerweise eine Kühlbox. Darin lassen sich dank des ausreichenden Stauvolumens (bei ca. 20 Liter Fassungsvermögen hält sich der Platzbedarf im Kofferraum noch in Grenzen) auch Lunchpakete und genügend Getränkeflaschen (bis zu 2 Liter große PET-Behälter) für die ganze Familie hervorragend transportieren und gekühlt aufbewahren. Den besten Kühleffekt erzielen Sie mit einer Kühltasche, die sich auch an die 12-Volt-Steckdose (Zigarettenanzünder bzw. zusätzliche Steckdose im Kofferraum) anschließen lässt. Besonders praktische Geräte können dann, am Urlaubsziel angekommen, auch gleich am normalen Stromnetz und an Steckdosen mit 230 Volt betrieben werden. Der Kostenpunkt dieser intelligenten Boxen liegt bei ca. 200 Euro. Die Bedienung erfolgt über ein Softtouch-Bedienpanel, dessen Elektronik über mehrere Thermostate die Regelung der Kühlboxtemperatur übernimmt. LEDs dienen zur Kontrolle der Funktionstüchtigkeit, um den Inhalt auf bis zu 30 Grad unterhalb der Umgebungstemperatur zu kühlen. Zusätzliche Kühlakkus helfen, eine konstante Kühlung auch über längere Zeit aufrecht zu erhalten. Für diesen Preis kann die Kühltasche fürs Auto aber noch mehr: Eine weitere Funktion erlaubt die Umschaltung von Kühl- auf Heizbetrieb, was nicht nur Pizzataxis freuen dürfte. Übrigens: Der ADAC empfiehlt auf langen Fahrten ausgiebige Pausen zur Erholung insbesondere des oder der Fahrer. Dabei sollte auch auf den Wasserhaushalt Acht gegeben werden! Also gilt es, genügend Flüssigkeit (min. 3 l), am besten Mineralwasser oder verdünnte Fruchtsäfte, zu sich zu nehmen, damit die Konzentration und Ausdauer bei Hitze nicht auf der Strecke bleiben. Wer nun meint, mit Klimaanlage gänzlich unbetroffen zu sein, irrt: Denn die Umwälzung über den Verdampfer entzieht der Luft die Feuchtigkeit, was gleichermaßen zu einem Austrocknungseffekt führt.

Tipp: Lassen Sie die Kühlbox schon einen halben Tag vor Reisebeginn am Stromnetz vorkühlen. Alle Lebensmittel, die in der Kühlbox gelagert werden sollen, sind am besten bereits durch einen Kühlschrank vorgekühlt. Die Leistung dieser Boxen ist um einiges geringer als die Leistung des heimischen Kühlschrankes.

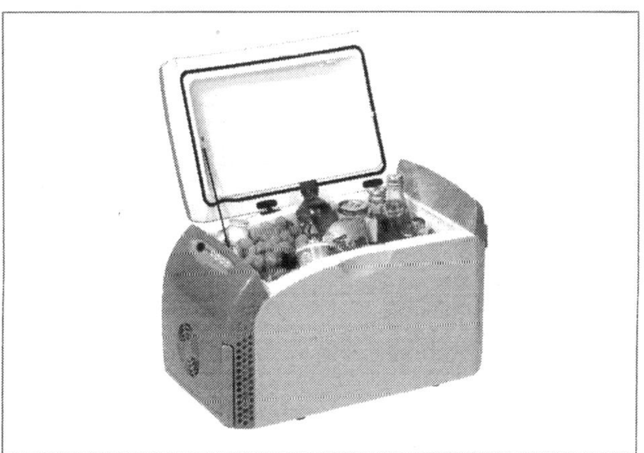

Frischhaltebox: Die Kühlbox im Auto versorgt die Insassen auf der langen Urlaubsreise mit Getränken und Snacks.

Urlaub und Reise

Gerade im Ausland ist die Absicherung auch im Falle des Unfalls oder auch nur einer Panne sehr wichtig. Große Autofahrervereine wie der ADAC oder der AVD bieten Schutzbriefe an, die die Absicherung auch im Ausland garantieren. Auch über einige Kraftfahrzeugversicherer kann ein solcher Schutzbrief beantragt und abgeschlossen werden.

Engel auf Rädern

Nein, Schutzbriefe sind nicht für Weicheier oder Warmduscher. Sie sind gerade heute eine sinnvolle Ergänzung des Reisegepäcks. Eine Panne kann im Ausland erhebliche Kosten verursachen. Wer bereits einen Abschleppdienst finanziell kennen gelernt hat, kann sich sicherlich noch an die nicht gerade günstig ausgefallene Rechnung erinnern. Gehen Sie ruhig davon aus, dass der freundliche Abschlepper in Frankreich oder Italien Ihnen auch keinen Freundschaftsrabatt anbieten wird. Ein Schutzbrief, der vertraglich die Kosten regelt und dafür sorgt, dass Ihr Auto auch tatsächlich wieder bei Ihnen zu Hause oder einer Werkstatt Ihres Vertrauens landet, ist dann Gold wert.
Betrachten wir uns einige aus unserer Sicht sinnvolle Inhalte, die Ihnen ein Schutzbrief bieten sollte. Ein Vergleich der unterschiedlichen Anbieter fällt Ihnen dann wesentlich leichter.

Fahrzeug-Rücktransport

Fällt Ihr Fahrzeug im Ausland aus und kann vor Ort nicht oder erst wesentlich später repariert werden, sollte durch den Schutzbrief der Rücktransport zu Ihrem Wohnsitz organisiert und bezahlt werden. Zusätzliche Leistungen wie Abschlepp- und Einstellkosten sollten auch abgedeckt sein.

Fahrtkosten nach Fahrzeugausfall

Sollten Sie auf Grund einer Panne oder eines Unfalls liegen bleiben oder Ihr Fahrzeug ist gestohlen worden, sollte der Schutzbrief die Kosten für die Bahnfahrt zum Zielort und zurück zum Schadensort oder zurück zu Ihrem Wohnsitz übernehmen. Die Kosten für einen Mietwagen sollten dann für die Dauer des Fahrzeugausfalls, max. bis zu sieben Tagen, übernommen werden.

Übernachtung nach Fahrzeugausfall

Natürlich kann bei Panne oder nach einem Unfall auch schnell eine außerplanmäßige Übernachtung die Urlaubskasse belasten. In der Regel tragen die Schutzbrieforganisationen dann die zusätzlichen Hotelübernachtungen für Sie und alle Insassen des Fahrzeugs.

Abschleppen und Bergung

Für das Abschleppen oder die Fahrzeugbergung nach einem Unfall fallen schnell erhebliche Kosten an. In der Regel ist auch dies Leistung der großen Schutzbrieforganisationen.

Hilfe bei verlorenen oder defekten Fahrzeugschlüsseln

Der Schlüssel am Strand verbuddelt? Oder sonst wie verloren? Gerade bei den großen Organisationen wie dem ADAC wird auch für solch kuriose Vorfälle Hilfe organisiert und die Kosten hierfür übernommen.

Ersatzteilversand

Gerade in den abgelegenen Winkeln dieser Erde sind nicht unbedingt alle notwendigen Ersatzteile immer greifbar. Um die Urlaubszeit nicht ins Ungewisse zu verlängern, wird sogar der Ersatzeilversand für solche Fälle auch weltweit organisiert.

CHECKLISTE

Checkliste vor und nach jeder großen Fahrt

		Worauf Sie achten sollten	Was zu tun ist
A	**Motor**	**1** Motorölstand	Wurde der Motor lange auf Kurzstrecken betrieben,sammeln sich flüchtige Substanzen. Deshalb kann es sein, dass der Ölstand bei heißem Motor schlagartig absinkt. Nach den ersten 100 Kilometern nachmessen.
		2 Kühlmittelstand	Den Kühlmittelstand im kalten Zustand auf Maximum auffüllen.
		3 Zustand der Schläuche	Alle Wasserschläuche müssen dicht und elastisch sein. Schläuche kräftig kneten. Kalkablagerungen an den Anschlüssen und harte oder poröse Schläuche sind kein gutes Zeichen. Im Zweifel austauschen.
		4 Kühlerventilator prüfen	Lassen Sie den Motor im Leerlauf laufen, bis sich der Kühlerventilator ein- und später wieder ausschaltet. Sie werden Ihn brauchen, wenn Sie im Stau stehen.
B	**Räder und Reifen**	**1** Luftdruck	Der Luftdruck in den Reifen muss der Beladung angepasst werden. Nach der Reise nicht vergessen den Luftdruck wieder abzusenken.
		2 Zustand	Die Reifen sollten natürlich auch am Ende der Reise noch genug Profil haben. Das sollten Sie besonders bei Winterreifen bedenken, die mindestens vier Millimeter Profiltiefe haben sollten.
C	**Fahrwerk**	**1** Stoßdämpfer	Wird das Auto richtig vollgeladen, sind die Stoßdämpfer besonders gefordert. Fahnden Sie nach Ölspuren und lassen Sie beim kleinsten Verdacht einen Stoßdämpfertest durchführen. Mit Wippen an der Karosserie lassen sich schwache Dämpfer jedenfalls kaum entlarven.
		2 Manschetten und Gelenke	Sind Achsmanschetten oder die Gummis der Gelenke rissig und porös, werden die Teile bei hoher Belastung rasant verschleißen. Besser vorher austauschen.
D	**Sonstiges**	**1** Beleuchtung	Schalten Sie alle Lichter durch und nehmen Sie Ersatzlampen für Scheinwerfer und Rückleuchten mit.
		2 Scheibenwaschanlage	Prüfen Sie die Einstellung der Spritzdüsen und füllen Sie den Vorratsbehälter mit geeignetem Gemisch bis zum Maximum auf.
		3 Zubehör	Ein Fünf-Liter-Reservekanister, ein Liter Motoröl und etwas Werkzeug mit auf die Reise nehmen.

Kleine Pannen

Sie gehören zu den Tücken des Alltags und machen einem das Autofahrerleben schwer – kleinere Pannen und Schäden. Dennoch können gerade diese Kleinigkeiten eine umso größere Wirkung haben. Denn manchmal ist es nur eine Nichtigkeit wie die Batterien der Autoschlüssel, die das Fortkommen verhindern. Wie Sie in solchen und ähnlichen Fällen Ihren Panda wieder flottkriegen, steht in diesem Kapitel.

Womit muss ich immer rechnen?

Sie müssen zur Arbeit und sind spät dran. Es ist Winter, ungemütlich kalt und dunkel. Eine dicke Eisschicht überzieht die Scheiben. Schnell ein Guckloch kratzen und los, so denken Sie. Aber: Sie drehen den Schlüssel im Zündschloss und nichts passiert! Vielleicht ist das auch besser so, denn nur ein Guckloch frei zu kratzen ist lebensgefährlich und wird mit Bußgeld geahndet. Doch auch das Startproblem geht eventuell auf Ihr Konto. Oder es wäre mit etwas mehr Pflege und Aufmerksamkeit durchaus zu vermeiden gewesen. Die leere Batterie ist jedenfalls einer der Klassiker unter den kleinen Pannen und langweilige Routine für die gelben Engel vom ADAC. Damit Sie die Herren nicht langweilen und vor allem nicht stundenlang warten müssen, verraten wir Ihnen, was in einem solchen Fall zu tun ist. Ärgerlich ist zum Beispiel auch, wenn die Batterie im Schlüssel schwächelt und Ihnen eines Tages den Zugang zu Ihrem Panda verwehrt. Dann müssen Sie sich an die eigene Nase fassen, denn der regelmäßige Wechsel der Batterie ist kinderleicht und kostet nicht die Welt.

Was tun bei einer Reifenpanne?

Etwas anders sieht die Sache mit einem platten Reifen aus. Statistisch gesehen erlebt jeder Autofahrer nur etwa alle 70.000 km dieses Malheur. Dann aber heißt es richtig reagieren und umsichtig handeln. Schätzen Sie die Situation hinsichtlich des Gefahrenpotentials ein. Können Sie an dieser Stelle einen Radwechsel durchführen, ohne sich zu gefährden? Befinden Sie sich beispielsweise auf einer zweispurigen Autobahn ohne Standstreifen, unterlassen Sie zu Ihrer eigenen Sicherheit einen Radwechsel. Rufen Sie stattdessen sofort Hilfe per Handy oder versuchen Sie sich im Schritttempo zum nächsten Rastplatz zu retten.

Mit einer Panne weiterfahren oder lieber stehen bleiben – ab wann wird es kritisch?

Abgesehen von dieser Panne, die bei jedem Auto auftreten kann, gilt der Panda als relativ unkompliziert und robust. Verlassen Sie sich stets auf Ihren gesunden Menschenverstand und verzichten Sie im Zweifelsfall lieber auf einen Reparaturversuch vor Ort. Genauso wichtig ist es zu wissen, wann es besser ist, nicht mehr weiter zu fahren. Sie ersparen sich damit nicht nur teure Folgeschäden, sondern setzen auch nicht Ihre Gesundheit und die Ihrer Mitmenschen aufs Spiel. Wir haben darum in unseren Störungsbeiständen die wichtigsten Symptome aufgeführt, die auf einen schlimmen Schaden hindeuten. Oder auch auf Dinge hingewiesen, die einen schlimmen Schaden verursachen können. So reagieren alle direkt einspritzenden Diesel absolut allergisch auf eine Falschbetankung mit Benzin. Fatalerweise passt nämlich die dünnere Zapfpistole der Otto-Kraftstoffe immer in die große Öffnung der Dieselfahrzeuge, der große Rüssel der Diesel-Zapfsäule jedoch nicht in die kleinen Tankstutzen der Benziner. Sollten Sie Ihren falsch betankten Diesel dennoch starten, werden Sie mit einiger Sicherheit aufgrund der Folgeschäden einen vierstelligen Euro-Betrag los.

Und wenn ich nun doch in die Werkstatt muss?

Lässt sich ein Abschleppen mit anschließendem Werkstattbesuch nicht vermeiden, sollten Sie unbedingt folgende Dinge beachten: Generell ist die Mitgliedschaft in einem Automobilclub und ein spezieller Schutzbrief immer von Vorteil, besonders fern der Heimat. Lesen Sie sich beizeiten in Ruhe das Kleingedruckte durch und legen Sie die entsprechende Notrufnummer in das Handschuhfach. Bestellen Sie einen Abschleppwagen nur über diese Nummer und lassen Sie sich vom Fahrer eine Bestätigung über seinen Auftraggeber zeigen. Es ist ja auch möglich, dass der Abschleppwagen rein zufällig des Weges kam... Schildern Sie der Werkstatt dann ganz in Ruhe und chronologisch den Schadenshergang. Je mehr die Werkstatt weiß, umso kürzer ist die Zeit für die Fehlersuche.

Wichtige Informationen sind zum Beispiel:

- In welchem Betriebszustand trat der Schaden auf? (Temperatur, Geschwindigkeit, Drehzahl)
- Haben Sie vorher ungewöhnliche Geräusche oder ein ungewöhnliches Fahrverhalten bemerkt?
- Wie ist die Vorgeschichte des Wagens (wurden vor Kurzem Reparaturen oder Inspektionen durchgeführt)?
- Bestehen Sie auf einen schriftlichen Auftrag und einen Kostenvoranschlag. Ziehen Sie vor Reparaturbeginn eine finanzielle Grenze, über der die Werkstatt Ihr Einverständnis braucht.

Fahrzeug richtig aufbocken

Im Bordwerkzeug Ihres Panda finden Sie unter anderem auch den Scherenwagenheber. Damit lässt sich der Wagen für die meisten Arbeiten hoch genug anheben. Zur Vergrößerung der Hubhöhe können Sie einen Holzklotz unterstellen. Ebenso sollten Sie stets ein kleines Brett mit etwa den Abmaßen 30 cm x 30 cm und 2 cm Dicke zur Sicherheit unterstellen. Damit verringert sich die Gefahr, dass der Wagenheberfuß in den Boden einsinken kann. Gehen Sie mit Unterstellböcken auf Nummer sicher. Wenn Sie ernsthaft unter dem Fahrzeug arbeiten wollen, raten wir dringend zur Verwendung von Unterstellböcken. Nur so können Sie Ihren angehobenen Panda sichern. Legen Sie sich niemals unter das angehobene Fahrzeug, wenn dieses nicht durch Unterstellböcke gesichert ist, Sie begeben sich sonst in Lebensgefahr!

Holz, Wagenheber und Lappen.

Fahrzeug aufbocken:

- Der Wagen muss auf festem, ebenem Untergrund stehen.

- Feststellbremse aktivieren und zumindest eines der Räder gegenüber der Anhebestelle mit Holzkeilen, notfalls mit geeigneten Steinen, gegen Wegrollen sichern. Nur auf die Feststellbremse dürfen Sie sich nicht verlassen.

- Der Bordwagenheber ist zusammen mit anderem Bordwerkzeug leicht zugänglich unter der Abdeckung in der Reserveradmulde zu finden. Nehmen Sie die Kurbel aus der Ablage heraus, haken Sie diese in die Öse am Wagenheber ein und öffnen Sie den Heber um etwa fünf Umdrehungen. Nun den Wagenheber senkrecht zum gekennzeichneten Aufnahmepunkt am Schweller heben. Der Schlitz des Wagenheberkopfes muss waagerecht in den Schwelleraufnahmepunkt greifen.

Achtung: Fahrzeug nur an diesen vorgesehenen Aufnahmepunkten anheben! Hier sind kleine Pfeile im Blech des Schwellers eingestanzt. Die Schweller sind in diesem Bereich extra hierfür verstärkt! Wagenheberkopf mit der linken Hand gegen den Aufnahmepunkt drücken, während man mit der rechten Hand die Kurbel im Uhrzeigersinn dreht und den Wagenheberfuß gegen den Boden drückt. Immer darauf achten, dass der Wagenheber senkrecht steht und nicht nach einer Seite abkippt!

Fahrzeug aufbocken: Aufnahmepunkte.

- Bevor der Wagenheber auf die Arbeitshöhe hochgekurbelt ist, nochmals vergewissern, dass ein Wegkippen des Hebers ausgeschlossen ist. Ist der senkrechte Stand nicht gewährleistet, den Wagenheber nochmals neu ansetzen. Ansonsten nun auf nötige Höhe kurbeln.

- Der Unterstellbock darf nur an den Bodenverstärkungen angesetzt werden. Zwischen die Auflage des Bocks und den Fahrzeugboden sollten Sie einen Gummi- oder Hartholzklotz legen, der die Last verteilt. Kontrollieren Sie vor dem Ansetzen des Bockes, ob eventuell ein Blechfalz im Weg ist, der eingedrückt oder deformiert werden könnte, oder gar die Bremsleitung eingeklemmt werden kann.

- Der Dreibein-Unterstellbock steht am sichersten, wenn eines seiner Beine nach außen und zwei zur Wagenmitte hin zeigen. Achten Sie auf diese Stellung, wenn Sie das Fahrzeug aufbocken. Sonst kann es passieren, dass beim Anheben des Wagens der auf der anderen Seite bereits angesetzte Unterstellbock seitlich weggedrückt wird.

Fahrzeug abschleppen

WISSENSWERTES

Vorschriften beim Abschleppen

Beachten Sie nach einer Havarie beim Abschleppen die nach §15a der Straßenverkehrsordnung geltenden Grundsätze: Beim Abschleppen eines auf der Autobahn liegen gebliebenen Fahrzeugs ist die Autobahn bei der nächsten Ausfahrt zu verlassen. Ist Ihr Fahrzeug außerhalb der Autobahn liegen geblieben, dürfen Sie nicht auf die Autobahn auffahren. Während des Abschleppens müssen beide Fahrzeuge das Warnblinklicht einschalten. Zudem steht der Nothilfegedanke im Vordergrund, das heißt: Ein abzuschleppendes Fahrzeug ist nicht über weite Strecken zu transportieren, sondern nur bis zur nächstgelegenen oder nächst geeigneten Werkstatt. Der Fahrzeugführer des abschleppenden Kfz benötigt eine Fahrerlaubnis der Klasse, der das ziehende Kfz zugehört. Der Lenker eines abzuschleppenden Kfz muss indes keinen Führerschein besitzen. Außerdem besteht kein gesetzliches Mindestalter zur Steuerung des abgeschleppten Fahrzeugs. Da derjenige allerdings für das Bremsen und Lenken verantwortlich und Sie für die Einweisung in diesen Vorgang, ist es ratsam sich im Zweifelsfall davon zu überzeugen, dass Ihr »Pannenhelfer« dies auch kann. Verwenden Sie eine starre Abschleppstange, damit auch das Bremsen ohne Pedalkraftverstärkung nicht zur bösen Überraschung wird.

Wenn sich Ihr Panda nicht mehr aus eigener Kraft fortbewegen lässt, müssen Sie ihn bis zur nächsten Werkstatt abschleppen. Aus optischen Gründen hat man die Aufnahme für den Abschlepphaken hinter einer kleine Plastikabdeckung versteckt. Diese befindet sich vorne rechts im Stoßfänger, oberhalb des unteren Lüftungsgitters. Den Abschlepphaken finden Sie in der Reserveradmulde beim restlichen Bordwerkzeug. Die Anbringung erledigen Sie am besten wie hier beschrieben. Wichtig ist die Überprüfung auf festen Sitz durch das Festziehen des Hakens mit Hilfe des Radschlüssels. Falls Sie jedoch mit Ihrem Panda auch mal einen anderen Wagen abschleppen wollen, befindet sich rechts im hinteren Stoßfänger ebenfalls eine kleine Abdeckung, unter welcher die Abschleppöse eingeschraubt werden kann.
Beachten Sie beim Abschleppen aber folgende Grundsätzlichkeiten:

- nie den Wagen weiter als 50 km schleppen, ansonsten können Schäden am Getriebe entstehen.
- nicht schneller als mit 50 km/h schleppen.

Abschlepphaken: Hinter dieser kleinen Abdeckung wird der Abschlepphaken eingeschraubt

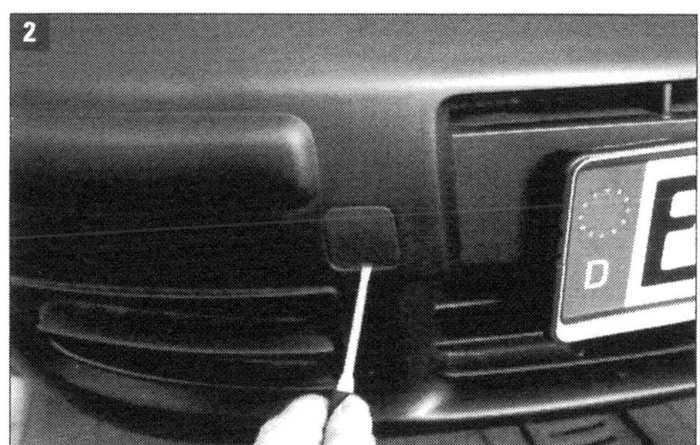

Abdeckung demontieren: Die Abdeckung mit einem kleinen Schlitzschraubendreher ausclipsen und abnehmen und den Abschlepphaken einschrauben.

Festziehen: Den Abschlepphaken können Sie mit Hilfe des Radschlüssels als Hebel ordentlich festziehen.

Starthilfe

Verwenden Sie zur Überbrückung von einer vollen zu einer leeren Batterie spezielle Elektronik-Starthilfekabel. Damit schützen Sie die elektronischen Bauteile Ihres Ibiza vor gefährlichen Spannungsspitzen. Sicherheitshalber können Sie einen Verbraucher wie beispielsweise das Standlicht einschalten, um Spannungsspitzen zu vermeiden.
Hilfsfahrzeug dicht an Ihr Fahrzeug heranfahren, damit die Batterien durch die Starthilfekabel verbunden werden können. Schalten Sie in Ihrem Fahrzeug (fast) alle Stromverbraucher ab.

- Die Pluspole mit dem Starthilfekabel verbinden, zuerst die leere, dann die volle Batterie anklemmen.

- Das andere Kabel zuerst am Minuspol der Fremdbatterie und dann am Minuspol der entladenen Batterie (oder an Masse) anschließen.

- Motor des Hilfswagens starten und mit erhöhter Drehzahl laufen lassen, damit die Lichtmaschine viel Strom liefert.

- Starten Sie Ihr Fahrzeug. Wenn der Motor nicht gleich anspringt, sollten Sie nach weiteren Versuchen immer wieder eine Pause einlegen, damit der Anlasser abkühlen kann. Dabei den Motor des Hilfsfahrzeugs weiterlaufen lassen – die leere Batterie in Ihrem Panda wird dadurch schon nachgeladen.

- Zum Abnehmen der Starthilfekabel zuerst den Minuspol der eigenen Batterie, dann den der Fremdbatterie abklemmen. Anschließend Kabel von den Pluspolen abnehmen: erst Vollbatterie, dann Leerbatterie.

Anschluss an die Batterie.

Überhitzung durch Wasserverlust

Wenn der Motor überhitzt, droht ein kapitaler Motorschaden. In den meisten Fällen fehlt dem Motor Kühlwasser. Drehen Sie niemals den Ausgleichsbehälter sofort auf. Er steht gerade bei überhitzten Kühlsystemen unter hohem Druck. Das Kühlwasser kann durchaus überspannt sein. Das bedeutet, es hat eine Temperatur über 100 °C bzw. über 115 °C erreicht. Wasser ist bei ca. 100 °C schon gasförmig. Schwere Verbrennungen wären so unausweichlich! Stellen Sie den Motor sofort ab. Warten Sie einige Zeit ab und öffnen Sie den Kühlerdeckel langsam. Halten Sie niemals den Kopf in den Bereich des Kühlwasserbehälters, wenn Sie den Deckel abschrauben wollen. Vor dem eigentlichen Abdrehen hat der Kühlerdeckel noch eine Raststufe. Kurz nach dieser Stufe wird hörbar der Druck entweichen. Warten Sie ab, bis der Druckausgleich stattgefunden hat und drehen Sie den Kühlerdeckel langsam und sehr vorsichtig mit einem Lappen als Handschutz ab.
Bevor Sie jedoch nur fehlendes Kühlwasser auffüllen, sollten Sie als Erstes versuchen, die Ursache des Wasserverlustes zu lokalisieren:

- Wenn der Ventilator streikt und der Motor nur im Stand heiß wird, können Sie die Fahrt bei freier Strecke fortsetzen. Im Stand und an roten Ampeln dann jeweils den Motor abstellen.

- Stellen Sie die Heizung auf maximale Wärme bei höchster Gebläsestufe, um zusätzlich etwas Hitze aus dem Motor abzuführen.

- Ist ein Kühlerschlauch nur leicht undicht, zum Beispiel durch einen Marderbiss, können Sie den Schlauch provisorisch mit festem Gewebeklebeband umwickeln. Der Schlauch muss dazu fettfrei, trocken und am besten kalt sein. Wickeln Sie ein paar Lagen um die schadhafte Stelle, das hält locker bis nach Hause oder in die nächste Werkstatt. Anschließend sollte der Motorraum oder besser gesagt jeder Schlauch und jedes Kabel genau in Augenschein genommen werden. Marder ernähren sich nicht von Autoteilen, sie spielen nur damit. Ein durchgebissenes Zündkabel kann aber leicht einen Katalysatorschaden um 2500 Euro verursachen, wenn er nicht bemerkt wird und das Auto auf drei Zylindern weiterlaufen soll. Im Zweifelsfall zuerst genau untersuchen und notfalls das Fahrzeug abschleppen. Eine Weiterfahrt kann leicht Schäden verursachen, die die Kosten des Abschleppens um das 10-fache übersteigen.

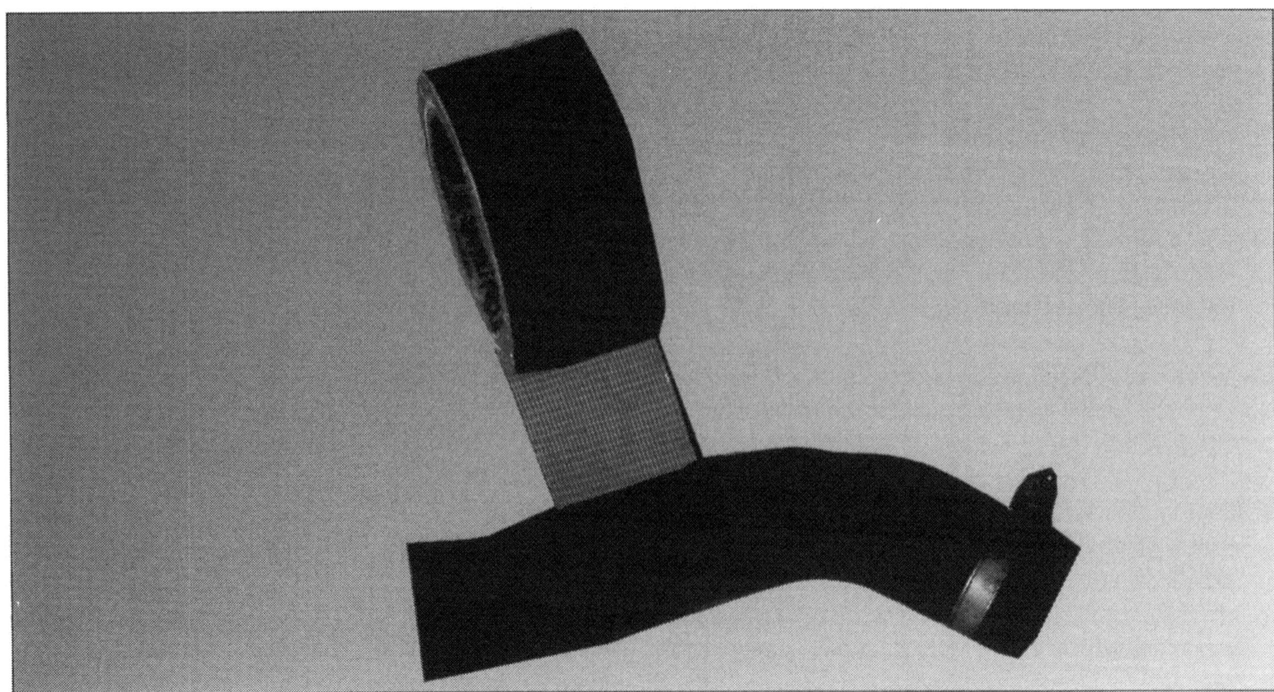

Für kurze Zeit: Bei kleinen Undichtigkeiten reicht es, den Schlauch mit Klebeband zu umwickeln.

Falschbetankung beim Diesel – Elektronik im Notlaufprogramm

Zu meiner Lehrzeit durfte ich erleben, wie der Meister einen Kunden beschimpfte, »wie dämlich man sein müsse den falschen Kraftstoff zu tanken«. Nach der Tankreinigung fuhr er dann selbst los, um das Kundenauto wieder vollzutanken. Nicht mal eine halbe Stunde später mussten wir unseren Meister mit deutlich verfinsterter Miene von der Tankstelle abschleppen. Ein leichtes Grinsen der Werkstattbesatzung löste für den Rest des Tages lautstarke Wutäußerungen des Meisters und heftiges Türenschlagen aus. ...morgens noch gelästert und mittags selber falsch getankt...

Lachen Sie jetzt bitte nicht: Eine Falschbetankung kommt häufiger vor als Sie denken. Etwas Hektik, schlecht beschriftete Zapfpistolen und schon ist es passiert, schließlich gibt es heute ja an jeder Zapfsäule alle Kraftstoffe – der Panda JTD hat Benzin statt Diesel geschluckt. Wenn Sie es noch rechtzeitig merken, haben Sie Glück gehabt. Der Tank kann ausgepumpt werden. Wenn Sie aber den Motor starten und so lange fahren, bis er ausgeht (und das wird er früher oder später), kann die Rechnung in die Tausende gehen. Fatalerweise schmiert nämlich der Dieselkraftstoff auch die Hochdruckpumpe und Benzin wäscht diesen Schmierfilm in Sekundenschnelle ab. Die Folge: Die Pumpe frisst und die Späne verteilen sich anschließend im kompletten Kraftstoffsystem. Starten Sie also auf keinen Fall den Motor und versuchen Sie auch nicht, die Falschbetankung mit Diesel aufzufüllen! Schon wenige Liter Benzin können zum kapitalen Schaden führen! Um es zu verdeutlichen: In diesem Fall müssen alle Bauteile des Kraftstoffsystems in der Regel erneuert werden. Das bedeutet im Extremfall alles zwischen Tankdeckel und Motorblock. Jede Leitung, jeder Schlauch, jeder Filter bis zum Pumpenelement.

Der Schaden beläuft sich schnell auf 3000 Euro und mehr. Nach der Falschbetankung also niemals Selbstversuche starten. NICHT EINMAL, UM VON DER ZAPFSÄULE WEGZUFAHREN!!! Ohne Abschleppen und Absaugen des Tanks geht es nicht. Das wahrscheinlich länger anhaltende Gelächter der Bekanntschaft ist leichter zu ertragen als die Werkstattrechnung.

Wenn Sie dagegen einen Benziner fahren, brauchen Sie sich nicht allzu viel Sorgen machen. Das wesentlich dickere Einfüllrohr der Diesel-Pistolen passt erst gar nicht in den Einfüllstutzen. Selbst wenn Sie sich innerhalb der Benzin-Palette vergriffen haben, ist das halb so schlimm. Der Klopfsensor der Motorsteuerung erkennt minderwertigen Kraftstoff und regelt entsprechend die Zündung in einen unkritischen Bereich. Trotzdem sollten Sie natürlich so bald als möglich den richtigen Kraftstoff nachtanken. Wenn im Cockpit eine Warnleuchte leuchtet und der Motor nur noch mit halber Kraft läuft oder das Getriebe seltsam schaltet, befindet sich die Motorsteuerung im Notlaufprogramm. Dasselbe gilt für die Bremsen-Warnleuchte. Sie können damit noch einen sicheren Ort erreichen, dann sollten Sie allerdings der Sache auf den Grund gehen. Denn wenn Motor, Getriebe oder ABS/ESP in das Notlaufprogramm fallen, hat das meist einen schwerwiegenden Grund. In jedem dieser Systeme ist allerdings eine Rückfallebene hinterlegt, die dafür sorgt, dass Ihr Auto weiter mobil bleibt. Wenn Sie keinen schwerwiegenden Schaden entdecken, kann es aber auch sein, dass die Elektronik nur in einem bestimmten Betriebszustand einen nicht plausiblen Vorfall registriert hat. Dieser Vorgang wird im Fehlerspeicher abgelegt und kann mit einem Diagnosegerät ausgelesen werden. Viele Steuergeräte legen neben dem erkannten Fehler auch die Peripheriedaten dazu im Steuergerät ab. Aus diesem Grund sollte der Fehlerspeicher nicht einfach gelöscht werden, zumal das CAN-Bus-System je nach Fehler diesen auch in mehreren Steuergeräten hinterlegt haben kann. Das hilft dem Mechatroniker dann erheblich, den Fehler »einzukreisen«.

Bauteile eine Einspritzanlage, die durch Falschbetankung Schaden nehmen können.

Grundausstattung für kleine Pannen

Der serienmäßige Ausstattungsumfang im Panda ist, was den Pannenfall angeht, einigermaßen akzeptabel. Schraubendreher, Wagenheber, Reserverad (optional Notrad oder Fiat-Mobilitätsset). Wer mit seinem Panda eine Reifenpanne hat, kann sich meist mit dem Reserverad oder Notrad bzw. dem optionalen Mobilitätsset von Fiat mit Reifendichtmittel und Kompressor behelfen. Pech hat nur derjenige, dessen Reserverad jahrelang ein Schattendasein geführt hat und nun platt ist. Wenn Sie also auch folgende kleine Grundausrüstung mit sich führen, können Sie sich bei vielen anderen kleinen Pannen wahrscheinlich selber helfen oder zumindest das Fortkommen sichern. Denn nicht nur ein platter Reifen kann Sie erheblich aufhalten, sondern auch ein leerer Tank. Vielleicht verliert der Motor auch auf Grund eines porösen Schlauches Wasser. Oder weil ein hungriger Marder herzhaft in die Schläuche gebissen hat.

Mit folgenden Dingen sind Sie schon recht gut ausgestattet:

- Reifendichtmittel: Dichtet kleinere Durchstiche im Reifen von innen ab. Vorsicht: Nicht in praller Sonne liegen lassen: Explosionsgefahr!
- Kühlerdichtmittel: Funktioniert ähnlich wie das Reifendichtmittel und hilft bei Marderbissen.
- Hochfestes Klebeband: Damit können Sie lose Karosserieteile befestigen (zum Beispiel nach einem Unfall) oder auch Kühlerschläuche flicken.
- Kabelbinder: Funktionieren bei guter Qualität sogar als Schlauchschellenersatz.
- Scheibenreinigungskonzentrat (auch pur anzuwenden) und Insektenlöser helfen Ihnen besonders in der Nacht oder wenn die Scheibe durch Öl oder Kühlwasser verschmiert ist.
- Reservekanister: Sichert genügend Reichweite, um bis zur nächsten offenen Tankstelle zu gelangen.

Das kleine Überlebensset: (A) Reifendichtmittel, (B) hochfestes Klebeband, (C) Kabelbinder, (D) Kühlerdichtmittel, (E) Scheibenreinigungskonzentrat, (F) Insektenreiniger, (G) Reservekanister.

Bauteil	Kosten
Sicherungsset	10 Euro
Lappen	0 Euro (alte Bettwäsche)
Isolierband	2 Euro
Kabelbinder	5 Euro
2 Sicherheitswesten	20 Euro
Unterlegbrett für den Wagenheber (30 cm x 30cm, ca. 2 cm dick, MDF-Platte)	10 Euro
Radkreuz	10 Euro
1 l Motoröl, je nach Norm	10 – 30 Euro
1 l Kühlflüssigkeit	6 Euro
1 l Mineralwasser ohne Kohlensäure (Trinkration oder auch für den Motor im Notfall)	2 Euro
Schlauchschellenset	5 Euro
Gewebeklebeband	3 Euro

Pannenset

Pannensets für die Reifen können das Reserverad, ersparen. Die Voraussetzung ist aber, dass es sich um einen Plattfuss handelt, der keinen weiteren Schaden am Reifen zur Folge hatte. Wurde der platte Reifen weitergefahren oder zeigt er schon blaue Verfärbungen, sollte der Reservereifen zum Einsatz kommen. Die Anwendung ist nicht weiter schwer und geht in den meisten Fällen auch schneller als ein Radwechsel. Nach Verwendung des Kits kann das Fahrzeug dann sicher bis zur nächsten Werkstatt weitergefahren werden. Das Dichtmittel hinterlässt meist einen Schmierfilm auf Reifen und Felge, der für die Reparatur erst wieder entfernt werden muss. Zum Teil verweigern die Reifenhändler eine Reifenreparatur nach dem Einsatz von Dichtmitteln. Im Zubehörhandel gibt es dutzende Varianten zu erwerben (s. Beispiel von Continental im Bild).

Problemlösungen

Clips und Tricks

Natürlich gibt es auch bei dem Panda einige Clips, Schrauben und Muttern die sich im Laufe des Autolebens entweder verlieren oder nicht mehr lösen lassen. Selbstverständlich fällt das immer dann auf, wenn der Fiat-Partner seine Pforten schon fest verschlossen hat. Mit wenigen Euros kann sich das Schrauberherz ganz sicherlich erfreuen, wenn sich einige wenige dieser Kleinteile in der Werkzeugkiste finden lassen:

Blechschraube mit Blechmutter: Sie hilft Verkleidungsteile wieder sicher zu befestigen.

Kunststoffmutter: Sie eignet sich für alle Gewindestücke, die auch für die Blechmuttern oder Sicherungsringe geeignet sind, lassen sich aber deutlich besser festziehen und rosten nicht.

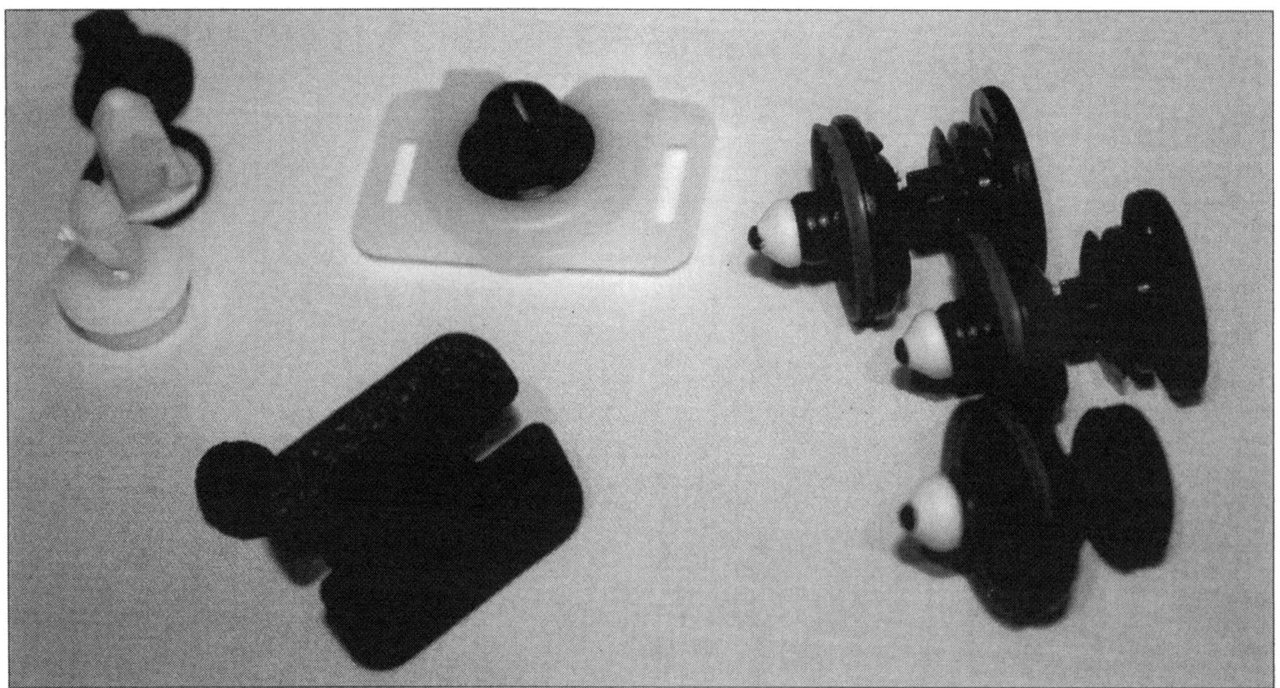

Die Stopfensammlung.

Spezialwerkzeug

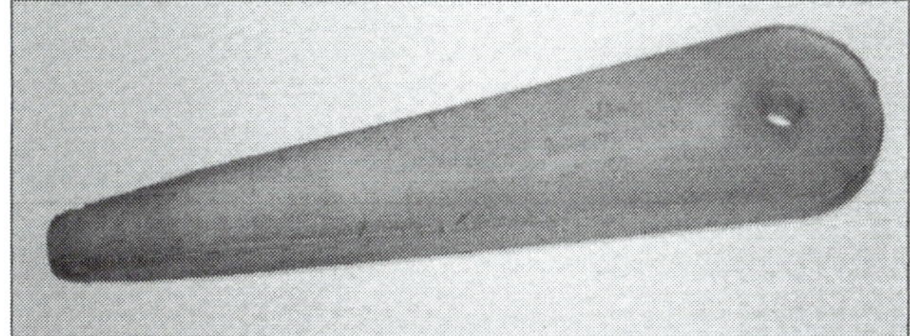

Der Keil zur Verkleidungsmontage 1: Dieses Werkzeug erleichtert die Demontage der Verkleidungsteile an allen Fahrzeugen erheblich. Er ist aufgrund der empfindlichen Kunststoffoberflächen der heutigen Fahrzeuge aus einem PE-Kunststoff gefertigt, der sehr weich ist. Er eignet sich hervorragend, um aneinander geclipste oder eingerastete Rahmen, wie beispielsweise im Armaturenbrett, zu demontieren.

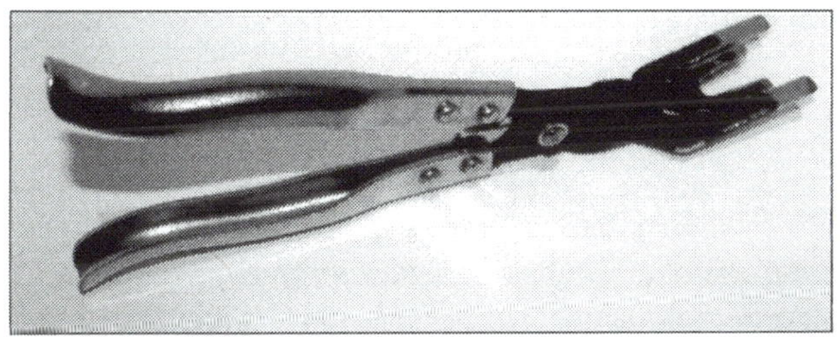

Zange zur Stopfen und Verkleidungsdemontage: Die Zange sorgt gerade bei Verkleidungen der Türe mit schwer zugänglichen Stoffen für eine sachgerechte Demontage. Der Eigenbau ist hier zu aufwändig. Diese Zange kostet in der Regel um 30 Euro . Eine lohnende Investition, die sicherlich einigen Ärger ersparen kann.

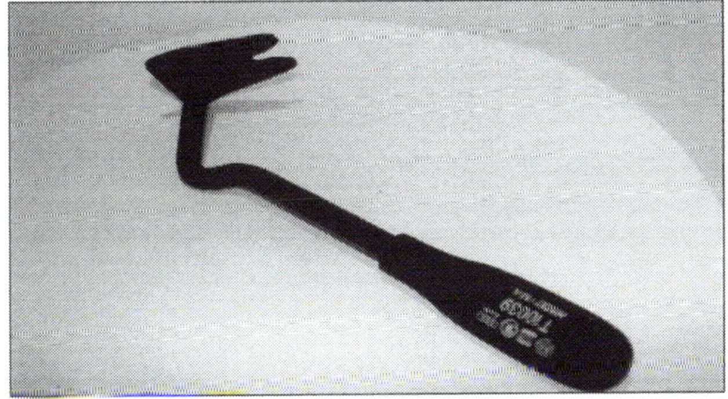

Hebel zur Stopfen und Verkleidungsdemontage: Dieser Hebel erleichtert die Demontage der Verkleidungsteile an allen Fahrzeugen erheblich. Er ist aufgrund der empfindlichen Kunststoffoberflächen der heutigen Fahrzeuge aus einem PE-Kunststoff gefertigt, der sehr weich ist. Er eignet sich hervorragend, um aneinander geclipste oder eingerastete Rahmen, wie beispielsweise im Armaturenbrett, zu demontieren.

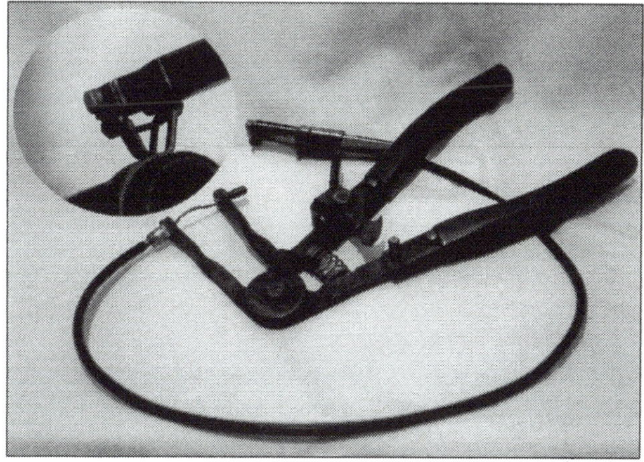

Schlauchklemmenzange: Gerade die Schlauchklemmen aus Stahl stellen häufig ein Problem bei den Montagearbeiten dar. Wenn die Wasserpumpenzange abrutscht, verletzt man sich recht leicht oder man wird durch die schwierige Handhabung in den Wahnsinn getrieben. Die beste Möglichkeit ist die Verwendung einer Schlauchklemmenzange. Sie ist für die Arbeiten an Ihrem Fahrzeug abgestimmt und stellt die optimale Lösung für den Umgang dar. An den meisten Stellen kann man sich aber auch mit einer Gripzange behelfen. Sie kann zwar auch abrutschen, lässt aber immerhin ein etwas erleichtertes Arbeiten zu.

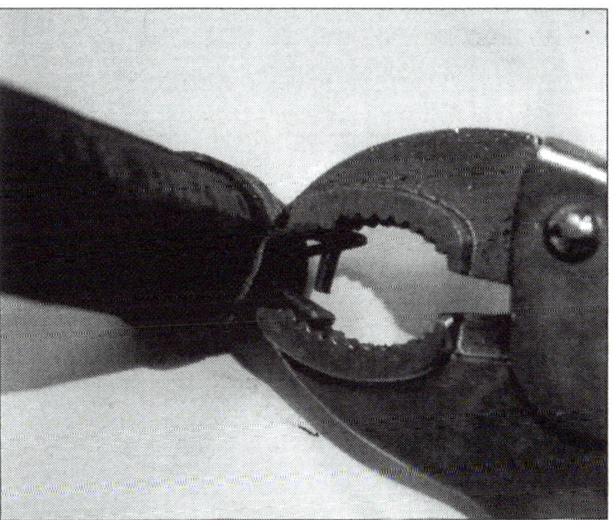

Gripzange.

Ersatzbirnen

Ersatzbirnen.

Glühlampe für:	Typ	Leistung
Abblendlicht	H7	55 W
Fernlicht	H1	55 W
Nebelscheinwerfer	H3	55 W
Standlicht vorn	Glassockel	5 W
Blinklicht vorn	(gelb) Bajonett	21 W
Seitliche Blinker	(gelb) Stecksockel	5 W
Bremslicht	Bajonett	21 W
Schlusslicht	Bajonett	10 W
Brems-/Schlusslicht	Bajonett	21/5 W
Blinklicht hinten	Bajonett	21 W
Rückfahrlicht	Bajonett	21 W
Nebelschlusslicht	Bajonett	21 W
Gepäckraumleuchte	Glassockel	3 W
Kennzeichenleuchte	Soffitte	5W

Lösen von festgerosteten Schrauben

Wenden Sie niemals Gewalt an, wenn Schrauben und Bolzen, die mit einem Gewinde in ein Bauteil hineingeschraubt sind, festgerostet sind. Beispielsweise am Krümmer kann ein abgerissener Bolzen eine erhebliche Mehrarbeit bedeuten. Im Gegensatz zu Schrauben, die lediglich durchgesteckt und auf der anderen Seite mit einer Mutter befestigt sind, können sie nicht einfach herausgeschlagen werden. Ausbohren und Gewindeschneiden oder sogar eine Gewindereparatur bleiben oft nicht aus.
Am Krümmer lassen sich die Schrauben oft recht einfach lösen.

Stufe 1, Temperatur: Der Motor produziert durch den Auspuff eine sehr hohe Temperatur, die durchaus 800 °C erreichen kann. Lässt man das Auto laufen, erwärmen sich auch die Befestigungsschrauben. Sie lassen sich dann mit etwas Rostlöser leicht lösen. An anderen Stellen muss dann durch einen Brenner Wärme eingebracht werden. Aufgrund der Platzeinschränkung und der Hitzeempfindlichkeit einiger Teile lässt sich das oft nicht realisieren. Vorsicht: Erwärmen Sie niemals tragende Teile oder Teile der Lenkgeometrie. Durch die Erwärmung von Stahl kann Festigkeit verloren gehen! Die Schrauben und Bolzen, die mit einem Brenner erwärmt wurden, müssen ausgetauscht werden.

Stufe 2, Schläge: Rost erschwert das Aufdrehen einer Schraube, weil sich das Volumen der verrosteten Oberflächenpartikel vergrößert. Oftmals lässt sich diese Struktur durch Schläge oder Zerstören aufbrechen. Dazu kommt noch, dass sich Stahl verformen lässt. Feste Schrauben werden gestaucht und federn zurück. Manchmal lassen sie sich so auch etwas längen. Die Schläge auf die Schraube oder den Bolzen müssen dann in der Richtung der Schraube erfolgen. Das Gewinde oder der Schlüsselkopf sollten dabei allerdings nicht beschädigt werden.

Stufe 3, Mutter sprengen/aufweiten: Sollten die ersten beiden Möglichkeiten nicht geholfen haben, muss die Mutter aufgeweitet oder gesprengt werden. Diese Arbeit macht auch nur dann Sinn, wenn das Gewinde unbeschädigt bleibt.

Für diese Arbeit darf nur ein scharfer Meißel verwendet werden. Je spitzer er angeschliffen ist, umso leichter kann er seine Arbeit verrichten. Versuchen Sie, die Mutter in Drehrichtung (gegen den Uhrzeigersinn) einzukerben und schlagen Sie im flachen Winkel

Räder, Radwechsel

Reifen und Felgen

In der Kombination spricht man von den Rädern eines Fahrzeuges. Sowohl der Reifendurchmesser als auch die Reifenbreite beeinflussen das Fahrverhalten unter Umständen deutlich. Inwieweit andere Reifenhaftungspotenziale und auch andere Kräfte, die an der Lenkung entstehen, einen Einfluss auch auf die Regelungssysteme des Fahrwerks haben, wurde entweder noch nicht untersucht oder noch nicht veröffentlicht. Das Urteilsvermögen eines Sachverständigen muss hinsichtlich der Eintragungen auch um die Kenntnisse über Einflüsse und Störungen um die Regelsysteme erweitert werden. Gerade in diesem Punkt ist es sehr erstaunlich, welche Rad-Reifenkombination abgenommen und eingetragen werden. Fahrwerksteile wie Spurplatten und Komplettfahrwerke weichen zum Teil erheblich von den Herstellervorgaben ab. Der Tuner will sein Produkt Fahrzeug schließlich auch deutlich von den Serienmodellen abheben.
Als verantwortungsbewusster Autofahrer sollten Sie grundsätzlich gerade die fachlichen Hintergründe hinterfragen und im Zweifelsfall auf Serienausrüstung oder zumindest auf baugleiche Bauteile zurückgreifen, die vom Hersteller auch freigegeben wurden.

Das Bindeglied zur Straße - der Reifen

Reifenunterbau, Gummimischung und das ausgefeilte Reifenprofil machen moderne Reifen zu echten Hightech-Produkten, die einen wichtigen Beitrag zur passiven Sicherheit Ihres Autos leisten. Sie tragen das Gewicht eines Fahrzeugs, fangen kleinere Stöße der Fahrbahn ab und übertragen die Kräfte, die bei Antrieb, Bremsen und Kurvenfahrt entstehen. Die Reifen an den Vorderrädern bringen es durchschnittlich auf eine Laufleistung von 15.000 – 35.000 Kilometer, die Pneus der Hinterräder auf 30.000 – 50.000 Kilometer. Aber auch wenn Sie Ihr Fahrzeug nur selten bewegen – spätestens nach sieben, acht Jahren sind die Reifen am Ende, weil sich die Mischung des Gummis mit der Zeit auflöst und/oder versprödet bzw. verhärtet.

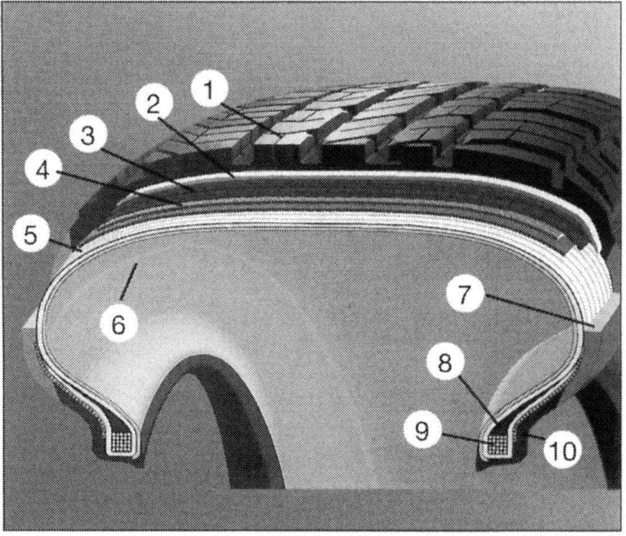

Das vielschichtige Innenleben eines Pkw-Reifens:

1 Laufstreifen: Profil und Mischung beeinflussen dieEigenschaften
2 Base: Senkt den Rollwiderstand
3 Nylon-Spulbandagen
4 Stahlcord-Gürtellagen: Steigern die Fahrstabilität
5 Karkasse: Form- und Festigkeitsträger des Reifens
6 Innenseele: Gasdichte Innenschicht ersetzt den Schlauch
7 Seitenteil: Schützt Karkasse vor Beschädigungen
8 Kernprofil: Unterstützt Lenk- und Fahrpräzision
9 Kern: Sorgt für festen Sitz auf der Felge
10 Wulstverstärker: Für präzises Lenkverhalten und hohe Fahrstabilität

Reifen und Luftdruck

Durch das Gewicht des Fahrzeuges wird der Reifen im Bereich seiner Aufstandsfläche auf der Fahrbahn verformt. Diese Verformung nennt man Abplattung. Am drehenden Rad läuft diese Abplattung um den Umfang herum. Diese zwangsmäßige Verformung des Reifens ergibt einen größeren Rollwiderstand. Hieraus ergeben sich wiederum ein höherer Reifenverschleiß und Kraftstoffverbrauch und nicht zu vergessen ein höheres Sicherheitsrisiko.
Ein zu hoher Luftdruck führt zu Mittenverschleiß und schlechtem Abrollkomfort. Grundsätzlich sollte immer der Luftdruck eingehalten werden, den der Hersteller in Tankdeckel und/oder Fahrerhandbuch angibt.

Anforderungen an den Reifen

Mit der Kreisfläche soll das Leistungsvermögen des Reifens dargestellt werden. Die Kreisteile zeigen den Anteil der Anforderung in der Gesamtanforderung an die Leistung des Reifens.

A	Nassbremsverhalten
B	Fahrkomfort
C	Lenkpräzision
D	Fahrstabilität
E	Reifengewicht
F	Lebenserwartung
G	Rollwiderstand
H	Aquaplaning-Verhalten

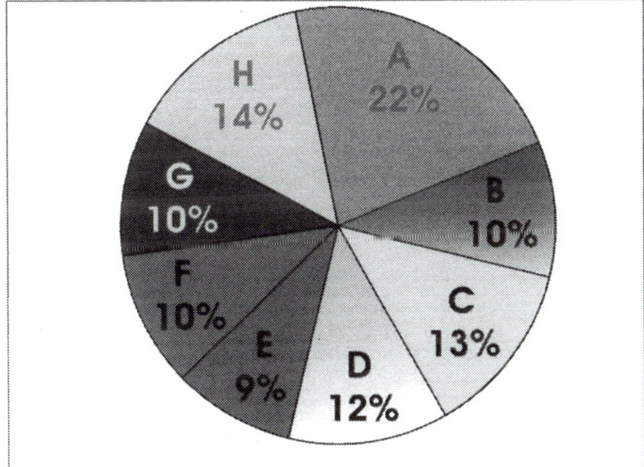

Anforderung an den Reifen als Grafik.

An der begrenzten Form des Kreises kann man recht schnell die begrenzten definierten Eigenschaften einsehen, die ein Reifen für den Hersteller erfüllen muss. Es wird sehr anschaulich, was passiert, wenn eine Eigenschaft deutlicher hervortreten soll. Mindestens eine Eigenschaft muss dann für diese vorrangige Eigenschaft zurückgestellt werden. Das erklärt auch die durchaus unterschiedlichen Testergebnisse bei Reifentests.

Verschleißverhalten von Reifen

Die Anforderungen an die Reifen eines Autos steigen ständig, Faktoren wie steigendes Fahrzeuggewicht, höhere Geschwindigkeiten und höhere Fahrzeugsicherheit verursachen naturgemäß einen größeren Verschleiß an den Reifen.

Achsweise Radtausch

Der Verschleiß an der Antriebsachse ist durch die höheren Lasten, die durch Antrieb und Radführung auf der Vorderachse abgedeckt werden müssen, deutlich höher als der Verschleiß auf der Hinterachse. Solange das Ablaufbild »normal« ist und der Reifen auch gleichmäßig abgenutzt wird, sollten spätestens von Saison zu Saison die Reifen ausgetauscht werden.

Bei Reifen ohne Laufrichtungsbindung können die Räder durchaus auch diagonal getauscht werden. Diese Möglichkeit gleicht auch die Sägezahnbildung der Reifen zum Teil aus.

Montageort vorher	Montageort nachher
Vorne rechts	Hinten links
Vorne links	Hinten rechts
Hinten rechts	Vorne links
Hinten links	Vorne rechts

Reifen mit Laufrichtungsbindung dürfen niemals entgegen ihrer Laufrichtung betrieben werden.
Hier müssen die Räder achsweise von vorne nach hinten getauscht werden.

Montageort vorher	Montageort nachher
Vorne rechts	Hinten rechts
Vorne links	Hinten links
Hinten rechts	Vorne rechts
Hinten links	Vorne links

Standplatten am Reifen

Der Begriff Standplatten, oder auch Abflachung oder Abplattung, beschreibt eine ebene Fläche auf dem Reifenprofil, die durch das Abstellen des Fahrzeugs oder der Reifen über einen längeren Zeitraum verursacht wurde. Standplatten können Unruhe in der Lenkung verursachen, die gefühlsmäßig durchaus die selben Symptome wie die Reifenunwucht aufweisen. Standplatten lassen sich nicht durch Auswuchten beseitigen. Dieser Fehler muss vor der Wuchtung durch den Monteur erkannt werden. In der Regel verschwinden diese Verformungen im normalen Betriebsalltag des Reifen wieder von selbst. In jedem Fall muss zuerst einmal der Reifenluftdruck überprüft werden. Es sollte auch ausgeschlossen werden, dass irgendwelche

Schäden an den oder dem entsprechenden Reifen vorliegen. Sind diese Grundlagen geschaffen, können Sie auch durch Warmfahren des Reifens in vielen Fällen schon den Standplatten beheben. Auf einer Autobahn sollten Sie nun, so weit es Straße, Verkehr und Sichtverhältnisse zulassen, eine Strecke von 20-30 km mit etwa 120-150 km/h zurücklegen. Anschließend soll das Fahrzeug sofort angehoben und die Räder demontiert und neu gewuchtet werden.

Die Ursachen für einen Standplatten können vielseitig sein:

- Das Fahrzeug stand mehrere Wochen auf einer Stelle, ohne dass es bewegt wurde.
- Der Luftdruck der Reifen ist zu gering.
- Das Fahrzeug wurde nach einer Lackierung in eine trockene Kammer gestellt.
- Das Fahrzeug wurde mit warmen Reifen in einer kühlen Garage oder Ähnlichem abgestellt. In einem solchen Fall kann schon über Nacht ein Standplatten entstehen.

Radschrauben am Panda

An Ihrem Panda werden in der Serienausstattung pro Rad vier Radschrauben verwendet. Sie haben die Gewindebezeichnung M12x1,25 x24. Die Verwendung von kürzeren oder längeren Schrauben kann Schäden am Gewinde oder auch anderen Bauteilen der Radaufhängung verursachen. Die Radschrauben sollen nach Herstellerangaben angezogen werden. Für die Stahlfelgen ist ein Anzugsdrehmoment von 110 Nm erforderlich. Es ist nicht erlaubt und auch aus fachlicher Sicht unsinnig, die Bolzen oder das Gewinde einzufetten. Der Hintergrund hier liegt in der leichteren Lösbarkeit gerade nach dem Winter. Das Fett erleichtert tatsächlich das Lösen und auch das Festziehen der Radschrauben. Leider ist das Anzugsdrehmoment genau auf diesen Reibwert der Schraube ausgelegt. Dreht diese sich jetzt leichter, wird die Schraube stärker belastet, als das vom Hersteller vorgesehen war. Die Folgen sind hier leicht abreißende oder sich selbst lösende Radschrauben sowie Schäden am Gewinde der Radnabe.

Lagerung von Reifen

Auch die Lagerung der Reifen muss mit Sorgfalt erfolgen. Aufgrund der Hintergründe für die so genannten Standplatten sollten Reifen niemals aufrecht stehend gelagert werden. Reifen sollten immer gut geschützt vor Sonneneinstrahlung und größeren Temperaturschwankungen eingelagert werden. Auch vor Einwirkungen von Öl, Lösemittel oder Feuchtigkeit sollten sie geschützt werden. Grundsätzlich sollten die gerade demontierten Felgen, am besten vor der Lagerung auf einem Felgenbaum, gründlich gereinigt werden. Sauber und trocken stehen sie für den nächsten Einsatz bereit. Wer sich bei der Reinigung der Räder den Zustand und auch das Alter der Reifen genauer betrachtet, kann schon frühzeitig vor der jeweiligen Saison den eventuell notwendigen Ersatz bei seinem Reifenhändler in Auftrag geben.

Felgenbaum.

Hinweise für die Benutzung von Noträdern

Je nach Fahrzeugausstattung kann ein Fahrzeug auch mit einem Notrad ausgerüstet sein. Das Notrad ist, wie der Name schon sagt, nur für die Notsituation gedacht. Es ist nicht für den langfristigen Betrieb gedacht und muss so schnell wie möglich gegen ein normales Rad ersetzt werden. Das Notrad verschlechtert die Fahreigenschaften des Fahrzeuges merklich. Gerade bei schlechter Witterung muss die Geschwindigkeit auch deutlich unter die vorgeschriebenen 80 km/h verringert werden. Nach der Montage muss der Fülldruck des Notrades so schnell wie möglich geprüft und wenn erforderlich korrigiert werden. Der zulässige Luftdruck ist auch hier von der Modellvariante abhängig und ist im Fahrerhandbuch sowie im Tankdeckel ausgewiesen. Die angegebene Höchstgeschwindigkeit von 80 km/h darf niemals überschritten werden. Vollgasbeschleunigungen, starkes Bremsen und schnelle Kurvenfahrten müssen vermieden werden. Die Verwendung von Schneeketten auf einem Notrad ist untersagt. Sollte ein Vorderrad durch eine Reifenpanne ausfallen und die Verwendung von Schneeketten lässt sich nicht vermeiden, muss zuerst der intakte hintere Reifen gegen das Notrad getauscht werden. Als Nächstes wird dann dieses Rad als Ersatz für den defekten Reifen verbaut. Da Schneeketten nur auf »normalen« Reifen verwendet werden dürfen, ist diese Vorgehensweise zwar umständlich, leider aber die einzig legale Variante, auch eine winterliche Fahrt sicher fortsetzen zu können.

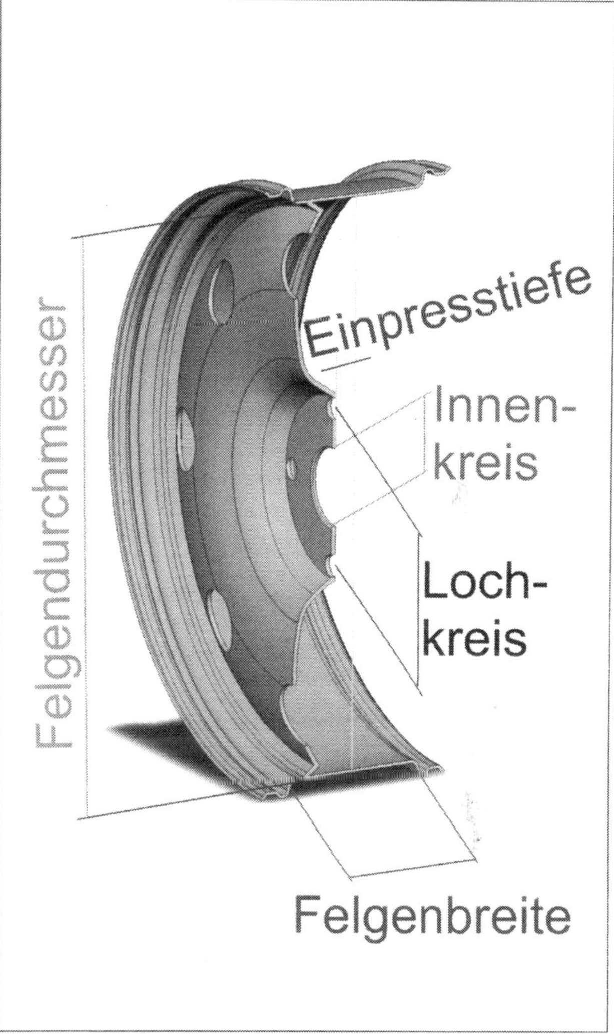

Abmessungen an der Felge.

Ultra Leicht Reifen

WISSENSWERTES

Besonders interessant ist der ULW-, der Ultraleichtreifen. Bei diesem Reifen sind die Stahleinlagen durch Aramidfasern ersetzt. Aramid ist ein Kunststoff, der gegenüber Stahl sechsmal leichter und etwa zehnmal zugfester ist. Außerdem ist die Außenwandstärke des Reifens zehn Prozent geringer. Der ULW-Reifen ist so etwa drei Kilogramm leichter als ein herkömmlicher Reifen. Das spart nicht nur Kraftstoff. Wegen der geringeren rotierenden Radmassen sind auch höhere Regelfrequenzen beim ABS möglich. Auf rutschigem Untergrund kann so ein kürzerer Bremsweg erreicht werden. Und noch ein Vorteil des Aramid-Reifens: Er lässt sich besser runderneuern, weil der Kunststoff nicht rostet.

Der Hump

WISSENSWERTES

Die Größe einer Felge gibt man stets in Zoll an. Als Größe wird der Durchmesser der Felge bezeichnet an der Stelle, auf dem der Reifen sitzt. Die Bezeichnung 6 J x 15 H2 zum Beispiel bezeichnet eine Tiefbettfelge (x) mit einer Breite von sechs Zoll und einem Durchmesser von 15 Zoll. Der Buchstabe »J« steht für die Form des Felgenhorns. H2 weist auf eine an beiden Schultern der Felge rundum laufende Erhöhung (Hump) hin. Sie verhindern, dass bei schneller Fahrt durch eine Kurve der Reifenwulst durch die Seitenkräfte von der Schulter der Felge ins Tiefbett gedrückt wird. Das Tiefbett ist für die Reifenmontage unerlässlich.

Reifenbezeichnungen und Abkürzungen

Auch die Reifen tragen neben den Kürzeln zu ihrer Größe eine Vielzahl von Angaben, die die Eigenschaften und Besonderheiten der Reifen genau beschreiben.

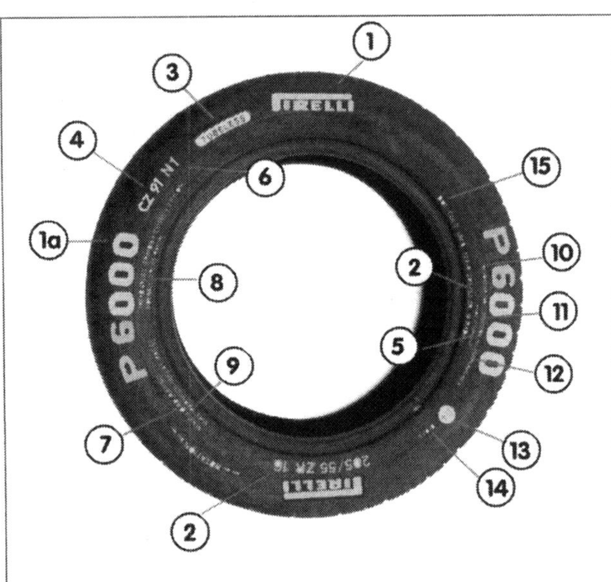

Grafik für die Auflösung der Reifenbezeichnung

Nr.	Bemerkung
1	Der Reifenhersteller
1a	Bezeichnung
2	Die Abmessungen
3	Schlauch? Schlauchlos?
4	Traglast und Geschwindigkeitsindex
5	Das Herstellerland
6	Ungenormte Bezeichnung
7	US-Markt-Angabe für die Traglast
8	Aufbau des Reifens
9	US-Markt-Angabe Druck
10	US-Markt Standfestigkeit
11	US-Markt Nassbremsverhalten
12	US-Markt Temperatur
13	Europaprüfzeichen
14	ECE R 30 Zulassungsnummer
15	DOT-Nummer (Baujahrschlüssel)

Das Reifenalter

Das Datum der Herstellung verrät die »DOT«-Nummer. Bis zum Produktionsjahr 1989 besteht die DOT-Nummer aus drei Zahlen. In unserem Beispiel wurde der Reifen in der 49. Woche 1989 produziert.

Ab dem Produktionsjahr 1990 steht hinter dieser Zahl ein kleines Dreieck. Unser Beispiel sagt aus, dass der Reifen in der 12. Woche des Jahres 1999 produziert wurde.

Das Jahr 2000 wurde mit der Einführung der vierstelligen DOT-Nummer eingeläutet. Diese kann uns nun, jedenfalls theoretisch, bis ins Jahr 2099 begleiten. Die DOT-Nummer in diesem Beispiel stellt den Produktionszeitraum 32. Woche im Jahr 2001 dar.

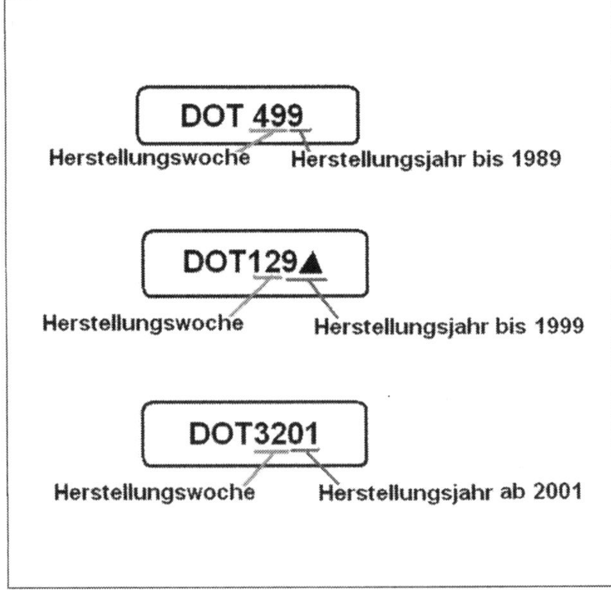

Neureifen, die nach dem 1. Oktober 1998 hergestellt wurden, müssen eine ECE-Prüfnummer auf der Reifenflanke tragen. Diese Nummer besagt, dass der Pneu ein typgeprüftes Bauteil entsprechend dem Qualitäts-Standard der Economic Commission of Europe (ECE) ist. Sind nach dem 1. Oktober 1998 produzierte Neureifen ohne Prüfnummer an Ihrem Fahrzeug montiert, erlischt die Allgemeine Betriebserlaubnis.

Kennbuchstaben für die Geschwindigkeit (der so genannte SI = Speedindex)

Der Buchstabe am Ende der Reifenbezeichnung verrät die zugelassene Geschwindigkeit des Reifens. Als Beispiel die wichtigsten Angaben:

SI	Q	R	S	T	H	V	W	Y	ZR
km/h	160	170	180	190	210	240	270	300	>240

Tire Fit: Überlegungen, Vor- und Nachteile

Die Bezeichnung »Tire Fit« kommt aus dem Englischen und bedeutet Reifenreparatur. »to fit a tire« = »Reifen reparieren«. Dieser Reparaturart sind allerdings Grenzen gesetzt. Die Struktur des Reifens muss erhalten sein. Rissbildungen, Fehlstellen oder Reifenplatzer werden nicht durch dieses Reparaturset ausgeglichen. Hier bleibt das gute alte »kaputten Reifen abschrauben – neuen Reifen festschrauben« nicht aus. Das Handschuhset in unserem empfohlenen Pannenset hat also noch lange nicht ausgedient.

Der Kompressor...

...komplett am Rad.

Das Pannenset in Ihrem Panda sollte, soweit verbaut, in der Reserveradmulde liegen. Nach dem Gebrauch sollte man beim Zusammenpacken darauf achten, dass der Kompressor wieder ordentlich verpackt wird, damit das Kabel sich nicht verknotet. Wenn die Flasche mit dem Dichtmittel geöffnet wurde, muss diese auf jeden Fall ersetzt werden, egal ob Sie den Inhalt nun benötigt haben oder nicht.
Im Pannenset finden Sie einen Kompressor sowie ein Dichtmittel. Das Dichtmittel hat wie ein Lebensmittel eine Mindesthaltbarkeit. Um sich im Falle des Falles vor bösen Überraschungen zu schützen, sollten das Füllmittel regelmäßig auf Haltbarkeit und der Kompressor auf Funktion geprüft werden. Grundsätzlich sollte das Pannenset rechtzeitig vor der Beendigung der Mindesthaltbarkeitsgrenze ersetzt werden. Die Füllflasche gibt's beim Fiat-Händler, in diversen Zubehörshops oder auch im Bereich der Online-Auktionen. Für die Kontrolle muss lediglich das Pannenset herausgenommen werden. Das Ablaufdatum findet sich im Schriftfeld der Dichtmittelflaschen-Aufkleber. In der Regel heißt es, das Dichtmittel darf nicht älter als 4 Jahre sein.

Praktische Arbeiten

Zustand der Reifen kontrollieren

Die Vorderräder treiben das Fahrzeug an, lenken es und müssen die Hauptbelastung beim Bremsen aushalten. Sie sind daher auch früher verschlissen als die hinteren Pneus. Den Zustand der Reifen kontrollieren Sie am besten bei aufgebocktem Wagen.

- Drehen Sie jedes Rad einmal komplett durch. Entfernen Sie Steinchen und andere Fremdkörper vorsichtig mit einem kleinen Schraubendreher aus den Profillamellen. Sitzt in der Reifendecke eine Glasscherbe oder ein Nagel, kann an dieser Stelle Luft entweichen.
- Achten Sie auf Unregelmäßigkeiten wie Einstiche, Schnitte, Risse und herausgebrochene Profilstücke. Bei einem beschädigten Gummi dringt leicht Feuchtigkeit ins Reifeninnere. Sie können jedoch von außen nicht erkennen, ob der stabilisierende Stahlgürtel schon vom Rost angefressen ist. Lassen Sie den Reifen zur Sicherheit vom Fachmann prüfen. Das gilt übrigens auch bei auffälligem Reifenabrieb.
- Das Reifenprofil muss über die gesamte Lauffläche mindestens 1,6 Millimeter tief sein. Bei dieser Marke wird auf der Lauffläche an mehreren Stellen

TWI: Die Erhebung der TWI zeigt die Mindestprofiltiefe an.

ein Profilstandsanzeiger sichtbar. Die Buchstaben »twi« (tread wear indicator) auf der Reifenflanke zeigen, wo sich diese Anzeiger befinden. Das Fahrverhalten wird mit abnehmendem Profil schlechter, vor allem auf nasser Fahrbahn. Tauschen Sie Sommerreifen zur Sicherheit bereits bei einer Profiltiefe von zwei Millimetern, Winterreifen bei vier Millimetern.

- Kontrollieren Sie, ob alle Reifen gleichmäßig abgefahren sind und sehen Sie sich die Seitenwände (Reifenflanken) der Reifen genau an. Beulen deuten auf eine Beschädigung des Reifenunterbaus hin.

Falscher Luftdruck und seine Folgen. Lebensgefährlich: Wird der Druck falsch gewählt, kann sich die Lauffläche vom Reifen ablösen.

⚠ Risikofaktor geringer Luftdruck

GEFAHRHINWEISE

Prüfen Sie den Reifendruck regelmäßig alle drei bis vier Wochen. Bei Markenreifen ist ein Druckverlust von 1,5 Prozent im Monat normal. Verliert der Reifen mehr Luft, sollten Sie sich ihn genauer ansehen. Ein schlecht oder gar nicht gewarteter Reifen kann sich zum Risikofaktor entwickeln. Fahren Sie z. B. einen Reifen mit zu geringem Luftdruck unter sehr hoher Last, kann dies zu teilweisen Ablösungen der Reifenlauffläche führen. Diese Schäden bleiben jedoch oft längere Zeit verborgen. Wird der vorgeschädigte Reifen dann stark beansprucht, können durch die enormen Fliehkräfte bei hohen Geschwindigkeiten sogar einzelne Reifenteile abreißen. Passen Sie also auch stets den Reifendruck dem Beladungszustand an. Die Tabelle auf der Rückseite des Tankdeckels gibt Anhaltswerte für den korrekten Reifenluftdruck bezogen auf die Größe der Reifen und die Last.

Reifendruck prüfen

Den Luftdruck sollten Sie stets bei kalten Reifen messen. Denn während der Fahrt erwärmt sich der Reifen – der Reifendruck steigt. Sie erhalten daher falsche Werte, wenn Sie direkt nach einer Autobahnfahrt zum Luftdruckprüfer greifen. Erhöhen Sie den Luftdruck bei Winterreifen um 0,2 bar. Prüfen Sie den Reifendruck regelmäßig alle drei bis vier Wochen. Bei einem Markenreifen ist ein Druckverlust von 1,5 Prozent im Monat normal. Verliert der Reifen mehr Luft, sollten Sie sich ihn genauer ansehen.

Druck	Verlust im Monat	Verlust im 1/4 Jahr	Verlust im Jahr
2,2 bar	0,033 bar	0,099 bar	0,396 bar
2 bar	0,03 bar	0,09 bar	0,36 bar
1,8 bar	0,027 bar	0,081 bar	0,324 bar
1,5 bar	0,0225 bar	0,0675 bar	0,27 bar

Das Reifenbild

Im Fahrbetrieb kann es beispielsweise durch Fehleinstellungen der Achsgeometrie oder Überbeanspruchung durch zu schnelle Kurvenfahrt zu unterschiedlicher Reifenabnutzung kommen. Welche Ursache bei dem entsprechenden Reifenbild vorliegt und was Sie im entsprechenden Fall unternehmen sollten, finden Sie hier aufgeführt:

Außenseite abgefahren (Vorderreifen)
Flotte Fahrweise in Kurven. Reifen auf den Felgen drehen lassen oder gegen Hinterräder austauschen. Außenseiten stärker abgefahren als Profilmitte: Der Reifen wurde lange Zeit mit zu niedrigem Luftdruck gefahren. Gleichmäßige Auswaschungen: Vermutlich Stoßdämpfer defekt. Ungleiche Abnutzung (an mehreren Stellen): Unwucht im Rad. Auswuchten lassen. Stelle mit starker Abnutzung: Bremsung mit blockiertem Rad (Bremsplatte). Selbst das ABS kann kurzzeitiges Blockieren und damit einen gewissen Reifenverschleiß (Abflachungen) nicht verhindern.

Starke Abnutzung in der Profilmitte
Die mittige Abnutzung entsteht durch häufiges Fahren mit Höchstgeschwindigkeit. Die Reifen »bauchen« durch die Fliehkraft aus (die Reifenlauffläche wird runder) und nutzen daher in der Mitte stärker ab. Dieser Effekt tritt besonders deutlich an den Hinterrädern auf. Dasselbe Bild zeigt sich bei zu hohem Reifendruck.

Radunwucht

Eine Unwucht im Rad zeigt sich durch Vibrationen am Lenkrad oder Schütteln im Vorderwagen. Ursache ist eine ungleichmäßige Gewichtsverteilung am Rad, die auch für erhöhten Reifenverschleiß sorgt. Man unterscheidet statische und dynamische Unwucht. Statische Unwucht zeigt sich bereits, wenn das Rad frei auspendelt: Der Schwerpunkt wird sich von selbst nach unten begeben. Ein Rad mit statischer Unwucht hüpft beim Fahren, die Stoßdämpfer verschleißen schneller. Dynamische Unwucht kommt erst beim schnellen Drehen des Rades vor. Die übergewichtige Stelle sitzt nicht in der Mittelebene des Rades, sondern etwas nach außen bzw. innen versetzt. Das Rad flattert und wackelt bei schneller Fahrt. Die Beseitigung einer Unwucht ist Sache der Werkstatt.

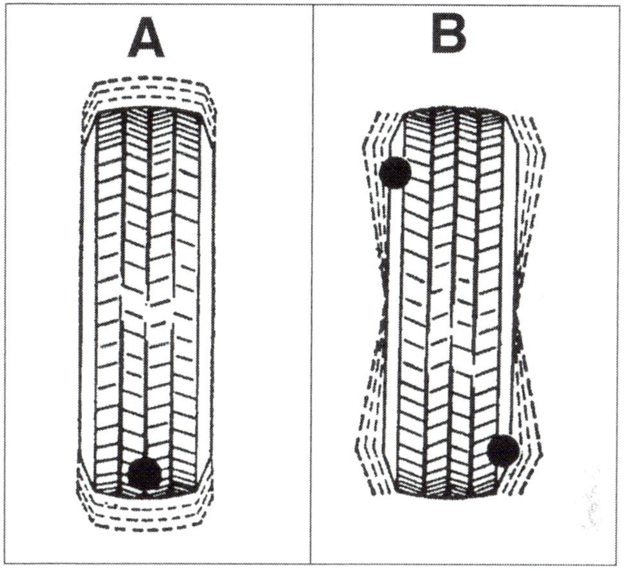

Statische und Dynamische Unwucht (B): Beide sorgen für ein ungleichmäßiges Abnutzen der Reifen und fallen durch flattern in der Lenkung beim Fahren unangenehm auf.

Die Felgen für den Panda

Der Lochkreis für die Radschrauben beträgt 98 mm. Die Räder werden mit je vier Radschrauben befestigt. Man spricht so von einem Lochkreis von 4x98.
Welche Reifengrößen und Felgen für Ihren Panda zugelassen sind, steht leider nicht mehr vollständig in den Kfz-Papieren. In der Regel wird nur noch eine Reifengröße eingetragen. Alle weiteren Angaben fielen den Regelungen der EWG zum Opfer. Wenn Sie andere Reifen oder Felgen montieren wollen, müssen Sie die Papiere von der Zulassungsstelle berichtigen lassen. Dazu ist allerdings ein so genanntes Teilgutachten von TÜV/DEKRA erforderlich. Wichtig ist gerade bei einem Umbau die Radlast genau nachzuvollziehen. Natürlich können die Felgen mehr als die Angabe hergibt – abnahme- und zulassungsfähig werden sie aber nur dann, wenn sie den technischen Anforderungen genügen.

Umrüsten von Rad-Reifenkombinationen

Tiefer, breiter, Keilformfahrwerk, diverse Fahrwerksumrüstsets werden für Tuningzwecke auch beim Panda herangezogen. Vielfach enden solche Tuning-Orgien in der totalen technischen Katastrophe. Bevor wir nun alles verteufeln, was nicht original ist, möchten wir dem technisch interessierten Schrauber einige Überlegungen mit auf die Werkzeugkiste legen.

Ein Fahrzeughersteller wie Fiat konzipiert seine Fahrzeuge so, dass sie auch in extremen Situationen beherrschbar bleiben sollen. Der Fahrer soll das nur an gutmütigem Fahrverhalten und notfalls auch an erfolgreich gemeisterten Extremsituationen merken. Nehmen wir einmal an, an Ihrem Fahrzeug platzt während der Fahrt der Reifen vorne rechts. Was wird passieren? Zuerst nimmt man mal an, dass das Fahrzeug sofort und extrem zu der rechten Seite ziehen wird. Der Hersteller allerdings hat diese Situation in der Lenkgeometrie anders ausgelegt. Zwar steht das Lenkrad nach dem Platzer schief, das Auto aber fährt geradeaus weiter. Vereinfacht lässt sich die Reaktion des Fahrzeugs so darstellen. Eine konstruktive Auslegung ist der Lenkrollhalbmesser einer Vorderachse. Der Panda ist werkseitig mit einem »negativen« Lenkrollhalbmesser ausgelegt worden. Das bedeutet nichts anderes, als dass der Drehpunkt des Rades auf der Fahrbahn etwas weiter nach außen gelegt wurde, als der eigentliche Mittelpunkt der Radaufstandsfläche auf der Fahrbahn. Betrachten wir nun wieder den geplatzten vorderen rechten Reifen. Er wird einen deutlich höheren Rollwiderstand produzieren, als das intakte linke Vorderrad. Da der Drehpunkt des Rades nicht im Radaufstandsflächenmittelpunkt liegt, erzeugt der platte rechte Reifen eine Lenkbewegung nach links. Der linke Reifen läuft nun nicht mehr gerade zur Fahrbahn und erzeugt auch einen höheren Rollwiderstand. Die Lenkgeometrie will nun einen Kräfteausgleich der beiden Räder erzeugen und sucht sich den neuen »Mittelpunkt«. Sind die Rollwiderstände gleich, fährt das Fahrzeug wieder geradeaus. Der Kräfteausgleich bewirkt wiederum die Schiefstellung des Lenkrades. Derselbe Vorgang ergibt sich übrigens auch bei unterschiedlichen Reifen oder auch unterschiedlichem Luftdruck der Reifen.

Einer der Lieblingsumbauten der Tuner ist der Umbau auf breite Reifen und natürlich auch auf Spurplatten oder Felgen mit kleineren Einpresstiefen. Beides bewirkt oftmals eine erhebliche Veränderung des Lenkrollhalbmessers. Der im ungünstigsten Fall nun positive Lenkrollhalbmesser bewirkt das Gegenteil der Überlegungen des Fahrzeugherstellers.

Betrachten wir nun wieder die Fahrsituation mit dem geplatzten vorderen rechten Reifen. Er wird einen deutlich höheren Rollwiderstand produzieren als das intakte linke Vorderrad. Da der Drehpunkt des Rades zwar auch nicht im Radaufstandsflächenmittelpunkt liegt, sondern etwas weiter innen, erzeugt der platte rechte Reifen eine Lenkbewegung nach rechts. Zwar läuft der linke Reifen nun auch nicht mehr gerade zur Fahrbahn und erzeugt auch einen höheren Rollwiderstand, die Wirkrichtung ist aber leider nach rechts. Da keine Kräfte entgegenstehen, kann die Lenkgeometrie keinen Kräfteausgleich der beiden Räder erzeugen und lenkt nach rechts. Die Kräfte werden schlagartig auftreten und durch die unterschiedliche Radbelastung stark an- und abschwellende Gegenkräfte vom Fahrer einfordern. In der Regel wird es kaum möglich sein, das Fahrzeug auf der Straße zu halten und einen Unfall zu vermeiden.

An diesem Beispiel sieht man sehr drastisch, wie ungewollte Einflüsse auf das Fahrzeug ausgeübt werden können, die fatale Folgen nach sich ziehen können. Hinterfragen Sie ruhig auch die Auswirkungen der breiteren Räder auf das Fahrverhalten des Fahrzeugs und natürlich auch auf die Auswirkungen auf den Lenkrollhalbmesser. Ein Händler, der nicht in der Lage ist diesen Zusammenhang darzustellen, ist sicherlich ungeeignet Ihr Fahrzeug durch Tuningmaßnahmen zu verbessern.

Neben der Veränderung des Lenkrollhalbmessers verändern auch Höhenlage, Sturz, Spur und Nachlauf das Fahrverhalten des Fahrzeuges. Ohne tiefgehende Kenntnisse über die Fahrwerkstechnik sollten Sie niemals Veränderungen, Reparaturen oder Umbauten an Achsbauteile vornehmen. Rad-Reifenkombinationen sollten grundsätzlich vom Hersteller freigegeben worden sein oder zumindest hinsichtlich der Abmessungen (inkl. der Einpresstiefe) den Angaben der Hersteller entsprechen.

Winterreifen

Für einen Winterreifen genügt die schmalste Reifenbreite, die für Ihr Fahrzeug angegeben ist. Je kleiner die Reifenaufstandsfläche Ihres Reifens, umso höher wird der Druck auf die Fläche. Investieren Sie das für breitere Pneus gesparte Geld lieber in einen zweiten Satz passender Felgen – das Ummontieren der Reifen im Frühjahr und Herbst kommt auf die Dauer viel teurer und birgt bei jeder Montage und Demontage die Gefahr der Beschädigung des Reifens. Zudem müssen die Räder nach jeder Montage neu ausgewuchtet werden.

Felgen gibt es heutzutage in jedem Autofahrermarkt. Auch Leichtmetallfelgen sind heute gar nicht oder kaum teurer als die Felge aus Stahl. Achten Sie darauf, dass die Abmessungen der Felge und natürlich auch die Einpresstiefen mit der Originalfelge übereinstim-

men. Fragen Sie nach, ob die originalen Radschrauben auf die neue Felge passen oder ob ein neuer Schraubensatz für die neuen Felgen fällig ist.
Manche Händler und Werkstätten lagern Ihre Winterreifen gegen eine geringe Gebühr bis zum nächsten Tausch ein.
Wenn die Höchstgeschwindigkeit der Winterreifen (bis zu 160 km/h) unter der Ihres Fahrzeugs liegt, sollten Sie sich zur Erinnerung einen entsprechenden Aufkleber ins Blickfeld (nicht an die Windschutzscheibe!) kleben.
Nach jedem Radwechsel müssen die Räder nochmals nachgezogen werden. Das liegt nicht etwa an der möglichen Unfähigkeit des Monteurs, sondern daran, dass sich gebildete Oxidation, Farbreste oder sonstige Ablagerungen vom Schraubensitz abnutzen können und so eventuell ausreichend Spiel für die Schraube zum eigenständigen Lösen entstehen könnte.

Montieren der Winter- und Sommerräder

Das Montieren der Winter- und Sommerräder können Sie schnell und sicher erledigen. Beachten Sie aber beim Anheben des Fahrzeugs die Sicherheitsbestimmung aus dem Abschnitt »Pannen unterwegs, Fahrzeug richtig aufbocken«. Nach der Demontage der Räder müssen diese eingelagert werden. Empfehlenswert ist hierzu ein Felgenbaum, der verhindert, dass die Flanken oder Laufflächen während der Einlagerung belastet werden. Das Anzugsdrehmoment liegt bei 120 Nm, nach 50 km sollten Sie alle Schrauben nochmals zur Sicherheit mit einem Drehmomentschlüssel nachziehen!

Benötigtes Werkzeug
- Stecknuss mit Verlängerung
- Drehmomentschlüssel
- Wagenheber mit ausreichend Hub
- Unterstellböcke
- eventuell: Drahtbürste und etwas Kupferpaste

Arbeitsschritte:

- Suchen Sie eine ebene Stelle mit festem Untergrund für den Radwechsel.

- Ziehen Sie die Handbremse fest an und lösen Sie vor dem Anheben des Wagens alle Radbolzen zunächst nur um eine viertel Umdrehung.

- Heben Sie nun das Fahrzeug so weit an, bis das Rad ein paar Zentimeter über dem Boden ist. (Beachten Sie alle Hinweise aus dem Abschnitt »Pannen unterwegs, Fahrzeug richtig aufbocken«).

- Entfernen Sie dann die fünf Radbolzen und nehmen Sie das Rad ab. Wechseln Sie immer ein Rad nach dem anderen.

- Kontrollieren Sie den Zustand der Radnabe. Säubern Sie diese gegebenenfalls mit der Drahtbürste und tragen Sie eine hauchdünne Schicht Kupferpaste auf. Das schützt vor weiterer Korrosion.

- Setzen Sie jetzt das Rad an. Drehen Sie alle Radbolzen so fest wie möglich ein und achten Sie darauf, dass das Rad gerade an der Nabe anliegt.

- Ziehen Sie die Radbolzen mit dem vorgeschriebenen Drehmoment an. Wichtig: Ziehen Sie die Räder nach rund 50 Kilometern nochmals nach! Die Sommerräder sollten kühl und trocken gelagert werden. Zum Beispiel auf einem Reifenbaum in der Garagenecke.

Aufnahmepunkte: Die vordere Wagenheberaufnahme befindet sich ca. 26,5 cm, die hintere ca. 19 cm vom jeweiligen Rad entfernt. Beide Aufnahmepunkte werden mit in den Schweller eingeprägten Dreiecken kenntlich gemacht. Ein Unterstellbock unterstützt den Wagenheber und gibt zusätzliche Sicherheit gegen das Abrutschen.

STÖRUNGSBEISTAND

Räder

Störung	Was kann das sein?	Was kann ich tun?
A Schwammiges Fahrverhalten	**1** Reifen zu geringer Luftdruck	Luftdruck prüfen
	2 Stoßdämpfer undicht	Ölverlust mit Finger prüfen, bleibt Öl am Finger: tauschen
	3 Stoßdämpfer verschlissen	Kolbenstange auf Riefen und Abplatzung prüfen
	4 Spurwerte stimmen nicht	Achsvermessung durchführen
	5 Federn erlahmt	Federn prüfen, ggf. austauschen
	6 Gummis Querlenker hinten	neue Streben einbauen
B Reifen	**1** starker, unregelmäßiger Verschleiß	Spurwerte stimmen nicht, Achsvermessung durchführen
	2 Verschleiß innen	zu viel negativer Sturz
	3 Verschleiß außen	zu viel positiver Sturz
	4 Verschleiß in der Mitte	zu viel Luftdruck
	5 Verschleiß innen und außen	zu wenig Luftdruck
C Schütteln am Lenkrad	**1** Räder unwuchtig	Räder wuchten lassen
	2 Spiel in der Lenkung	Kreuzgelenk prüfen
	3 Spiel in Fahrwerksteilen	Traggelenk und Spurtstangen prüfen
… beim Bremsen	**4** Bremsscheiben verzogen	neue Bremsscheiben und Beläge
D Geräusche bei Kurvenfahrt	**1** Radlager defekt	Richtige Seite durch Wechselkurven feststellen
	2 Spurwerte stimmen nicht	Reifenprofil kontrollieren (siehe B)

Achsen, Aufhängungen

Das Fahrwerk ist zuständig für die Fahreigenschaften sowie den Fahrkomfort Ihres Panda. Es hat vor allem die Aufgabe, die Räder bei ihrer Bewegung präzise zu führen. Nur dann bleibt das Auto sicher beherrschbar. Dieser Job ist freilich nicht einfach. Denn die Räder müssen sich bei der Fahrt nicht nur drehen, sondern auch Auf- und Abwärtsbewegungen durchführen – schließlich ist keine Fahrbahn völlig eben. Auch beim Bremsen, Beschleunigen und bei der Fahrt durch eine Kurve entstehen erhebliche Kräfte, mit denen das Fahrwerk fertig werden muss. Das geht jedoch nur, wenn seine Komponenten optimal aufeinander abgestimmt sind. Zum Fahrwerk gehören die Federung und Dämpfung, die Radaufhängung an Vorder- und Hinterachse, die Lenkung sowie die Räder und Reifen. Die Bremsen, ebenfalls Teil des Fahrwerks, stellen wir Ihnen in einem eigenen Kapitel vor.

Was ist eigentlich ein Fahrwerk?

Im Volksmund versteht man unter Fahrwerk eher nur die Stoßdämpfer und die Federn. Dass hinter diesem Begriff eine Konstruktion aus sehr vielen Bauteilen steht, die aufeinander abgestimmt den Spagat zwischen Komfort und präziser Radführung abdecken müssen, ahnt zuerst mal niemand. Zum Fahrwerk gehört alles, was zwischen Karosserie und Straße für die Radführung sorgt. Jede Veränderung, sei es durch Verschleiß oder aber auch durch Umbau, erfordert erhebliches Fachwissen durch den Monteur. Gerade bei Tuningmaßnamen rund ums Fahrwerk darf nie vergessen werden, dass es sich um ein Kraftfahrzeug handelt, das sicher im Straßenverkehr bewegt werden soll. Kunstwerke werden nicht gefahren, sondern ausgestellt.

Auslegung des Fahrwerks

Damit ein Fahrzeug überhaupt geradeaus fahren kann, ist der Bezug zur Hinterachse extrem wichtig. Jeder, der mal erlebt hat, wie ein Auto reagiert, wenn die Hinterachse ausbricht (das Fahrzeug übersteuert dann...), weiß um die Auswirkung, wenn die Hinterachse als so genannte spurgebende Achse das Fahrzeug nicht mehr führt. Alle Fahrwerkswerte beziehen sich immer auf die Hinterachse. Sie ist der Bezugspunkt für die Konstruktion und natürlich auch für die Fahrwerksvermessung. Aus diesem Grund ist es unsinnig, die Vorderachse einzeln zu vermessen. Ein Rad kann neben der Drehbewegung sich auch seitlich neigen oder auch nach vorn oder hinten versetzt werden. Die Räder werden sogar beim Einlenken angehoben oder abgesenkt. Alle diese Funktionen entstehen aus dem Zusammenspiel der Bauteile und sind gewollt. Sogar die Veränderung der Höhenlage eines Fahrzeuges folgt solchen »Kennlinien« und hat selbstverständlich Einfluss auf die Achsgeometrie und das Fahrverhalten. Auch wenn es kaum vorstellbar ist: Sogar die Felgengröße und ihre Einpresstiefe haben Einfluss auf das Fahrwerk und seine Funktionen.

Ohne Reibung keine Kraftübertragung. Das kennen wir schon von der einen oder anderen Glatteisfahrt. Man kann sich vorstellen, dass für eine »spurgenaue« Fahrzeugführung der Kontakt der Reifen von entscheidender Wichtigkeit ist. Geht die Verbindung zwischen Reifen und Fahrbahn verloren, können weder Vortriebs-, Brems-, Seitenführungs- oder Lenkkräfte mehr übertragen werden. Wichtige Elemente für diese Aufgabe sind Federung und Stoßdämpfung. Bodenunebenheiten werden so durch Ein- und Ausfedern des einzelnen Rades möglichst ausgeglichen. Unerwünschtes Nachschwingen des Aufbaus verhindern die Stoßdämpfer. Sie müssten eigentlich Schwingungsdämpfer heißen, da sie zwar auch Stöße dämpfen, aber in der Hauptsache durch Federn verursachte Schwingungen abschwächen.

Lenkung und Fahrsicherheit

Die Lenkung soll möglichst feinfühlig sein und zielgenaues Lenken ermöglichen. Sie ist genau auf die Achsen und die Lenkgeometrie abgestimmt. Wie bei fast allen Autos heutzutage, kommt beim Panda eine Zahnstangenlenkung zum Einsatz. Sie gilt als besonders präzise und sorgt trotz der serienmäßigen Servounterstützung für ein noch direkteres und feinfühligeres Ansprechen der Lenkung. Die Lenkung ist ein Bauteil, von dem die gesamte Fahrsicherheit in besonderem Maße abhängt. Defekte, falsche Einstellungen und fehlerhafte Reparaturarbeiten können deshalb fatale Auswirkungen haben.

⚠ Lenkung und Fahrwerk

GEFAHRHINWEISE

Die Arbeiten an Teilen des Fahrwerks und der Lenkung sind nicht immer fürs Do-it-yourself geeignet. Sie setzen Erfahrung und oft auch spezielle Werkstattgeräte sowie Spezialwerkzeuge voraus. Fehlerhafte Reparaturen werden damit nicht nur zur Gefährdung für Sie selbst, sondern auch für andere Verkehrsteilnehmer. Denn genauso wie bei den Bremsen Ihres Panda kann nur die einwandfreie Funktion aller Teile des Fahrwerks und der Lenkung die Fahrsicherheit gewährleisten. Die Teile der Lenkung und des Fahrwerks sind nach einer Beschädigung, zum Beispiel durch einen Unfall, meist zu ersetzen. So dürfen Sie beispielsweise defekte Teile der Radaufhängung nicht etwa einfach richten oder schweißen – sie müssen grundsätzlich erneuert werden. Wenn Sie nicht sicher sind, ob Sie die betreffende Reparatur selbst ausführen können, oder wenn Sie die dafür benötigten Werkzeuge nicht besitzen – überlassen Sie die Arbeit besser der Werkstatt.

Die Vorderachse des Panda

Die McPherson-Vorderachse vorne besteht aus einem Querlenker unten und Rad führenden Federbeinen.

Schraubenfeder und Stoßdämpfer.
Sie sind zu einem Platz sparenden Federbein zusammengefasst. Die Federbeine sind mit der Karosserie und den Radlagergehäusen verschraubt. Geführt werden die beiden Radlagergehäuse von zwei Dreieckslenkern. Die beiden Achshälften sind untereinander mit dem Stabilisator verbunden. Der Stabilisator ist über so genannte Koppelstangen mit dem Federbein verbunden und schränkt die Seitenneigung der Karosserie ein. Die Dreieckslenker sind direkt mit der Karosserie verbunden.
Die Übertragung der Antriebskraft erfolgt über zwei Gelenkwellen. Sie sind über jeweils zwei Gleichlaufgelenke mit den Rädern und dem Achsantrieb (Differential) verbunden. Optimale Fahreigenschaften und geringster Reifenverschleiß sind nur zu erreichen, wenn die Räder einwandfrei eingestellt und mit dem korrekten Reifendruck befüllt sind. Bei dauerhaft unnormaler Reifenabnutzung, die auch durch die Korrektur des Reifendrucks nicht vermeidbar ist, sowie mangelhafter Straßenlage, sollte eine Werkstatt zur optischen Vermessung aufgesucht werden.

Die Hinterachse des Panda

Die Verbundlenker-Hinterachse des Panda ist aus einem U-Trägerprofil und Rohren aufgebaut. Der deshalb hohle Achskörper verleiht der Achse hohe Stabilität. Die Anordnung der Gasstoßdämpfer getrennt von den Schraubenfedern erlaubt es, den Ladeboden des Kofferraumes sehr tief zu legen, wodurch wiederum die Durchladebreite erfreulich groß ist. Spur und Sturz sind konstruktiv vorgegeben und können nicht ein- oder nachgestellt werden. Die Lagerböcke zur Achsbefestigung sind zwar mit der Karosserie verschraubt, lassen sich jedoch in ihrer Position nicht verändern. Einstellarbeiten sind hier ebenfalls nicht vorgesehen. Die Befestigung der Achse erfolgt über schräg gestellte, Spur korrigierende Gummilager. Diese Maßnahme entkoppelt die Achse akustisch vom Karosseriekörper. Rollgeräusche werden somit unterdrückt. Die Schrägstellung der Lager führt außerdem zu einer Spurkorrektur, welche die Kurvenfahrt optimiert.

WISSENSWERTES

McPherson Federbein

Fahrbahnunebenheiten erzeugen an den Rädern Auf- und Abwärtsbewegungen. Mit Hilfe der Federbeine, bestehend aus Federn und Dämpfern, werden diese Bewegungen der Räder durch Ein- und Ausfedern kompensiert und der Kontakt zur Straße gehalten. Die Kombination der Feder- und Dämpfereinheit am Fahrzeug beeinflusst dabei wesentlich den Fahrkomfort, die Fahrsicherheit und auch das Kurvenverhalten. Im Gegensatz zum Nutzfahrzeug kommt hierzu im Pkw fast durchgängig die Einzelradaufhängung zum Einsatz. Mit ihr können die ungefederten Massen gering

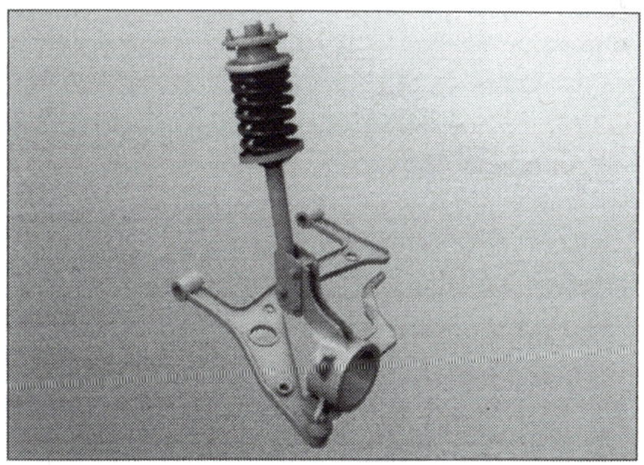

McPherson Federbein: Bauraum- und kostengünstige Einzelradaufhängung an der Vorderachse.

gehalten werden, und die Räder beeinflussen sich nicht gegenseitig beim Ein- und Ausfedern wie beim Starrachsenprinzip. Als kostengünstig und Platz sparend hat sich das so genannte McPherson-Federbein erwiesen. Seinen Namen verdankt es seinem Erfinder, dem US-Amerikaner Earl S. McPherson, dessen Patent erstmals 1948 zum Einsatz kam. Es entstand aus dem Doppelquerlenker-Federbein und ist durch seine kompaktere Bauweise besonders zum Einsatz in Klein- und Mittelklassewagen geeignet. Die Platzersparnis resultiert aus dem Ersatz des oberen Querlenkers durch ein Schwingungsdämpferrohr, an dem die Achsschenkel befestigt sind. Das Stoßdämpferaußenrohr ist mit dem Radlager tragenden Achszapfen und dem Spurstangenhebel fest verbunden. Beim Lenken schwenkt diese Einheit um die Stoßdämpferkolbenstange, die mit ihrem oberen Ende in einem Gummilager der Karosserie sitzt, während unten am Federbein ein frei bewegliches Kugelgelenk über einen Querlenker die zweite Verbindung zur Karosserie herstellt.

Die Servolenkung

Die Lenkung des Panda besteht aus einer Zahnstangenlenkung mit einer elektrischen Unterstützung, welche die Lenkarbeit unterstützt. Hierzu ist ein Elektromotor direkt an der Lenksäule angeflanscht.
Sie soll feinfühlig sein und ein zielgenaues Lenken ermöglichen. Daher ist sie auf die Achse und die Lenkgeometrie präzise abgestimmt. Die Lenkung ist ein Bauteil, von dem die Fahrsicherheit besonders stark abhängt. Defekte oder falsche Einstellungen und fehlerhafte Reparaturen können fatale Auswirkungen haben. Nach einem Unfall oder bei Beschädigung und Verschleiß können diverse Bauteile auch einzeln ersetzt werden. So z. B. Faltenbälge, Spurstangen und Spurstangenköpfe. Eine Instandsetzung des Lenkgetriebes selbst und der Elektronik ist jedoch nicht vorgesehen. Bei einem Defekt müssen diese Teile komplett getauscht werden.

Servolenkung Selbstreparatur

GEFAHRHINWEISE

Reparaturen an der Servolenkung sind eine Sache der Werkstatt. Sie verfügt über spezielle typgebundene Prüfgeräte mit genauen Codeabfragen für das Steuergerät des Fahrzeugs und das entsprechende Know-how. So lassen sich Schäden an den elektronischen Bauteilen und Folgeschäden mit teuren Reparaturen verhindern. Auch hier ist leider wieder mal dem Heimwerker der Verzicht aufs Selbermachen ratsam. Also überlassen Sie die Reparaturen an der Servolenkung unbedingt der Werkstatt. Bei fehlerhafter Instandsetzung könnte beispielsweise die Servounterstützung beim Lenken ausfallen. Oftmals muss nach Reparatur und Achsvermessung auch der Lenkwinkelsensor neu eingerichtet werden. Es könnten sonst schnell falsche Werte für das ESP und die Servolenkung selber entstehen. Zudem hat gerade die elektronische Variante der Servolenkung Ihres Panda nicht mehr viel mit der alten mechanisch gesteuerten Lenkhilfe zu tun, die noch vor wenigen Jahren verbaut wurde. Das ist neben einem falschen Lenkungsmittelpunkt der Achsgeometrie ein wichtiger Grund, warum niemals nach einer erfolgten Achsvermessung ein leicht schief stehendes Lenkrad einfach gerade gesetzt werden sollte.

Radeinstellung prüfen

Nicht nur die richtige Stellung der Vorderräder entscheidet darüber, ob Ihr Panda auf ebener Strecke und in Kurven ruhig und sicher auf der Straße liegt. Eine harte Berührung des Bordsteins durch ein Rad kann die Geometrie der Achsaufhängung jedoch empfindlich stören. Auch verschlissene Gelenke und Gummilager oder unsachgemäße Reparaturen können sich negativ auf das Fahrverhalten auswirken.
Die Vermessung der Radstellung ist freilich eine Sache der Werkstatt, die dazu einen speziellen Achsmessstand verwendet. Einer fehlerhaften Lenkgeometrie können Sie beim Fahren aber selbst auf die Schliche kommen. Dazu müssen beide Vorderreifen dieselbe Reifensorte, DOT-Nummer, Profiltiefe und den vorgeschriebenen Luftdruck aufweisen.

Prüfen Sie folgende Punkte. Bei Auffälligkeiten sollte das Fahrzeug sofort vermessen werden. Eine Achsvermessung ist meistens günstiger als ein Reifenpaar für eine Achse.

- Ist das Reifenprofil gleichmäßig abgenutzt? Oder zeigen die Außenkanten stärkere Verschleißspuren als innen?
- Steht das Lenkrad bei Geradeausfahrt gerade?
- Zieht das Fahrzeug eventuell zu einer Seite?
- Stimmt der Reifenluftdruck?
- Lassen Sie sich das Achsmessprotokoll grundsätzlich aushändigen und auch erklären. Am besten liegt es griffbereit im oder hinter dem Serviceheft.

Grundbegriffe der Lenkgeometrie

Der Gesamtzusammenhang der Lenk- und Achsgeometrie ist sehr komplex und wird nur von wenigen Mechanikern vollständig verstanden. Um aber eine Vorstellung der Werte zu bekommen, die auch von außen erkennbar sind, werden wir hier einige Bezeichnungen näher betrachten.

Radbezogene Einstellwerte
Alle Werte, die sich auf eine Lageänderung des Rades beziehen, bezeichnet man als »Radbezogene Einstellwerte«.

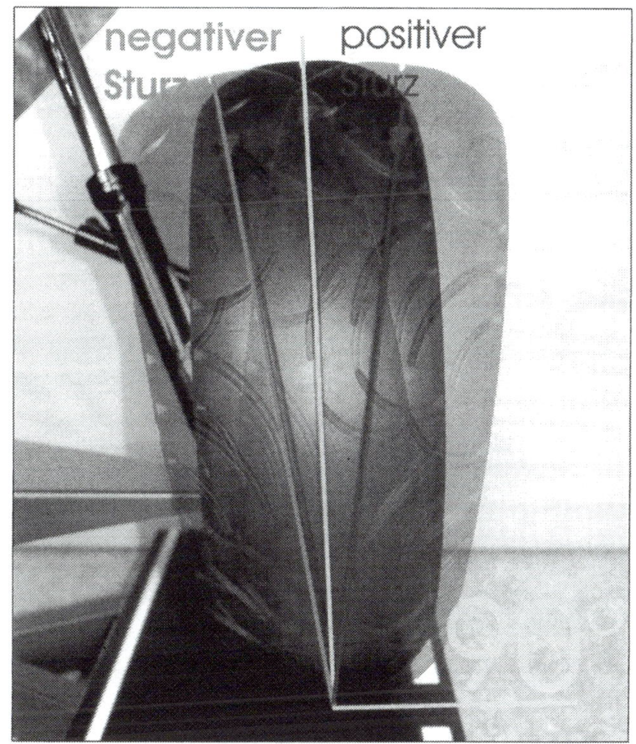

Sturz: Als Sturz bezeichnet man die Neigung des Rades oben, nach innen oder außen.
Positiver Sturz = Neigung des Rades oben nach außen (...weg vom Fahrzeug!).
Negativer Sturz = Neigung des Rades oben nach innen (...hin zum Fahrzeug!).

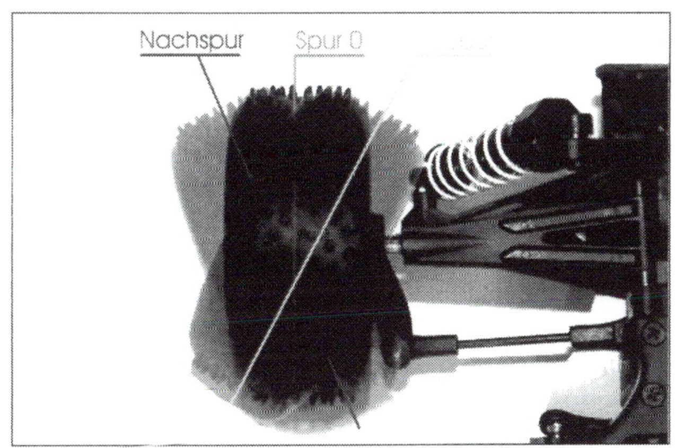

Spur: Spurwerte beschreiben die Abweichung eines Rades vom Geradeauslauf.
Positive Spur = Abweichung eines Rades vom Geradeauslauf vorne nach innen (Abweichung in Richtung Vorspur).
Negative Spur = Abweichung eines Rades vom Geradeauslauf vorne nach außen (Abweichung in Richtung Nachspur).
Dieses Maß orientiert sich an der Symmetrieachse des Fahrzeugs und beschreibt nicht die tatsächliche Ablenkung des Fahrzeugs während der Fahrt.

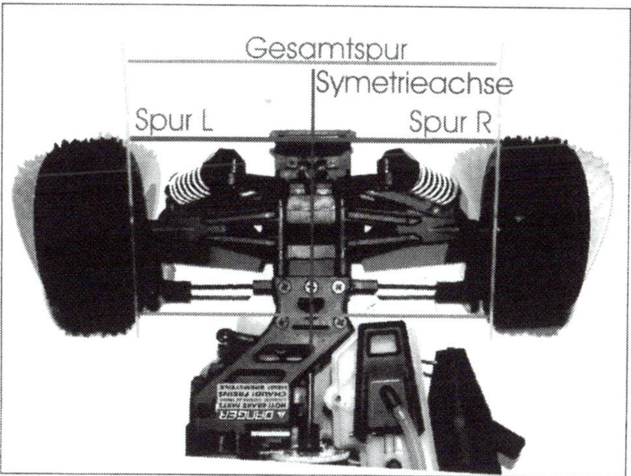

Gesamtspur: Die Gesamtspur beschreibt die Stellung der beiden Räder zueinander.
Vorspur = Abweichung beider Räder vom Geradeauslauf (die Räder laufen vorne zusammen). Der Abstand A ist kleiner als der Abstand B.
Nachspur = Abweichung beider Räder vom Geradeauslauf (die Räder laufen vorne auseinander). Der Abstand B ist kleiner als der Abstand A.
Die Gesamtspur sollte grundsätzlich immer so eingestellt werden, dass bei der Lenkradstellung geradeaus bei Lenkungsmittelpunkt die Spur der einzelnen Räder auf beiden Seiten gleich groß ist.
Achsbilder sollten im Grundsatz symmetrisch sein!

Geometriebezogene Einstellwerte

Die geometriebezogenen Einstellwerte beschreiben im Wesentlichen die Lage der Lenkachsen der einzelnen Räder. Diese Einstellwerte sind in den meisten Fällen nicht durch einfache Einstellarbeiten zu korrigieren. Da es sich um Einstellwerte handelt, die sich aus dem Zusammenspiel mehrerer Bauteile ergeben, ist es schwieriger sich die Begriffe zu verdeutlichen.
Die Lage der Lenkachse wird durch zwei Begriffe beschrieben: Spreizung und Nachlauf.
Die Spreizung beschreibt die Neigung der Lenkachse oben nach innen oder außen.
Negative Spreizung = Neigung der Lenkachse oben nach innen (...hin zum Fahrzeug!).
Der negative Spreizungswinkel wird bei den meisten Achsmessrechnern als negative Zahl dargestellt.
Positive Spreizung = Neigung der Lenkachse oben nach außen (...weg vom Fahrzeug!).
Sie findet in der der Fahrzeugkonstruktion keine Anwendung.
Vor jeder Achsvermessung und auch für jede Inspektion stehen die beschriebenen Prüfungen an:

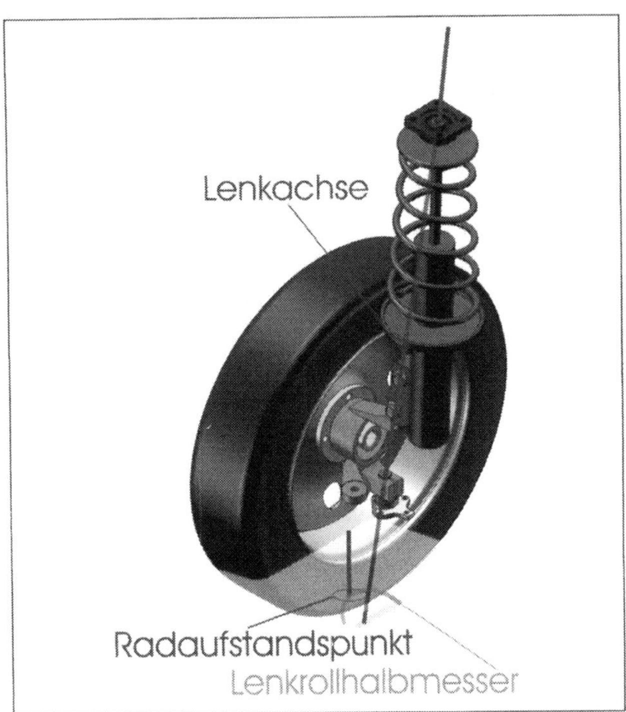

Lenkachse: Die Lenkachse ist eine »gedachte« Linie, die durch die beiden Lagerpunkte des Achsschenkels läuft. Beim »McPherson«-Federbein handelt es hierbei um den Kugelbolzen unten und das Domlager oben, bei Doppelquerlenkerachsen um den Kugelbolzen unten und den Kugelbolzen oben.

Nachlauf: Der Nachlauf beschreibt die Neigung der Lenkachse oben nach hinten oder vorne.
Positiver Nachlauf = Neigung der Lenkachse oben nach hinten.
Der positive Nachlauf wird bei den meisten Achsmessrechnern als positive Zahl dargestellt.
Negativer Nachlauf = Neigung der Lenkachse oben nach vorne.
Negative Werte beschreiben dann einen Vorlauf. Dieser findet aber in der Fahrzeugkonstruktion kaum Anwendung.

Radlagerspiel prüfen

Die Prüfung der Radlager sollte grundsätzlich während der Fahrt erfolgen. Für diese Probefahrten sucht man sich am besten einen unbefahrenen Parkplatz, der ausreichend Platz bietet, um mit dem Auto Kreisfahrten durchführen zu können. Ein Defekt macht sich meist durch laute Laufgeräusche während der Kurvenfahrt bemerkbar. Treten die Geräusche zum Beispiel in Rechtskurven auf, ist meist das linke Radlager defekt. Treten die Geräusche in Linkskurven auf, ist meist das rechte Radlager defekt. Meistens ist es das belastete Lager, also das kurvenäußere Lager, welches dann bei Kurvenfahrt deutlich lauter wird. Wird das defekte Lager hingegen entlastet, wird das Geräusch leiser werden bzw. auch ganz verschwinden.
Die vorderen Radlager sind Doppelrillenkugellager. Sie haben zwei Laufringe. Ist der innere Laufring beschädigt, lässt sich das Geräusch meist nicht so leicht durch die Kurvenfahrten entlarven.

Das Wackeln an den Rädern ist sicherlich kein Indiz für beschädigte Radlager. Ist Spiel an den Rädern durch Ziehen oder Drücken am Rad feststellbar, darf das Fahrzeug auf keinen Fall mehr bewegt werden. Sobald ein merkliches Spiel an den Radlagern auftritt, dürften sich die meisten Teile des Kugellagers schon in der Landschaft verteilt haben. Der Geräuschpegel des Radlagers dürfte dann den Pegel des Radios erreicht oder schon überschritten haben. Die Radführung ist nicht mehr gewährleistet.
Die vorderen Radlager können nicht eingestellt werden und müssen daher bei einem Schaden ausgetauscht werden. Das ist für die Lager der Vorderachse Sache der Werkstatt. Lager, Laufringe, Nabe und Lenk-Schwenklager sind in sehr engen Toleranzen gefertigt, die bei der Montage Spezialwerkzeuge erforderlich machen. Für die Montage der vorderen Radlager wird zudem eine hydraulische Presse oder ein spezielles Lagerausziehgerät benötigt.

Lenkungsspiel prüfen

Das Spiel der Lenkung kann nachgestellt werden, wenn es nicht durch einen Defekt verursacht wird. Die Einstellung sollten Sie jedoch besser der Werkstatt überlassen.

- Die Räder geradeaus stellen. Greifen Sie durchs geöffnete Fenster und drehen Sie das Lenkrad kurz hin und her.
- Das Vorderrad muss sich sofort mitbewegen. Achten Sie auf die Felge, denn der elastische Reifen kann einen Teil des Einschlags schlucken, ehe er sich bewegt.
- Hat die Lenkung um die Geradeausstellung kein Spiel, klemmt aber bei stärkerem Einschlag, ist die Zahnstange der Lenkung verschlissen. Das Lenkgetriebe muss dann ausgetauscht werden.

Manschetten der Lenkzahnstange kontrollieren

Die aus dem Zahnstangengehäuse austretende Zahnstange wird links und rechts durch eine Gummimanschette geschützt. Dringen durch einen rissigen oder beschädigten Faltenbalg Schmutz und Feuchtigkeit ein, verbinden sie sich mit dem Fett des Lenkgetriebes zu einer Schleifpaste, die ständig am Lenkritzel nagt. Eine verschlissene Manschette sollten Sie daher sofort ersetzen. Um die Lenkungsmanschette zu prüfen, müssen Sie weit in die vorderen Radkästen hinein greifen. Durch Auseinanderziehen der Falten lassen sich Undichtigkeiten am besten erkennen.

- Leuchten Sie mit einer Taschenlampe jeden Faltenbalg ab. Schlagen Sie die Lenkung voll nach rechts und links ein; ziehen Sie dann den Faltenbalg Stück um Stück auseinander, um Risse in den Falten zu erkennen.

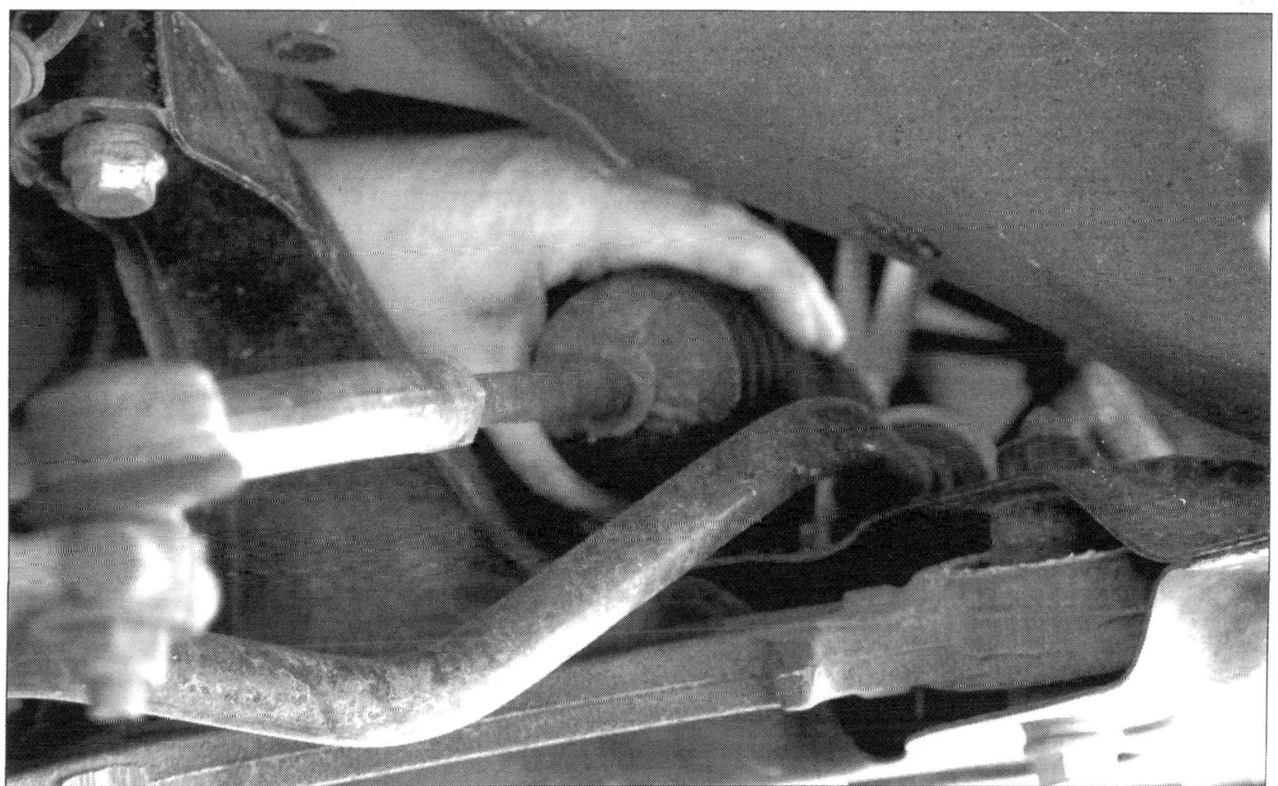

Genau inspizieren: Nehmen Sie bei der Kontrolle der Manschetten jede einzelne Falte genau in Augenschein.

Spurstangenköpfe und Antriebsmanschetten prüfen

Das Spurstangengelenk sitzt rechts und links zwischen Spurstange und Spurstangenhebel des Lenk-Schwenklagers. Selbstschmierender Kunststoff umhüllt den stählernen Kugelkopf, eine Manschette schützt ihn vor Schmutz und Feuchtigkeit. Spurstangenköpfe mit defekter Manschette oder Spiel müssen Sie umgehend ersetzen. Die Kontrolle sollten Sie im regelmäßigen Abstand, am besten einmal jährlich oder nach ca. 15.000 gefahrenen Kilometern durchführen.

- Kontrollieren Sie die Manschetten der Spurstangengelenke auf Risse und Beschädigungen. Durch Auseinanderziehen der Falten lassen sich Undichtigkeiten am besten erkennen.

- Leuchten Sie dabei mit einer Taschenlampe jeden Faltenbalg einzeln ab.

- Prüfen Sie, ob das Gelenk Spiel hat. Fahren Sie das Auto dazu am besten über eine Grube.

- Lassen Sie einen Helfer das Lenkrad mehrmals kurz nach links und rechts drehen. Sie können mit der Hand fühlen, ob die Spurstangengelenke Luft haben.

- Ist die Manschette defekt, sollte der komplette Spurstangenkopf gewechselt werden (Werkstattarbeit).

Axialspiel prüfen: Achslenker kräftig nach unten ziehen und wieder hoch drücken.

Manschette prüfen: Bei einem Defekt wie einem Riss oder einem Loch ist der Spurstangenkopf austauschreif.

Achsgelenke kontrollieren

Die Kugelgelenke der Achsgelenke (rechts und links zwischen Querlenker und Lenk-Schwenklager) sitzen in einer Fett-Dauerfüllung in Kunststoffschalen. Staubkappen aus Kunststoff schützen sie vor Nässe und Schmutz. Die Gelenke sind wartungsfrei. Eine beschädigte Staubkappe bedeutet allerdings das vorzeitige Aus fürs Gelenk – eindringender Schmutz wirkt wie Schmirgelsand, Feuchtigkeit lässt es mit der Zeit festrosten.

- Fahrzeug vorne aufbocken, ideal ist, die Prüfung auf einer Hebebühne durchzuführen.
- Lenkung nach einer Seite voll einschlagen.
- Staubkappen der Achsgelenke rechts und links auf Beschädigungen kontrollieren. Achsgelenke kontrollieren und dabei die Kappen zusammendrücken – so entdecken Sie auch versteckte Risse.
- Eine schadhafte Staubkappe kann nicht einzeln ersetzt werden, der Querlenker muss komplett ausgetauscht werden.
- Das Axialspiel prüfen, indem der Achslenker kräftig nach unten gezogen und wieder hochgedrückt wird (1).
- Das Radialspiel prüfen, indem das Rad kräftig nach innen und außen gedrückt wird (2).
- Hinteres Lager für Achslenker und Achslenker vorne genau prüfen. Dabei vor allem auf Risse des Gummilagers achten (3) und (4).

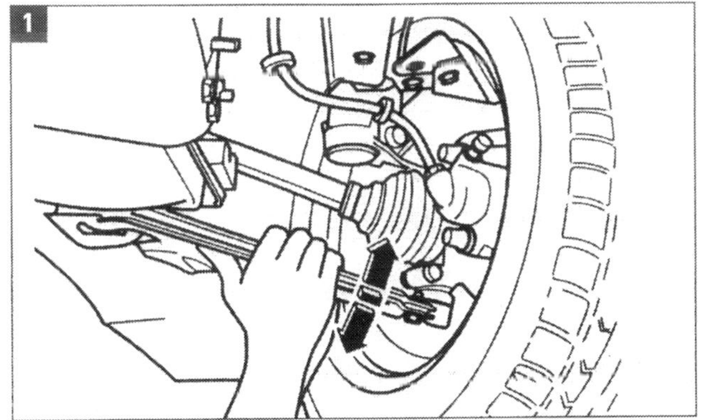

Axialspiel prüfen: Achslenker kräftig nach oben und unten drücken.

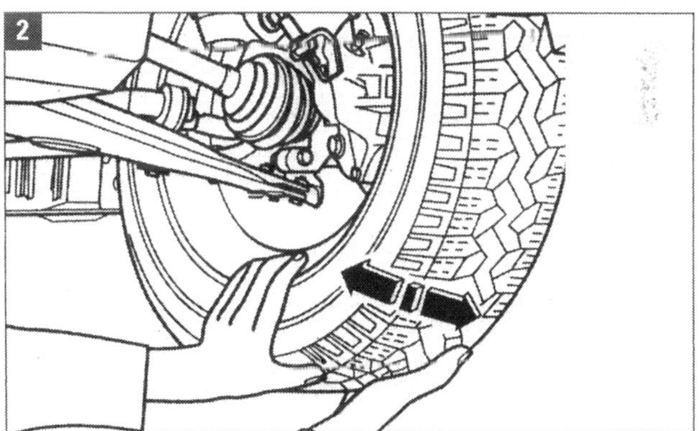

Radialspiel prüfen: Rad unten kräftig nach innen und außen drücken.

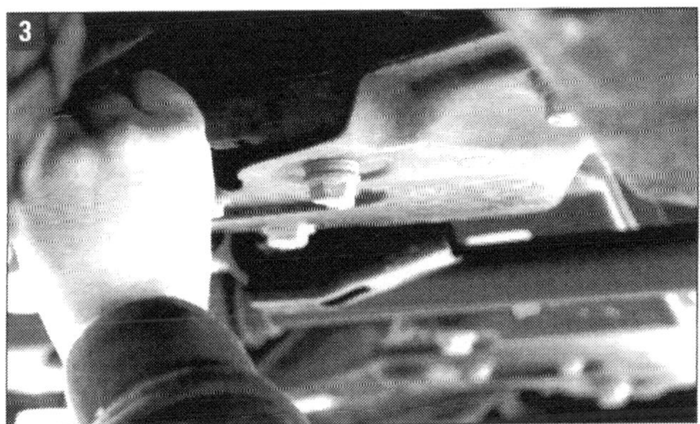

Hinteres Lager für Achslenker: Bei Rissen, wie hier am Gummilager des Achsgelenks, Lager austauschen lassen.

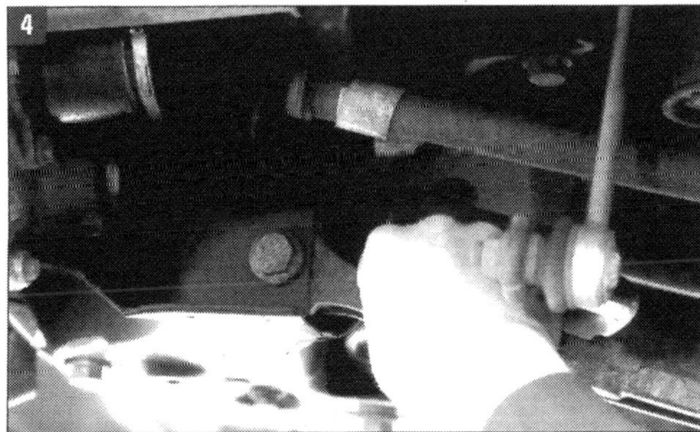

Vorderes Lager für Achslenker: Das Achsgelenk darf nicht ausgeschlagen sein oder Spiel aufweisen.

Zustand der Stoßdämpfer prüfen

Nach zwei verschlissenen Reifensätzen besitzen die Stoßdämpfer meist nur noch die Hälfte ihrer Wirkung. Sie sind dann reif für den Austausch. Schlechte Dämpfer gehören zu den schleichenden Verschleißerscheinungen. Die meisten Fahrer gleichen Mängel am Stoßdämpfer mit der Zeit unbewusst durch verändertes Fahrverhalten aus. Lassen Sie zu Ihrer Sicherheit das Bauteil zur exakten Diagnose einmal im Jahr auf dem Prüfstand eines Automobilclubs oder von TÜV/DEKRA kontrollieren. Die Schaukelmethode, bei der man den Wagen am betreffenden Kotflügel aufschaukelt und plötzlich loslässt, ersetzt keine Prüfung. Damit können Sie nur einen total ausgefallenen Stoßdämpfer feststellen. Dies gilt auch für die Sichtprüfung. Erkennen Sie bereits das ausgelaufene Dämpferöl, ist der Dämpfer ebenfalls schrottreif. Mit einigen Kontrollfragen können Sie dennoch die nachlassende Wirkung Ihrer Dämpfer feststellen.

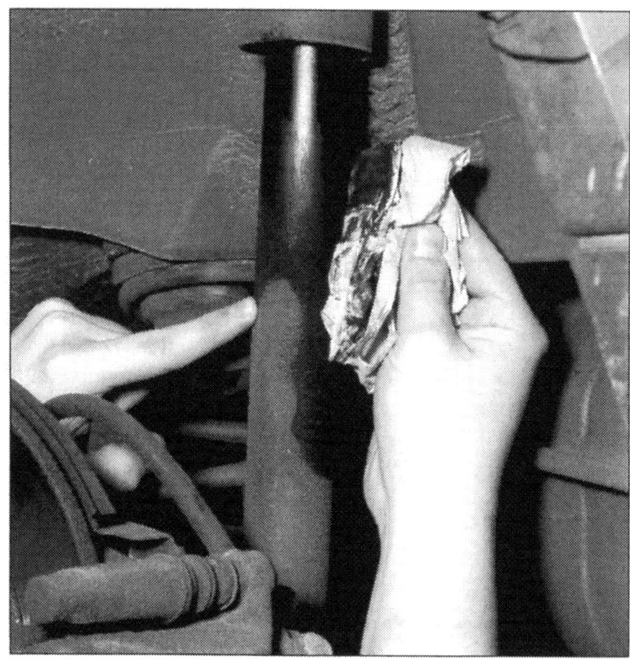

Schadensbild Stoßdämpfer: Das ausgelaufene Dämpferöl, wie hier zu sehen, bedeutet einen Totalausfall. Sieht Ihr Stoßdämpfer auch so aus wie dieser, ist ein Wechsel fällig.

Beim Fahren auf Folgendes achten:

- Flattert die Lenkung? In diesem Fall haben die Räder nicht ständig Kontakt zum Boden.
- Schwingt die Karosserie bei Fahrbahnunebenheiten nach?
- Wirkt das Fahrzeug in Kurven schwammig? Dann werden die kurveninneren Räder nicht genügend auf den Asphalt gedrückt, die äußeren nicht stark genug entlastet.

Sichtprüfung

- Nutzen die Reifen gleichmäßig ab?
- Sind die Aufnahmen in den Radhäusern unbeschädigt?
- Weisen die Dämpfer offensichtlich Schaden auf (z. B. auslaufendes Dämpferöl wie in Bild 2 zu erkennen)?

Federbein vorne ausbauen

Benötigtes Werkzeug

- Knarrenkasten
- 18er-Schlüssel
- 6er-Inbusschlüssel oder -nuß

Arbeitsschritte:

- Fahrzeug an der betreffenden Seite aufbocken und Rad abbauen. Bei Fahrzeugen mit Bremsbelagverschleißanzeige Anschlussstecker an der Steckverbindung trennen.
- Sechskantmuttern der Koppelstangen abschrauben.
- Klammern der Bremsschlauchhalte-rung herausziehen und Bremsschlauch aushängen. Dabei Bremsschlauch nicht knicken oder biegen.
- Schrauben der Verbindung vom Radlagergehäuse/Federbein trennen.

- Federbein und Achsschenkel voneinander trennen.
- Sechskantmutter (muss bei Wiedereinbau erneuert werden) für obere Dämpferbefestigung abschrauben. Dazu können Sie eine handelsübliche Knarre benutzen (Bild 2).
- Federbein abstützen und nach unten entnehmen.

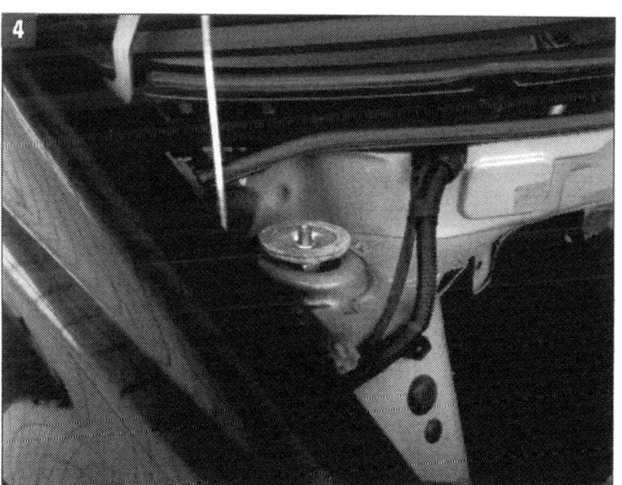

Federn und Dämpfer hinten ausbauen

Wegen des getrennten Aufbaus von Feder und Dämpfer an der Hinterachse ist der Wechsel der beiden Teile relativ leicht zu bewerkstelligen. Für den Ausbau müssen Sie allerdings das Auto auf beiden Seiten gleichmäßig aufbocken.

Achtung: Wird an beiden Seiten auch die Feder ausgebaut, brauchen Sie eine Ablage für die Achse!

Ausbau Dämpfer:

- Bocken Sie das Auto auf beiden Seiten auf und sichern es mit Unterstellböcken.
- Lösen Sie die Befestigungsschrauben oben und unten am Stoßdämpfer.
- Senken Sie die Hinterachse etwas ab.
- Dämpfer nach unten wegziehen.

Ausbau Feder:

- Sichern Sie die Hinterachse durch eine geeignete Abstützung.
- Lösen Sie die untere Befestigungsschraube des Stoßdämpfers (einseitig).
- Ziehen Sie die Achse mit der Hand etwas nach unten.
- Nehmen Sie die Schraubenfeder heraus.
- Beim Einbau in umgekehrter Reihenfolge denken Sie daran, Schrauben und Muttern zu erneuern.
- Ziehen Sie alle Verschraubungen nach Herstellervorgaben an (beim Schraubenkauf bei Fiat-Händler erfragen!).

Tieferlegen

Eine sehr beliebte Veränderung am Fahrwerk ist das Tieferlegen. Wobei hier nie das Fahrwerk, sondern immer nur die Karosserie tiefer gelegt wird. Denn die Federn tragen das Gewicht des Autos, und wenn diese kürzer sind, wandert die Karosserie Richtung Asphalt. Oft wird jedoch einfach aus optischen Gründen tiefer gelegt. Dafür würde natürlich ein Wechsel der Federn ausreichen. Greifen Sie dabei nicht einfach auf das günstigste Angebot zurück, denn das Zusammenspiel zwischen Federn und Stoßdämpfern ist außerordentlich wichtig für das Fahrverhalten. Sollten die Serienstoßdämpfer nicht mehr taufrisch sein, ist es sicher besser, ein Komplettfahrwerk zu wählen mit aufeinander abgestimmten Feder- und Dämpferraten.

Die Aufgabe des Stoßdämpfers

Zuerst nimmt man an, dass schon die Namensgebung die Funktion verrät, das ist aber nicht ganz so einfach. Die tatsächliche Aufgabe liegt in der Schwingungsreduzierung. Die Anforderungen an einen modernen Stoßfänger sind vielfältig und erwarten absolut präzise Funktion dieses Bauteils. Die Schwingungen, die aus den Stößen von der Fahrbahn in das Fahrzeug eingebracht werden, sollen schließlich wirkungsvoll »eingedämmt« werden.

Betrachten wir die Bewegung des Fahrwerks genauer, stellen wir schnell fest, dass eine Bewegung den Dämpfer bei Belastung zusammenschiebt und die andere den Dämpfer bei Entlastung auseinanderzieht. Beim ersteren spricht man von der Druckstufe, beim letzteren von der Zugstufe.

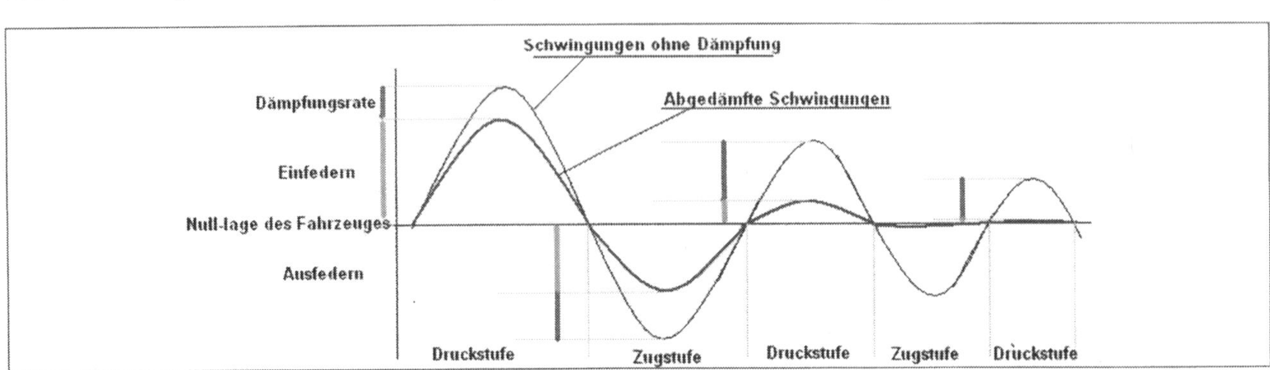

Die Aufgabe der Feder

Die Feder nimmt die Energie auf, die durch die Unebenheiten auf der Fahrbahn auf das Fahrwerk einwirken, und gibt sie verzögert ab. Die Ein- und Ausfederzeit wird im Wesentlichen durch den Stoßdämpfer bestimmt. Die Kraft, die auf die Feder wirkt, bewirkt das Zusammendrücken der Feder. Inwieweit die Feder zusammengedrückt wird, liegt an der Federrate, also an der Kraft/Weg-Kennlinie der Feder.
Oftmals wird ein Gewindefahrwerk zur stufenlosen Tieferlegung »missbraucht«. Der Sinn für die Einstellbarkeit liegt aber darin, die Höhenlage zum Arbeitsbereich der Stoßdämpfer abzustimmen.
Auch das Thema Stoßdämpfer im Fahrwerk kann leicht als sehr umfangreich beschrieben werden.
Um ein etwas besseres Verständnis für die Arbeitsweise zu bekommen, betrachten wir einmal ein einfaches Dämpfersystem, wie es auch in Ihrem Serien-Panda zum Einsatz kommt, hinsichtlich seiner Funktion und den unterschiedlichen Arbeitsbereichen.

Dieser Stoßdämpfer ist recht einfach aufgebaut. Wie der Name schon sagt, besteht er aus zwei Rohren. Das innere Rohr enthält nur Dämpferöl. In ihm bewegt sich der Kolben. Der Kolben und die Kolbenstange bewegen sich immer dann, wenn das Fahrzeug ein- oder ausfedert. Der Kolben ist mit kleinen Dämpferbohrungen versehen, die den Öldurchfluss abdrosseln. So wird die Bewegungsgeschwindigkeit der Federung abgebremst.
Im zweiten Rohr befindet sich eine Gasfüllung. Der Vorteil dieser Konstruktion liegt darin, dass eine Schaumbildung des Dämpferöls durch den Gasdruck möglichst unterbunden wird.
Die Gasfüllung hat auch eine zweite Aufgabe. Durch das Eintauchen der Kolbenstange in den Dämpfer wird entsprechend dem Volumen der eingetauchten Kolbenstange Ölvolumen verdrängt. Flüssigkeiten sind nicht komprimierbar (jedenfalls fast nicht), Gas allerdings schon. So übernimmt das Gas auch den Volumenausgleich des durch die Kolbenstange verdrängten Dämpferöles.

Niederdruck-Zweirohrdämpfer

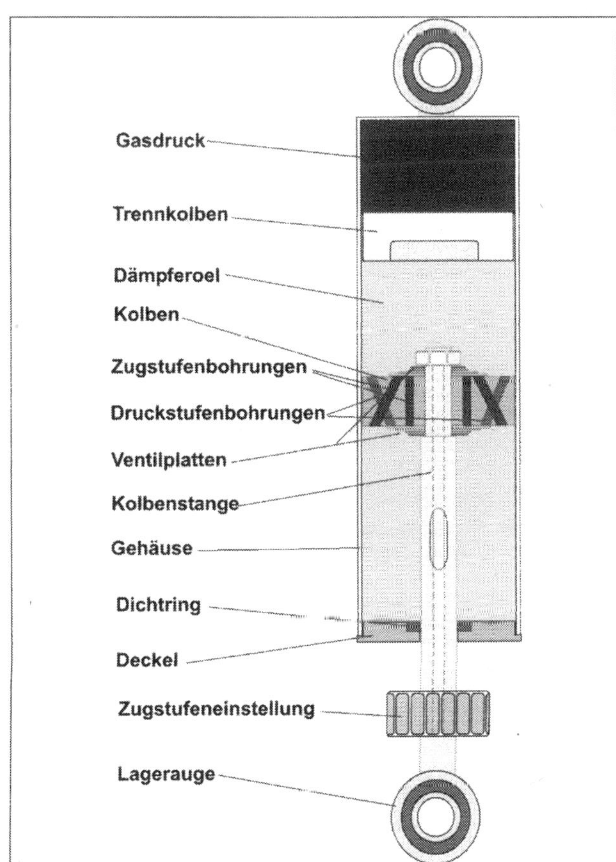

Niederdruck-Zweirohrdämpfer.

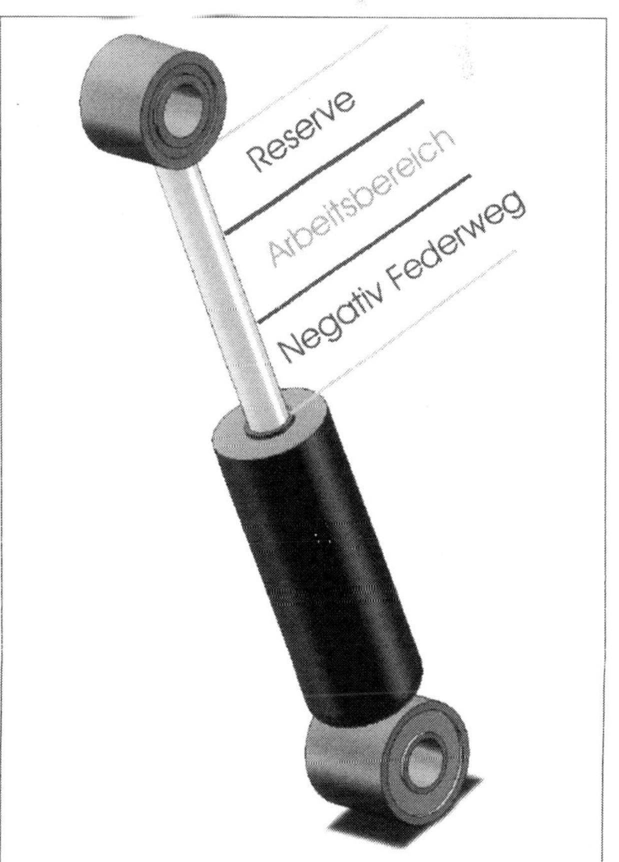

Aufteilung des Federweges.

Ein Stoßdämpfer ist für eine bestimmte Aufgabe konstruiert. Auch die Dämpfer des Panda haben ganz spezielle auf das Fahrzeug abgestimmte Eigenschaften. Wird nun die Höhenlage verändert, wird auch die Funktion des Dämpfers beeinflusst. Zum Teil muss sogar durch Anschlaggummis verhindert werden, dass der Dämpfer durchschlägt. Diese Art der Tieferlegung zeigt deutlich mangelnde Sachkenntnis und hat sicherlich wenige oder keine positiven Eigenschaften, die dem Fahrzeug zugerechnet werden müssen. Betrachten wir mal die Auslegung des Federweges eines Stoßdämpfers genauer:

Negativfederweg: Hier ist der eigentliche Grund für die verstellbaren Federn an Fahrzeugen. Ein gutes Fahrwerk muss auf die Last abgestimmt werden, um gutes Fahrverhalten zu ermöglichen.

Der Negativfederweg sollte ungefähr 1/3 des gesamten Federweges ausmachen. Er ermöglicht einen Boden/Radkontakt auch bei Bodenwellen und Senken. Ohne Negativfederweg würde ein Fahrzeug leicht den Fahrbahnkontakt verlieren, sobald eine Welle oder Senke das Ausfedern des Fahrwerks erforderlich macht.

Arbeitsbereich: Der Arbeitsbereich ist der Bereich des gesamten Federweges, in dem die Schwingungen bei normaler Fahrt aufgefangen werden sollen. Natürlich entstehen einzelne stärkere Schwingungen, die dann je nach Belastung im Negativfederweg oder auch mal in den Bereich der Reserve ausschlagen. Der Arbeitsbereich eines gut abgestimmten Dämpfers sollte im mittleren Drittel des Gesamtfederweges zu finden sein.

Reserve: Die Reserve, also das letzte Drittel des Federweges, soll lediglich die kurzen Überschreitungen im normalen Fahrbetrieb auffangen und im Notfall bei starken Wellen und Ähnlichem ausreichend Platz lassen, um das Durchschlagen des Stoßdämpfers zu verhindern.

Checkliste – Lenkung

Störung	Was kann das sein?	Was kann ich tun?
A Hydraulikölstand im Behälter zu niedrig	**1** Eingeschlossene Luft im Hydrauliksystem hat sich selbst ausgeschieden	Hydrauliköl bis »Max« auffüllen
	2 Undichtigkeiten im Hydrauliksystem	Leitungsanschlüsse nachziehen, neue Dichtung einsetzen, Hydraulikpumpe prüfen (lassen)
B Lenkung ist schwergängig	**1** Förderdruck der Pumpe zu gering	Druck prüfen lassen
	2 Lenkgetriebe defekt	Ersetzen lassen
C Lenkgeräusche	**1** Ölstand zu niedrig, Flüssigkeit mit Luftbläschen durchsetzt	Lenkung entlüften, Öl auffüllen
	2 Saugseitige Verschraubung der Pumpe undicht	Dichtungen ersetzen, Verschraubungen nachziehen
	3 Keilriemen lose	Nachspannen
D Die Lenkung ist in nur eine Richtung schwergängig	**1** Hydraulischer Defekt am Servolenkgetriebe	Lenkgetriebe ersetzen
E Zu hohe Lenkkräfte beim Rangieren oder zu niedrige bei hoher Geschwindigkeit	**1** Spannungsversorgung unterbrochen	Spannungsversorgung prüfen
	2 Kein Geschwindigkeitssignal	Geschwindigkeitssignal prüfen (lassen)
	3 Servotronicventil defekt	Servotronicventil prüfen lassen
	4 Elektrischer Defekt an der Servotronic	Fehlerspeicher auslesen (lassen)
E Zu hohe Lenkkräfte beim Rangieren oder zu niedrige bei hoher Geschwindigkeit – hydraulische Lenkhilfe	**1** Regelventile der Lenkung arbeiten nicht sauber	Regelventile und Druck prüfen (lassen)

STÖRUNGSBEISTAND

Checkliste – Kupplung

Störung	Was kann das sein?	Was kann ich tun?
A Schwammiges Fahrverhalten	**1** Reifen zu geringer Luftdruck	Luftdruck prüfen und einstellen
	2 Stoßdämpfer undicht	Ölverlust mit Finger prüfen, bleibt Öl am Finger: tauschen
	3 Stoßdämpfer verschlissen	Kolbenstange auf Riefen und Abplatzung prüfen
	4 Spurwerte stimmen nicht	Achsvermessung durchführen
	5 Federn erlahmt	Federn prüfen, ggf. austauschen
	6 Gummis Querlenker hinten	neue Streben einbauen
B Reifen	**1** starker, unregelmäßiger Verschleiß	Spurwerte stimmen nicht, Achsvermessung durchführen
	2 Verschleiß innen	zu viel negativer Sturz
	3 Verschleiß außen	zu viel positiver Sturz
	4 Verschleiß in der Mitte	zu viel Luftdruck
	5 Verschleiß innen und außen	zu wenig Luftdruck
	6 Stoßdämpfer verschlissen	Stoßdämpfer prüfen, ggf. austauschen
C Schütteln am Lenkrad	**1** Räder unwuchtig	Räder wuchten lassen
	2 Spiel in der Lenkung	Kreuzgelenk prüfen
	3 Spiel in Fahrwerksteilen	Traggelenk und Spurstangen prüfen
… beim Bremsen	**4** Bremsscheiben verzogen	Neue Bremsscheiben und Beläge
D Geräusche bei Kurvenfahrt	**1** Radlager defekt	Richtige Seite durch Wechselkurven feststellen
	2 Spurwerte stimmen nicht	Reifenprofil kontrollieren

Heißes Eisen

Hauptaufgabe der Bremsanlage ist die Umwandlung von kinetischer Energie (Bewegungsenergie) in Wärmenergie, die durch Reibung entsteht. Temperaturen von mehreren hundert Grad können dabei die Bremsscheibe zum Glühen bringen. Umso wichtiger ist daher die vernünftige Wartung. Wir zeigen Ihnen alle Funktionen sowie alle Do-it-yourself-Arbeiten, die Sie an Ihren Bremsen durchführen können.

Grenzen der Belastbarkeit

Die Bremsanlage des Panda gilt allgemein als robust und standfest. Der Panda hat an der Vorderachse Scheibenbremsen. An der Hinterachse sind ja nach Motorisierung Trommelbremsen in zwei unterschiedlichen Dimensionen verbaut. Obwohl die Bremsanlage also im Prinzip ausreichend dimensioniert ist, stößt die Anlage früher oder später an ihre Grenzen. Das ist ganz natürlich, denn eine Bremsanlage kann nichts anderes tun, als Bewegungsenergie in Wärme umzuwandeln. Je mehr Masse und Belüftung die Bremsscheiben haben, umso mehr Energie kann aufgenommen werden. Bei rasanten Passabfahrten kann es also durchaus passieren, dass der Druckpunkt immer schwammiger und der Pedalweg immer länger wird. Ist die Bremsflüssigkeit alt und der Wassergehalt groß, werden jetzt mit Sicherheit Dampfblasen entstehen. Das kann gefährlich werden, denn irgendwann geht der Tritt ins Leere. Bei extremer Beanspruchung meldet sich die Bremsanlage dann auch akustisch: Ein Wummern oder Brummen deutet auf eine thermische Überlastung hin. Die Scheibe beginnt sich zu verziehen, die Beläge fangen an zu schmieren. Kommen jetzt noch spürbare Vibrationen hinzu, ist es höchste Zeit die Anlage bei mittlerer Geschwindigkeit, möglichst ohne Bremsbetätigung abkühlen zu lassen.

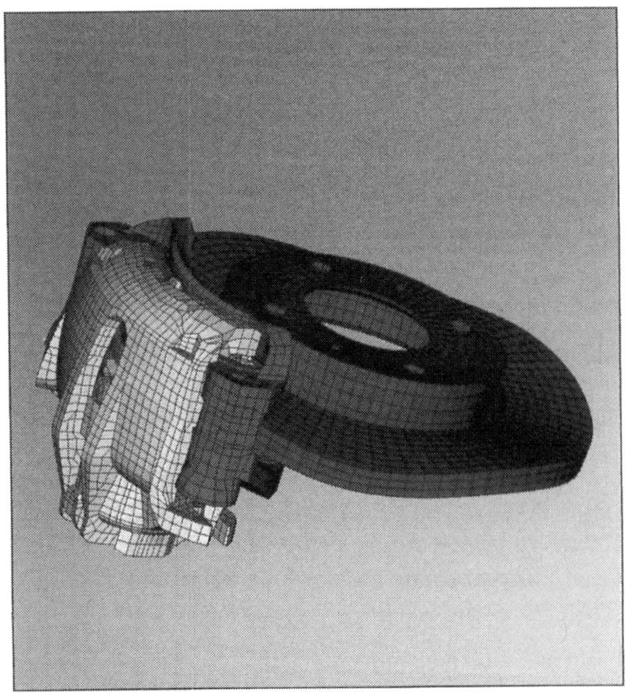

Verzug bei hohen Temperaturen: Diese CAD-Simulation zeigt, wie sich die Scheibe bei hoher Belastung verformt.

Wie funktionieren die Bremsen?

Wenn Sie auf das Bremspedal treten, presst eine mit dem Pedal verbundene Druckstange zwei hintereinander liegende Kolben in den Hauptbremszylinder, der sich im Motorraum befindet. Die Kolben übertragen die Kraft auf die dort eingeschlossene Bremsflüssigkeit. Der so entstehende hydraulische Druck in der Bremsflüssigkeit gelangt über Rohr- und Schlauchverbindungen zu den Radzylindern in den Bremssätteln. In diesen drücken Kolben die Bremsklötze gegen die Bremsscheiben. Dadurch verschiebt sich die auf langen Bolzen geführte Bremszange und überträgt den gleichen Druck auf den äußeren Bremsklotz. Liegt der Bremsdruck nicht mehr an, wird die Rechteckmanschette zurückverformt und zieht den Kolben von den Bremsscheiben zurück. So entsteht zwischen Bremsklotz und Scheibe ein Spiel von weniger als einem Millimeter – die Bremsscheibe dreht wieder frei. Ähnlich ist die Funktionsweise der Trommelbremse. Der vom Hauptbremszylinder kommende hydraulische Druck wirkt auf je 2 Kolben in einem Radbremszylinder. Diese Kolben bewegen sich jeweils nach außen und bewegen dadurch die Bremsbacken im oberen Bereich in Richtung Bremstrommel. Im unteren Bereich haben die Backen ein festes Widerlager. Liegt der Bremsdruck nicht mehr an, sorgen eingebaute Federn dafür, dass die Bremsbacken sich wieder von der Trommel lösen und dadurch die Kolben in den Radbremszylinder zurückdrücken.

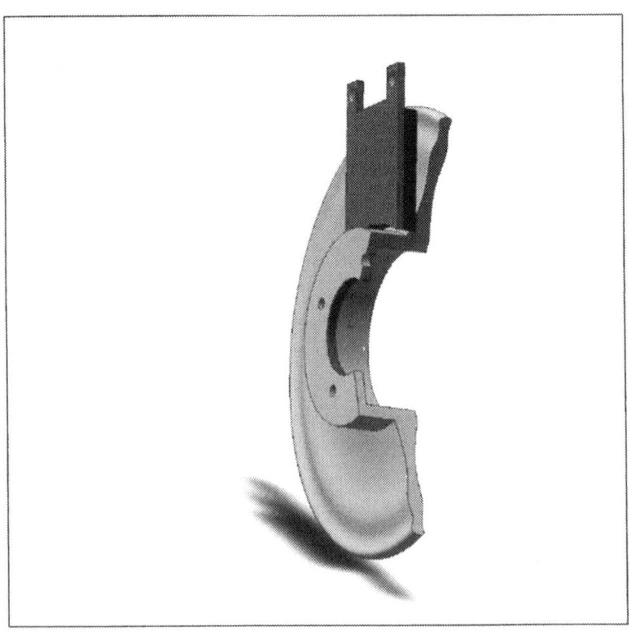

Bremssystem als Schnittbild.

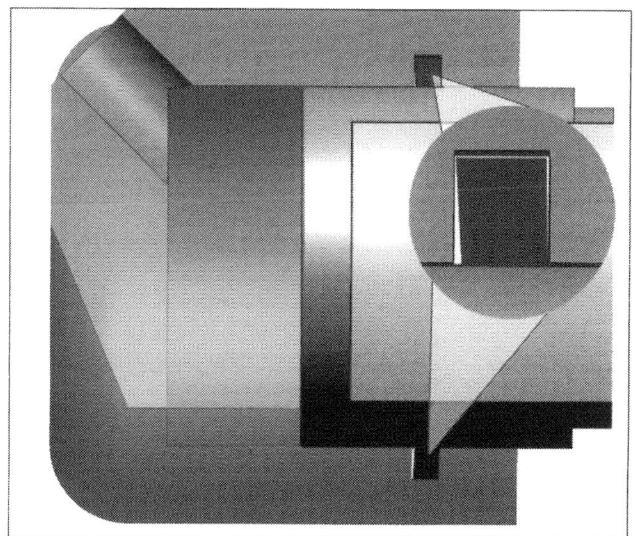

Radzylinder unter Druck.

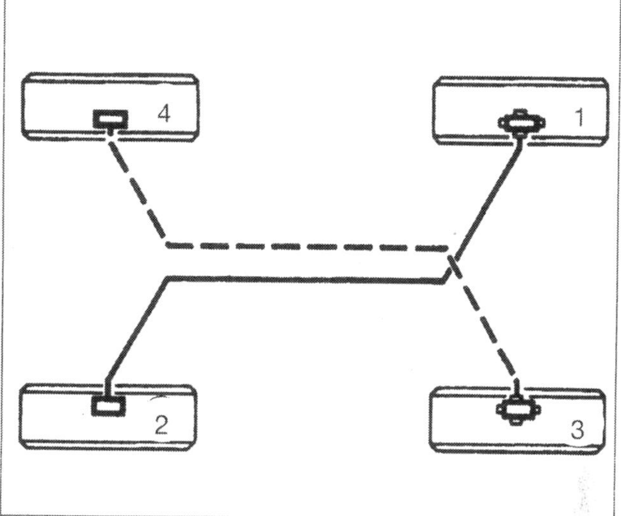

Diagonale Zweikreis-Bremsanlage: Beim Ausfall eines Bremskreises kann das Fahrzaug immer noch sicher zum stehen gebracht werden.

Radzylinder druckfrei.

Wozu eine Zweikreisbremse?

Zu Ihrer Sicherheit schreibt der Gesetzgeber vor, dass die Bremsanlage aus zwei voneinander getrennten Bremskreisen aufgebaut sein muss. Fällt ein Bremskreis aus, beispielsweise durch eine undichte Bremsleitung, so kann das Fahrzeug trotzdem mit Hilfe des zweiten sicher abgebremst werden. Beim Panda wirkt die Zweikreisbremse diagonal, d. h. die Vorderradbremse einer Seite ist mit der Hinterradbremse der gegenüberliegenden Seite verbunden. Dieser Aufbau wird in Fachkreisen auch als »Diagonalaufteilung« bezeichnet, im Gegensatz zur Schwarz-Weiß-Aufteilung, bei der Vorder- und Hinterachse separat angesprochen werden.

Bremsanlage - Aufbau und Hauptkomponenten

Im Motorraum:

A: Bremskraftverstärker:
Sitzt hinter dem Hauptbremszylinder. Bringt etwa 60 Prozent der Bremskraft auf. Bei Benzinmotoren wird der erforderliche Unterdruck am Ansaugrohr entnommen. Bei Diesel-Motoren ist zur Unterdruckerzeugung eine Vakuumpumpe eingebaut. Beim Bremsen reagiert eine elastische Membrane auf den Druckunterschied zwischen äußerem Luftdruck und dem Unterdruck. Sie drückt zusätzlich auf die Kolben im Hauptbremszylinder.

B: Bremsflüssigkeitsbehälter:
Heller Kunststoffbehälter, erkennbar am gelben Verschlussdeckel (s. Bilder unten). Befindet sich im Motorraum hinter der Batterie in Nähe der Spritzwand.

C: Hauptbremszylinder:
Massives, röhrenartiges Teil aus Metall gefertigt. Sitzt unterhalb des Bremsflüssigkeitsbehälters. Wandelt die mechanische Kraft des Bremspedals in hydraulische Kraft um. Sorgt für schnellen Druckabbau im System beim Lösen der Bremsen.

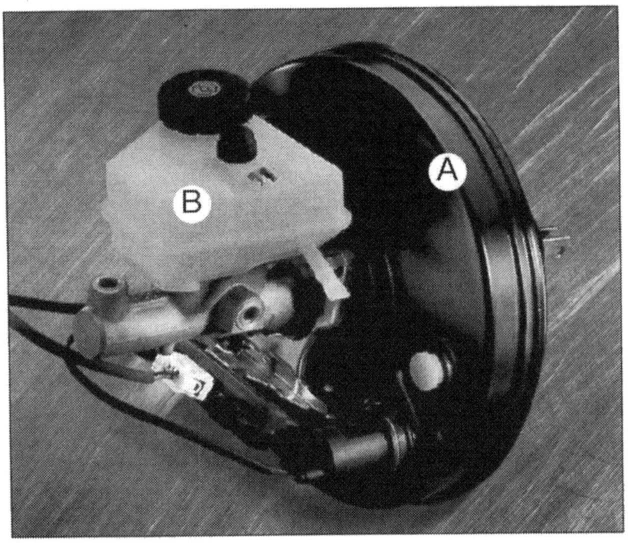

Bremskraftverstärker.

Dieselmotorraum: Durch den etwas größer dimensionierten Luftfilterkasten ist hier etwas weniger Platz.

Hauptbremszylinder

Benzinermotorraum (1,2 l): Der Behälter der Bremsflüssigkeit ist leicht zu erkennen, das Ablesen des Pegels somit unproblematisch.

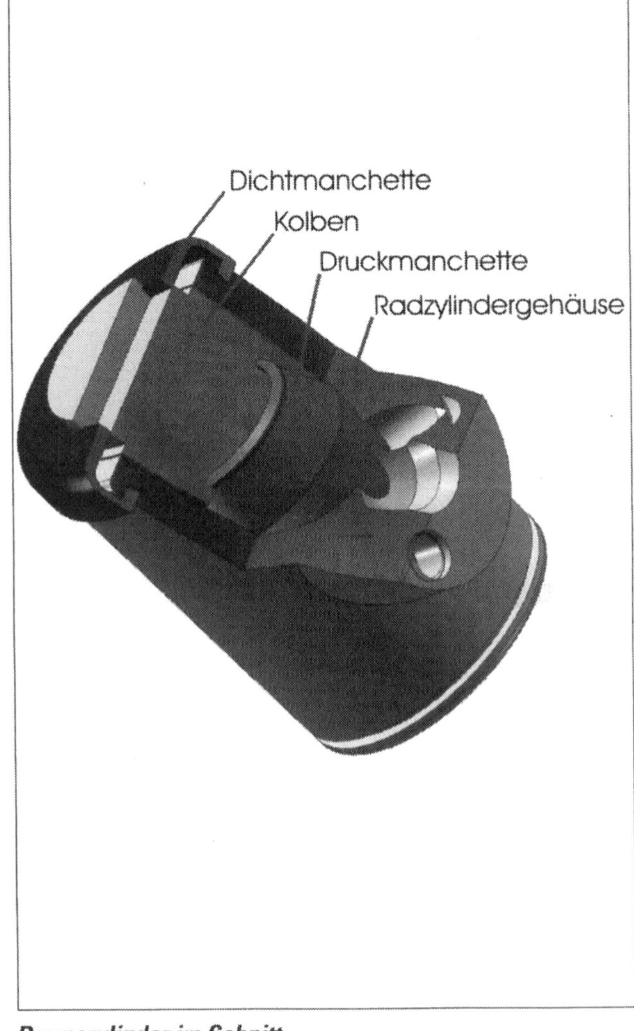

Bremszylinder im Schnitt.

An den Rädern:

A: Bremsscheibe:
Eine massive Stahlscheibe dreht sich mit jedem Vorderrad frei im Luftstrom. Führt die Reibungswärme dadurch ab.

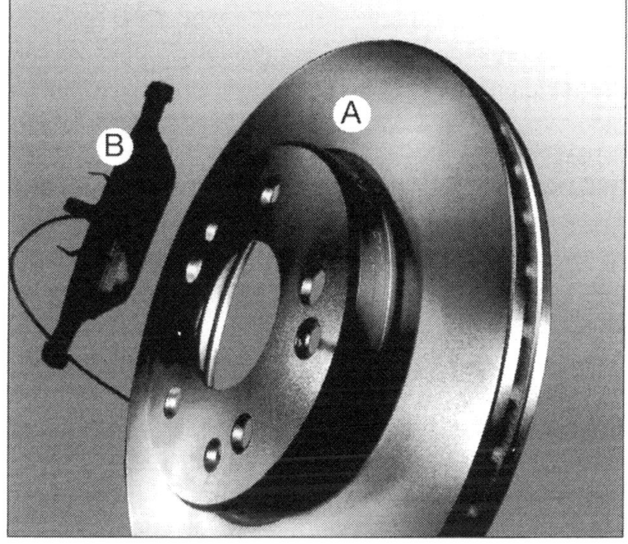

B: Bremsbelag/klötze:
Werden im Bremssattel montiert. Verschleißteil, das nur paarweise und immer an beiden Achsseiten gewechselt wird.

C: Bremssattel:
Sitzt wie ein Sattel auf der Bremsscheibe. Im Bremssattel schwimmend auf Führungsbolzen gelagert ist die Bremszange (Schwimmsattelbremsen).

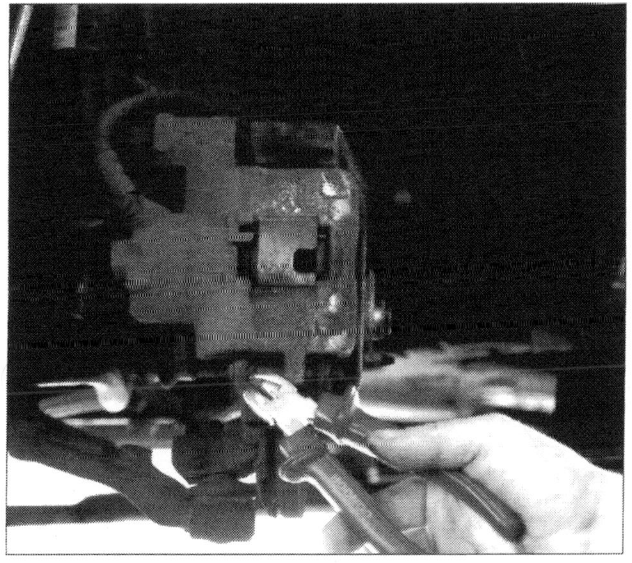

D: Bremskolben:
Sitzt am jeweiligen Rad. Der Bremsflüssigkeitsdruck erreicht hier bis zu 120 bar. Die Kolben der Zylinder übertragen den Druck an die Bremsbeläge.

Bremsanlage - Funktion und elektronische Assistenzsysteme

Elektronische Helfer serienmäßig
Untersuchungen des Automobilzulieferers Bosch sowie Analysen der Euro NCAP-Gesellschaft haben gezeigt, dass durch die Verbreitung von ABS und ESP bereits viele Unfälle vermieden werden konnten. Der Panda ist serienmäßig mit dem Antiblockiersystem ABS ausgestattet.

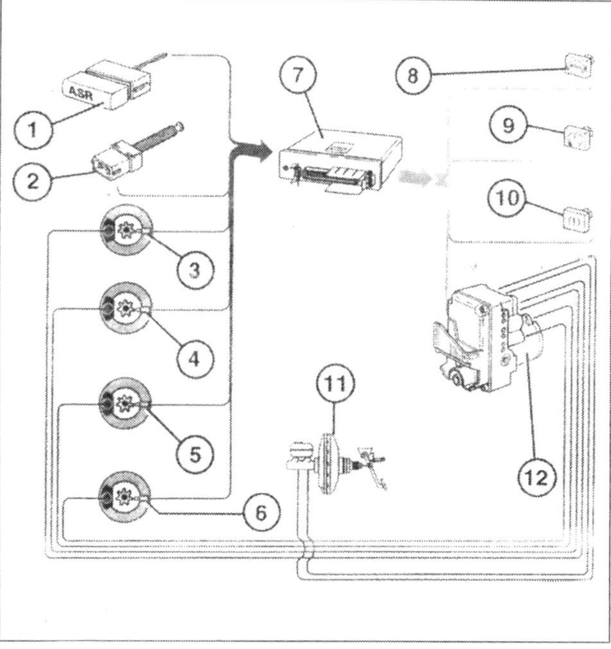

ABS-Bremsanlage: Durch die Sensorik im ABS-System kann durch geschickte Software für die Ansteuerung eine Vielfalt von sinnvollen Nebenfunktionen entstehen.
1 Schalter für ASR
2 Bremslichtschalter
3 Drehzahlfühler hinten links
4 Drehzahlfühler hinten rechts
5 Drehzahlfühler vorn rechts
6 Drehzahlfühler vorn links
7 Steuergerät in Hydraulikeinheit integriert
8 Kontrolllampe ABS/EDS
9 Kontrolllampe ASR
10 Kontrolllampe Bremsflüssigkeitsstand
11 Hauptbremszylinder, Bremskraftverstärker, Bremspedal
12 Hydraulikeinheit

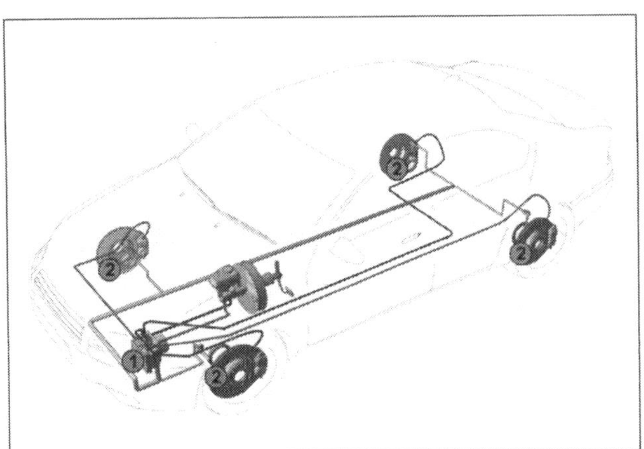

ABS-System Bestandteile: (1) ABS-Steuereinheit, (2) Radbremsen mit Drehzahlsensoren.

Die Bremskraftverstärkung erfolgt pneumatisch durch den Vakuumbremskraftverstärker. Bei diesen ABS-Systemen gibt es keinen mechanischen Bremskraftregler mehr. Eine speziell abgestimmte Software im Steuergerät übernimmt die Bremskraftverteilung für die Hinterachse (EBD).

Antiblockiersystem ABS

ABS verhindert das Radblockieren während des Bremsvorgangs. Alle vier Raddrehzahlen werden durch die ABS-Sensoren erfasst. Blockiert ein Rad, wird hier der Bremsdruck sehr schnell abgebaut und wieder aufgebaut. Das Rad kann nicht oder nur extrem kurz blockieren und bleibt somit spurtreu oder lenkfähig.

Antischlupfregelung ASR

Gegen durchdrehende Antriebsräder hilft die Antischlupfregelung ASR. Sie reduziert das Motordrehmoment, wenn die Vorderräder beim Beschleunigen, z. B auf regennassem oder unbefestigtem Untergrund, die Traktion verlieren. Dadurch wird nur so viel Drehmoment vom Motor auf die Räder übertragen, wie diese auch auf die Straße bringen können. Das System ist bei allen Geschwindigkeiten aktiv. Im Gegensatz zur elektronischen Differentialsperre EDS und dem elektronischen Stabilitätsprogramm ESP nimmt die Regelung des ASR keinen aktiven Bremseingriff vor.

Brenzlige Situationen meistern mit ESP

ESP hält Ihren Panda in der Spur, wenn dieser wegzurutschen oder auszubrechen droht. ESP greift durch einen gezielten Bremseingriff an einem oder mehreren Rädern in das Kurvenverhalten ein. Seine Popularität erlangte ESP vor allem durch den »Elchtest«. Bei diesem schnellen Ausweichmanöver mit doppeltem Spur-

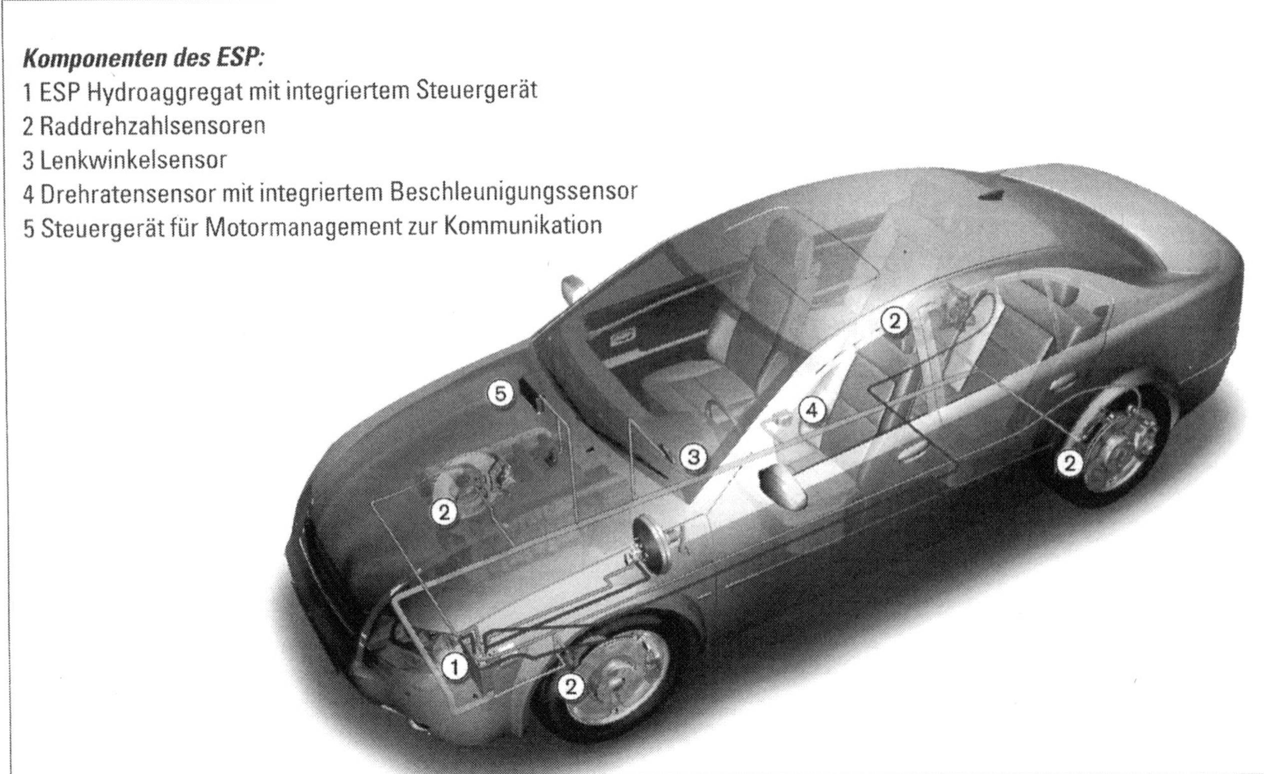

Komponenten des ESP:
1 ESP Hydroaggregat mit integriertem Steuergerät
2 Raddrehzahlsensoren
3 Lenkwinkelsensor
4 Drehratensensor mit integriertem Beschleunigungssensor
5 Steuergerät für Motormanagement zur Kommunikation

wechsel soll das Ausweichen vor plötzlich auftauchenden Hindernissen simuliert werden. ESP hilft beim schnellen Ausscheren den Wagen rechtzeitig um das Hindernis herumzulenken, um dann beim Wiedereinscheren nicht durch drohendes Übersteuern und anschließendem Schleudern im Graben zu landen.

Die Handbremse

Um den gesetzlichen Vorschriften Genüge zu tun, die eine zweite unabhängige Bremsbetätigung fordern, ist die Handbremse als solche ausgelegt. Mit der Handbremse sichern Sie Ihr Fahrzeug im Stand gegen unbeabsichtigte Fortbewegung. Sie wirkt auf beide Hinterräder und wird mechanisch betätigt. Beim Panda mit hinterer Trommelbremse ist die Handbremsvorrichtung in die Bremsbacken integriert. Hier sorgt ein Verstellmechanismus in der Druckstange für den automatischen Ausgleich der Bremseinstellung. Beim Betätigen der Fußbremse entsteht zwischen Bremsbacken und Druckstange ein Spalt. Dabei wird ein Teil der Druckstange verdreht und diese dadurch länger. Dieser Längenausgleich der Druckstange verhindert somit ein zu weites Zusammenziehen der beiden Bremsbacken.

Wartungsarbeiten an den Bremsen

Im Straßenverkehr entscheiden die Bremsen über Ihre Sicherheit und die anderer Verkehrsteilnehmer. Deshalb ist eine regelmäßige Kontrolle der Bremsanlage Ihre beste Lebensversicherung. Scheuen Sie sich nicht, die Räder abzunehmen und den Zustand der Bremsbeläge zu prüfen. Die Wartungen an der Bremsanlage sind zwar kein Hexenwerk. Auch die meisten Arbeiten an den Bremsen sind nicht anspruchsvoller als die Demontage eines Kotflügels oder Stoßfängers. Dennoch gilt, dass Sie im Zweifel auch die Fachwerkstatt zu Rate ziehen sollten und sich nur ans Schrauben machen, wenn Sie sich Ihrer Sache wirklich sicher sind. Überlassen Sie Arbeiten an der Bremse im Zweifelsfall lieber einer Fachwerkstatt. Bremsbeläge sind Bestandteil der Allgemeinen Betriebserlaubnis (ABE), außerdem sind sie vom Werk auf das jeweilige Fahrzeug abgestimmt. Deshalb dürfen nur vom Automobilhersteller beziehungsweise vom Kraftfahrtbundesamt (KBA) freigegebene Bremsbeläge verwendet werden. Sie haben eine KBA-Freigabenummer. Einen kleinen Bremsencheck können Sie auch ohne weitere Hilfsmittel mit verschiedenen Sichtprüfungen von Zeit zu Zeit durchführen. Gehen Sie daher in regelmäßigen Abständen, mindestens aber einmal im Monat, die anschließenden Punkte der Reihe nach durch.

Prüfungen an der Bremsanlage

Sind der Pedalweg und Pedaldruck in Ordnung?
Der maximale Leerweg des Pedals sollte nicht mehr als ein Drittel des gesamten Pedalwegs betragen. Ist er länger, besteht die Möglichkeit, dass sich Luft in den Leitungen befindet. Ein Verlängern des Bremspedalwegs während der Fahrt lässt in aller Regel auf veraltete Bremsflüssigkeit oder gar eine Leckage im Hydrauliksystem schließen. Ist die Bremsflüssigkeit älter als zwei Jahre, bedarf es keiner weiteren Ursachenforschung mehr. Lassen Sie die Bremsflüssigkeit ersetzen. Sind Sie sich nicht sicher, kann eine Undichtigkeit in der Anlage oder das Überaltern der Bremsflüssigkeit gefahrlos im Stand überprüft werden. Drücken Sie dazu bei stehendem Motor das Bremspedal ca. eine Minute lang und halten Sie den Druck aufrecht. Gibt das Pedal auch nach längerer Zeit nicht nach, sind die Leitung und Bremsflüssigkeit in Ordnung. Wenn der Widerstand im Pedal aber abnimmt und Sie das Pedal immer näher zum Bodenblech pressen können, ist die Leitung undicht oder die Bremsflüssigkeit überaltert. Undichte Stellen sollten Sie auf gar keinen Fall auf die leichte Schulter nehmen! Suchen Sie umgehend eine Werkstatt auf.

Funktioniert der Bremskraftverstärker?
Die einwandfreie Funktion des Bremskraftverstärkers können Sie ohne weitere Hilfsmittel oder größeren Aufwand sicherstellen. Dazu das Bremspedal bei stehendem Motor und im Leerlauf mehrmals kräftig durchtreten und in der tiefsten Stellung halten. Nun den Motor starten. Das Pedal muss nun spürbar unter Ihrem Fuß nachgeben. Ist dies nicht der Fall, können unterschiedliche Defekte vorliegen. Ursache könnte eine Undichtigkeit des Unterdruckschlauchs vom Ansaugrohr zum Bremskraftverstärker sein. Auch ein defektes Rückschlagventil im Unterdruckschlauch, der Verschleiß des Gummirings zwischen Hauptbremszylinder und Bremskraftverstärker oder ein Defekt der Membran des Verstärkers könnten verantwortlich sein. Lassen Sie eine genaue Diagnose in einer Werkstatt durchführen.

Woran erkenne ich übermäßigen Verschleiß?
Bei der täglichen Fahrt wird der schleichende Prozess des Bremsenverschleißes vom Fahrer meist kaum

wahrgenommen. DEKRA und TÜV oder auch der ADAC bieten Bremsentests an, mit denen Sie die Bremsleistung Ihres Panda überprüfen lassen können. Nehmen Sie diese Leistung in Anspruch, erst recht, wenn Sie den Eindruck haben, dass sich die Verzögerungswerte verschlechtert haben. Darüber hinaus empfiehlt sich auch die Sichtprüfung der Bremsbelagdicke. Der flüchtige Blick und das Augenmaß können aber nicht die ordentliche Messung mittels Messschieber der Beläge im ausgebauten Zustand ersetzen, zumal der Zustand der hinteren Beläge aufgrund der Einbaulage nur schwer zu beurteilen ist. Zur flüchtigen Kontrolle können Sie mit einer Lampe durch ein Felgenloch leuchten und die Belagstärke abschätzen.

Bremsentest: Der Rollenprüfstand liefert Bremsleistungswerte der Vorder- und Hinterachse in Kilo-Newton (kN).

Beschädigung wie Riefen und Rillen: Nicht nur die Belagstärke sondern auch die Oberfläche stets im Auge behalten.

Sichtprüfungen auf Undichtigkeiten

Prüfen Sie folgende Bauteile regelmäßig auf erkenntliche Undichtigkeiten und Beschädigungen:

- Hauptbremszylinder
- Bremskraftverstärker
- Bremssättel

Achten Sie auch darauf, dass die Bremsschläuche nicht verdreht sind und keine Porosität und Brüchigkeit oder Scheuerstellen aufweisen. Darauf achten, dass die Bremsschläuche beim maximalen Lenkeinschlag keine Fahrzeugbauteile berühren.

Prüfen Sie auch die Bremsanschlüsse und Befestigungen auf richtigen Sitz, Undichtigkeiten und Korrosion. Achtung: Wenn Sie Mängel feststellen, müssen diese unbedingt beseitigt werden (Reparaturmaßnahme).

Vorsicht: Wenn Sie einen sichtbaren Mangel erkennen können, müssen Sie unverzüglich die Mängel beheben (lassen). In diesem Fall das Fahrzeug unter keinen Umständen fahren, sondern lieber abschleppen (mit Abschleppstange!) lassen.

Bremsflüssigkeit kontrollieren

Der Behälter für die Bremsflüssigkeit sitzt im Motorraum links direkt auf dem Hauptbremszylinder. Kontrollieren Sie den Stand der Bremsflüssigkeit regelmäßig, erneuern Sie diese spätestens alle zwei Jahre.

- Auch bei einer intakten Bremsanlage kann der Pegel sinken. Ursache ist der Verschleiß an den Belägen der vorderen Scheibenbremsen. Dann wandern die Kolben der Radzylinder aus den Zylindern heraus – die Bremsflüssigkeit fließt nach. Da die Kupplungshydraulik ebenfalls dort angeschlossen ist, kann ein sinkender Pegel auch mit Defekten an diesem System zusammenhängen.
- Ein sinkender Bremsflüssigkeits-Pegel ist kein Grund zur Sorge, solange die Bremsflüssigkeit im Behälter zwischen den Markierungen »MIN« und »MAX« steht.
- Ob Sie Bremsflüssigkeit nachfüllen müssen, hängt vom Verschleißgrad der Bremsbeläge ab. Sind die Beläge nahezu abgefahren, kann der Pegel nahe der »MIN«-Marke verbleiben. Beim Einbau neuer Beläge werden die Bremskolben zurückgedrückt, der Stand im Bremsflüssigkeitsbehälter steigt dadurch wieder an. Bei neuen oder neuwertigen Belägen sollten Sie ggf. nachfüllen. Vergewissern Sie sich aber vorher, dass keine Undichtigkeit am Bremssystem vorliegt.
- Zum Nachfüllen verwenden Sie nur Bremsflüssigkeit nach US-Norm FMVSS 116 DOT 4. Bewahren Sie Bremsflüssigkeit, da sie Wasser anzieht, immer in einem fest verschlossenen Behälter auf.

Bremsflüssigkeitsstand: Ob die Anlage mit ausreichend Flüssigkeit befüllt ist, lässt sich an den Markierungen des Behälters ablesen. Pegelschwankungen sind unbedenklich, solange der »MIN«-Wert nicht unterschritten wird.

⚠ Bremsflüssigkeit

GEFAHRHINWEISE

Bremsflüssigkeit ist giftig, lackschädigend und hygroskopisch, das heißt: Bremsflüssigkeit neigt dazu Wasser aufzunehmen. Diese Eigenschaft kann zu kritischen Situationen führen. Denn das Wasser in der Bremsflüssigkeit ist Gift für eine Bremsanlage, an der bis zu 600 °C entstehen können. Bekanntlich kocht Wasser schon bei rund 100 °C. Dabei setzt es Sauerstoff-Moleküle frei. Es kommt zur Blasenbildung in der Bremsflüssigkeit. Diese Blasen aus Luft lassen sich aber im Gegensatz zu Flüssigkeiten komprimieren, womit die Kraftübertragung vom Pedal zu den Bremsbelägen nicht mehr oder nur sehr schlecht funktioniert. Man tritt dann mangels Bremsdruck in der Leitung ins »Leere«. Zum Wiederaufbau des Bremsdrucks muss erst am Pedal mehrmals »gepumpt« werden, bis die Luft wieder entwichen ist und der Pedaldruck dadurch wieder zum Betätigen der Bremse aufgewendet werden kann. Eine unangenehme Erfahrung, zumal der verbleibende Weg nicht immer ausreicht um entsprechende Maßnahmen zu ergreifen. Wollen Sie sich diese Erfahrung ersparen, dann wechseln Sie die Bremsflüssigkeit regelmäßig (im Abstand von ca. zwei Jahren) in einer Fachwerkstatt!

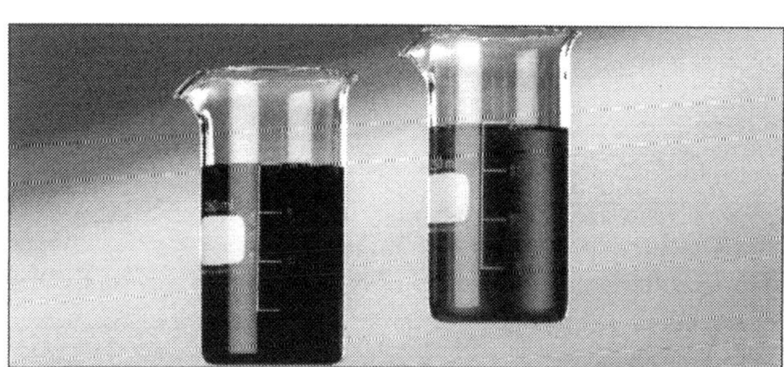

Austausch fällig: Der Behälter links zeigt, wie sich mit der Zeit Schmutzpartikel (z. B. Gummiabrieb, Rost, usw.) in der Bremsflüssigkeit ablagern. Verminderte Temperaturbeständigkeit sorgt dafür, dass sich im Hochtemperaturbereich Dampfblasen bilden (das vorhandene Wasser kocht) und somit der Druck in der Leitung nicht mehr optimal aufbauen kann. Der Austausch durch neue Bremsflüssigkeit (s. rechts im Bild) ist nun unumgänglich. Der Zustand der Bremsflüssigkeit ist aber nicht immer an der Verfärbung zu erkennen. Grundsätzlich sollte sie alle zwei Jahre ausgetauscht werden.

Bremsbeläge / Scheiben vorn wechseln

Montagearbeiten

Wichtig ist, dass Sie die Arbeiten erst an einem Rad komplett abschließen, bevor Sie sich der anderen Seite widmen. Stellen Sie außerdem sicher, dass niemand das Bremspedal betätigt, während Sie an der Bremse arbeiten. Beläge und Bremsscheiben werden nur achsweise erneuert, Sie brauchen einen Satz Bremsbeläge, also insgesamt vier Klötze und zwei Bremsscheiben. Bremsscheiben werden allerdings oftmals als einzelnes Teil geliefert. Fragen Sie vor der Bestellung sicherheitshalber nach.

Bremsbeläge vorne wechseln

Benötigtes Werkzeug und Material:
- Seitenschneider
- Ratsche und 17er-Nuss
- 1 Stück stabiler gebogener Draht
- beim Wechsel: Bremsbeläge
- Durchschlag (Dorn) und Hammer
- 12er-Ringschlüssel oder Nuss

- Lockern Sie (Fahrzeug steht auf dem Boden) die Radschrauben an der Vorderseite, die Sie zuerst bearbeiten und bocken Sie das Fahrzeug (wie in Kapitel »Fahrzeug richtig aufbocken«) ordnungsgemäß auf.
- Bauen Sie das Vorderrad der entsprechenden Seite ab.
- Falls vorhanden die Steckverbindung der Belagverschleißanzeige trennen.
- Sicherung aus dem Bolzen herausziehen (Bild 1).
- Bolzen mit einem Hammer und einem Durchschlag heraustreiben (Bild 2).
- Bremssattel nach oben klappen und Beläge entnehmen. **Achtung:** Markieren Sie Beläge, falls diese wieder eingebaut werden sollen, ihrem Einbauort entsprechend. Sie dürfen auf gar keinen Fall die inneren Beläge mit den äußeren tauschen! Alles reinigen und die Beläge sorgfältig auf Dicke und Zustand prüfen. Bei glasigen Stellen oder Materialausbrüchen erneuern!
- Sattelgehäuse abnehmen und so mit Draht befestigen (z. B: am Federbein), dass das Gewicht des Bremssattels den Bremsschlauch nicht belastet bzw. beschädigt (3). Bremsbelag aus Bremssattelgehäuse herausnehmen. Bremsbeläge vorn wechseln.
- Bremsbelagdicke messen (5). Zur Belagdicke zählt auch die Rückenplatte. Entscheiden Sie, ob ein Austausch der Beläge fällig ist.

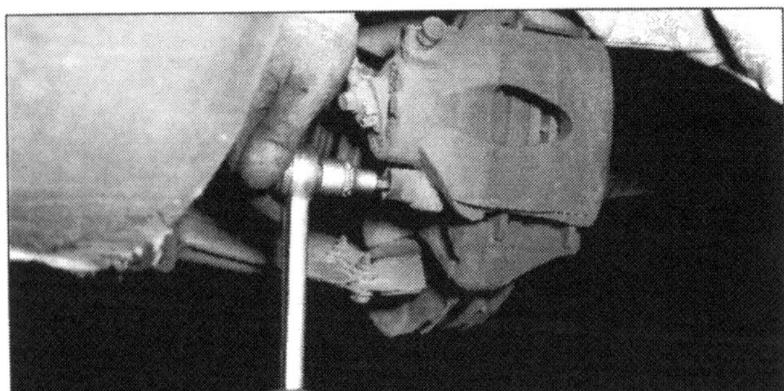

Beläge und Scheiben: Vor der Montage gründlich reinigen.

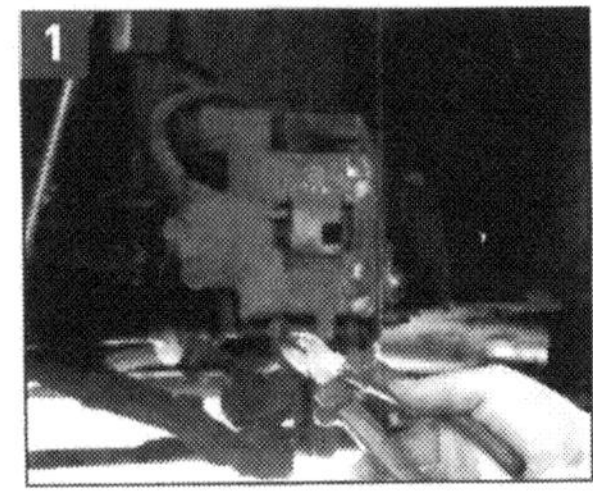

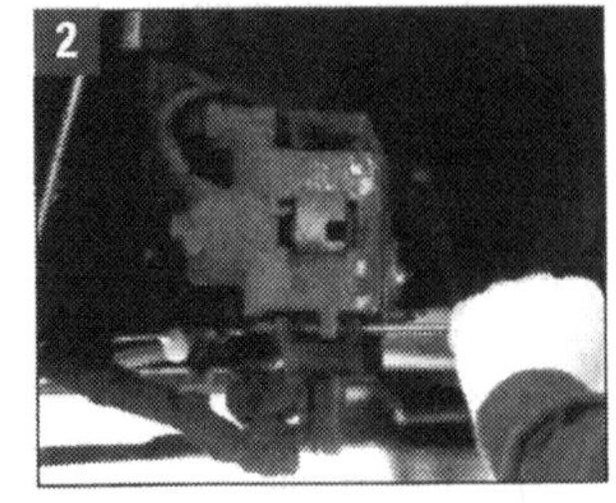

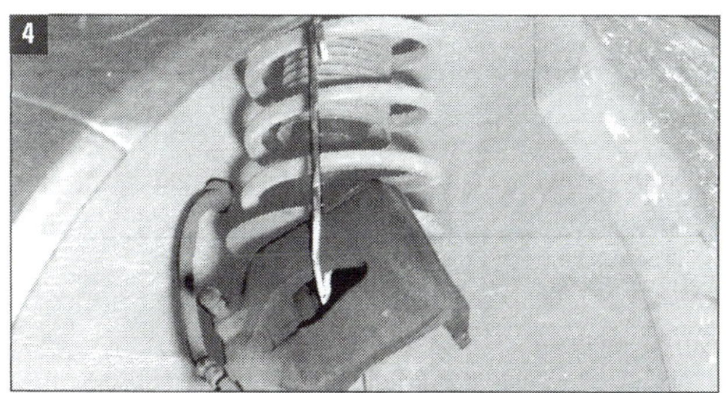

Leitungsschutz: Bremssattel zum Schutz der Leitung an der Feder aufhängen.

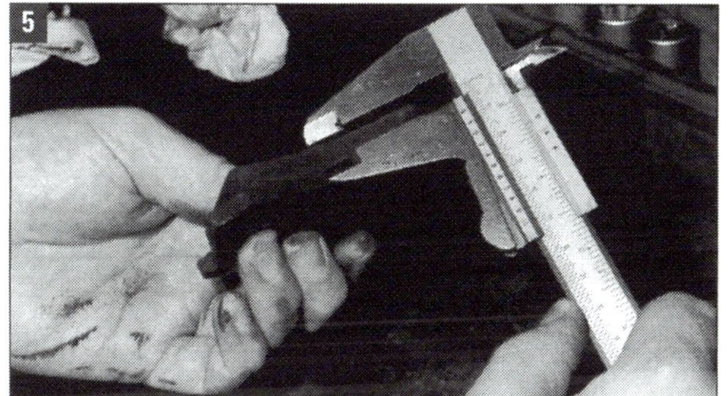

Verschleißmessung: Zur Messung der Belagstärke zählt auch die Rückenplatte. Exakt lässt sich der Wert im ausgebauten Zustand mittels eines Messschiebers bestimmen.

Rein damit: Durch Drehen fährt das Anschlagstück aus und drückt den Kolben des Bremszylinders zurück.

Kolbenrücksteller: Vor dem Wiedereinsetzen der Beläge schafft er den nötigen Platz zur Montage, alternativ kann auch eine Schraubzwinge verwendet werden.

Einbau

Beachten Sie: Bei ausgebauten Bremsbelägen darf auf gar keinen Fall das Bremspedal getreten werden! Ansonsten würde der Kolben aus dem Gehäuse herausgedrückt, was den Ausbau des gesamten Bremssattels zur Folge hätte, um den Kolben in einer Werkstatt wieder einsetzen zu lassen.

- Kolben zurückdrücken (5). Ohne Rückstellwerkzeug kann alternativ auch eine Schraubzwinge verwendet werden.

- Behalten Sie währenddessen den Flüssigkeitsstand im Bremsflüssigkeitsbehälter im Auge. Durch das Zurückstellen des Kolbens könnte Flüssigkeit überlaufen. Sollten Sie beobachten, dass der Pegel über die Max.-Markierung steigt, saugen Sie etwas Flüssigkeit ab. Dazu verwenden Sie am besten eine kleine Handpumpe. Fangen Sie die Flüssigkeit in einem gesonderten Behälter auf. Vorsicht: Bremsflüssigkeit ist giftig! Daher auch nicht mit dem Mund durch einen Schlauch ansaugen!

- Danach alle Teile reinigen und die Bremsbeläge in Bremssattelgehäuse und Kolben einsetzen. Verschleißmessung: Zur Messung der Belagstärke zählt auch die Rückenplatte. Exakt lässt sich der Wert im ausgebauten Zustand mittels eines Messschiebers bestimmen.

- Anschließend Bremssattelgehäuse zuerst oben ansetzen und an Bremssattelträger montieren.

- Bremssattelgehäuse mit beiden Führungsbolzen an Bremsträger anschrauben und mit 12 Nm anziehen

- Stecker der Bremsbelagverschleißanzeige (optional) in Halter am Federbein einsetzen.

- Nach dem Belagwechsel Bremspedal im Stand mehrmals kräftig durchtreten, damit die Bremsbeläge ihren dem Betriebszustand entsprechenden Sitz einnehmen.

- Anschließend den Bremsflüssigkeitsstand prüfen, eventuell nachfüllen/korrigieren.

Bremsscheiben vorne wechseln

Benötigtes Werkzeug und Material:
- Hammer und evtl. auch ein Kunststoffhammer
- Kolbenrückstellwerkzeug oder geeigneter Keil
- Drahtbürste
- Kupferpaste
- Satz Bremsscheiben (nur vom Hersteller freigegebene Scheiben verwenden!)

Ausbau:

Bei Stand »max« Bremsflüssigkeit etwas absaugen. Da später der Kolben zurückgedrückt werden muss, besteht die Gefahr, dass Flüssigkeit ausläuft! Zunächst wie im Abschnitt Bremsbeläge vorn wechseln verfahren, der Bremssattel muss zur Demontage der Bremsscheibe abgebaut sein.

- Entfernen sie zusätzlich noch den Bremssattelträger. Hierzu müssen die beiden Befestigungsschrauben (in der Nähe der Antriebswelle) herausgeschraubt werden.

- Die Bremsscheibe ist mit zwei Schrauben (1) befestigt. Diese sind gleichzeitig die Führungsstifte für das Rad. Die Bremsscheibe während dem Herausdrehen der Schrauben festhalten.

- Auch die Scheibe kann festsitzen. Sie kann eventuell mit einem Kunststoffhammer gelöst werden. Dazu zwischen die Schraublöcher mit dem Kunststoffhammer schlagen, dadurch springt Ihnen die Scheibe früher oder später entgegen. Nicht von hinten gegen die Reibfläche schlagen, sonst ist dieser Satz Scheiben ruiniert. Außerdem belasten Sie das Radlager dadurch unnötig.

- Nehmen Sie nun die Bremsscheibe ab (2).

Einbau:
- Vor Montage alle Teile reinigen (3) – verwenden Sie hierzu ausschließlich Bremsenreiniger – und mit Keramikpaste oder -spray einstreichen (Korrosionsschutz). Alle Teile gründlich mit Bremsenreiniger säubern. Die Scheiben sind oft eingeölt, um Flugrost während der Lagerung zu vermeiden. Besonders die Reibfläche muss aber absolut fettfrei sein!

- Mit Kolbenrücksteller den Bremskolben zurückdrücken.

- Alle Teile wie, wie vorher beschrieben, wieder montieren.

- Nach diesen Arbeitschritten Bremse mit dem Bremspedal »anpumpen« und Flüssigkeitsstandskontrolle durchführen!

1

2

3

Bremsbacken / Trommeln hinten wechseln

Bremsbacken hinten wechseln

Benötigtes Werkzeug und Material:
– neuer Bremsbackensatz
– 13er-Schlüssel
– Schlitzschraubendreher
– Seitenschneider
– Wasserpumpenzange
– Kombizange
– Hammer

Ausbau

- Räder hinten ausbauen.
- Beide Sicherungsschrauben der Bremstrommel herausdrehen und Bremstrommel entfernen.
- Halteklammern (1) der Bremsbacken entfernen.
- Bremsbacken mit einem Schraubendreher aus dem unteren Widerlager aushängen (2).
- Untere Rückzugsfeder aushängen.
- Bremsbacken vorsichtig zwischen Radnabe und Bremsträger herausnehmen.
- Handbremsseil aushängen.
- Zugfeder der Nachstellvorrichtung und obere Rückzugfeder aushängen.
- Druckstange entnehmen.

Einbau

- Anlageflächen der Bremsbacken am Bremsträger reinigen und mit Keramikpaste bestreichen.
- Druckstange einhängen (Nachstelleinrichtung vorher ganz zusammenschrauben).
- Handbremsseil einhängen.
- Bremsbacke mit Bremshebel in Druckstange einhängen.
- Obere Rückzugfeder einhängen.
- Zugfeder für Nachstellvorrichtung einhängen.
- Bremsbacken vorsichtig zwischen Bremsträger und Radnabe einbauen.
- Bremsbacken auf die Kolben des Radbremszylinders (6) setzen.
- Untere Rückzugfeder einhängen.
- Bremsbacken in das untere Widerlager einhängen.
- Halteklammern für Bremsbacken aufschieben (Stifte von hinten mit dem Finger gegenhalten).
- Radnabe vom Rost befreien.
- Ggf. neue Bremstrommel montieren (diese sollte vorher gut mit Verdünnung oder Bremsenreiniger ausgewaschen werden, da sie vom Hersteller aus mit einer korrosionshemmenden Schicht versehen ist).
- Nach diesen Arbeitschritten Bremse mit dem Bremspedal »anpumpen« und Flüssigkeitsstandskontrolle durchführen!
- Handbremseinstellung kontrollieren.

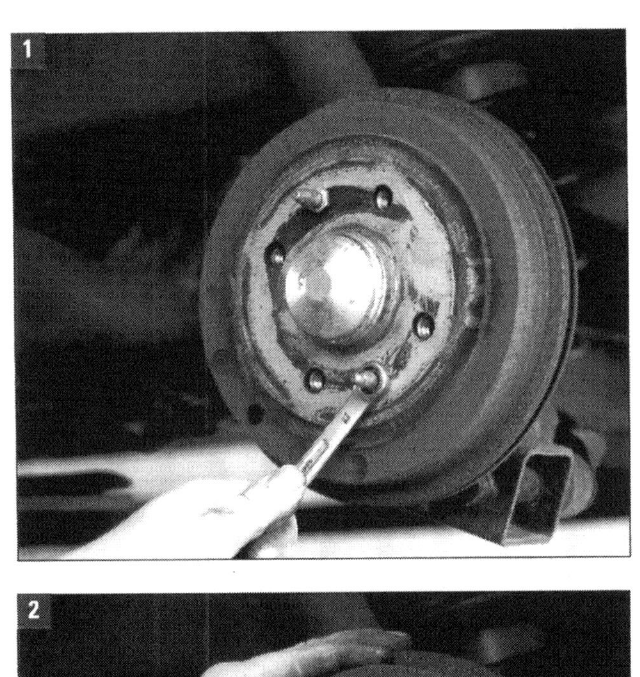

7

10

8

11

9

12

Handbremse einstellen

Häufiges Benutzen der Handbremse beim Parken beansprucht die Handbremszüge. Prüfen Sie die Wirkung daher regelmäßig. In seltenen Fällen müssen die Züge nachgestellt werden. Die Neueinstellung der Handbremsseile ist nur nach erfolgten Wartungsarbeiten notwendig, bei denen das Handbremsseil oder der Bremssattel demontiert oder erneuert wurde. Voraussetzung für eine korrekte Einstellung ist eine entlüftete und fehlerfreie Fußbremsanlage.
Kontrollieren Sie vor dem Einstellen, ob das Handbremsseil in den Führungen richtig verlegt ist. Auch die Nachstellvorrichtung in den Hinterradbremsen sollte einwandfrei arbeiten. Durch die automatische Nachstellung ist eine Justierung der Handbremse normalerweise nicht nötig.

Arbeitsschritte:

- Handbremse vollständig lösen und mindestens zweimal kräftig auf die Bremse treten.
- Karosserie-Montagearbeiten wie bei »Handbremszüge wechseln« durchführen (siehe nächste Seite).
- Handbremshebel in Ruhestellung bringen. Nachstellmutter so weit anziehen, bis der Hebel sich max. 5 Rastnasen ziehen lässt
- Handbremse drei Mal fest anziehen und anschließend wieder lösen.
- Prüfen Sie, ob beide Räder frei durchgedreht werden können.
- Nach der Neueinstellung ist durch die automatische Nachstellung der Hinterradbremse ein Nachstellen der Handbremse nicht mehr erforderlich.

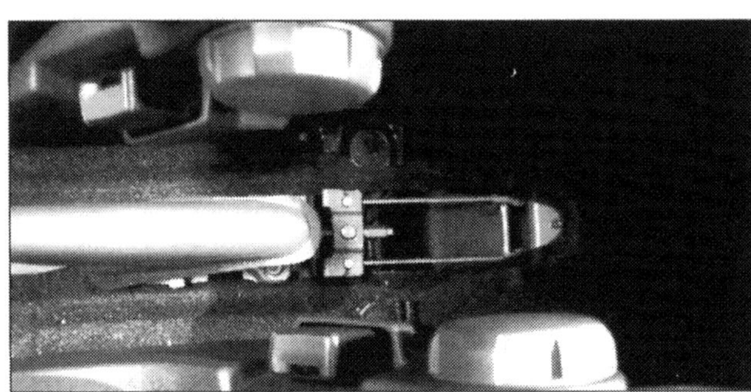

Nachstellmutter: So weit anziehen, bis der Hebel sich max. 5 Rastnasen ziehen lässt.

Handbremszüge wechseln

Arbeitsschritte

- Fahrzeug so aufbocken, dass Sie unter dem Auto arbeiten können. An die hinteren Bremsen kommen Sie besser heran, wenn Sie die Hinterräder abbauen.
- Bauen Sie Abdeckungen und Blenden sowie die Verlängerung der Mittelkonsole aus.
- Lösen Sie die Nachstellmutter der Handbremse so weit, bis das Handbremsseil aus dem Ausgleichbügel ausgehängt werden kann.
- Bauen Sie die Bremsbacken, wie bereits beschrieben, bis zum Aushängen der Handbremsseile aus.
- Jetzt können Sie das Handbremsseil aus der Halterung ausclipsen und aus den Halterungen aushängen.
- Anschließend können Sie das Handbremsseil aus dem Führungsrohr herausziehen.
- Beim Einbauen schieben Sie das Handbremsseil in das Führungsrohr und hängen es ein.
- Clipsen Sie das Seil in die Halterungen. Der Klemmring am Seil muss in der Mitte des Clips liegen.
- Hängen Sie das Handbremsseil in den Ausgleichbügel ein und stellen die Handbremse ein.
- Bauen Sie die Mittelkonsole ein.

STÖRUNGSBEISTAND

Checkliste – Bremsen

Störung	Was kann das sein?	Was muss ich tun?
A Bremsen quietschen	**1** Hochfrequente Schwingungen	Oft hilft es, die Längskanten der Beläge mit einer Feile anzuschrägen, dazu etwas Anti-Quietsch-Paste auf der Rückseite der Beläge
	2 Verglaste Beläge nach extremer Überhitzung	Die Bremsklötze müssen ersetzt werden, dabei die Scheiben genau prüfen
	3 Beläge verschlissen, der Verschleißanzeiger liegt an	Die Bremsklötze müssen ersetzt werden, dabei die Scheiben genau prüfen
B Schwache Bremswirkung	**1** Ungünstige Materialpaarung zwischen Scheiben und Belägen	Scheiben und Beläge ersetzen und dabei Teile vom gleichen Hersteller verwenden
...bei zu hartem Bremspedal	**2** Bremskraftverstärker ausgefallen	Unterdruckanschluss prüfen. Marderbiss?
...bei zu weichem Bremspedal	**3** Bremse überhitzt	Bei langsamer Fahrt abkühlen lassen
	4 Luft im System	Mit speziellem Gerät entlüften lassen und dabei die Bremsflüssigkeit erneuern
C Übermäßiger Verschleiß	**1** Überstrapazieren der Bremse	Lieber etwas stärker und dafür weniger lang bremsen
...an einer Bremse	**2** Schwergängiger Sattel oder Belag verklemmt	Zerlegen und reinigen. Etwas stärkerer Verschleiß an der Kolbenseite ist jedoch normal
...nur vorne	**3** Ungünstige Materialpaarung	Scheiben und Beläge ersetzen und dabei Originalteile verwenden oder größere Bremsanlage verwenden
...nur hinten	**4** Lüftspiel zu gering	Spiel der Handbremse überprüfen. Diese sollte erst nach der ersten Raste greifen
D Handbremse zieht nicht	**1** Automatische Nachstellung funktioniert nicht richtig	Hintere Bremssättel austauschen
	2 Beläge hinten abgenutzt	Prüfen, ob beide Handbremsbetätigungshebel der Bremssättel auf die Ausgangsstellung zurückgehen

STÖRUNGSBEISTAND

Checkliste – Bremsen

	Störung	Was kann das sein?	Was muss ich tun?
E	**Bremsflüssigkeitsstand zu niedrig**	**1** Starker Verschleiß an den Bremsbelägen	Alle Bremsen auf Verschleiß prüfen und ggf. ersetzen. Beim Zurücksetzen der Kolben steigt der Stand an.
		2 Flüssigkeitsverlust	Undichte Stelle lokalisieren (Bremsleitungen?). Bei deutlichem Leck Auto abschleppen lassen.
F	**Warnleuchte geht an**	**1** Bremsflüssigkeitsstand prüfen	Wenn nötig etwas nachfüllen
		2 ABS- und/oder ESP-Ausfall	Wagen neu starten. Den Fehlerspeicher auslesen lassen. Manchmal ist der Bremslichtschalter schuld.
G	**Schiefziehen beim Bremsen**	**1** Reifenzustand	Reifenprofil und Luftdruck überprüfen
		2 Eine Bremse ist defekt	An den Felgen die Temperatur erfühlen. Ist eine heißer als die anderen, hängt der Bremssattel; ist eine zu kalt, kommt hier kein Bremsdruck an.
H	**Hässliche Schleifgeräusche**	**1** Bremsscheiben angerostet beim Bremsen	Vor und nach längeren Standphasen die Bremsanlage freibremsen
		2 Bremsbeläge verschlissen	Prüfen, ob der Verschleißanzeiger bereits an der Scheibe kratzt
		3 Fremdkörper in der Bremsanlage	Fahren Sie ein paar Mal rückwärts und bremsen Sie dann
I	**Vibrationen beim Bremsen**	**1** Bremsscheiben verzogen	Scheiben genau anschauen. Blaue Verfärbung deutet auf thermische Überlas--tung hin, dabei können sich die Scheiben verzogen haben.
		2 Bremsscheiben verschmiert	Auf den Scheiben können Spuren von Fremdmaterial verblieben sein, die für ein Rubbeln sorgen
		3 Spiel in der Radaufhängung	Querlenker und andere Bauteile prüfen
		4 Ungünstige Materialpaarung	Scheiben und Beläge ersetzen und dabei Originalteile verwenden. Fahrwerk- und Lenkungsteile können zu Bremsflattern führen.

Karosserie

Dank der geringen Spaltmaße und der soliden Verarbeitung der Karosserie haben Sie ein schön anzusehendes, sicheres und komfortables Fahrzeug. Das bringt allerdings auch den Nachteil, dass einige Arbeiten sehr umfangreich werden können.

Solider Rohbau

Die Karosserie des Panda verleiht ihm nicht nur ein elegantes Erscheinungsbild, sondern sorgt mittels der durchdachten Strukturbauweise auch für höchste passive Sicherheit. Die hohe Fertigungsgüte zeigt sich auch an den geringen Spaltmaßen der Karosserieteile zueinander und ist zugleich Garant für die im Vergleich zum Vorgänger nochmals verbesserte Steifigkeit. Ermöglicht wird dies durch die clevere Kombination unterschiedlicher Fertigungsverfahren sowie dem Einsatz verschiedener Stahlarten. Die selbsttragende Karosserie des Panda beinhaltet die Bodengruppe, die Seitenteile, das Dach und die hinteren Kotflügel. Diese Baugruppen sind fest miteinander verschweißt und bilden einen sehr stabilen und verwindungssteifen Verbund bei gleichzeitig geringem Gewicht. Die Verbesserungen im Vergleich zum Vorgänger sind beeindruckend und zugleich Folge des intelligenten Materialmixes mit unterschiedlichen Festigkeiten bei den Strukturelementen. Schwerpunkte der Optimierung sind die passive Sicherheit, der Leichtbau sowie der Fußgängerschutz. Erreicht wurde dies durch den Einsatz höchstfester und gleichzeitig warm umgeformter Stahlbleche. Aber auch bei der Rostvorsorge hat Fiat viel aus der Vergangenheit gelernt. Besonders die Karosserien aus den siebziger Jahren waren nämlich kaum gegen Langzeitschäden durch Korrosion geschützt und verrotteten regelrecht von innen nach außen. Später wurden die Unterseiten mit Unterbodenschutz behandelt und alle Hohlräume sehr großzügig mit Wachs geflutet. Aber erst die heute übliche Teilverzinkung wirkt zuverlässig gegen Korrosion, damit der Zahn der Zeit nicht allzu schnell hässliche Spuren im Blechkleid hinterlassen kann.

Auf Tauchgang: Das Vollbad dient zur Grundierung der Rohkarosse und sorgt für den späteren Korossionsschutz.

Roboter beim Rohbau: Die einzelnen Strukturteile des Unterbaus werden durch Schweißen zusammengefügt.

Aufbau und Struktur

Wie bei den meisten Pkw bildet auch beim Panda die Bodengruppe mit den Seitenteilen und dem Dachrahmen sowie den Längsträgern einen fest verschweißten Unterbau, an welchen die einzelnen Karosseriebleche wie Motorhaube, vordere Kotflügel, Türen und Heckdeckel angeschraubt sind. Die Front- und Heckscheiben stabilisieren die Karosserie zusätzlich und verleihen der Karosserie erst nach ihrem Einsetzen die endgültige Steifigkeit. Aber auch die Verglasung trägt bei einem modernen Auto zu einem großen Teil zur Versteifung bei: Die Scheiben sind daher bei der Limousine vorne und hinten sowie an den hinteren Seitenfenstern flächenbündig eingeklebt. Zum Tausch der Scheiben ist daher ein breites Werkzeugspektrum samt diversen Hilfsmitteln erforderlich. Leider ist ein Scheibentausch somit kein Fall für die heimische Garage mehr. Doch kein Problem: Glasschäden sind in aller Regel über den Kaskoschutz Ihrer Versicherung abgedeckt, kleine Schäden lassen sich sogar reparieren.

Sicherheitshinweise für die Arbeiten an Karosserie- und Anbauteilen

Reparaturarbeiten an der Karosserie im größeren Umfang sowie am Schiebedach, empfehlen wir Ihnen in einer Fachwerkstatt ausführen zu lassen. Die Motorhaube, Heckklappe, Türen, die vorderen Kotflügel und der Schlossträger sind durch die Schraubverbindung relativ einfach auszuwechseln. Jedoch sind die nötigen und hochpräzisen Einstellarbeiten nach der Montage nicht zu vernachlässigen oder zu unterschätzen. Es erfordert sehr viel Geschick und Erfahrung um die vorgegebenen Spaltmaße exakt einzuhalten. Ein nicht gleichmäßig verlaufender Luftspalt an der Tür kann beispielsweise zu erhöhten Windgeräuschen führen oder ein lästiges Klappergeräusch im Fahrbetrieb provozieren. Aus diesen Gründen sehen wir von einer Montage und Einstellanleitung dieser Bauteile in diesem Band ab. Kleinere Beulen und Kratzer, beispielsweise nach einem harmlosen Rempler, lassen sich zumeist kostengünstiger mittels Smart-Repair-Methoden wieder beseitigen. Dabei wird gezielt und mit vergleichsweise geringem Aufwand nur die entsprechende Schadstelle behandelt. Das Ergebnis ist meist ohne Tadel und braucht den Vergleich zur wesentlich teureren Reparatur in der Lackiererei nicht scheuen (näheres dazu auch im Kapitel »Werterhalt«). Für das Do-it-yourself gibt es Selbstreparatursets. Diese enthalten eine Airbrush-Lackpistole, die entweder mittels Reifendruck (Ersatzrad) oder Treibgasflasche (Baumarkt) betrieben wird und mit welcher Sie kleine Lackmängel besser als nur mit dem Lackstift ausbessern können. Zur Entnahme geringer Lackmengen eignet sich dann wiederum der Lackstift. Doch Vorsicht sollte nach allzu heftigen Kollisionen geboten sein: Schäden am Rahmen können nicht ohne Spezialkenntnisse und schon gar nicht in der heimischen Werkstatt gerichtet werden. Hierfür muss die Fachwerkstatt ran, um bei Ihrem Panda auf einer Richtbank wieder die ursprüngliche Maßhaltigkeit der Rahmen-Konstruktion herzustellen. Schlecht reparierte Unfallschäden machen sich also gleich doppelt schlecht: Neben optischer (Wert mindernden) Mängel, wie beispielsweise schräger Fugenverläufe, ist der Wagen bedingt durch einen verzogenen Rahmen meist auch erheblich in seinen Fahreigenschaften beeinträchtigt.

Vorsicht bei Lackierarbeiten

Wird Ihr Panda nach Lackierarbeiten zum Aushärten des Lacks in den Trockenofen gebracht, muss sichergestellt sein, dass Ihr Fahrzeug nicht über 80 °C hinaus erwärmt wird. Es besteht sonst die Gefahr, dass der Überdruck in der Klimaanlage zu Undichtigkeiten führen kann. Darüber hinaus kann es zu Beschädigung an elektrischen Komponenten kommen.

Arbeiten an Kunststoffteilen

Diverse Kunststoffteile, Verkleidungen und Deckel sind mit unterschiedlichen Halteclips und Spreiznieten gesichert. Verwenden Sie vom Hersteller empfohlene Kunststoffkeile und Hebel, um diese fachgerecht auszubauen und keine bleibenden Macken in der Oberfläche angrenzender Teile zu hinterlassen. Wie spröde oder elastisch sich ein Kunststoffteil verhält, ist in großem Maße von der Umgebungstemperatur abhängig. Seien Sie daher bei kalten Außentemperaturen besonders vorsichtig beim Hantieren mit Kunststoffteilen. Es besteht erhöhte Bruchgefahr!

Schweißarbeiten

Sind Schweißarbeiten am Fahrzeug unumgänglich, ist das Widerstandspunktschweißverfahren anzuwenden. Nur in zwingenden Ausnahmefällen sollten Sie nach Schutzgasverfahren arbeiten. Die Fahrzeugkarosserie ist verzinkt. Das bedeutet, dass bei Schweißar-

Karosseriearbeiten

GEFAHRHINWEISE

Gurtstraffer: Bei Fahrzeugausstattungen mit Gurtstraffern, die bei einem Crash die Sicherheitsgurte schlagartig anziehen, ist besondere Vorsicht geboten. Aktiviert werden die Gurtstraffer von elektrisch gezündeten Gasgeneratoren. Dieses Rückhaltesystem ist fürs Do-it-yourself tabu. Montage und Demontage der Gurtstraffer sind Sache der Werkstatt, die dabei strenge Sicherheitsvorschriften einhalten muss. Wenn Sie an der Karosserie arbeiten, dürfen Sie nicht ohne Weiteres in der Umgebung der Gurtrolle mit Schlagschrauber oder Hammer arbeiten – die Gurtstraffer reagieren empfindlich auf Vibrationen und harte Schläge und können auslösen. Ziehen Sie zur Sicherheit vor allen Arbeiten unter dem Fahrzeug die Sicherung für die Gurtstraffer ab und warten Sie fünf Minuten, bis sich die Kondensatoren entladen haben.

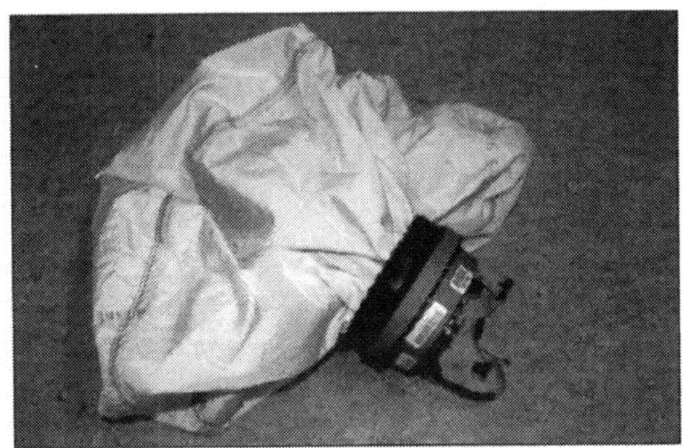

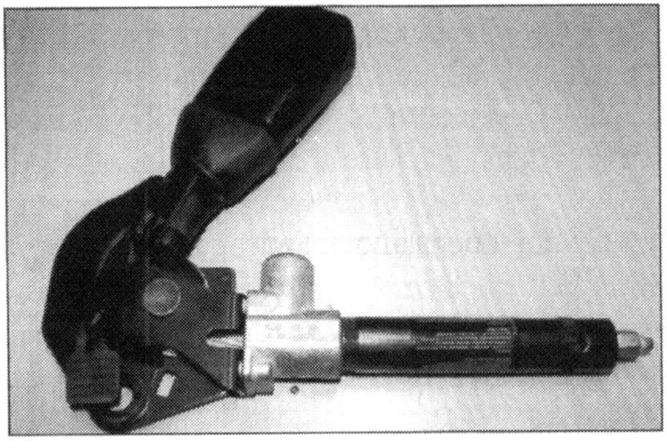

Klimaanlage: Es dürfen keine Schweiß- oder Lötarbeiten durchgeführt werden, bei denen sich Teile der Klimaanlage erwärmen können. Der Kältemittelkreislauf darf nicht geöffnet werden.

Elektrische Anlage: Aufgrund der Schweißarbeiten müsste eigentlich die Batterie abgeklemmt werden. Da es aber zu Problemen mit der Datensicherung kommen kann, raten wir davon ab. Bei Schweißungen an der Auspuffanlage müssen aber eventuell verbaute NOX-Sonden und Steuergeräte demontiert werden. Wenn Schweißarbeiten oder andere Funken erzeugende Arbeiten durchgeführt werden, können Gefahren durch die elektrischen Ströme, deren Magnetfelder aber auch durch die Hitze oder sogar Feuer entstehen. Ein Feuerlöschen sollte, wie in jeder Werkstatt, immer griffbereit sein.

Am besten werden die zu bearbeitenden Bauteile zuerst aus dem Fahrzeug demontiert. Ist das nicht möglich, sollte die Masseverbindung immer in der Nähe der Reparatur und in direkter metallischer Verbindung zur Schweißstelle stehen. Fehlerströme können so deutlich verringert werden. Zur Sicherheit kann ein so genannter »Spannungsspitzen-Killer« das Bordnetz zusätzlich absichern.

Überspannungsschutz an der Batterie.

beiten giftiges Zinkoxid entsteht! Sorgen Sie daher für gute Belüftung am Arbeitsplatz! Schweißen, Schleifen und andere grobe Arbeiten, die Funken bilden, erfordern ebenfalls das Abklemmen der Batterie und Sicherung der Batteriepole. Nähere Hinweise zum Thema Batterie ab- und anklemmen entnehmen Sie bitte dem Kapitel Elektrik.

Schläge und Erschütterungen

Während der Arbeiten an der Karosserie sind Hammerschläge und Erschütterungen unumgänglich. Um Schäden von Sicherheitskomponenten wie Airbag oder Gurtstraffer abzuwenden, sollten diese vor der Reparatur von einem geprüften Sachkundigen demontiert werden.

Klimaanlage

Halten Sie sich bei Karosseriearbeiten fern von Komponenten der Klimaanlage. Der Kühlmittelkreislauf darf nicht geöffnet werden. Austretendes Kühlmittel kann bei Berührung schlimme Erfrierungen verursachen. Ebenfalls sollten Sie es dringend vermeiden, den Klimakomponenten hohe Wärme zuzuführen. Das beinhaltet ein Verbot von sämtlichen Schweiß- und Lötarbeiten an Teilen der Klimaanlage sowie in deren Umfeld. Auch für den Umgang mit der Klimaanlage ist es aus arbeitsschutzrechtlichen Gründen erforderlich, die Sachkunde nachzuweisen. In den Werkstätten finden Sie Mechaniker, die diese Weiterbildung absolviert haben. Die Füllung und Wiederinbetriebnahme muss auch durch dieses Personal erfolgen. Ohne die entsprechenden Füllgeräte lässt sich dies ohnehin nicht erledigen.

Defekte Kunststoffteile der Karosserie

Beschädigte Kunststoffteile, wie die Stoßfänger, müssen nicht immer gleich ausgetauscht werden. Oftmals ist auch eine Reparatur möglich. Untersuchungen der Automobilhersteller, der Assekuranzen und der DEKRA haben gezeigt, dass fachgerecht reparierte Kunststoffteile den Neuteilen in Funktion, Stabilität und Optik gleichzustellen sind. Inzwischen haben nahezu alle Fahrzeughersteller Freigaben zur Reparatur von Kunststoffteilen erteilt. Eine Reparatur kann für Sie eine Kostenersparnis von bis zu 50% gegenüber einem Neuteil bedeuten. Beispiele für die Reparatur von Kunststoffen werden am Ende dieses Kapitels vorgestellt.

Wartungsarbeiten an der Karosserie

Eine sehr sinnvolle Wartungsarbeit ist die Untersuchung des Unterbodenschutzes sowie des Lackzustandes. Die frühe Entdeckung eines Schadens kann Ihnen viel Geld sparen. Prüfen Sie den Unterboden auf Beschädigungen und fehlende Beschichtungen. Schauen Sie auch in den Radhäusern und allen Unterholmen nach! Fehlenden Unterbodenschutz können Sie ganz einfach mit handelsüblichen Produkten nach Herstellerangaben wieder in Ordnung bringen. Die Prüfung des Karosserielacks ist eine zeitaufwändige Sache, wenn Sie die Arbeit sorgfältig ausführen wollen. Im Zuge der Untersuchung sollten Sie jede Tür und jede Klappe geöffnet haben. Achten Sie ganz besonders auf Schäden im Bereich der Karosserieverbindungen. Alle Bördel und Hilfsrahmen sind ebenfalls anfällige Strukturen. Diese finden Sie vermehrt an der Innenseite der Motorhaube, Heckklappe und den Türen. Haben Sie Mängel festgestellt, sollten Sie diese schnellstens beseitigen. Lackschäden an nicht (von außen) sichtbaren Bereichen lassen sich relativ einfach selbst ausbessern. Ihr Fiat-Händler hat ein breites Angebot an Lackstiften und Mittelchen, die sich hierfür eignen. Bei Lackschäden an sichtbaren Stellen sollten Sie die Reparatur ausgebildeten Fachkräften überlassen.

Ohne Muster verliert man schnell den Überblick: Der Tankdeckel ist schnell demontiert und recht handlich zum Mitnehmen.

Der kleine Schmierdienst

Grundsätzlich benötigen alle beweglichen Teile Schmierung. Heutzutage sind jedoch die meisten Scharniere und Gelenke selbstdichtend aufgebaut und oft mit einer lebenslangen Fettfüllung versehen. Trotzdem sollten Sie hin und wieder ein Auge auf diese Stellen werfen, den Schmutz äußerlich entfernen und mit einem geeigneten Mittel, wie z. B. einem teflonhaltigen Spray, etwas Schmierstoff an die Drehpunkte bringen. Bewegen Sie die zu schmierenden Teile beim Einsprühen, um ein besseres Eindringen des Mittels zu ermöglichen. Zu viel Aufgetragenes sollten Sie am besten gleich wieder abwischen. Um ein einwandfreies Gleiten der Türen und des Schiebedachs zu gewährleisten, sollten Sie auch diese Stellen hin und wieder etwas schmieren. Entfernen Sie zuerst altes Fett und Schmutz an den in Frage kommenden Stellen. Anschließend fetten Sie die Türfangbänder ein.

Scharniere schmieren.

Fangbänder fetten.

Außenspiegel aus und einbauen

Ausbau
Um die Außenspiegel demontieren zu können, muss zuerst die Eckverkleidung der entsprechenden Tür demontiert werden. Bei Fahrzeugen mit manueller Spiegelverstellung ziehen Sie dazu die Gummitülle vom Verstellhebel ab und entfernen die darunter liegende Befestigungsmutter. Hierzu gibt es von Fiat ein Spezialwerkzeug. Eine Spitz- oder Seegerringzange tut es aber auch. Hebeln Sie nun die Verkleidung mit Hilfe eines Kunststoffkeils vorsichtig aus. Achtung: Die Befestigungsbolzen brechen gerne mal ab.
Schalten Sie die Zündung aus und lassen Sie diese für die Dauer der Arbeiten ausgeschaltet. Als Nächstes muss die Steckverbindung des Spiegels zum Türsteuergerät abgezogen werden (bei Fahrzeugen mit el. Spiegelverstellung). Nun wird die Befestigungsmutter herausgedreht und der Spiegel abgenommen. Hierfür eignen sich ebenfalls oben genannte Zangen. Die Verstelleinrichtung, bzw. die Verkabelung des Spiegels muss durch die Öffnung in der Tür durchgeführt werden. Achten Sie darauf, dass sich der Stecker nicht verhakt. Eventuell verbaute Schaummatten müssen nachher wieder mit verbaut werden. Sie dienen entweder zur Abdichtung oder zur Geräuschdämmung vor Windgeräuschen.

Einbau
Der Einbau erfolgt in umgekehrter Reihenfolge. Die Befestigungsmutter muss mit einem Drehmoment von 15 Nm angezogen werden. Nach der erfolgten Montage und dem Aufstecken der elektrischen Anschlüsse am Türsteuergerät sollten Sie unbedingt eine Funktionsprüfung durchführen.
Erst dann sollte die Verkleidung der Türe wieder montiert werden.

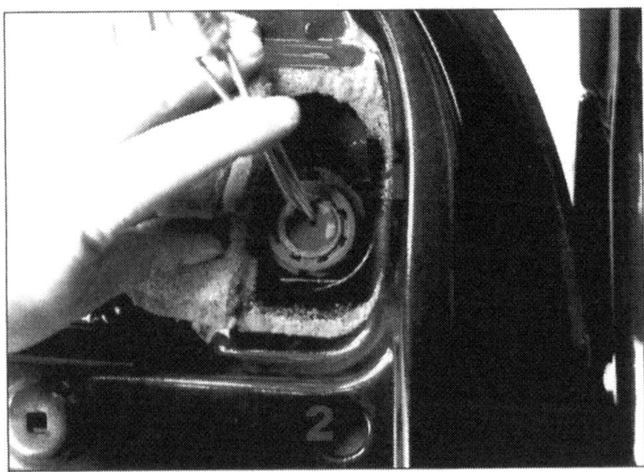

Übersicht Außenspiegel:
1 = Befestigungsmutter, 2 = Schraube.

Spiegelglas aus- und einbauen

Vorsicht: Das Spiegelglas splittert leicht. Glaspartikel spritzen dann oftmals aus den Bruchstellen heraus. Schützen Sie Ihre Hände durch Handschuhe und tragen Sie eine Schutzbrille. Schützen Sie auch das Spiegelgehäuse vor Beschädigungen, indem Sie es mit einem Textil-Klebeband abkleben!

Ausbau:

- Clipsen Sie das Spiegelglas, von unten beginnend, mit einem Kunststoffhebel aus.
- Schwenken Sie das lose Spiegelglas in Richtung der Türscheibe und ziehen Sie ggf. die Kontakte der Spiegelheizung (1) auf der Rückseite des Spiegelglases ab.
- Nehmen Sie das Spiegelglas ab.

Einbau:

- Montieren Sie zuerst wie in diesem Kapitel beschrieben das Spiegelgehäuse.
- Drücken Sie das Spiegelglas mittig auf den Halter und drücken Sie es an, bis es hörbar einrastet.
- Überprüfen Sie den Sitz und die Einstellung.

Radhausschalen aus- und einbauen

Die Radhausschalen sind vorn und hinten einteilig ausgelegt. Die Montagearbeiten für die hinteren Radhausschalen unterscheiden sich nicht nennenswert von der Montage der vorderen Radhausschalen. Lediglich insoweit, dass die hintere Radhausschale nur für den Bereich des hinteren Stoßfängers vorgesehen ist und auch nicht bei allen Modellen vorhanden ist. Befestigt sind sie unter anderem mit Schrauben und Befestigungsstöpseln. Diese Teilchen gehen bekanntermaßen gern verloren oder kaputt. Es ist daher kein Fehler sich schon im Vorfeld mit einigen dieser kleinen Stöpsel und Schrauben einzudecken, um für alle Fälle gerüstet zu sein.

Ausbau:

- Bocken Sie das Fahrzeug auf und demontieren Sie das Rad, an dem Sie die Radhausschale ausbauen möchten.
- Drehen Sie die Schrauben heraus.
- Ziehen Sie nun die Radhausschale aus dem Radhaus heraus.

Einbau:

- Einbau in umgekehrter Reihenfolge durchführen.
- Achten Sie auf konstruktiv vorgegebene Überlappungen und korrekte Einbaulage.
- Montieren Sie das Rad (Anzugsdrehmoment der Radschrauben beachten!) und bocken Sie Ihr Fahrzeug wieder ab.

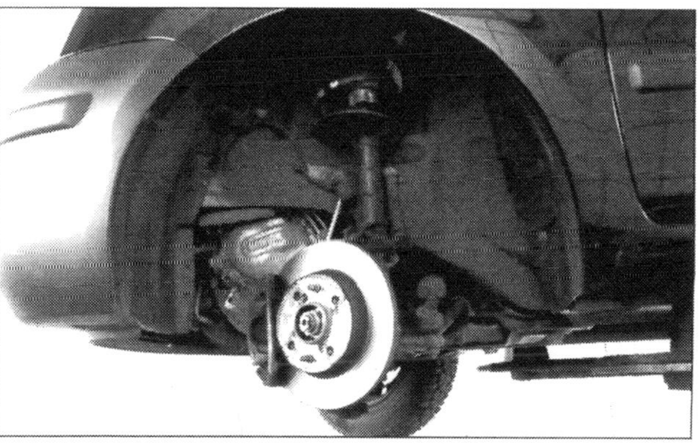

Schrauben im Innenkotflügel vorne.

Gasdruckfeder aus- und einbauen

Öffnen Sie die Heckklappe, wenn Sie die Gasdruckfeder ausbauen möchten. Entweder haben Sie einen Helfer, der Ihnen die entsprechende Klappe vor dem Herabfallen sichert oder Sie haben die Möglichkeit die Klappe sicher abzustützen (z. B. mit einem Besenstiel) oder hochzubinden. Denn sobald die Gasdruckfeder ausgebaut ist, fällt die entsprechende Klappe nach unten.

Ausbau:

- Zum Entriegeln des Kugelkopfes einen kleinen Schraubendreher, wie gezeigt, unter den Sicherungsbügel (3) führen und leicht anheben. Sicherungsclip nicht ganz aushebeln! Bei ganz ausgehebelter Federklammer besteht die Gefahr die Klammer zu verbiegen, dadurch kann die Gasdruckfeder aus der Aufnahme springen!
- In diesem Zustand die Gasdruckfeder vom Kugelzapfen abziehen.
- Die andere Seite der Gasdruckfeder lässt sich genauso ausbauen.

Einbau:

- Der Einbau erfolgt in umgekehrter Reihenfolge, wobei Sie sicherstellen sollten, dass die Sicherungsbügel nach der Montage wieder richtig sitzen. Die Kugelzapfen zur Aufnahme der Gasdruckfeder werden mit einem Drehmoment von 22 Nm eingeschraubt.

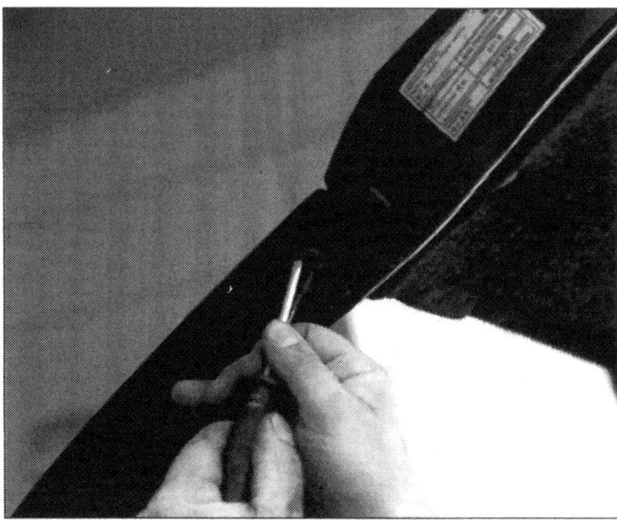

Demontage der Gasdruckfedern.

Kühlergrill aus- und einbauen

Ausbau:

- Drehen Sie die Schrauben oben am Kühlergrill heraus.
- Entnehmen Sie den Kühlergrill nach oben.

Einbau:

- Der Einbau erfolgt in umgekehrter Reihenfolge.

Kühlergrill aus- und einbauen.

Stoßfänger vorne aus- und einbauen

Ausbau:

- Bauen Sie zuerst den Kühlergrill wie beschrieben aus.
- Drehen Sie die 3 Schrauben unterhalb des Kühlergrills heraus.
- Drehen Sie die 6 Schrauben von unten am Stoßfänger heraus.
- Entfernen Sie die Schrauben im Bereich der Radhausschalen.
- Jetzt können Sie die Stoßfängerabdeckung mit einem Helfer zusammen parallel nach vorne aus den Führungsprofilen herausziehen.
- Ziehen Sie ggf. die Steckverbindungen der Nebelleuchten ab.

Einbau:

- Der Einbau erfolgt in umgekehrter Reihenfolge, wobei Sie beim Ansetzen besonders vorsichtig im Bereich der Kotflügel sein sollten. Eventuell den Bereich abkleben. Achten Sie auf Parallelität und ein gleichmäßiges Spaltmaß zu den Kotflügeln und Scheinwerfern. Vergessen Sie nicht die Kabel der Nebelleuchten vorher wieder aufzustecken.

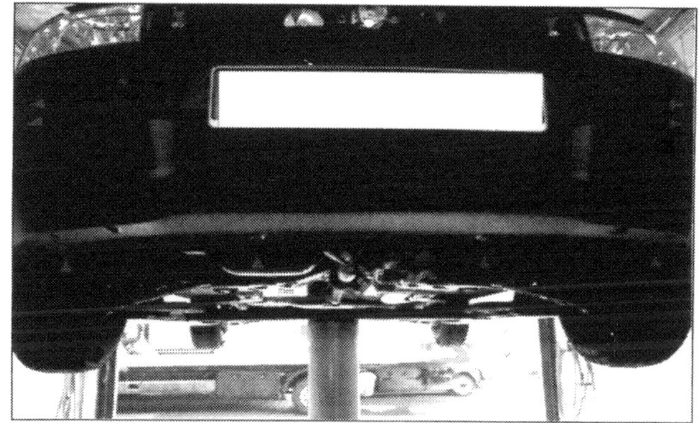

Montageübersicht Stoßfänger vorne.

Stoßfänger hinten aus- und einbauen

Ausbau:

- Bauen Sie beide hinteren Räder aus und lösen die Radhausschalen.
- Öffnen Sie die Heckklappe und drehen Sie die vier Schrauben von oben heraus.
- Drehen Sie die Schrauben im unteren Bereich des Stoßfängers heraus.
- Jetzt können Sie die Stoßfängerabdeckung mit einem Helfer zusammen parallel nach hinten abnehmen.

Einbau:

- Der Einbau erfolgt in umgekehrter Reihenfolge, wobei Sie beim Ansetzen besonders vorsichtig im Bereich der Kotflügel sein sollten. Eventuell den Bereich abkleben. Achten Sie auf Parallelität und ein gleichmäßiges Spaltmaß zu den hinteren Kotflügeln.

Montageübersicht Stoßfänger hinten.

Dachreling aus- und einbauen

Der Panda ist serienmäßig bereits für die Montage einer Dachreling vorbereitet. Das macht eine Nachrüstung der Reling sehr leicht. Im Dach des Panda befinden sich Blindstopfen, welche einfach herausgeschraubt werden können. Danach lässt sich die Reling einfach montieren.

- Entfernen Sie die Blindstopfen (Bild).
- Reinigen Sie die Anlageflächen gründlich. Jeglicher Schmutz muss entfernt werden. Dieser würde den Lack beschädigen und im Laufe der Zeit zu Roststellen führen!
- Setzen Sie die Reling auf und befestigen diese mit den beigefügten Schrauben.
- Clipsen Sie die Verschlussdeckel auf die Reling.

Blindstopfen Dachreling.

Reparatur von Kunststoff

Wenn Sie die Instandsetzung gebrochener Kunststoffteile selbst durchführen und nur die partiellen Lackierarbeiten dem Lackierbetrieb oder Lackdoktor überlassen, wird es noch schonender für Ihren Geldbeutel. Das Angebot an Kunststoffreparatursets ist groß. Bei der Auswahl des richtigen Produktes sollten Sie die Art des zu reparierenden Kunststoffs kennen. Angaben dazu finden sich meist in einem Prägestempel auf der Rückseite des jeweiligen Bauteils.
Komplettsets mit vielfältigen Anwendungsmöglichkeiten können in der Erstanschaffung recht teuer werden. Seien Sie sich des Umfangs Ihrer Reparaturarbeiten bewusst.
Bei Fahrzeugen finden unterschiedliche Kunststoffe Verwendung. Die unterschiedlichen Kunststoffarten müssen durchaus unterschiedlich gehandhabt werden, um ein gutes Arbeitsergebnis zu erzielen. Zuerst einmal ist es wichtig, die Kunststoffart erkennen zu können. Bei vielen der Plastikteile ist auf einem Label auf der Rückseite auch die Kunststoffart vermerkt. Ist man sich aber nicht sicher oder hat keine Angaben zum Material gefunden, kann man anhand der typischen Eigenschaften einige thermoplastischen Kunststoffarten unterscheiden.

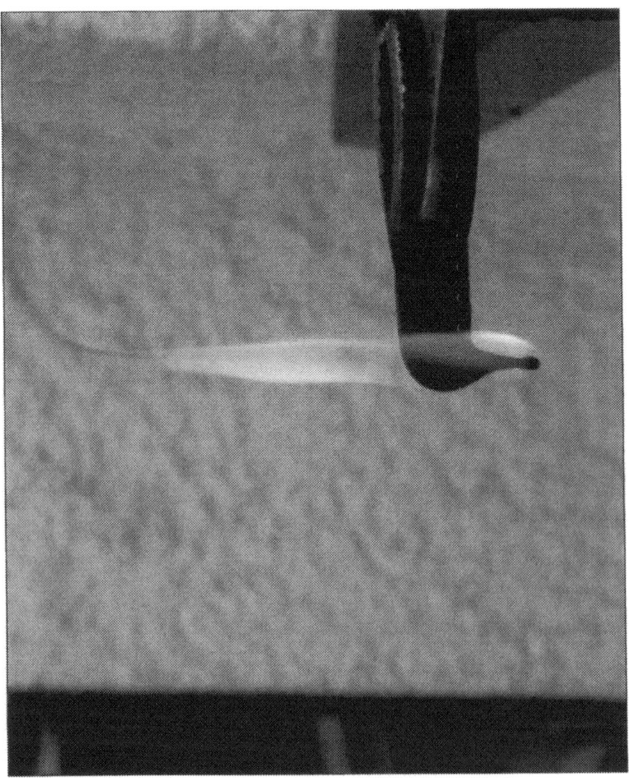

Brennender Kunststoff.

Schwimmt es im Wasser?

→ Ja → Brennt es »nicht rußend«, mit gelber Flamme und blauem Kern und tropft brennend ab?

→ Ja → Kann man die Oberfläche mit dem Fingernagel leicht einritzen?

→ Nein → Es handelt sich um einen Polyäthylen (PE) Kunststoff

→ Ja → Es handelt sich um einen Polypropylen (PP) Kunststoff

→ Ja → Nach dem man eine Probe zerbrochen hat, verfärbt sich die Bruchstelle weiß?

→ Nein → Es handelt sich um einen Polystyrol (PS) Kunststoff

→ Ja → Es handelt sich um einen Acrylit-Butadien-Styrol-Copolymere (ABS) Kunststoff

Schwimmt es im Wasser? → Nein → Brennt es »stark rußend«, mit Rußflocken. Die Flamme ist gelb leuchtend?

→ Nein → Der Kunststoff lässt sich nicht eindeutig identifizieren. Die Reparatur lässt sich besser mit Kleben durchführen

Kunststoff schweißen

Der Trick beim Kunststoffschweißen liegt darin, die Teile, die miteinander verbunden werden sollen, im Randbereich zu verflüssigen, und dann das Schmelzbad zu vermischen. Um eine gute Durchmischung der Materialien zu erreichen, wird Material des gleichen Kunststoffs in die Schweißstelle eingebracht. In der Regel ist es so, dass der Schweißbereich etwas dicker wird. Durch die Materialzufuhr wird vermieden, das anliegende Stellen dünner und somit schwächer werden.

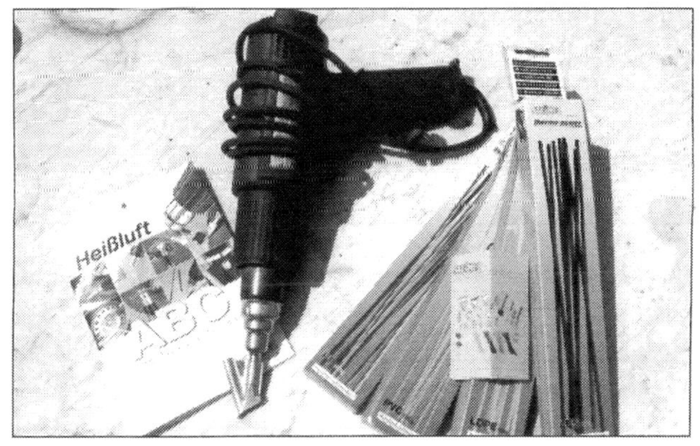

Kunststoffschweißwerkzeug.

Voraussetzung für eine gute und stabile Schweißstelle ist zum einen die Verwendung des gleichen Schweißmaterials und zum anderen die Sauberkeit der Schweißstelle. Auch wenn man es sich kaum vorstellen kann, bildet der Kunststoff im Bereich der Bruchstelle eine »Oxidschicht«. Dieser Bereich kann natürlich auch durch mechanische Beanspruchung verhärtet werden. Mögliche Verunreinigungen schwächen die Schweißstelle auch deutlich. Um die Schweißstelle gut reinigen zu können, wird mit dem Dreikantschaber die Schweißstelle gereinigt.

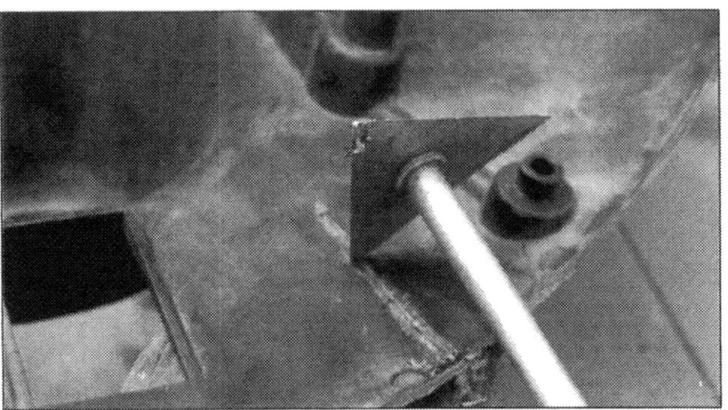

Dreikantschaber.

Mit dem abfallenden Material kann man sehr gut die Materialbestimmung vornehmen und den entsprechenden Schweißstab auswählen. Als Nächstes muss nun das Kunststoffteil mit Hilfe der Holzstücke, der Schnappzangen oder den Schraubzwingen so fixiert werden, dass sich das Bauteil bei der Reparatur nicht verziehen kann.

Gripzange am Kunststoff.

Nachdem der Heißluftföhn mit Hilfe des Thermometers auf die auf der Verpackung angegebene Verarbeitungstemperatur eingestellt wurde, kann mit dem Schweißen begonnen werden.
Im Grundsatz unterscheidet man zwei Verfahren, die hier zur Anwendung kommen. Beim so genannten Fächelschweißen werden der Randbereich der Schweißstelle und das Schweißgut bis kurz vor die Verflüssigung erwärmt und dann das Schweißgut in die Schweißstelle eingebracht. Mit dem Heißluftföhn wird dabei »gefächelt«, sodass das Schweißgut und beide Seiten der Schweißstelle möglichst gleichmäßig erwärmt werden.

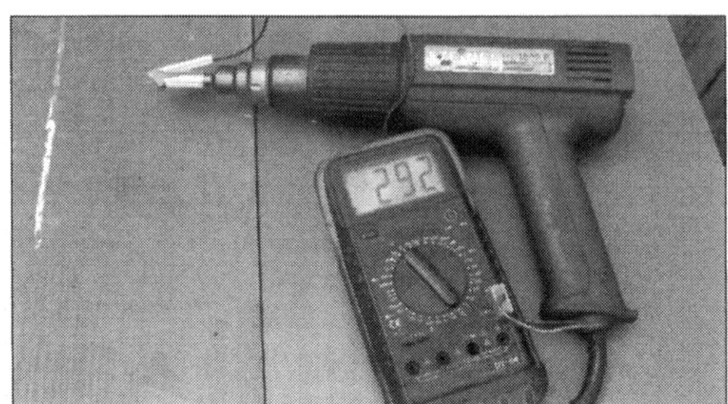

Heißluftföhn am Thermometer.

Das nächste Verfahren eignet sich auch sehr gut für die dünnwandigen Materialien im Fahrzeug. Hierzu muss eine spezielle Düse verwendet werden. Der Materialstab wird dann durch einen Schacht eingeführt und mit Hilfe der Andruckfläche am Ende der Düse in das Material eingedrückt.
Dieses Verfahren ist auch durch Anfänger leicht zu handhaben. Der Verzug, also das Verformen der Schweißstelle, fällt wesentlich geringer aus.

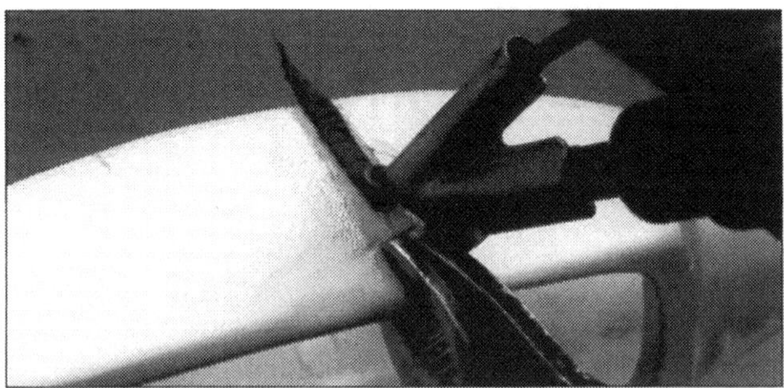

Kunststoffschweißen.

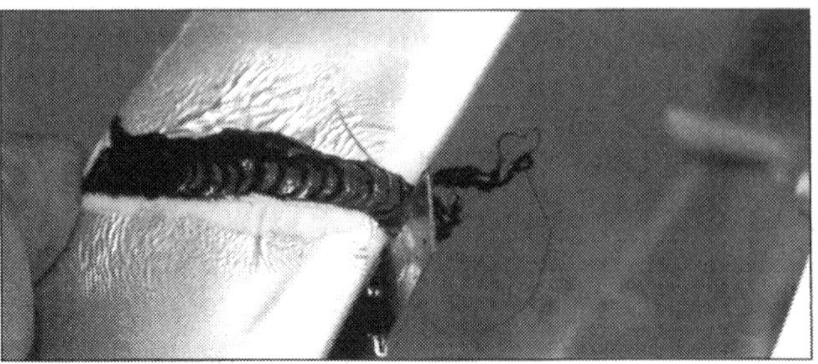

Überstände abschneiden.

Bei beiden Varianten ist nach dem Erkalten erforderlich, die Schweißstellen nachzubearbeiten.
Für die groben Arbeiten eignen sich am besten das Teppichmesser und auch der Dreikantschaber.
Natürlich entstehen hier auch mechanische Belastungen auf das neu geschweißte Kunststoffteil. Diese Belastung sollte das reparierte Bauteil aber aushalten können.

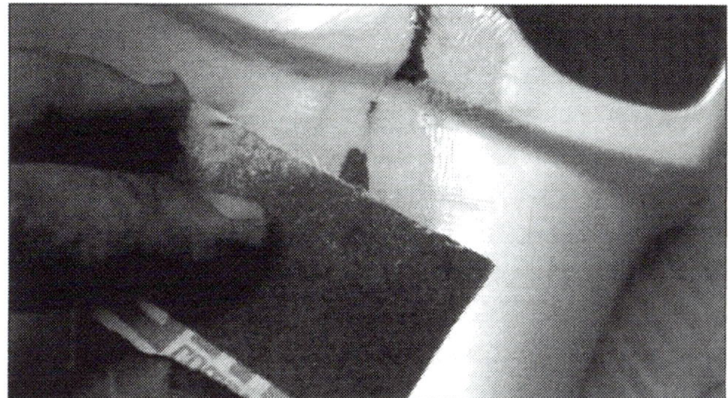

Verschleifen der Schweißstelle.

In weiteren Arbeitsschritten wird die Schweißstelle nun mit Hilfe des Schleifpapiers verschliffen und anschließend für die Lackierung vorbereitet. Die anliegenden Lackstellen sollten nun auch recht gründlich mit dem groben Schleifpapier bearbeitet werden. In vielen Fällen finden Sie hier noch Spuren von Verzug, die sich mit der groben Schleifpapierkörnung leicht beseitigen lassen.

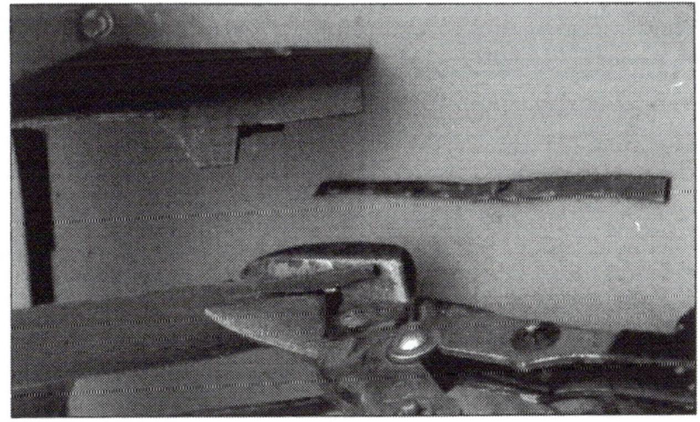

Schweißstab selbst zuschneiden

Sollte mal ein Schweißstab nicht zur Verfügung stehen oder das Material nicht genau zu bestimmen sein, können auch aus einem Restmaterial einige Schweißstäbe selbst gefertigt werden. Hierzu eignen sich natürlich auch Kunststoffteile von gleichen Fahrzeugen, die wegen Beschädigungen ersetzt wurden. Dieses Altmaterial kann nun sinnvoll »recycelt« werden.

Je nach Härte und Sprödigkeit des Materials lässt es sich mit Hilfe einer Blechschere, einem Messer oder auch mit der Stichsäge auf die entsprechenden Abmessungen zuschneiden, die sich durch den Schacht der Schweißdüse einführen lassen. Je länger und je gerader dieser Schweißstab ausfällt, desto leichter lässt sich mit ihm arbeiten.

Kleben von Kunststoff

Schweißen, so sagt man, verbindet Gleiches mit Gleichem. So entsteht bei sorgfältiger Ausführung keine feststellbare Schwächung des Materials. Kleben hingegen basiert darauf, die Gefügestrukturen miteinander zu verbinden. Legt man eine Glasplatte auf eine andere, ist es noch kein Problem die aufgelegte Glasplatte anzuheben. Sobald aber eine Flüssigkeit zwischen die Glasplatten gelangt, ist es nicht mehr möglich die Glasplatte zu heben.

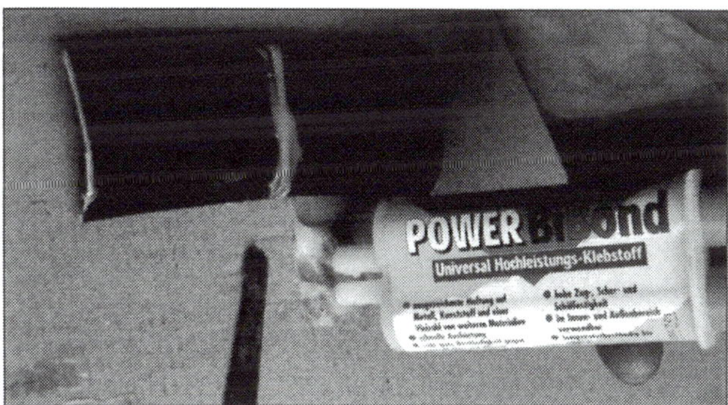

Klebstoff anmischen.

Nach diesem Prinzip arbeiten die meisten Kontaktkleber. Zwar werden hinsichtlich der Zugbeanspruchung durchaus die originalen Materialwerte erreicht, jedoch die Bruchfestigkeit ist meist geringer.
Reaktionskleber löst die zu klebenden Materialien an und vermischt sie im Randbereich der Klebestelle mit dem Klebstoff. Die Festigkeit ist deutlich höher. Auch die Biegebeanspruchung fällt besser aus. Jedoch müssen durch die unterschiedlichen Lösemittel der unterschiedlichen Materialien durchaus immer andere Klebstoffe zum Einsatz kommen. In der Regel sind mit dem Reaktionskleber höhere Festigkeiten der Klebestelle zu erreichen.
Natürlich gibt es heute schon viele Klebstoffe, die auch als Kontaktkleber eine höhere Zugfestigkeit erreichen, als sie bei den Verkleidungsteilen erforderlich wäre. Ein klarer Vorteil liegt darin, dass kein Verzug entsteht

und die Verkleidungsteile spannungsfrei repariert werden können. Die Handhabung des Klebstoffes ist auch deutlich einfacher.

Saubere Klebestellen.

Genau wie auch beim Schweißen, muss die Klebestelle sauber und fettfrei sein. Gerade bei dünnwandigen Bauteilen empfiehlt es sich, die Bruchstelle mit dem Dreikantschaber zu bearbeiten. Ziel ist neben der Reinigung eine Kehlung zu erzeugen, also die Klebestellen anzuschrägen. Die Idee dahinter ist lediglich, die Kontaktfläche zu vergrößern und somit die übertragbare Kraft zu erhöhen.

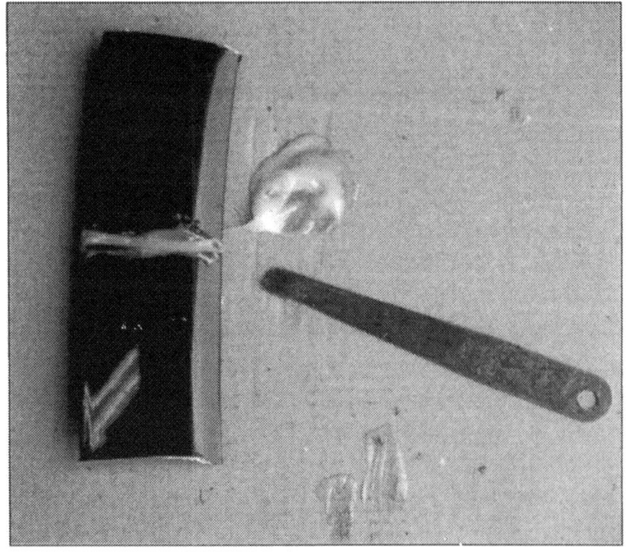

Kleber auftragen.

Am besten trägt man den Klebstoff zuerst auf einem Stück Pappe auf. Hier kann er sicher durchgemischt werden und mit Hilfe eines kleinen Spachtels an die Stelle gebracht werden, wo er tatsächlich benötigt wird. Nach der Trockenzeit kann der Klebstoff wie die Schweißstelle behandelt und lackierfertig gemacht werden.

Spachteln

Egal ob Kratzer oder ein reparierter Verkleidungsriss: Die Oberfläche muss nun wieder in einen schönen optischen Zustand versetzt werden. Die wichtigste Voraussetzung für eine gute Oberflächenqualität ist die entsprechende Vorarbeit. Lack kann nur schützen und glänzen, sagt der Karosseriebauer, und hinsichtlich der optischen Aspekte hat er sicherlich recht. Eine schlechte Vorarbeit ist auch nicht mehr durch eine gute Lackierung wettzumachen.

Man unterscheidet hier zwischen dem Spachteln mit einem Spachtel und dem so genannten Spritzspachteln, das mit einer Lackierpistole durchgeführt wird. Betrachten wir uns zuerst einmal das manuelle Auftragen mit dem Flächenspachtel. Als Werkzeug sollte man hier ein so genanntes Japanspachtelset verwenden. Zum einem lässt er sich nachher sehr gut reinigen, zum anderen haben die Stahlklingen dieser Spachtel eine sehr genaue Kante, was wiederum den Auftrag erleichtert und die Oberfläche der aufgetragenen Spachtelmasse entsprechend verbessert.

Wie auch der Lack benötigt die Spachtelmasse eine angeraute Oberfläche, um sich möglichst gut mit dem reparierten Bauteil »verzahnen« zu können.

Generell gilt für das Spachteln: So wenig wie möglich und so viel wie nötig!

Zuerst wird wieder die Oberfläche angeraut und anschließend mit Verdünnung entfettet.

Am besten mischt man die erforderliche Menge Spachtelmasse auf einem glatten Brett an. Je mehr Härter in die Spachtelmasse eingebracht wird, umso schneller bindet die Masse ab. Je schneller sie abbindet, umso spröder wird sie. Also lieber möglichst genau an das auf den Dosen angegebene Mischungsverhältnis hal-

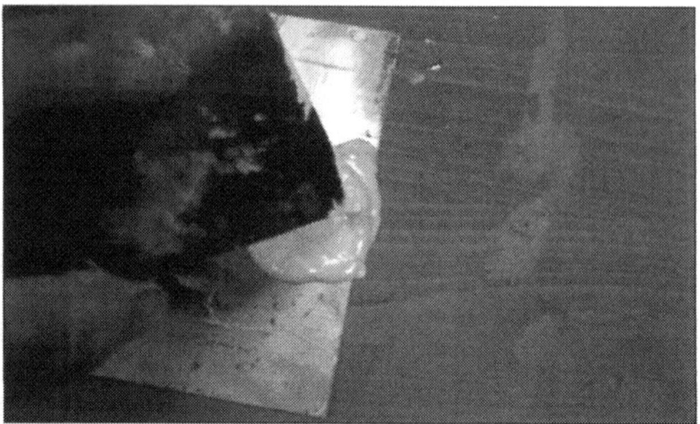

Spachtelmasse anmischen.

ten und den abgespachtelten Bereich gründlich abtrocknen lassen. Aufgrund der Lösungsmittel sollte auch das Spachteln, wie die meisten der Lackarbeiten, in gut durchlüfteten Räumen oder notfalls im Freien durchgeführt werden.

Man verwendet Spachtelmassen in unterschiedlicher Körnung. Die gröbere Spachtelmasse wird zur Formgebung verwendet. Im Handel wird sie als »Füll- und Ziehspachtelmasse« bezeichnet. In der Regel ist sie weiß und lässt sich sehr gut schleifen.

Der Nachteil liegt darin, dass durch die chemischen Vorgänge beim Aushärten recht großen Poren entstehen, die wiederum verschlossen werden müssen.

Für die Feinarbeit wird deshalb ein Feinspachtel verwendet. Im Laden kann man ihn unter der Bezeichnung »Feinspachtelmasse« erwerben. Für die meisten Arbeiten an den Kunststoffverkleidungen reicht es aus, den Feinspachtel zu verwenden.

Der Auftrag muss nun so erfolgen, dass die Form des reparierten Bauteils wieder hergestellt wird. Gerade dann, wenn die Spachtelmasse in einem Bereich etwas dicker aufgetragen werden muss, empfiehlt es sich den Spachtel etwas »hohl« zu drücken, um im mittleren Bereich die Auftragsstärke zu erhöhen.

Nach Möglichkeit nie zu viel auftragen. Es ist generell besser, die Fehlstellen in mehreren Arbeitsgängen zu füllen, als im Nachhinein zeitaufwändig die überschüssige Masse abschleifen und formen zu müssen. Karosseriesicken lassen sich bereits beim Auftragen der Spachtelmasse sehr gut vorformen. Der Grobschliff sollte durchaus mit einem »80er«-Schleifpapier erfolgen. Sobald man sich jedoch der Wunschform annähert, sollten mit »120er«- oder »150er«-Papier tiefere Rillen vermieden werden.

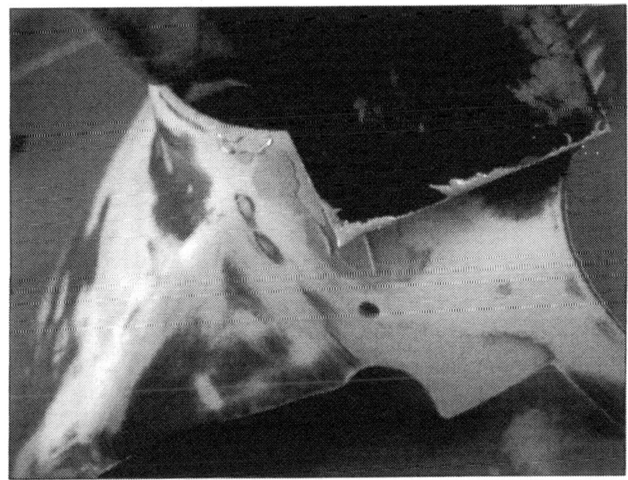

Spachtelmasse auftragen.

Zum Abschluss müssen die gespachtelten Teile mit sehr feinem Papier abgeschliffen werden, sodass die Übergänge zwischen der reparierten Stelle und der originalen Oberfläche nicht mehr spürbar sind.

Dieser Feinschliff sollte am besten »nass«, das heißt mit Wasser geschliffen werden. Hierbei muss sehr sorgsam darauf geachtet werden, dass die Spachtelstellen nicht durchgeschliffen werden.

Zwischen den einzelnen Schleifvorgängen muss die Fläche immer wieder mit einem feucht-nassen Lappen abgewischt werden. Anhand der Spiegelung der Wasserbenetzung kann man schon jetzt die Oberfläche des späteren Lackbildes erkennen. Sogar kleinste Unebenheiten und Poren können beim genauen Hinsehen erkannt und frühzeitig verbessert werden.

Soll lediglich ein Teilbereich der Karosserie lacktechnisch nachbehandelt werden, ist es günstig, auch nur diesen Bereich in die Vorarbeiten mit einzubeziehen. Die Bereiche, die nicht bearbeitet werden sollen, werden sorgsam mit Zeitungspapier und Kreppklebeband abgedeckt.

Das so genannte Spritzspachteln oder Fillern gehört genau genommen auch zum Spachteln. Jedoch wird das Material nicht mit dem Spachtel sondern mit der Lackierpistole aufgetragen. Da nur sehr dünne Schichten aufgetragen werden, ist die Porenbildung auch entsprechend klein und die Oberfläche sehr feingliedrig glatt.

Natürlich gibt es auch den Filler in Spraydosenform. In der Regel eignet sich dieser Filler aber nur für eine weitere Verarbeitung von Sprühdosenlacken. Ein deutlicher Nachteil liegt darin, dass die Spraydosenlacke nicht benzinfest sind, sondern sich meist an- oder auflösen, wenn sie unter den Einfluss von Kraftstoff kommen.

Wer also nicht die Möglichkeit hat mit Zweikomponenten-Lacken (2K-Lacke) zu arbeiten, sollte aufgrund des widerstandsfähigeren Lackes die Lackierarbeiten der Lackiererei überlassen.

Spritzfiller.

Innenraum

Mit einem hochwertigen und gut verarbeiteten Cockpit empfängt der Panda seine Insassen. Praktisch ist der Innenraum des Panda ohnehin – mit umlegbarer Rückbank und jeder Menge Stauraum. Auf Langstrecken stellen auch die Sitze ihre Qualität unter Beweis sowie die gute Bedienbarkeit.

In diesem Kapitel erfahren Sie, welche Arbeiten im Innenraum selbst erledigt werden können, aber auch wovon Sie besser Abstand nehmen sollten. Denn hinter den vielen Abdeckungen und Verkleidungen in Ihrem Panda lauern durchaus auch Gefahren, wie die pyrotechnischen Elemente des Rückhaltesystems in den Airbags und den Gurtstraffern. Aber wir wollen Sie keineswegs gleich zu Beginn entmutigen. Es gibt noch eine Reihe anderer Dinge, die Sie mit Hilfe der folgenden Abschnitte erledigen können. Dazu gehören zum Beispiel der Lampenwechsel der Innenraumbeleuchtung oder auch der Ausbau diverser Verkleidungen, zum Beispiel an der Türinnenseite. Gerade diese Arbeit kann für Sie früher oder später wichtig werden, wenn der Fensterheber streiken sollte.

An welchen Teilen sollte nicht gearbeitet werden?

Wie bereits erwähnt: Vor Arbeiten an Komponenten, die dem Insassenschutz dienen, müssen wir warnen. Wenn es an Kenntnis und Erfahrung mangelt, sollten Sitze und Lenkrad wegen der darin enthaltenen Airbags tabu sein. Denn selbst in den Werkstätten darf nur speziell geschultes Personal an diesen Teilen tätig werden. Das Risiko, bei Reparaturversuchen verletzt zu werden, ist ja nur die eine Seite. Ein bei einem Unfall nicht mehr ordnungsgemäß funktionierender Insassenschutz, stellt die weitaus schwerer wiegende andere Seite dar. Sogar bei einer Verschrottung des Fahrzeugs, etwa nach einem Unfall, müssen die Airbageinheiten und Gurtstraffer nach bestimmten Vorschriften sicher entsorgt werden. Auf keinen Fall dürfen Sie diese Komponenten wie üblichen Abfall behandeln. Das gilt auch für gezündete Einheiten und technischen Ladungen, wozu übrigens auch die Gurtstraffereinheiten zählen. Denn es ist nicht mit Sicherheit zu bestimmen, ob wirklich alle im Fahrzeug vorhandene Pyrotechnik sicher gezündet wurde.

⚠ Arbeiten am Rückhaltesystem

GEFAHRHINWEISE

Achtung Lebensgefahr!

Grundsätzlich dürfen keine Arbeiten an Systemen der Airbageinheiten von ungeschulten Personen durchgeführt werden. Es handelt sich nicht nur um tatsächliche Sprengsätze, sondern auch um Fahrzeugeinrichtungen, die der Sicherheit des Fahrzeuges dienen. Unsachgemäßer Umgang kann Ihr Leben oder Ihre Gesundheit schon bei der Demontage gefährden. Auch wenn es auf den ersten Blick einfach erscheint, sollten Sie niemals ohne entsprechende Ausbildung an diesen Systemen arbeiten. Für die Arbeit, den Umgang und die Lagerung mit diesen Systemen muss ein »Airbag-Sachkunde-Lehrgang« abgeschlossen und bescheinigt worden sein. Auf die Demontage dieser Systeme wird in diesem Buch absichtlich nicht eingegangen. Das Abklemmen der Batterie reicht nicht aus, um eine sichere Montage an diesen Systemen gewährleisten zu können.

Profitipp: Montagekeil für Verkleidungen

Die teilweise kratzempfindlichen Kunststoffe der Innenraumverkleidung verlangen einen äußerst sensiblen Umgang. Will man nicht gleich beim ersten Demontageversuch hässliche Spuren hinterlassen, empfiehlt sich die Verwendung eines Montagekeils für den Innenraum. Dieser ist aus weichem und elastischem Kunststoff und erlaubt es, mit der flachen Seite auch in den meist sehr engen Spalten problemlos zu arbeiten. Weitere Schutzmaßnahmen sind das Abkleben der entsprechenden Stellen mit Klebeband oder das Unterlegen mit einem schützenden Stofftuch. Die Vielzahl der Verkleidungsteile ist mit Halteclips angebracht, die Sie mit einem Schraubendreher schnell beschädigen oder gar abreißen werden. Ein Ärgernis, denn die Wiederanbringung des Verkleidungsteils kann dann zum Problem werden. Auch hier können Sie mit dem Keil sensibler vorgehen.

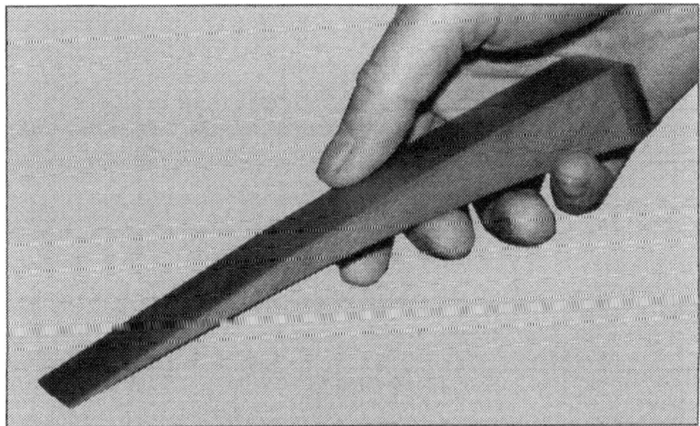

Kommt in die meisten Spalten: Ein Montagekeil ist im Fachhandel für wenige Euro zu erhalten und spart bei Montagearbeiten im Innenraum oder generell bei Kunststoffteilen oder anderen empfindlichen Fläche eine Menge Ärger und Kratzer.

Sichtprüfung: Eine einwandfreie Funktion hat der Gurt nur, wenn er keine Beschädigungen aufweist. Beschädigungen können nach häufigem Einklemmen in der Tür auftreten.

Sitzgurte regelmäßig prüfen

Zum Thema Sicherheit im Innenraum gehört auch eine regelmäßige Gurtkontrolle. Achten Sie dabei auf Beschädigungen wie Einrisse oder Ausfransungen. Solche Verschleißerscheinungen können im Ernstfall zur Achillesferse des Rückhaltesystems werden. Denn sollte der Gurt bei einem Unfall durch die hohe Beanspruchung versagen, dann dort, wo er beschädigt ist. Rollen Sie daher bei der Sichtprüfung bei hellem Tageslicht die gesamte Gurtlänge ab. Fahren Sie mit den Fingern über den gesamten Gurt und fühlen Sie dabei, ob es Beschädigungen wie oben beschrieben gibt. Nehmen Sie den Gurt auch genauestens in Augenschein. Die Behandlung mit irgendwelchen Mittelchen ist ebenfalls tabu! Denken Sie daran, dass im Falle eines Unfalls mehrere Tonnen am Gurt zerren.

Innenraumleuchten, Lampen wechseln

- Die Innenleuchte des Panda ist lediglich in den Himmel geclipst und lässt sich daher auch sehr leicht komplett ausbauen. Sie brauchen nur die komplette Lampeneinheit mit den Fingern oder vorsichtig mit dem Montagekeil abzuhebeln.

Innenleuchte ausbauen.

- Um die Glühlampe der Innenleuchte zu ersetzen, clipsen Sie zuerst die Streuscheibe der Innenleuchte aus. Ersetzen Sie nun die Glühlampe.

Streuscheibe ausclipsen.

Möbel raus- Möbel rein!?

Gestühl und Kindersitzlösungen

Gerne werden ja immer mal wieder Sitzbezüge in den unterschiedlichsten Varianten verbaut. Kaum jemand macht sich hierbei große Gedanken um die Sicherheit. Aber Vorsicht! Sitzbezüge müssen speziell auf die Seitenairbags in dem Gestühl abgestimmt sein. So genannte Reboard-Kindersitze dürfen auf dem Beifahrersitz nur installiert werden, wenn der Beifahrerairbag deaktiviert wurde! Beachten Sie, dass die einfache Deaktivierung per Schlüssel nicht zwingend ausreicht, um die Airbageinheit nicht zu zünden. Die meisten Hersteller empfehlen eine Deaktivierung durch Abklemmen und das Verbauen einer speziellen Kurzschlussbrücke. Die Verwendung von geeigneten Kindersitzen mit der Isofix-Halterung ist daher einfacher und empfehlenswert. Das Isofix-System verfügt über eine Verankerung unter der Rücksitzbank, in welche die Kindersitze befestigt werden. Vorteil: Der Airbag vorne rechts bleibt aktiviert und kann so bei einer Kollision für Ihren Beifahrer nützlich sein. Zudem bleibt Ihnen auch die Auswahl der Sitzgröße passend zu Ihrem Nachwuchs und dessen Vorlieben.

Achtung bei Reboard-Sitzen: Der Warnhinweis an der rechten Sonnenblende (Beifahrerseite) macht es deutlich: Die Anbringung von Reboard-Kindersitzen ist bei aktiviertem Airbag verboten! Und außerdem lebensgefährlich für Ihr Kind!

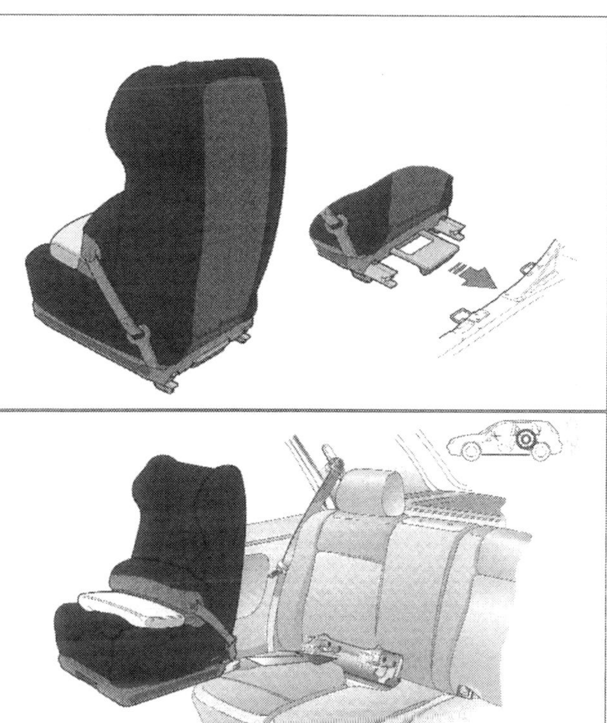

Isofix-Vorrichtung: Zu den Sicherheitsmerkmalen der Innenausstattung gehört auch die Normbefestigung für Kindersitze.

Vordersitze ausbauen

Auch wenn die Befestigung des Sitzes mit nur vier Schrauben sehr zum Ausbauen verführt, sollten Sie dies tunlichst unterlassen. Die vorderen Sitze Ihres Panda sind mit »Sidebags«, also Seitenairbags, ausgerüstet. Die Demontage und Montagearbeiten an diesen Bauteilen dürfen ausschließlich durch geschultes Fachpersonal durchgeführt werden. Es handelt sich um pyrotechnische Ladungssätze. Es besteht durchaus Gefahr für Gesundheit oder sogar das Leben. Aus diesem Grund wurde die Demontage nicht in diesem Band beschrieben. Ein ausgelöster Airbag kommt selten allein... nach der Auslösung sind das Steuergerät und einige andere Bauteile reif für den Austausch. In Anbetracht der Folgen steckt in den Arbeiten wenig Sparpotential gegenüber der Werkstatt. Auf diese Arbeiten wird aber im Reparaturhandbuch genauer eingegangen.

Sitzbank hinten

Der Panda ist serienmäßig mit einer Sitzbank für drei Personen hinten ausgerüstet. Um möglichst viel Stauraum zu erhalten, können Sie die Sitzbänke auch umklappen. Teilweise lässt sich die Rücksitzbank zusätzlich noch verschieben. Für den extremen Beladungsfall sollte die Rücksitzbank ganz nach vorne geschoben und umgeklappt werden. So erhalten Sie einen maximalen Stauraum von erstaunlichen 860 Litern.

Verkleidungen – versteckt und aufgedeckt

Ablagen und Verkleidungen

Sämtliche Bestandteile der Mechanik, Elektrik und Elektronik im Innenraum sind hinter Verkleidungen und Blenden versteckt. Sie verschönern zwar die optische Anmutung, aber bei Arbeiten an den Teilen dahinter sind sie im Weg. Bei der Demontage der einzelnen Verkleidungen gibt es jedoch kein Problem, so lange Sie wissen, an welchen Punkten Sie (am besten mit Ihrem Kunststoffkeil) ansetzen müssen. Achten Sie darauf, dass die Abdeckungen der Airbageinheiten nicht beklebt (z. B. Fotorahmen fürs Auto etc.) oder anderweitig verändert wurden. Auch Handy- oder Navihalterungen können, an der falschen Stelle angebracht, durch eine Airbagauslösung zum Wurfgeschoss werden. Bei der Reinigung verwenden Sie bitte nur einen trockenen oder nur leicht angefeuchteten Lappen (siehe auch Kapitel »Werterhalt«).

Aushebeln mit dem Spachtel.

Aushebeln mit einem kleiner Schraubendreher.

De- und Montage der Türverkleidungen

Der aufwändigere Teil dieser Arbeit findet sich an Fahrer- und Beifahrertür des Panda. Im hinteren Bereich fällt die Demontage recht leicht. Die Kunststoffnieten sind gut zu erkennen und von außen zugänglich. Fiat hat für diese Arbeiten ein spezielles Werkzeug, welches das Aushebeln der Halteknöpfe wesentlich erleichtert. Etwas kniffliger wird es, wenn man diese Knöpfe mit Hilfe eines umgebauten Spachtels aushebelt. Dennoch ist dies eine gute und günstige Alternative. Noch weiter wird die Arbeit mit einem kleinen Schraubendreher erschwert.

Spachtel mit Loch und Schlitz.

Türverkleidung vorne ausbauen

Der Aus- und Einbau der Türverkleidung ist eine etwas knifflige Aufgabe. Aber Sie müssen sich daran wagen, wenn Sie beispielsweise an die Lautsprecher herankommen wollen oder den Fensterheber reparieren müssen. Die in der Tür verbauten Elemente (Lautsprecher, Fensterheber und Türschloss) sind beim Panda an verschiedenen Stellen hinter der Verkleidung befestigt. Sie erreichen diese leider nur nach der Demontage der kompletten Türverkleidung. Exemplarisch wird nun an der linken Tür das schrittweise Vorgehen demonstriert. Die Beifahrertürverkleidung ist ähnlich aufgebaut wie die der beiden hinteren Türen. Die Unterschiede zeigen wir an den entsprechenden Schritten. Schalten Sie bei allen Montage- und Demontagearbeiten die Zündung aus.

- Entfernen Sie zunächst, wie unter Demontage Außenspiegel beschrieben, die innere Spiegelabdeckung.
- Clipsen Sie vorsichtig mit dem Kunststoffkeil die Blenden vor und hinter dem Türinnengriff aus.
- Die Türverkleidungen werden unten von zwei und im Bereich der Armlehne von einer Schraube gehalten. Stellen Sie sicher, dass alle Schrauben gelöst sind.
- Bei Fahrzeugen mit mechanischen Fensterhebern muss noch die Fensterkurbel demontiert werden. Hierzu wird der Abstandsring zwischen Kurbel und Türverkleidung in Richtung Verkleidung gedrückt und die Sicherungsklammer an der Kurbel mit einem geeigneten Werkzeug (z. B. kleiner Schraubendreher) entfernt.
- Nun können Sie die Verkleidung vorsichtig, am besten unter Zuhilfenahme einer Spachtel, ausclipsen.
- Die Verkleidung kann nun nach oben aus dem Fensterschacht gehoben werden. Achtung: Die Verkleidung hängt noch am Zug des inneren Türöffners. Diesen müssen Sie nun noch aushängen.
- Hinter der Verkleidung werden nun der Lautsprecher, Fensterheber sichtbar.

Fensterkurbel: Im ausgebauten Zustand wird die Vorgehensweise klarer.

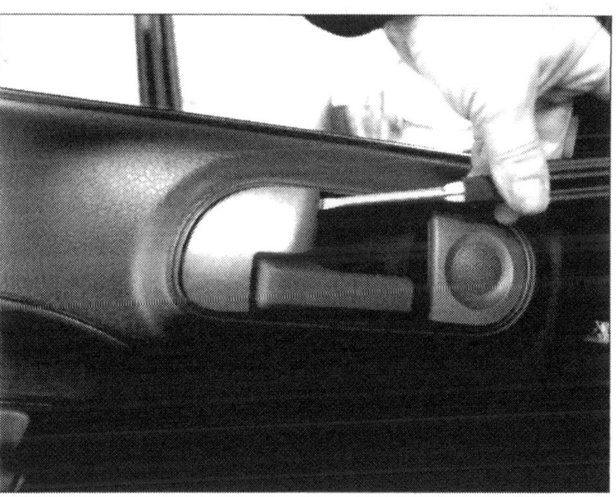

Griffschale lösen: Die Griffschale aus der Türverkleidung ausclipsen.

Fensterkurbel: Zur Demontage die Sicherung entfernen.

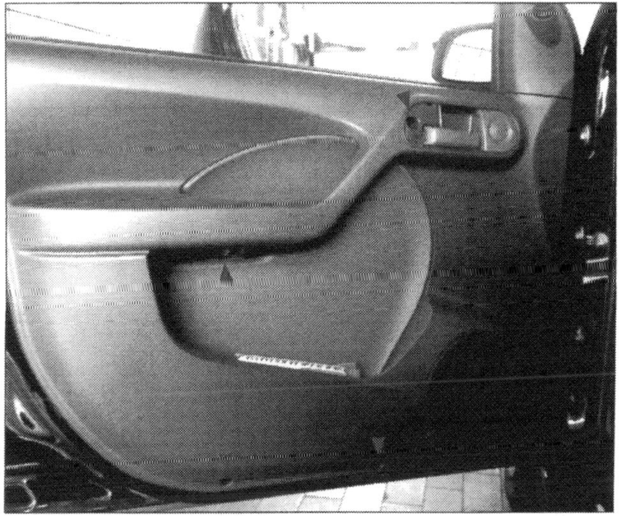

Schrauben in der Türverkleidung.

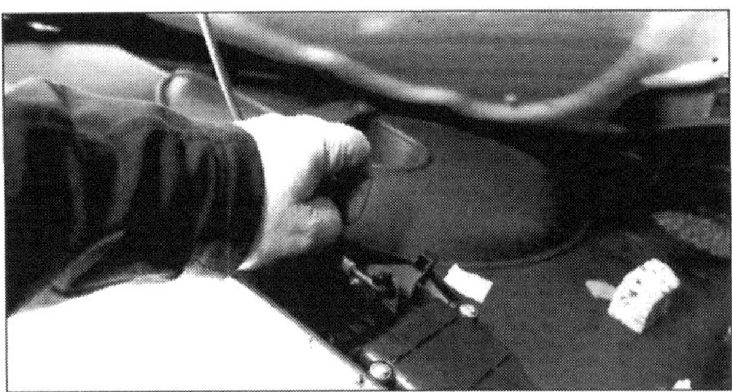

Seilzug aushängen: Der kleine Haken wird nach dem Lösen der Verkleidung zugänglich um dann ausgehängt zu werden.

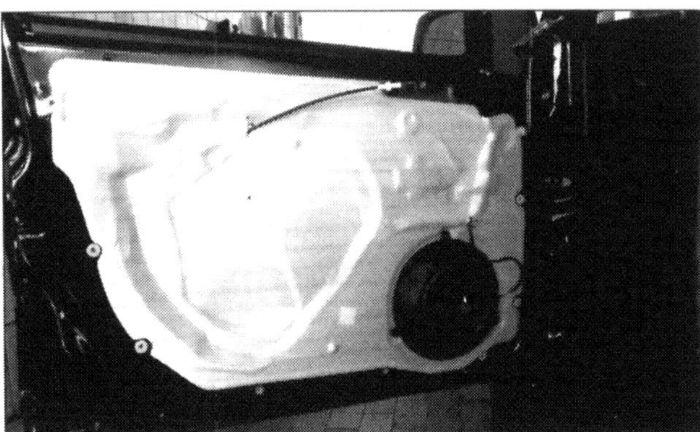

Tür ohne Verkleidung.

Einbau

- Den Einbau in umgekehrter Reihenfolge erledigen und defekte Halteclips ersetzen.
- Die Fensterkurbel bei manuell bedienbaren Fensterhebern sollte links in 2-Uhr und rechts in 10-Uhr Stellung montiert werden.
- **Achtung:** Achten Sie beim Einbau darauf, dass der Zug für den inneren Türöffner eingehängt ist. Dies geht immer wieder mal schnell vergessen. Und wenn sich dann plötzlich die Tür nicht mehr von innen öffnen lässt, müssen Sie die Verkleidung nochmals abnehmen.

Ausbau der Seitenverkleidungen im Innenraum

Benötigtes Werkzeug:
- Schraubendreher
- Kreuzschlitzschraubendreher
- Schlitzschraubendreher klein
- Montagekeil
- Kleine Taschenlampe

Grundsätzlich sollten Sie alle Spreizniete und Stifte vor der Montage auf Beschädigungen prüfen. Von Vorteil ist es, wenn Sie ein paar jedes Nietentyps auf Lager haben. Kleinteile gehen immer dann kaputt, wenn man nicht damit rechnet. Selbstverständlich lässt sich der »Schwund« durch das Lagern der abgebauten Kleinteile in einer Dose minimieren. Nur wenn sich der Zusammenbau durch einen verlorenen Niet verzögert, wird dieses kleine Ersatzteil zur wertvollen Investition.

Die Demontage jeder einzelnen Verkleidung sprengt den Rahmen dieses Buches. Diese detaillierten Arbeitsschritte werden aber im Werkstatthandbuch eingearbeitet. Im Grundsatz wurden die Verkleidungen in zwei Kategorien eingeteilt. Es gibt Verkleidungen aus Kunststoff sowie Verkleidungen aus Stoff. Beide Bauarten werden sowohl mit Schrauben, wie auch mit Clipsen befestigt.

Verkleidungsteile, die auch zur Aufnahme von Lautsprechersystemen oder der Gepäckraumabdeckung dienen, sind zumeist mit Kreuzschlitz- und/oder mit Torxschrauben zusätzlich befestigt. Sind alle Befestigungsschrauben demontiert, lassen sich die Verkleidungen leicht abnehmen.

Gerade bei Strukturverkleidungsteilen finden Halterungsclipse, wie schon bei der Türkleidung vorne erwähnt, ein Einsatzgebiet. Hier hilft der Montagekeil, diese Verkleidungsteile schadfrei zu lösen.

Ausbau der Dachsäulenverkleidungen

Der Ausbau der Verkleidungen der Dachsäulen wird meist nur dann notwendig, wenn entweder der Himmel ausgebaut werden soll oder Kabel von Sondereinbauten wie Steckdosen, Bildschirmen oder Ähnlichem verschwinden müssen.

Achtung: Bei Fahrzeugen mit Kopfairbag dürfen Sie die Verkleidungen der Säulen und den Dachhimmel nicht selbstständig aus- und einbauen. Auch hierfür muss, wie eingangs des Kapitels bereits erwähnt, ein »Airbag-Sachkunde-Lehrgang« abgeschlossen und bescheinigt worden sein.

Vor der Montage sollten alle Bauteile, also die Verkleidung und auch die Befestigungsclipse in der A-Säule, auf Beschädigungen geprüft werden. Fehlende oder gebrochene Haltenasen führen zum Ersatz der Verkleidung. Eine fehlende Nase kann bedeuten, dass sich die Verkleidung nicht mehr wie vorgesehen befestigen lässt. Sollten Sie eine solche Verkleidung dennoch wieder einbauen, müssen Sie zwangsläufig mit abstehenden und klappernden Verkleidungen rechnen.
In der Regel werden die Dachsäulenverkleidungen durch verdeckte Halteclips in der Karosserie gehalten. Zusätzlich übernehmen die Keder der Dichtungsgummis Führungs- und Haltefunktionen.
Die Montage der beschriebenen Teile erfolgt immer in umgekehrter Reihenfolge.

Die obere Verkleidung der A- Säule

- Zuerst muss die Dichtung der vorderen Tür im entsprechenden Bereich etwas abgezogen werden. Nun können Sie die A-Säulenverkleidung oben mit Hilfe eines Demontagekeiles ausclipsen und dann aus den Haltepunkten der Cockpitverkleidung herausziehen.

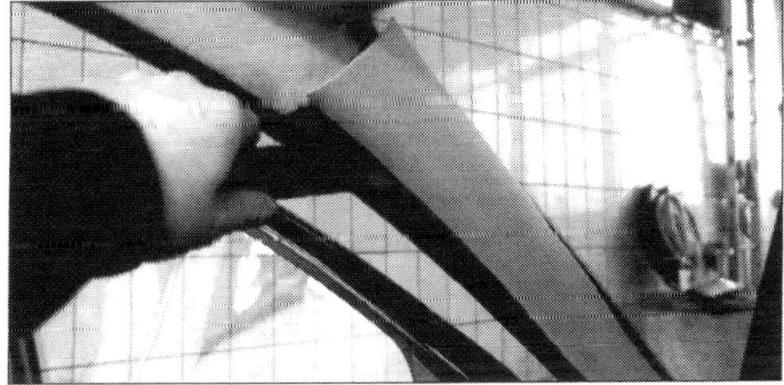

Verkleidung A-Säule oben

Die untere Verkleidung der A- Säule

- Entfernen Sie die Befestigungsschraube mittig in der Verkleidung und den Befestigungsknopf im oberen Bereich. Danach können Sie die Verkleidung leicht aushebeln.

Die Schwellerleiste vorne

- Um die Schwellerleiste vorne zu demontieren, muss die Befestigungsschraube im hinteren Bereich der Leiste herausgeschraubt werden. Danach wird diese mit Hilfe des bereits mehrfach erwähnten Montagekeils von hinten beginnend nach oben ausgehebelt. Auch hier ist, wie bei allen anderen Verkleidungen, darauf zu achten, dass nichts abbricht.

Verkleidung Türschweller vorne.

Die untere Verkleidung der B- Säule

- Um die untere Verkleidung der B-Säule zu demontieren, muss zuerst die vordere Schwellerleiste demontiert werden. Die untere Verkleidung der B-Säule ist lediglich mit zwei Clips (oben), einer Schraube (unten hinten) und durch die Keder der Türgummis gehalten. Beginnen Sie von oben her die Verkleidung zu lösen und heben Sie diese dann aus der unteren Führung

Die obere Verkleidung der B- Säule

- Um die obere Verkleidung der B-Säule demontieren zu können, muss zuerst die untere Verkleidung der B-Säule demontiert werden. Entfernen Sie nun die Abdeckung der oberen Gurtverschraubung und lösen diese. Entfernen Sie nun noch die untere Halteschraube der Verkleidung und nehmen diese ab.

Die Schwellerleisten hinten

- Um die Schwellerleiste hinten demontieren zu können, müssen Sie zuerst die Rückenlehne der Rücksitzbank umklappen. Hängen Sie die Hutablage aus und entfernen Sie den Bodenbelag des Kofferraums. Lösen Sie nun die untere Verschraubung des hinteren Sicherheitsgurts. Drehen Sie nun noch die beiden Befestigungsschrauben der Verkleidung heraus und nehmen Sie die Verkleidung ab.

Verkleidung Türschweller hinten.

Die Verkleidung der C-Säule

- Zuerst müssen die hintere Schwellerleiste und alle hierzu notwendigen Teile ausgebaut werden. Clipsen Sie nun vorsichtig die kleine Abdeckung um die Gurtdurchführung aus und entfernen Sie diese. Nun können Sie die Verkleidung mit dem Kunststoffkeil aushebeln und entfernen.

Die Verkleidung der Heckklappe

- Zur Demontage drehen Sie die beiden Schrauben in den Griffmulden der Verkleidung heraus. Nun ist die Verkleidung noch mittels einiger Clipse befestigt. Gehen Sie beim Ausclipsen sehr vorsichtig vor, da die Clipse fest in der Karosserie stecken. Hier eignet sich wieder die bereits mehrmals erwähnte Spachtel mit Schlitz. Hier bricht schnell mal eine Halterung aus der Verkleidung oder es gibt Spuren einer Überdehnung des Kunststoffes (weiße Streifen).

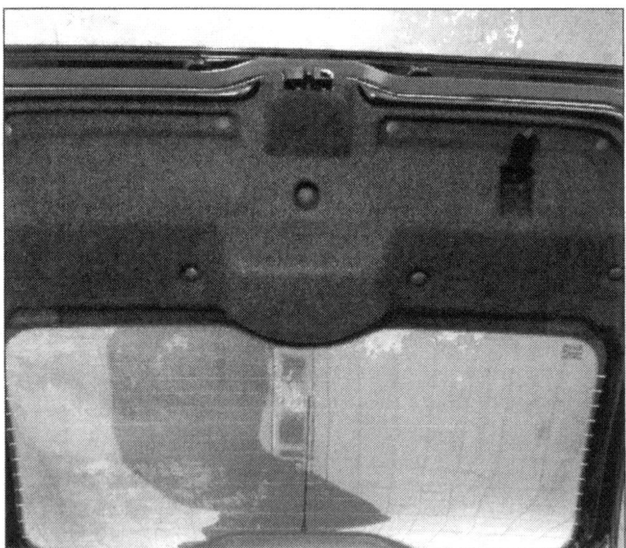

Verkleidung Heckklappe.

Die Mittelkonsole

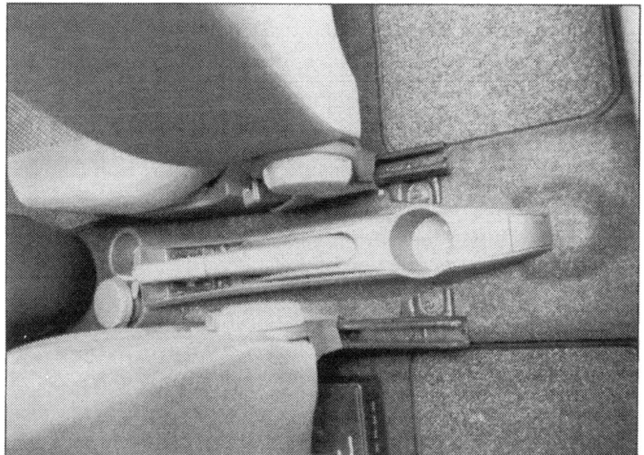
Mittelkonsole.

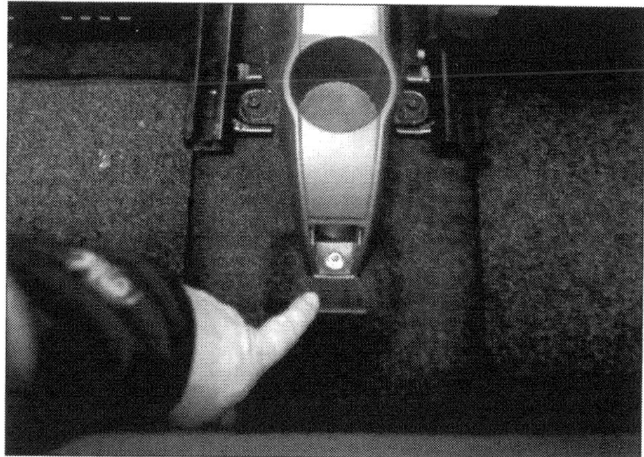
Abdeckungen hinten.

- Die Mittelkonsole des Panda ist einteilig ausgeführt. Um die Mittelkonsole ausbauen zu können, muss zuerst die 12V-Buchse samt Rahmen ausgebaut werden. Diese ist nur gesteckt und kann nach oben ausgeclipst werden.
- Klemmen Sie den Stecker ab und entfernen Sie die Strombuchse komplett.
- Klappen Sie nun die beiden Abdeckungen, jeweils eine unter dem Handbremshebel und eine am hinteren Ende der Konsole, vorsichtig auf. Entfernen Sie auch die Abdeckung im Getränkehalter. Darunter befinden sich jeweils die Befestigungsschrauben.
- Drehen Sie diese nun heraus und führen Sie die Konsole vorsichtig über den Handbremshebel.
- Der Einbau erfolgt in umgekehrter Reihenfolge. Hierbei sind wieder die elektrischen Verbindungen zu beachten.

Abdeckung im Getränkehalter.

Der Himmel

Sollen Sonderumbauten wie zusätzliche Leuchten oder Dachantennen integriert werden, ist es manchmal auch erforderlich den Himmel auszubauen. Der sachgerechte Umgang mit diesem Bauteil erspart dauerhafte und meist auch sichtbare Beschädigungen, die einen dann bis zum Dienstzeitende des Panda stören. Auch hier ergeben sich unterschiedliche Varianten, denen auch mit unterschiedlichen Arbeitsschritten Rechnung getragen werden muss.

Haltegriffe und Sonnenblenden

- Die Haltegriffe beziehungsweise ihre Befestigung unterscheiden sich nicht bei den unterschiedlichen Modellen und Ausführungen des Panda. Für die Demontage lassen sich mit einem kleinen Schraubendreher jeweils die beiden Abdeckungen am Halter des Haltegriffes öffnen.

- Danach können die beiden Befestigungsschrauben herausgedreht und der Haltegriff abgenommen werden.

- Klappen Sie die Sonnenblende auf und schwenken Sie sie aus der Halterung neben dem Innenspiegel.

- Nun drehen Sie die Befestigungsschraube im Blendengelenk heraus.

- Ziehen Sie die Sonnenblende aus der Aufnahme.

- Nun kann die Schraube aus den inneren Halterungen herausgedreht werden und der Halter kann aus der Aufnahme im Dach entnommen werden.

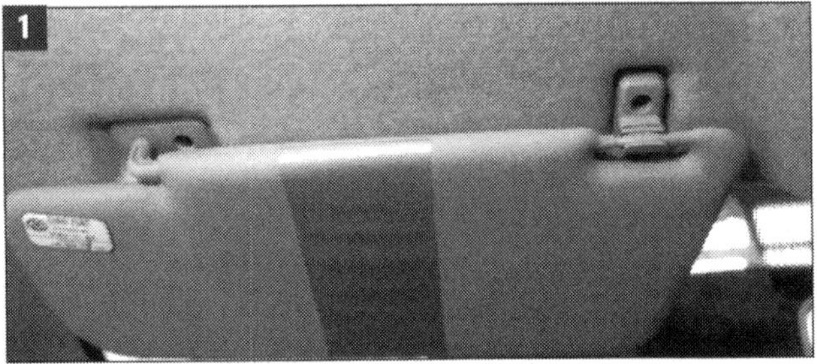

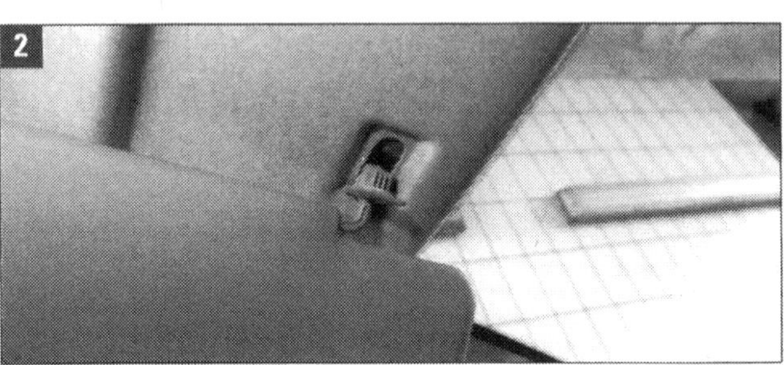

Demontage der Sonnenblenden.

Formhimmel

- Um den Formhimmel ausbauen zu können, müssen Sie zuerst eine Reihe vorhergehender Arbeiten durchführen. Alle diese sind in diesem Kapitel bereits beschrieben. So müssen alle Haltegriffe und beide Sonnenblenden sowie die Innenleuchte ausgebaut werden.

- Aber auch die Verkleidungen von A-, B- und C-Säule müssen entfernt werden. Damit der Formhimmel leichter entnommen werden kann, sollten die hinteren Sitze umgeklappt und die vorderen Sitzlehnen ebenfalls umgelegt werden.

- Nun ziehen Sie noch vorsichtig die Türdichtgummis von den Rahmen, da diese über eine nach innen ragende Lippe ebenfalls den Formhimmel halten.

- Als letzten Schritt ziehen Sie noch die vier Halteclips aus dem Himmel heraus. Passen Sie hierbei besonders auf, dass Sie den Himmel nicht mit dem Werkzeug verschmutzen.

- Um den Himmel dann endgültig nach hinten aus dem Fahrzeug entnehmen zu können, empfiehlt sich die Zuhilfenahme einer zweiten Person. Und nochmals Achtung: Der helle Himmel neigt gerne zum Verschmutzen. Daher bei Arbeiten am Himmel immer auf saubere Finger achten. Noch besser ist das Tragen von Einweghandschuhen. Bei den Panda-Modellen lässt sich der Formhimmel nun relativ einfach durch die geöffnete Heckklappe herausnehmen. Behandeln Sie den Formhimmel mit besonderer Vorsicht: Knickstellen bleiben oftmals sichtbar und geknickte, instabile Verkleidungen hängen später gerne etwas durch.

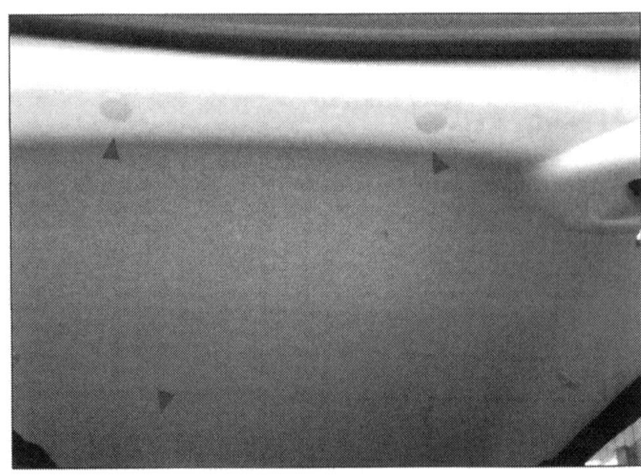

Formhimmel.

Checkliste – Fensterheber

	Störung	Was kann das sein	Was kann ich tun?
A	**Fensterscheibe wird nur in eine Richtung verstellt**	**1** Schalter defekt	Schalter auswechseln
B	**Fensterscheibe wird in keine Richtung verstellt**	**1** Fensterscheibe in den Führungen schwergängig, Sicherung wegen Überlastung des Motors durchgebrannt	Fensterscheibe in den Führungen gängig machen, Sicherung erneuern
		2 Fensterheber wird nicht angesteuert	Fehlerspeicher abfragen (lassen), Fensterhebermotor prüfen
C	**Fensterscheibe wird im ganzen Verstellbereich zu langsam verstellt**	**1** Fensterscheibe in den Führungen verklemmt	Spiel der Scheibe prüfen, ggf. korrigieren
		2 Kabelverbindungen defekt oder oxidiert	Überprüfen, reinigen, ggf. auswechseln
		3 Schalter defekt oder oxidiert	Überprüfen, ggf. auswechseln
D	**Fensterscheibe wird an der oberen Grenze des Verstellbereichs zu langsam verstellt**	**1** Fensterscheibe in den Führungen verklemmt	Spiel der Scheibe prüfen, ggf. korrigieren

Checkliste – Zentralverriegelung

	Störung	Was kann das sein	Was kann ich tun?
A	**Verriegelung funktioniert nicht**	**1** Sicherung durchgebrannt	Erneuern
		2 Servomotor oder Schlossschalter der Fahrer- oder Beifahrertür defekt	Funktion überprüfen, ggf. auswechseln
		3 Verkabelung unterbrochen	Überprüfen, ggf. erneuern lassen
		4 Can-Bus-Fehler	Fehlerspeicher abfragen (lassen)
B	**Schlösser werden entriegelt, aber nicht verriegelt**	**1** Mehrfachstecker an Motor und Türkasten locker oder oxidiert	Auf festen Sitz kontrollieren, ggf. reinigen
		2 Schalter in Servomotor defekt	Durchgangsprüfung an den entsprechenden Motorklemmen durchführen
		3 Can-Bus-Fehler	Fehlerspeicher abfragen (lassen)
C	**Schlösser verriegeln aber entriegeln nicht**	**1** Mehrfachstecker an Motor und Türkasten locker oder oxidiert	Auf festen Sitz kontrollieren, ggf. reinigen
		2 Schalter in Servomotor defekt	Durchgangsprüfung an den entsprechenden Motorklemmen durchführen
		3 Can-Bus-Fehler	Fehlerspeicher abfragen (lassen)
D	**Eines der Schlösser funktioniert nicht**	**1** Schalter in Servomotor defekt	Durchgangsprüfung durchführen
		2 Kabel- bzw. Steckerverbindung am Servomotor oder Türkasten defekt	Überprüfen, ggf. instand setzen
		3 Mechanische Übertragungsteile klemmen	Teile auf Funktion überprüfen und festen Sitz kontrollieren. Ggf. Teile etwas fetten, verschlissene Teile auswechseln

Anbau von Zusatzgeräten

Nachrüsten von Zubehör und Sonderausstattung

Der Anbau von Zubehör soll das Fahrzeug individueller gestalten und den Nutzwert verbessern. Es sollte auch den Wert des Fahrzeuges nachhaltig steigern. Sicherlich sind die Original-Zubehörteile oftmals teurer als die Angebote aus dem Zubehörbereich der freien Märkte. Die Preisunterschiede ergeben sich aber oftmals schon daraus, dass die Teile, die der Fahrzeughersteller für sein Fahrzeug anbietet, lediglich für das eine Modell oder eben wenige Fahrzeugmodelle dieses Herstellers gebaut werden. So werden eben deutlich geringere Stückzahlen gefertigt. Der Vorteil dieser Modellorientierung liegt aber darin, dass die Passgenauigkeit hinsichtlich Anbau und Elektrik deutlich präziser ausfällt, der Anbau fällt oft deutlich leichter. Unbestritten finden sich auch deutliche Unterschiede in der Qualität. Auf Nachfrage ist der freundliche Fiat-Händler sicher auch bereit, die originalen Anbauunterlagen auszudrucken oder den Anbau genau zu erklären. Meistens wird der Anbau auch mit werksmäßig vorgegebenen Anbauzeiten beschieden und kann dann auch recht kostengünstig durch den Händler realisiert werden. Nachfragen kostet nichts.
Das umfangreiche Originalzubehör für den Panda ermöglicht auch in der Nachrüstung noch so manche Spezialisierung, egal in welcher Ausrüstung er ausgeliefert wurde.

Lichtanlage

Nachrüsten von Zusatzscheinwerfern

Der Anbau selber gestaltet sich meist nicht sehr schwierig. Allerdings müssen hier spezielle Regeln beachtet werden. Weicht man auf die Angebote freier Händler aus, sollte möglichst immer dem Produkt des Herstellers der Vorzug gegeben werden, der auch die Erstausrüstung für das Fahrzeug beim Hersteller übernimmt.
Auswahl der Scheinwerfer: Es gibt gesetzliche Vorschriften, die den Anbauort sowie die Leuchtstärken der Scheinwerfer beschreiben. Die Leuchtstärken werden durch die StVZO beschränkt. Diese Leuchtstärken können natürlich nicht ohne Weiteres nachvollzogen werden und werden deshalb bei der Bauartprüfung der Scheinwerfer angegeben. Anhand einer Kennzahl auf der Streuscheibe des Scheinwerfers kann nachvollzogen werden, welche Leuchtstärke noch nachgerüstet werden kann. Es macht also durchaus Sinn, sich vor dem Kauf der Zusatzscheinwerfer zu informieren, ob diese denn überhaupt verbaut und betrieben werden dürfen.
Betrachten wir nun zuerst einmal die gesetzlichen Anbauvorschriften der Zusatzscheinwerfer:

Nebelscheinwerfer

Nebelscheinwerfer

Nach der StVZO dürfen lediglich zwei Nebelscheinwerfer verbaut werden. Wenn bereits werksmäßig Nebelscheinwerfer vorhanden sind, dürfen keine weiteren nachgerüstet werden. Sie dürfen maximal 40 cm von der äußersten Kante des Fahrzeuges und nicht höher als die Scheinwerfer für das Abblendlicht angebaut werden. Sie dürfen auch nicht niedriger als 25 cm vom Boden entfernt befestigt werden. Die Nebelscheinwerfer dürfen nur zusammen mit dem Abblendlicht oder dem Fernlicht funktionieren. Zudem müssen sie mit einer Kontrollleuchte versehen werden, die dem Fahrer den Betrieb der eingeschalteten Nebelscheinwerfer signalisiert.
Die Farbe der Kontrollleuchte ist nicht vorgeschrieben.

Fernscheinwerfer

Da Fernscheinwerfer schon beim Serienfahrzeug verbaut sind, dürfen auch hier nur zwei weitere Scheinwerfer angebaut werden. Es kann allerdings sein, dass der Hauptscheinwerfer bereits zusätzliche Fernscheinwerfer eingebaut hat. Man erkennt das recht leicht an den verbauten Birnen. Ist im Scheinwerfer eine Zweifadenlampe eingebaut und zusätzlich für das Fernlicht ein weiterer Reflektor, der mit einer Einfadenlampe bestückt ist, darf kein weiterer Scheinwerfer für das Fernlicht nachgerüstet werden. Die Scheinwerfer müssen beim Abblenden alle zusammen ausgehen. Die Kontrollleuchte ist bereits für die Funktion der Serienscheinwerfer eingebaut und reicht auch für die Fernscheinwerfer aus. Die Helligkeit aller eingeschalteten Scheinwerfer darf 225.000 Candela nicht überschreiten. Zählt man alle Referenzahlen der Scheinwerfer zusammen, darf das Ergebnis nicht größer als 75 werden. Die Anbauhöhe ist lediglich durch die Fahrzeughöhe beschränkt. Die Anbauscheinwerfer dürfen nicht über die Fahrzeugabmessungen hinausragen.

Fernscheinwerfer

Referenzzahl Scheinwerfer.

Abbiegeleuchten

Die Abbiegeleuchten müssen mindestens 25 cm und höchstens 90 cm, vom Boden aus gemessen, angebaut werden. Sie dürfen maximal um 1 m vom vordersten Punkt des Fahrzeuges zurückversetzt werden. Der seitliche Abstand zur äußersten Kante des Fahrzeuges darf maximal 40 cm betragen.

Auch der Sichtwinkel ist für die »Kurvenscheinwerfer« vorgeschrieben. Sie sollten nicht mehr als 30° von der Geraden abweichen und dürfen 30° bis 60° von der Längsachse des Fahrzeuges in die Kurve hineinleuchten. Die Schaltung ist allerdings sehr aufwändig. Die Abbiegeleuchten dürfen nämlich nur dann leuchten, wenn das Abblendlicht oder das Fernlicht eingeschaltet ist, der Blinker eingeschaltet ist oder sich die Fahrtrichtung von der Geradeausfahrt verändert. Sie müssen sich selbsttätig abschalten, wenn die Geradeausfahrt wieder erreicht ist. Zudem dürfen die Abbiegeleuchten nur bis zu einer Geschwindigkeit bis zu 40 km/h betrieben werden. Die Nachrüstung ohne CAN-Busanbindung ist somit sehr aufwändig und ohne erhebliche Erfahrung kaum zu bewerkstelligen.

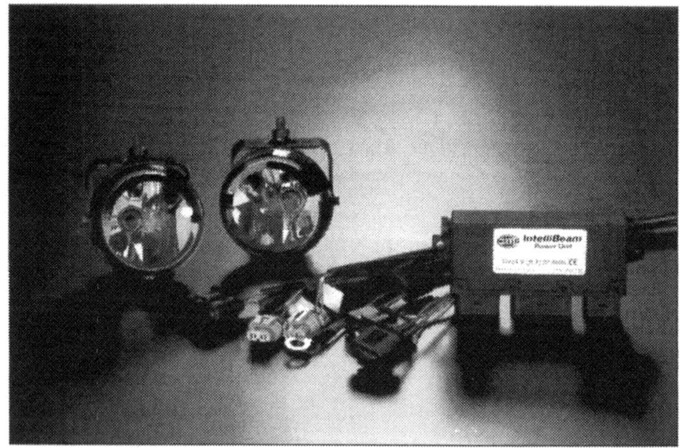

Abbiegeleuchten

Tagfahrleuchten

Tagfahrlicht ist eine stark umstrittene Ausrüstung an Pkws. Selbstverständlich wird das so beleuchtete Fahrzeug besser gesehen. Eine deutliche Abhebung vom normalen Verkehr wurde durch das Einschalten des Fahrlichts aber schon bei den Motorrädern realisiert. Dieser Vorteil im Erscheinungsbild geht nun für die Biker verloren.

Die Tagfahrleuchten dürfen nur als Paar verbaut werden. Die Anbauhöhe muss mindestens 25 cm und maximal 1,5 m vom Boden betragen. Wie bei den meisten Scheinwerfern soll der Abstand zur Fahrzeugaußenkante maximal 40 cm betragen. Der Mindestabstand sollte 60 cm betragen. Bei Fahrzeugen, deren Breite weniger als 1,3 m beträgt, reicht auch ein Abstand der Leuchten von 40 cm. Die Tagfahrleuchten sollen automatisch beim Starten des Motors eingeschaltet werden und müssen, sobald das normale Fahrzeuglicht eingeschaltet wird, abgeschaltet werden. Die Tagfahrleuchten müssen durch eine gesonderte Kontrollleuchte den Betrieb anzeigen.

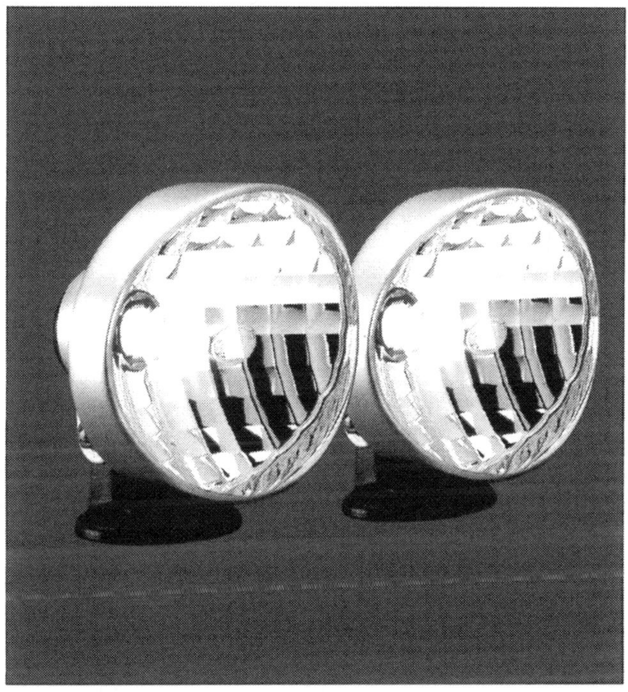

Tagfahrleuchten

Umbau auf Xenon Leuchten

Der Anbau von Xenonleuchten ist nur dann zulässig, wenn das Fahrzeug mit einer automatischen Scheinwerferhöhenverstellung und einer Scheinwerferreinigungsanlage ausgerüstet ist. Der Umbau der originalen Scheinwerfer auf Xenon-Birnen ist illegal. Die Scheinwerfer müssten dann eine neue Bauartprüfung beim TÜV ablegen. Illegale Lichtanlagen werden als erheblicher Mangel angesehen und können zum Verlust der Betriebserlaubnis für das Fahrzeug und somit auch zum Verlust des Versicherungsschutzes führen. Außerdem sind die Scheinwerfer nicht für den Einsatz der Xenon-Brenner ausgelegt. Daher besteht die Gefahr der Zerstörung des Scheinwerfergehäuses. Und ganz nebenbei stellt der Einsatz solcher Xenon-Brenner in herkömmlichen Scheinwerfern ein erhebliches Risiko für andere Verkehrsteilnehmer dar. Die enorme Blendwirkung des entgegenkommenden Verkehrs ist nicht zu unterschätzen.

Anhängerkupplung

Nachrüsten einer Anhängerkupplung

Es gibt natürlich Anbauteile, deren Bauform und Anbauposition durch den Hersteller vorgeschrieben sind. Die Aufhängungspunkte werden heute bereits in der Konstruktion des Fahrzeuges festgelegt. Alle Hersteller für die Anhängerkupplung müssen diese Punkte übernehmen. Somit wird auch klar, warum sich die Anbausätze der einzelnen Hersteller nur in Nuancen oder in der Qualität unterscheiden. Die Eintragung beim TÜV ist meistens nicht mehr erforderlich. Die meisten Hersteller haben heute eine so genannte »EG ABE«. Diese wird dann lediglich zu den Fahrzeugpapieren hinzugefügt. Die Fahrzeugbegleitmappe eignet sich bei Ihrem Panda hervorragend als sicherer Aufbewahrungsort. Der Anbau ist meist in der Anbauanweisung sehr genau beschrieben und kann auch leicht durch einen Laien nachvollzogen werden. Die Anleitungen haben bei den meisten Herstellern große Ähnlichkeit mit den Aufbauanweisungen der berühmten IKEA-Möbel. Einige Hersteller können aufgrund der guten Bebilderung ganz oder überwiegend auf die Schriftform verzichten und setzen die Bildbeschreibungen dann »mehrsprachig« ein.

Der Anbau der Anhängerkupplung mit dem Elektrosatz ist für einen geübten Schrauber in drei Stunden erledigt.

Bei den meisten Anbauanleitungen wird auch der elektrische Anschluss genauestens beschrieben. Die CAN-Bustechnologie und die Steuergeräte in dieser Anlage stellen aber schon ein eigenes Problem dar. War es früher kein Problem, Eingriffe in die elektrische Anlage zu realisieren, erfordert diese Arbeit schon spezielle Vorkenntnisse. Steuergeräte besitzen heute eine sehr aufwändige Software-Datenbank. Hier werden alle Eigenschaften und Funktionen festgelegt und definiert. Leider kann gerade beim obligatorischen Batterieabklemmen schon eine Gefahr lauern. Ist ein Steuergerät zu lange vom Netz abgeschaltet oder die Batterie abgeklemmt, kann es zu einem totalen Datenverlust führen. Gelegentlich kommt es dann vor, dass die verlorenen Daten nicht mehr neu aufgespielt werden können. Die Anschaffung und Einpflegung eines Austauschsteuergerätes würde dann erforderlich. Es kommen so sehr schnell einige hundert Euro zusammen. Informieren Sie sich daher immer genau über alle Schritte für die Montage von Nachrüstsätzen. Führen Sie diese Arbeiten nur dann durch, wenn Sie fachlich auch dazu in der Lage sind.

7- und 13-polige Anhängersteckdosen.

Die Steckerbelegung für die Anhängersteckdosen ist genormt.
Die Belegungen für den 13-poligen und den 7-poligen Stecker sind anfangs identisch. Deshalb zeigen wir zuerst die Belegung für den 7-poligen Stecker.

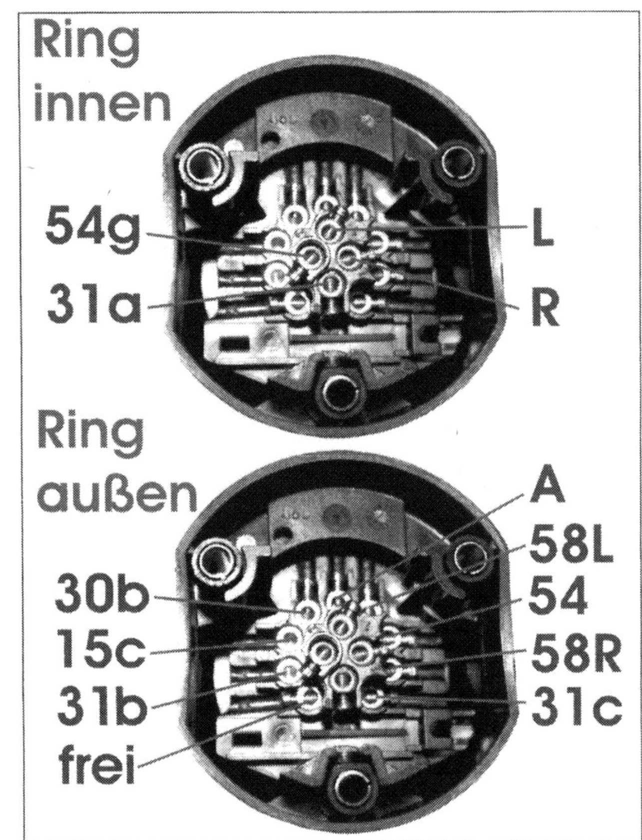

Steckdosenbelegungen.

Kontakt Nr.	Bezeichnung	Klemmenbezeichnung
1	Blinkleuchte, links	L
2	Nebelschlussleuchte	54G
3	Masseanschluss für den Kontakt 1-8	31
4	Blinkleuchte, rechts	R
5	Rückleuchte, rechts	58R
6	Bremsleuchte	54
7	Rückleuchte links	58L

Ab hier beginnt die Erweiterung für den 13-poligen Stecker

Kontakt Nr.	Bezeichnung	Klemmenbezeichnung
8	Rückfahrscheinwerfer	A
9	Dauerplus (Kabel muss bis zur Batterie!)	30b
10	Ladeleitung	15c
11	Masse für die Ladeleitung (Kontakt 10)	31b
12	Anhängerkennung	frei
13	Masse für den Dauerplusanschluss (Kontakt 9)	31c

Checkliste - Anhänger

	Störung	Was kann das sein?	Was muss ich tun?
A	**Blinkfrequenz ist zu hoch**	**1** Birnchen im Anhänger oder im Fahrzeug defekt	Blinkanlage einschalten, Blinker rundum kontrollieren
		2 Falsche Leistung der Blinkerbirne	Blinkerbirnchen im Anhänger überprüfen
B	**Chaotische Funktionen der Anhängerlichtanlage**	**1** Schlechte Masseverbindungen an der Steckdose oder an Stecker	Stecker und Verkabelung auf Beschädigung und Korrosion prüfen.
		2 Schlechte Masseverbindungen an Anhängerbeleuchtung	Spannungsverlustprüfung von Klemme31 auf Rahmenmasse
C	**Die Nebelschlussleuchte brennt dauernd**	**1** Anhängerstecker nicht richtig verkabelt	Prüfen ob Pin 2 mit dem Nebelscheinwerfer belegt ist
		2 Steckdose am Fahrzeug nicht richtig verkabelt	Prüfen ob Pin 2 mit Dauerplus belegt ist
		3 Adapter 13/7-Pol falsch belegt	Adapter prüfen
D	**Fahrlicht am Anhänger zu hell**	**1** Falscho Birne im Anhänger verbaut	Birne überprüfen
		2 Fehler in der Verkabelung des Steckers im Anhänger	Verkabelung mit dem Multimeter überprüfen
		3 Fehler in der Verkabelung der Anhängersteckdose	Mit Steckdosenprüfgerät die Anschlüsse überprüfen
		4 Adapter 13/7-Pol falsch belegt	Adapter prüfen

»Schalten, regeln und steuern« oder »Ohne Strom geht nichts«

Ein Auto braucht im Wesentlichen drei Dinge um zu fahren: Kraftstoff, Luft und Zündung. Alle diese Dinge werden durch elektrische Bauteile gesteuert, geregelt und durch Elektronik beeinflusst.
Während der Kraftstoff als ausgesprochen wertvoll gilt, wird die Stromversorgung sträflich vernachlässigt. Früher oder später rächt sich das: Mysteriöse Fehlfunktionen oder sogar der Totalausfall des Bordnetzes sind die Folge.

Na klar... früher war alles einfacher, denkt man. Stimmt aber nicht. Es ist neu, das Datenbussystem im Auto, ist aber real leichter zu prüfen. »Früher...!!!«, ruft mir der Altgeselle zu »...ham wa alles noch mit der Prüflampe..!«. Das Argument, dass man manchmal das halbe Auto zerlegt hat, lässt er kaum gelten. Die Prüflampe gehört nun endgültig, schön in Kupfer, Stahl und Hausmüll getrennt, auf den Recyclingweg. Und einfacher war es auch nicht. Die guten Mechaniker haben die meisten Standardschaltpläne im Kopf und müssen meist nur wegen der Kabelfarben oder dem Einbauort im Schaltplan schauen.
Und genau das ist jetzt zwar anders, aber nicht schwerer. Die OBD ermöglicht Messungen und Funktionsprüfungen an Bauteilen, ohne die entsprechenden Bauteile überhaupt zu Gesicht zu bekommen. Dazu aber etwas später.

Was ist eigentlich der Unterschied zwischen Elektrik und Elektronik?

Von der Elektrik spricht man bei Bauteilen die nach einem einfachen physikalischen Prinzip funktionieren. Kabel: »Stromleitung durch freie Elektronen«, Elektromotor: »Drehbewegung durch Einwirken elektrischer Feder auf Festmagneten«. Die Elektronik beschreibt alle Bauteile, die durch andere elektrische Bauteile oder Größen beeinflussen, steuern oder regeln können. Eine klare Grenze gibt es aber nicht. Betrachtet man beispielsweise die Lichtmaschine, würde man sie sicherlich jetzt der »Elektrik« zuordnen. Die Ladespannung wird aber »elektronisch« geregelt. Der Übergang zwischen diesen beiden Begriffen ist also eher fließend.

Vernetzung

Seit ungefähr1980 ist zur Datenübertragung im Fahrzeug der CAN-Daten-Bus Industriestandard. Über eine, zwei Leitungen oder sogar über Glasfaserkabel werden elektrische Signale mit einer Übertragungsrate von bis zu 500 kBit/s zwischen den einzelnen Steuergeräten ausgetauscht. Der Code enthält neben den Daten auch Informationen, für welches Steuergerät seine Daten relevant sind. Die Dateninformationen werden in einer bestimmten »Sprache« übermittelt. Schließlich müssen die Informationen auch hinsichtlich Dringlichkeit sortiert werden. Die Motortemperatur ändert sich beispielsweise deutlich langsamer als der zeitliche Abstand der Zündung oder die erforderliche Kraftstoffmenge. Neben dem ursprünglichen Netz sind mittlerweile mehrere Datennetze mit unterschiedlichen Geschwindigkeiten, Aufgaben und Ausführungen im Fahrzeug verbaut, die den möglichst reibungslosen Betrieb gewährleisten sollen.
Es gibt eigentlich zwei Argumente für die Datenbusvernetzung. Zum einen die Sparsamkeit und zum anderen die Flexibilität des Systems.
Die Anbindung an ein Datennetz ermöglicht es tatsächlich, etliche Meter Kabel an einem Fahrzeug einzusparen. Eigentlich reicht es aus, ein Steuergerät in der Tür mit einem Plus- und einem Minuskabel zu versehen und zwei weitere Kabel zur Buskommunikation zu verwenden. Betrachten wir uns zur Verdeutlichung einen solchen Datenfluss:

Petra fährt mit ihrem Panda durch eine fremde Stadt und möchte sich bei einem Passanten nach dem Weg erkundigen. Um ihn besser ansprechen zu können, betätigt sie den elektrischen Fensterheber für die Beifahrerfensterscheibe.

- Der Taster stellt den Fahrerwunsch »Beifahrerscheibe öffnen« dar (das ist die Eingabe).
- Das Türsteuergerät erfasst den Fahrerwunsch und leitet ihn als Datensatz in das Datenbussystem ein. Anhand des »Statusfeldes« erkennen die angeschlossenen Steuergeräte, inwieweit diese Nachricht für sie relevant ist. Interessant ist sie zuerst einmal für das Türsteuergerät auf der Beifahrerseite (diese Umsetzung nennt man Verarbeitung).
- Der Befehl wird im Türsteuergerät rechts wieder aufgeschlüsselt und der Elektromotor in der richtigen Drehrichtung angesteuert (das ist die Ausgabe). Dieser Ablauf findet in Bruchteilen von Sekunden statt. Petra bemerkt die Datenübertragung nicht. Das Fenster aber ist auf.

Eingabe – Verarbeitung – Ausgabe

Das so genannte EVA-Prinzip beschreibt den Arbeitsvorgang in einer Steuerung. Eingabe ist der Ablaufauslöser. Hier wird der Startschuss für eine bestimmte Aktion gegeben. Die Verarbeitung löst die erforderlichen Vorgänge aus, die für die Umsetzung des Befehls erforderlich sind.
Über dieselben Leitungen können auch die Zentralverriegelung oder auch der elektrische Spiegel angesteuert werden. Und das sogar scheinbar gleichzeitig. Bedenkt man jetzt noch, dass für die Schaltereinheit vorne in physikalischer Verdrahtung bereits zehn einzelne Kabel

erforderlich wären, das Umschaltrelais und den Scheibenhebermotor mal ganz ausgeklammert, ergibt sich sehr leicht erkennbar eine deutliche Einsparung an wertvollem Indianergold (Kupferdraht). Das ist nicht nur billiger, sondern gleichzeitig auch weniger störanfällig. Auch für Kabel an Knickstellen gilt: Was nicht da ist, kann nicht brechen. Passiert das dennoch einmal, würde die Fehlermeldung beim Kabelbruch dann »TÜR-STEUERGERÄT VORNE LINKS KEINE KOMUNIKATION« lauten. Die Fehlersuche ist durch die geführte Fehlersuche mit dem Tester etwas leichter, als die für die alten Systeme. Weniger Kabel bedeutet auch weniger Chaos, braucht aber mehr fachliche Übersicht.

Eine Vielzahl von Informationen können von mehreren Geräten verwendet werden. Als Beispiel betrachten wir uns einmal das Geschwindigkeitssignal. Aufgenommen wird es vom ABS-System. Dieses System wertet das Signal auch aus und setzt diese Information in den Datenbus. Diese Information wird nun vom ABS-Steuergerät (Fahrhilfen und Bremshilfen), vom Motorsteuergerät (Geschwindigkeitsregelung), vom Tachometer (Anzeige), vom Radio (Lautstärke), vom Steuergerät der Lenkhilfe (Lenkkräfte, Korrekturen) und noch einigen anderen verwendet. Die Information stammt von Sensoren, die früher mal nur für das ABS-System gearbeitet haben. Heutzutage können dadurch in einem Fahrzeug eine Unmenge von Komponenten und Systemen unterschiedlichster Anwendungsgebiete miteinander arbeiten.

Betrachten wir uns die BUS-Topographie (die Landkarte des Datennetzes) mal etwas genauer:

Der Generator Ihres Panda wird beispielsweise durch ein so genanntes elektrisches Lastmanagement überwacht und in seiner Aufgabe unterstützt.

Möglich wird ein solches System erst durch das CAN-Bus des Fahrzeuges. Dieses System sorgt dafür, dass eine ausreichende Spannung zum Starten des Motors an der Batterie anliegt.

Das Bordnetzsteuergerät erfasst für diese Funktion die Motordrehzahl, die Batteriespannung und die Generatorlast. Zusätzlich liegen über den Datenbus Informationen vor, welche großen Verbraucher zurzeit eingeschaltet sind. Diese Daten werden ausgewertet und entsprechend einem Schema, welches drei Lastzustände beschreibt, reagiert.

Das Bordnetzsystem überwacht nun selbsttätig den Lastzustand und reagiert aktiv auf Veränderungen durch den Erregerstrom bis hin zur Abschaltung minder wichtiger Verbraucher bei Überlastung oder Unterspannung.

Die Anbindung der Bauteile und Systeme erfolgt zum einen über das Datennetz und natürlich auch über eine reale Verkabelung. Diese wird als physikalische Verdrahtung bezeichnet. Alle Anschlüsse, die mit einem Kupferkabel tatsächlich eine Verbindung zwischen zwei Geräten herstellen, werden als physikalische Verdrahtung bezeichnet. An den meisten Stromverbrauchern im Panda sind zwei Kabel angeschlossen. Doch oft lässt sich nur eine Leitung vom Verbraucher zur Batterie oder zum Generator zurückverfolgen. Die andere ist meist schon nach wenigen Zentimetern am Blech der Karosserie, am Motor oder am Getriebe festgeschraubt oder an einer Steckerzunge eingesteckt. Die Automobilbauer machen sich hier ein physikalisches Prinzip zunutze. Metallteile, in der Autoelektrik als Masse bezeichnet, können nämlich Strom leiten. Man spart daher die langen Kabel für die Rückleitung des Stroms zum Minuspol der Batterie ein und überlässt diese Aufgabe der Masse. Wenn ein Verbraucher nicht funktioniert, liegt das häufig an fehlender Masseverbindung. Der Kontakt zur Fahrzeugmasse wird auf Umwegen hergestellt, woraus durchaus nicht sofort verständliche Fehler resultieren können.

Fehlersuche und Diagnose

Bei einem Fehler in der Elektronik ist guter Rat teuer. Denn das Ermitteln der Fehlerquelle, die so genannte Diagnose, ist heutzutage ohne ein entsprechendes Diagnosetool, wie im Bild zu sehen, nicht möglich. Diagnosegeräte können dabei aber weitaus mehr, als nur den Fehlerspeicher auslesen. Das moderne Fiat-System verbindet gleich mehrere Funktionen miteinander. Eine geführte Fehlersuche erläutert dem Servicetechniker ein schrittweises Vorgehen zum Beheben des aufgetretenen Fehlers. Niemals sollte die erste Hilfe nach gut nachbarschaftlichem Rat erfolgen. Setzen Sie das Steuergerät beispielsweise durch mehrstündiges Abklemmen der Batterie zurück, wird zwar der Fehlerspeicher gelöscht, aber neben dem Radiocode (der sich wieder eingeben lässt) gehen alle Feinabstimmungsdaten (so genannte Adaptionswerte), die das Steuergerät selbst ermittelt hat, verloren. Im schlimmsten Fall wird durch das mehrstündige Abklemmen auch die Software beschädigt und das Auto läuft nicht mehr. Mit etwas Glück kann der freundliche Fiat-Partner diese wieder aufspielen. Gelingt das nicht, werden die Neuanschaffung eines Steuergerätes (könnten auch mehrere werden...) und die Anpassung an das System unumgänglich. Bei jeder Art von

Messungen sollte immer ein Dauerladegerät angeschlossen werden, um die Bordnetzspannung aufrecht zu erhalten.
Gar nicht so wenige Störungen an der Elektrik lassen sich mit einfachen Mitteln beheben. Man muss sich natürlich etwas auskennen, weswegen wir Ihnen Grundbegriffe erläutern und Hilfen bieten wollen. Wie bei anderen Baugruppen auch, gehören dennoch viele Störungen in die Fachwerkstatt oder zu einem versierten Mechaniker. Hilfen hierzu werden auch im Buch »Reparaturanleitung« unseres Verlages genauer beschrieben.

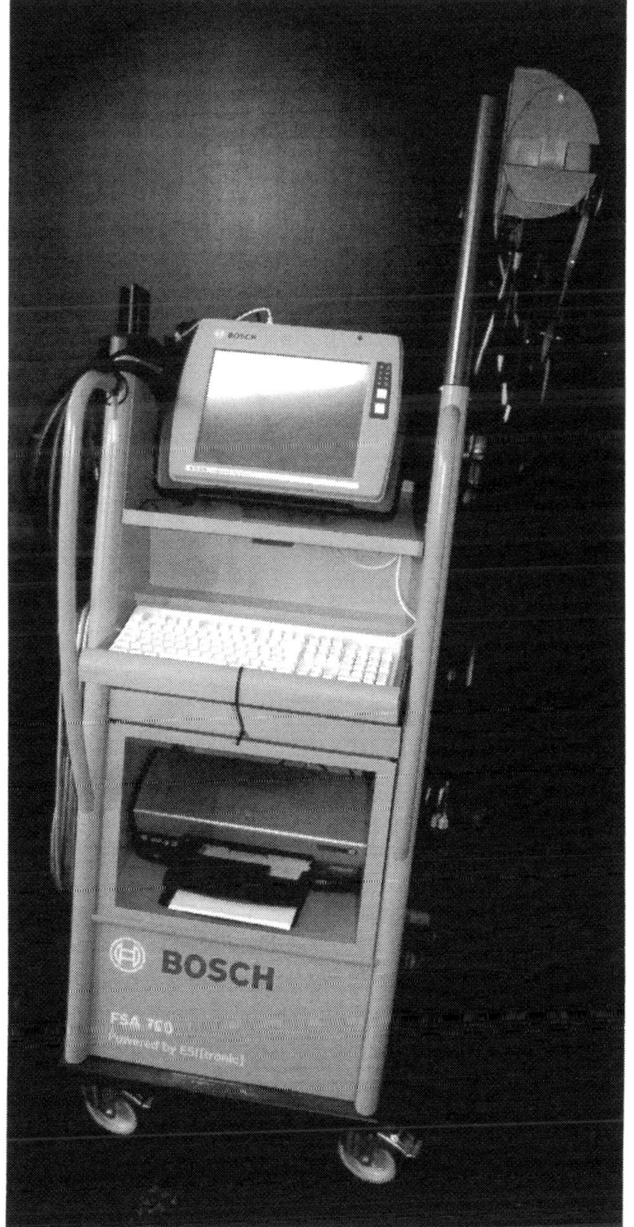

FSA von Bosch.

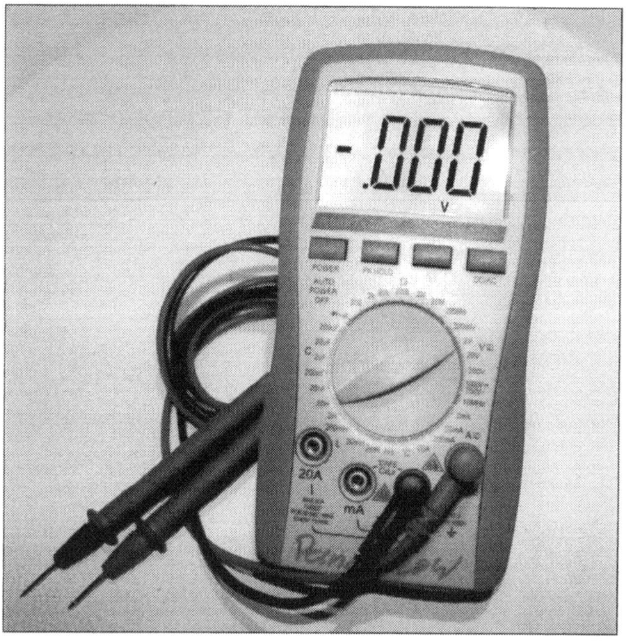

Multitalent: Der Umgang mit dem Multimeter ist nicht schwer und doch sehr hilfreich. Spannung, Stromstärke oder der Widerstand eines Verbrauchers können leicht ermittelt werden.

On Bord Diagnose (OBD)

Seit den 1990er-Jahren sind alle Automobilhersteller gesetzlich dazu verpflichtet, die Abgas beeinflussenden Systeme während des Fahrbetriebs permanent zu überwachen und auftretende Fehler zu speichern. Die On Bord Diagnose in Ihrem Panda erfüllt genau diese Aufgabe. Das System ist ebenso in der Lage Fehler zu erkennen, als auch abzuspeichern. Es informiert ggf. auch den Fahrer über eine Anzeige im Cockpit, um ihn zu einem Werkstattbesuch zu veranlassen. Die im Panda eingesetzte OBDII ist in der Lage, bei der Eigendiagnose die Fehlerart (Unterbrechung, Kurzschluss, unplausibles Signal), den Fehlerstatus (sporadisch, resistent) und die Fehlerquelle zumindest im System zu erkennen. Dies erleichtert der Werkstatt die Fehlersuche (das Auftrennen verschiedener Steckverbindungen mit anschließenden und aufwändigen Funktions- und Bauteileprüfungen wird oftmals unnötig). Zur Informationsübertragung wurde eine Diagnoseschnittstelle geschaffen, die eine Kommunikation zwischen den eingesetzten Steuergeräten und einem angeschlossenen Diagnosetester ermöglichen.
Der Informationsfluss ist in beide Richtungen möglich, das heißt: Zusammen mit dem Werkstattreparaturleitfaden hilft dieses System der Werkstatt das Einkreisen

des Fehlers zu beschleunigen, die Reparatursicherheit zu erhöhen und damit auch Reparaturkosten zu senken. Die Diagnosegeräte haben sich mittlerweile vom einfachen Fehlerauslesegerät zu richtigen Hightechrechnern mit Eingriffsmöglichkeiten in die Steuergeräteumgebung entwickelt. Damit ein solches System funktionieren kann, müssen alle Systeme miteinander vernetzt sein und untereinander kommunizieren können. Dies ermöglicht der so genannte CAN-Daten-Bus.

OBD-Anschlussdose: Die Verbindung zwischen Auto und Tester.

Grundbegriffe der Elektrik

WISSENSWERTES

Spannung (Volt): Vergleichbar mit dem Druck in einer Wasserleitung. Je größer der Druck, umso schärfer der Strahl. Autos benutzen derzeit ein 12-Volt-Bordnetz, in naher Zukunft wird die Voltzahl wohl deutlich erhöht. Besonders hohe Spannungen werden in Zündanlagen bereitgestellt. Bis zu 40 000 Volt sorgen dafür, dass der Strom auch größere Distanzen überspringen kann. Im Grunde soll er das aber nur an der Zündkerze, weshalb alle spannungsführenden Teile gut isoliert sind.

Stromstärke (Ampere): Vergleichbar mit der Durchflussmenge am Wasserhahn. Neben der Spannung, die zu Stromüberschlagen führen kann, ist die Stromstärke das eigentlich Gefährliche am Strom. Wird dicht an der Stromquelle ein Kurzschluss verursacht, fließt maximaler Strom. Vergleichbar einem Wasserrohrbruch, der eine ganze Straße unter Wasser setzen kann.

Leistung (Watt): Das Produkt aus Spannung und Strom gibt an, welche elektrische Arbeit ein Verbraucher abgibt, beziehungsweise aufnimmt. Das hängt wiederum von dessen Widerstand ab. Bildlich gesprochen: Der wenig geöffnete Wasserhahn kann bei hohem Druck die gleiche Menge abgeben wie ein voll geöffneter Hahn bei geringem Druck. Wie viel entnommen werden soll, bestimmt allein der Verbraucher und dessen Aufnahmefähigkeit.

Widerstand (Ohm): Fließt der Strom ungehindert, ist der Widerstand = 0. Bei einer Unterbrechung des Stromkreises dagegen unendlich. Jeder Verbraucher bietet normalerweise einen gewissen Widerstand, wenn auch zum Teil einen sehr geringen. Kurzschluss: Wenn Sie zum Beispiel mit einem Schraubenschlüssel beide Batteriepole verbinden, kann durch den massiven Stahl fast unendlich Strom fließen. Das schweißt sogar den Schlüssel an den Polen fest! Vor Kurzschlüssen im Bordnetz schützen Schmelzsicherungen mit ihrer dünnen Drahtbrücke. Dieser Draht ist das genau definierte schwächste Glied im Stromkreis und brennt bei Überlastung durch. Der Stromfluss wird somit unterbrochen und weiterer Schaden vermieden.

Bauteile und Komponenten

Der Anlasser

Beim Drehen des Zündschlüssels in Richtung Start gibt das Zündschloss Spannung an die Halte- und Einzugswicklungen (1 und 2) des Ausrückrelais (13) frei, das oben auf dem Anlasser sitzt. Der Relaisanker zieht den Ausrückhebel (4) an. Dieser schiebt über Führungsringe und Einspurfeder den Mitnehmer mit dem Zahnritzel (7) gegen den Zahnkranz des Motorschwungrads, wodurch sich diese Teile drehen. Der Anker (18) des Startermotors dreht sich noch nicht, der Hauptstrom für Erreger- und Ankerwicklung ist noch nicht eingeschaltet.

Erst wenn das Ritzel so weit eingespurt ist, dass das Ende des Schubweges erreicht ist und die Kontaktbrücke im Ausrückrelais an den Relaiskontakten anliegt, wird der Startermotor eingeschaltet. Der nun umlaufende Starteranker schraubt durch die Wirkung des Steilgewindes das im Zahnkranz gegen Drehung festgehaltene Ritzel weiter in den Zahnkranz hinein, bis es am Anschlagring (9) der Ankerwelle (8) anschlägt. Die Einzugswicklung ist kurzgeschlossen, die Haltewicklung hält den Relaisanker bis zum Abschluss des Startvorgangs in der eingezogenen Stellung fest. Der Motor wird durchgedreht. Ist der Motor angesprungen, steigt die Drehzahl des Starterritzels über die Leerlaufdrehzahl des Startermotors an. Der Rollenfreilauf (6) löst die kraftschlüssige Verbindung zwischen Ritzel und Ankerwelle. Der Anker wird vor Hochdrehen geschützt, das Ritzel bleibt im Eingriff. Beim Ausschalten des Startschalters gehen Ausrückhebel, Mitnehmer und Ritzel durch die Rückstellfeder (3) in die Ruhestellung zurück. Das Ritzel bleibt bis zum nächsten Startvorgang in der Ruhelage.

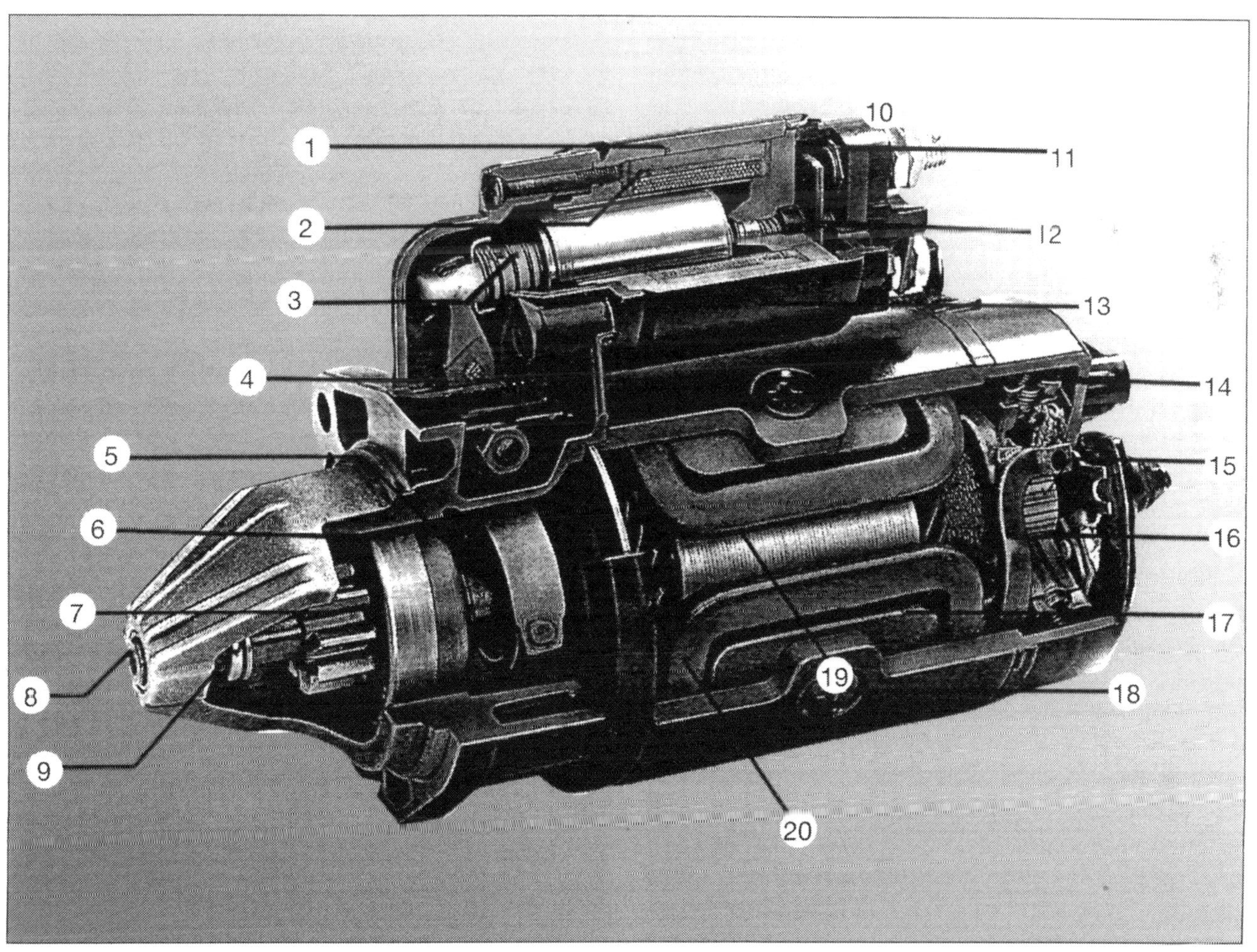

Aufbau eines Anlassers: (1) Antriebslager, (2) Starterritzel, (3) Ausrückrelais, (4) Anschlussklemme 30, (5) Verschlussdeckel, (6) Bürstenhalterplatte mit Kohlebürsten, (7) Erregerwicklung, (8) Polgehäuse, (9) Anker, (10) Polschuh, (11) Planetengetriebe (Vorgelege), (12) Ausrückhebel, (13) Einspurgetriebe.

Funktioniert der Anlasser nicht, können mehrere Teile die Ursache sein. Der Magnetschalter oder die Schleifkohlen können klemmen oder stark abgenutzt sein. Auch ein Verschluss der Lagerung ist möglich. Es kann vorkommen, dass sich der Anlasser bei geladener Batterie nicht oder zu langsam dreht und den Motor nicht durchzieht. Dann sollten auch die Leitungsanschlüsse am Magnetschalter und die Massebänder zwischen Motor, Aufbau und Batterie auf festen Sitz überprüft werden. Diese Teile dürfen nicht oxidiert sein.

Der Generator

Natürlich benötigt Ihr Panda auch während der Fahrt elektrischen Strom. Motorsteuerung und Benzineinspritzung müssen mit Energie versorgt werden. Alle weiteren unbedingt erforderlichen oder für Ihre Sicherheit und Bequemlichkeit eingebauten automatischen Systeme sowie die gesamte Lichtanlage sind ohne elektrische Energie arbeitsunfähig. Die Autoelektrik ist also eine wichtige Angelegenheit. Ein leistungsfähiger Drehstromgenerator ist das Kraftwerk (Lichtmaschine) Ihres Fahrzeugs. Er versorgt schon bei Leerlauf des Verbrennungsmotors alle elektrischen Aggregate mit Strom und lädt ständig die Batterie auf. Der Generator im Panda bringt es auf etwas mehr als 2 kW elektrische Leistung. Angetrieben wird die Lichtmaschine über den Keilrippenriemen. Eine Drehstrom-Lichtmaschine produziert dreiphasigen Wechselstrom. Da die Batterie mit Gleichstrom geladen werden muss, besorgen Leistungsdioden die Gleichrichtung des Wechselstroms. Diese Leistungsdioden verhindern auch die Entladung der Batterie bei stehendem Fahrzeug.

Die abgegebene Spannung der Lichtmaschine hängt von ihrer Antriebsdrehzahl, dem Magnetfeld des Rotors und der abgefragten Leistung ab. Je schneller die Lichtmaschine dreht, umso höher steigt die Spannung wie bei einem Fahrraddynamo. Ein solches Auf und Ab ertragen weder die Stromverbraucher im Auto noch die Batterie.

Der Generator Ihres Panda wird, wie schon erwähnt, durch ein so genanntes elektronisches Lastmanagement überwacht. Ein Regler schützt vor Überspannungen und verhindert ein Überladen der Batterie. Der Regler ist an die Lichtmaschine angeschraubt. Er korrigiert die Ladespannung auf einen Wert um 13,8 V. Das Lastmanagement greift unterstützend in diesen Regelprozess ein. Von der Anhebung der Leerlaufdrehzahl bei zu geringer Ladespannung bis zur Abschaltung einzelner Komfortverbrauchern nach einem vorgegebenen Muster kann die Batterieladung beziehungsweise der Erhalt der Ladespannung unterstützt werden. Der Generator ist praktisch wartungsfrei, da es nichts zu schmieren gibt. Selbst die Schleifkohlen sind ohne weiteres für 100.000 Kilometer und mehr gut.

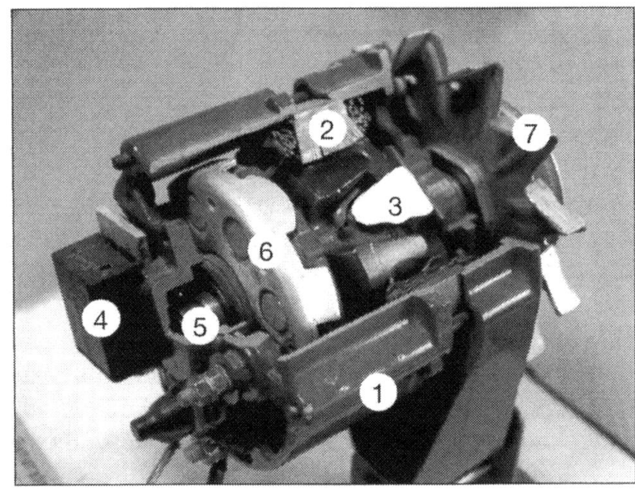

Aufbau einer Lichtmaschine: (1) Gehäuse, (2) Stator, (3) Läufer, (4) elektronischer Feldregler mit Bürstenhalter, (5) Schleifringe, (6) Gleichrichter, (7) Lüfter.

Die Batterie

Damit Ihr Fahrzeug starten kann, muss der Anlasser (Starter) ausreichend elektrische Leistung erhalten. Das sind im Augenblick des Starts bis zu 2000 Watt, gegenüber knapp 400 Watt, die dem Starter zum Durchdrehen des warmen Motors genügen. Diese Startenergie bereitzustellen, ist die wichtigste Aufgabe der Batterie. Sechs in Reihe geschaltete Zellen bilden das Herz einer 12-Volt-Auto-Batterie. Jede Zelle besteht aus positiven und negativen Hartblei-Gitterplatten. Die positive Platte enthält Bleidioxid, die negative Platte reines Blei. Dazwischen sitzt ein Separator.

Energiespeicher im Panda

Er trennt die beiden Platten voneinander, lässt aber den Elektrolyten (bei Säurebatterien Schwefelsäure plus destilliertes Wasser; bei Gel-Batterien ein gasungsfreies, auslaufsicheres Gel) durch feinste Poren passieren. Im Inneren der Batterie laufen chemische Prozesse ab, durch die sie Energie aufnimmt und im Rahmen ihrer Kapazität speichert. Bei der Stromabgabe wird chemische in elektrische Energie umgewandelt. Dabei setzt die Blei-Säure-Batterie Gase frei, die zentral abgeführt werden. Ein Rückzündungsschutz verhindert die Zündung des brennbaren Gases. Bei Batterien mit Rohr und Schlauch für die Zentralentgasung darf der Schlauch nicht abgeklemmt werden! Bei Batterien mit nur einer Öffnung in der oberen Deckelseite muss diese frei von Verstopfungen sein.

Unter normalen Betriebsbedingungen macht die Wartung der Batterie im Panda wenig Aufwand. Bei hohen Außentemperaturen, langen oder auch extrem kurzen täglichen Fahrten oder nach jedem Ladevorgang empfiehlt es sich jedoch, den Säurestand zu prüfen. Die Batterieflüssigkeit aus Schwefelsäure und destilliertem Wasser kann bei hohen Temperaturen oder bei defektem Lichtmaschinen-Spannungsregler übermäßig Wasser verdunsten. Auch eine Selbstentladung (lange Standzeiten) oder eine Tiefentladung durch einen nicht ausgeschalteten, starken Stromverbraucher (wie beispielsweise eine Kühlbox in einer nicht durch das Bordnetzmanagement überwachten Steckdose) kommen als Ursache in Frage. Füllen Sie aber nur destilliertes Wasser nach. Die im Leitungs- sowie auch abgekochtem Wasser enthaltenen leitfähigen Salze und weitere mineralische Stoffe schaden der Batterie. Wirkt die Batterie trotz richtigem Säurestand kraftlos, wird per Säureheber die Säuredichte in der Batteriezelle geprüft. Diese Prüfung gibt zusammen mit der Belastungsprüfung Aufschluss über den Batteriezustand. Eine ausgebaute Batterie oder den Akku in einem vorübergehend stillgelegten Fahrzeug sollten Sie einmal im Monat nachladen. Verwenden Sie dazu aber nur Geräte, die ausgewiesen ohne Strom- und Spannungsspitzen arbeiten. Batteriestopfen müssen gut schließend eingeschraubt sein. Die Batterie muss zum Laden eine Mindesttemperatur von 10 °C haben. Schnellladen schadet der Batterie und ist nur im Ausnahmefall (z. B. bei Starthilfe) akzeptabel.

Zum Schutz der Umwelt sind Kauf und Entsorgung einer Autostarterbatterie per Gesetz geregelt. Ein Pfandsystem verhindert, dass Batterien unsachgemäß entsorgt werden und dadurch giftige Inhaltsstoffe in die Umwelt gelangen können.

Eine ausgediente Batterie muss beim Händler oder der Werkstatt abgegeben werden. Dort ist man verpflichtet, die Alt-Akkus unentgeltlich abzunehmen. Beim Kauf einer Batterie muss ein Alt-Akku zurückgegeben oder ein Pfand bezahlt werden. Haben Sie für die alte Batterie bereits Pfand bezahlt, erhalten Sie dort, wo Sie die Batterie gekauft haben (natürlich nur gegen Vorlage der Quittung) Ihr Geld wieder zurück. Geben Sie beim Kauf einer Batterie eine alte zurück, für die Sie noch kein Pfand entrichtet haben, ist es egal, wo Sie sie gekauft haben. Ein Pfand für die neue Batterie entfällt aber auch in diesem Fall. Zurzeit wird dem Händler durch die Recyclingfirmen sogar ein annehmbares Entgelt geboten. In der Regel nehmen deshalb die Händler Ihre Altbatterie auch gerne ohne einen Neukauf an.

Batterie Begriffe und Normen

WISSENSWERTES

Kennzeichnung. Ist auf dem Gehäuse der Batterie, bezeichnet ihre Eigenschaften. Beispiel: 12V 340A 70Ah (12 V = Nennspannung; 340 A = Kälteprüfstrom; 70 Ah = Nennkapazität).

Nennspannung. Die allgemeine Spannungsabgabe beträgt bei allen Panda II-Modellen 12 V (Volt). Die tatsächliche Spannung hängt vom Ladezustand der Batterie ab.

Nennkapazität. Entspricht dem Speichervermögen einer Batterie, gemessen in Amperestunden (Ah). Gibt an, wie viel die voll geladene Batterie bei 25 Grad in 20 Stunden abgeben kann, ohne dass dabei die Spannung unter 10,5 V absinkt (Entladeschlussspannung). Das Standlicht des Panda nimmt z. B. 25 Watt auf. Bei der Bordspannung von 12 V gibt die Batterie nach der Formel Strom (A) = Leistung (W) geteilt durch Spannung (V) einen Strom von 2,08 Ampere ab. Mit einer 40-Ah-Batterie könnten Sie also theoretisch 19,2 Stunden mit eingeschaltetem Standlicht parken.

Kälteprüfstrom. Ein definierter Entladestrom in Ampere (A), der einer 12-Volt-Batterie bei -18 Grad C entnommen werden kann, ohne dass die Spannung innerhalb von 30 Sekunden unter 9 Volt, innerhalb von 150 Sekunden unter 6 Volt absinkt.

Selbstentladung. Chemische Vorgänge im Inneren der Batterie führen zur Entladung, auch wenn kein Verbraucher angeschlossen ist. Eine geladene Starterbatterie verliert täglich etwa 0,5 Prozent ihrer Ladung. Hohe Temperaturen, Beschädigungen und Verschmutzungen des Batteriedeckels beschleunigen die Selbstentladung.

Die Sicherungen

In Ihrem Panda sorgen zahlreiche Sicherungen für den Schutz der elektrischen Systeme. Eine Sicherung ist Teil eines Stromkreises. Sie tritt in Aktion, wenn zum Beispiel bei einem Kurzschluss (defekter Verbraucher, beschädigtes Kabel) der Strom plötzlich stark ansteigt. Das Innenleben der Sicherung wird zerstört, der Stromfluss unterbrochen, eine Überlastung des Stromkreises verhindert – übrigens auch dann, wenn Sie an einen bereits voll ausgelasteten Stromkreis zusätzliche Verbraucher anschließen.

Sicherungen in mehreren Stromkreisen

Damit Ihr Fahrzeug bei einem elektrischen Defekt nicht ohne Strom dasteht, sind die Sicherungen auf verschiedene Stromkreise verteilt. Die Einspritzanlage und die meisten elektrischen Aggregate haben eine eigene Absicherung. In einem separaten Sicherungskasten mit Relaisplatte überwachen verschiedene Hauptsicherungen auch den Stromfluss zwischen Batterie und Verbrauchern wie Anlasser und Lichtmaschine und schützen so die gesamte Fahrzeugelektrik bei Störungen durch Kabelbrand oder Kurzschluss.
Sicherungsbelegung:

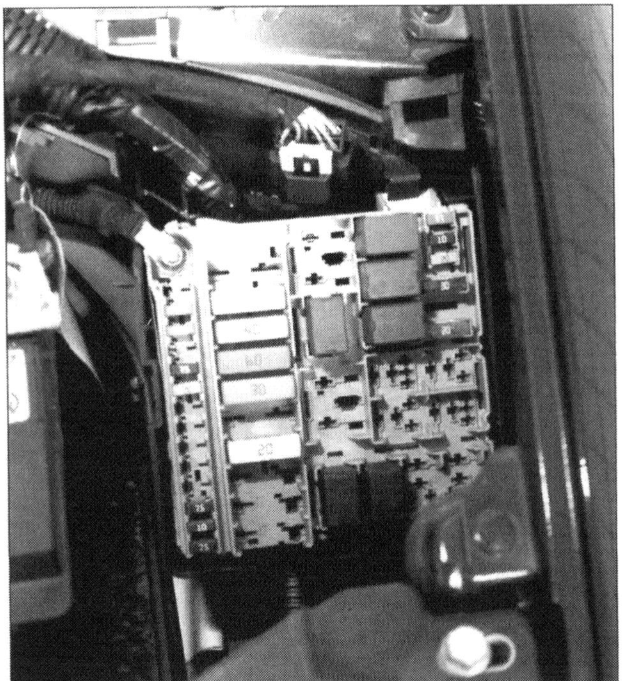

Sicherungskasten im Motorraum: Hierin befinden sich unter anderem die Hauptsicherungen des Panda.

Die Sicherungsbelegung ist abhängig von Baujahr, Motorisierungen und Ausstattung Ihres Fahrzeugs. Die Belegung bei Ihrem Auto finden Sie auch im Deckel vor dem Sicherungskasten oder in Ihrer Bedienungsanleitung.

Sicherungskasten: Hinter der Klappe unten am Armaturenbrett verbirgt sich der Sicherungskasten. Mit der Plastikzange können Sie besser als mit den Fingern einzelne, defekte Sicherungen entnehmen.

Die Auswahl der richtigen Sicherung:
Die Sicherungen sind nach Belastbarkeit farblich markiert (in Ampere).

Kennfarbe	Stromstärke
Schwarz	1 A
Grau	2 A
Violett	3 A
Rosa	4 A
Hellbraun	5 A
Dunkelbraun	7,5 A
Rot	10 A
Hellblau	15 A
Gelb	20 A
Weiß/ farblos	25 A
Hellgrün	30 A
Blaugrün	35 A
Orange	40 A
Hoch belastbare Sicherungen:	
Pink	30 A
Rot	50 A
Gelb	60 A
Schwarz	80 A

Die Beleuchtung

Die Fahrzeugbeleuchtung ist das zentrale aktive Sicherheitselement im nächtlichen Straßenverkehr. Ein neuzeitlicher Autoscheinwerfer soll angesichts immer höherer Verkehrsdichte den Gegenverkehr möglichst nicht blenden, auch bei höheren Geschwindigkeiten die Fahrbahn gut ausleuchten und dem Fahrzeug ein unverwechselbares Gesicht geben. Die wichtigsten Teile eines Scheinwerfers sind Lichtquelle, Reflektor und Streuscheibe, wobei moderne Scheinwerfer schon ohne Streuscheibe auskommen. Der Blinker ist fester Bestandteil des Scheinwerfers, er lässt sich nicht separat austauschen. Als Lichtquelle setzt Fiat bei den Scheinwerfern Halogenlampen ein. Der Reflektor war früher fast ausschließlich parabolisch, heute gibt es Stufenreflektoren, Freiformflächen oder Systeme mit Abbildungsoptik PES. Die Reflektoren aus Stahlblech oder Kunststoff sind mit einer dünnen Schicht Aluminium plus Spezialschicht präpariert. Streuscheiben aus Glas oder Kunststoff streuen oder bündeln das Licht zur Erzielung des gewünschten Ausleuchtungseffekts. Sie haben normalerweise nach innen hin ein Raster optischer Elemente (Linsen, Prismen), sind neuerdings aber auch völlig klar, also nur noch Schutz- und keine eigentlichen Streuscheiben.

Dritte Bremsleuchte

WISSENSWERTES

Seit 1998 ist eine dritte Bremsleuchte, wie in den USA schon seit den 1980er-Jahren, auch hierzulande bei allen Neufahrzeugen Pflicht. Die stetig zunehmende Verkehrsdichte und das damit verbundene Auffahrunfallrisiko erforderten für die Signalwirkung der Bremsleuchten neue Konzepte. Denn fest steht: Je früher ein Bremssignal erkannt wird, desto kürzer sind Reaktionszeit und damit auch der Anhalteweg.

Untersuchungen der Autoindustrie ergaben, dass die verbesserte Signalwirkung einer dritten Bremsleuchte die Reaktionszeit um bis zu 0,4 Sekunden verkürzt. Bei einer Geschwindigkeit von 130 km/h bedeutet dies immerhin eine Reduzierung des Anhaltewegs um 15 m. Die größere Warnwirkung hilft also Auffahrunfälle zu vermeiden. Mittlerweile ist auch die Nachrüstung älterer Fahrzeuge unproblematisch. Detaillierte, leicht verständliche Einbauanleitungen und komplettes Montagezubehör machen den Einbau auch für wenig geübte Selbermacher möglich.

Vorsicht sollte bei Nachrüstteilen geboten sein, die den Austausch einzelner Leuchtdioden ermöglichen. Ihre Verwendung ist laut Gesetzgebung nicht zulässig. Apropos Leuchtdioden: Die kleinen leuchtenden Halbleiter erreichen ihre volle Leuchtkraft schon nach weniger als 1 ms.

Zum Vergleich: Die normale Glühbirne braucht dazu ca. 200vms! Auch die Lebensdauer der LEDs ist in aller Regel länger als die normaler Glühbirnen. Überprüfen Sie regelmäßig, ob alle Bremsleuchten noch ihren Dienst verrichten. Fragen Sie zur Not eine zweite Person um Mithilfe.

Beim Defekt gilt: Wechseln Sie am besten die Birnen beider Bremslichter. Wenn die eine versagt, naht nach aller Wahrscheinlichkeit auch der Defekt der zweiten Birne.

WISSENSWERTES

Hupe und Warnblinker

Die Straßenverkehrszulassungsordnung (StVZO) schreibt vor, dass jedes Fahrzeug zum Abgeben von Warnzeichen mit einer Hupe ausgestattet sein muss. Außerdem muss die Warnblinkanlage funktionieren, damit im Notfall das haltende oder liegen gebliebene Fahrzeug gesichert werden kann. Da die Warnblinkanlage auch bei ausgeschalteter Zündung funktioniert, wird der Schalter direkt von Batterieplus über eine Sicherung versorgt. Die Richtungsblinker erhalten dagegen nur bei eingeschalteter Zündung Strom. Achtung! Warnblinkanlage darf nicht zum Entladen des Einkaufs oder zum Halten in der zweiten Reihe missbraucht werden. Die Hüter des Gesetzes verlangen dafür ein Bußgeld. Ebenso ist der Einsatz der Hupe, ohne dass Gefahr im Verzug ist, kostenpflichtig.

Der Freiflächenreflektor

Der so genannte Freiflächen-Reflexionsscheinwerfer Ihres Panda erzeugt einen genau definierten Lichtkegel auch ohne Streuscheibe. Die optimale Form des Reflektors ist nach speziellen mathematischen Verfahren per Computer berechnet. Bestimmte Segmente im Reflektor sind bestimmten Bereichen auf der Straße zugeordnet. Infolge dadurch ermöglichter kleinerer Brennweiten können im Bauraum herkömmlicher parabolischer Reflektoren drei getrennte Reflektoren für Abblendlicht, Fernlicht und Nebellicht untergebracht werden. Gleichzeitig wird die Lichtausbeute erhöht.

Spezialglas für die Streuscheibe

Der Gesetzgeber schreibt für das Abblendlicht eine spezielle Lichtverteilung vor. Mit einer asymmetrischen Hell-Dunkel-Grenze, bei der sich das Lichtmaximum auf der rechten Seite der Fahrbahn konzentriert. Damit diese Vorgaben eingehalten werden, ist die übliche Streuscheibe auf der Innenseite mit Zylinderlinsen, Prismen und Parallelflächen ausgestattet, die das vom Reflektor kommende Licht in der gewünschten Richtung verteilen. Beim Panda besteht die allerdings klare, wegen der modernen Reflektoren von optischen Elementen freie Streuscheibe aus Kunststoff, der gegen Steinschlag zehnmal widerstandsfähiger ist als Glas. Eine harte Decklackschicht schützt vor Kratzern. Ein anderer Effekt des Kunststoff-Einsatzes: Der Scheinwerfer ist etwa ein halbes Kilogramm leichter als einer mit Glasscheibe.

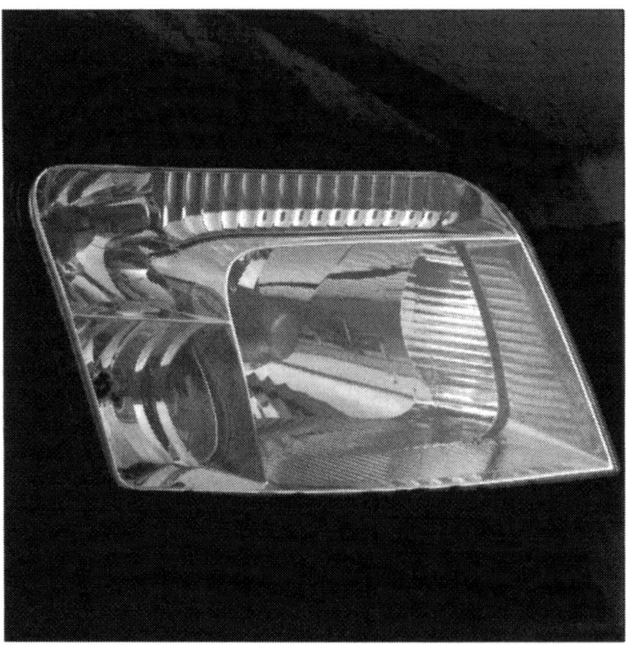

Scheinwerfer Panda.

Instrumente und Geräte

Die meisten Messstellen im Inneren Ihres Panda werden durch elektronische Bauteile kontrolliert. Das spart Ihnen jede Menge Arbeit, weil Sie nur noch wenige Anzeigen und Kontrolllämpchen beachten müssen. Die allerdings sollten Sie stets im Blick haben und eventuelle Fehlanzeigen in jedem Fall ernst nehmen: Leuchtet während der Fahrt plötzlich eine Kontrollleuchte auf, ist dies grundsätzlich ein Alarmzeichen. Vor allem den rot aufleuchtenden Symbolen muss höchste Aufmerksamkeit gelten, sie haben oberste Priorität und signalisieren eine Gefahr (anhalten, Motor abstellen!). Gelbe Symbole signalisieren eine Warnung (begleitet von warnendem Signalton).

Kontroll- und Warnleuchten

Zwei der brisantesten Warnleuchten betreffen die Bremsen und Motorschmierung. Blinkt die Öldruckleuchte während der Fahrt rot auf, sofort anhalten, Motor abstellen, Ölstand prüfen. Entweder muss Öl nachgefüllt werden oder es liegt ein Fehler vor. Dann darf der Motor auch nicht einmal mehr im Leerlauf laufen. Fachmännische Hilfe ist angesagt. Brennt die rote Kontrollleuchte für die Bremsanlage, können drei Probleme vorliegen. Welche Funktion gemeint ist, wird mit einem Informationshinweis auf dem Display in der Mitte der Instrumententafel angezeigt: Ist der Bremsflüssigkeitsstand zu niedrig, heißt die Warnung: Stop!

Bremsflüssigkeit / Betriebsanleitung lesen; stimmt etwas mit ABS, EDS, ASR oder ESP nicht, lautet der Hinweis: Stop! Bremsenfehler / Betriebsanleitung lesen. Wenn der dritte Fall vorliegt, ist am schnellsten Abhilfe zu schaffen: Handbremse angezogen. Eine weitere Warnung betrifft die Funktionstüchtigkeit der Abgasanlage. Störungen zeigt Ihnen die Anzeige mit dem gelb aufleuchtenden Motorblock im Tachometer. Auch hier gilt: Um weiteren Schaden zu vermeiden unverzüglich eine Werkstatt aufsuchen.

Sensoren, Kabel und Schalter

Die Kontrollsysteme selbst arbeiten nun auch nicht immer ohne Störungen. Manchmal sind Sensoren oder Kabel beschädigt, bisweilen sorgt somit auch ein kaputter Schalter für eine Fehlinformation.

PRAXISTIPP

Instrumente zeigen nicht an

Es gibt eigentlich keine physikalische Anbindung der Sensoren zu den Anzeigeleuchten im Tachometergehäuse. Beim Cockpit handelt es sich um ein eigenständiges Steuergerät, welches auch die Wegfahrsperre integriert. Die Befehle zur Auslösung einer Kontrollleuchte erfolgen immer über dieses Steuergerät. Gerade bei länger abgeklemmter Batterie kann es vorkommen, dass ein Teil der Software verloren gegangen ist. Ein Ergebnis einer solchen Situation ist das »dunkle Cockpit«.Hier hilft nur das Aufspielen neuer Daten beim Fiat-Händler. Im schlimmsten Fall droht der Ersatz des einen oder anderen Steuergerätes.

Lichterspiel nach Zündung ein: Das Aufleuchten aller Kontrollanzeigen dient zum Funktionstest der kleinen Lampen.

Batteriespannung und Ladesystem

Batterie Sichtprüfung

Die Pflege der Kontakte sichert die Leitfähigkeit und verhindert Korrosion an den jeweiligen Polanschlüssen. Haben sich dennoch an den Polen Oxidkristalle abgelagert, gehen Sie wie folgt beschrieben vor.

Arbeitsschritte:

- Oxidkristalle an den Batterieklemmen mit warmem Sodawasser abwaschen oder mit Neutralon (Varta-Produkt) behandeln.
- Fiat schreibt neuerdings vor, dass die Batteriepole nicht mehr gefettet werden dürfen.
- Die Batterie-Polklemmen dürfen nur gewaltfrei von Hand aufgesteckt werden, um Beschädigungen des Gehäuses zu vermeiden. Klemmenanzugsdrehmoment 6 Nm.
- Gehäuse auf Risse und Beschädigungen inspizieren, insbesondere auf ausgelaufene Batteriesäure. Diese sofort mit Seifenlauge abspülen!
- Batteriepole und die angebrachten Leitungsanschlüsse auf Beschädigungen kontrollieren. Bei Polschaden ist der erforderliche Kontakt nicht sichergestellt.
- Halterung kontrollieren, auf der die Batterie sitzt.
- Lose (montierte) Batterien sind erhöhten Erschütterungen ausgesetzt, wodurch sich ihre Lebensdauer verkürzt, zudem besteht erhöhte Explosionsgefahr. Bei einem Unfall stellt eine lose Batterie ein zusätzliches Sicherheitsrisiko dar.

⚠ Batterien

GEFAHRHINWEISE

Beim Umgang mit Blei-Säure-Batterien gelten folgende Sicherheitsvorschriften: Feuer, Funken, offenes Licht und Rauchen sind verboten. Vermeiden Sie Funkenbildung durch elektrostatische Entladungen und Kurzschlüsse (Werkzeuge nie auf der Batterie ablegen!). Vor dem Aus- und Einbau von Blei-Säure-Batterien müssen alle schaltbaren Stromverbraucher sowie der Motor aus sein, damit es nicht zu einer Funkenbildung kommt. Aufgrund der Verätzungsgefahr tragen Sie unbedingt eine geeignete Brille zum Schutz der Augen und Schutzhandschuhe. Batterie nicht kippen! Ladegerät erst nach dem Anschließen an die Batteriepole einschalten, vor dem Abklemmen ausschalten. Beim Laden von Batterien entsteht hochexplosives Knallgasgemisch: Es besteht daher Explosionsgefahr! Bei erforderlichem Schnellladen darf sich das Gehäuse nicht über 55 Grad erhitzen! Halten Sie Kinder von Säure und Batterien fern. Entsorgen Sie Altbatterien nach Vorschrift und nie über den Hausmüll!

Batterieprüfung . Säurestandskontrolle und Kontaktpflege

- Führen Sie die Kontrolle des Batteriesäurestandes einmal jährlich, zum Beispiel im Herbst, oder ca. alle 15.000 km durch. Die Batterie befindet sich rechts vorne im Motorraum und reicht fast an den linken Frontscheinwerfer heran. Auf der Längsseite der Batterie sind Säurestandsmarken aufgebracht. Kontrollieren Sie diese.

- Bei Batterien mit magischem Auge (Batterien mit schwarzem oder weißem Gehäuse) ist die Kontrolle sehr erleichtert: Im Sichtfenster zeigt eine Farbänderung ungünstig veränderten Lade- oder Säurezustand an. Luftblasen können die Farbanzeige verfälschen. Klopfen Sie leicht auf das magische Auge! Im Normalfall ist die Anzeige grün. Fiat schreibt für das Nachfüllen oder Absaugen (zu hoher Säurestand) die Batterie-Füllflasche vor.

- Die Batteriesäure muss mindestens bis zur MIN-Markierung am Gehäuse reichen (Oberkanten der Platten müssen gut bedeckt sein), darunter darf der Stand nicht abfallen. Richtig ist es, den Säurestand immer auf der MAX-Marke zu halten.

- Bei einer geladenen Batterie bis zum oberen Strich (15 mm über den Oberkanten der Platten) mit destilliertem Wasser auffüllen.

- In eine stark entladene Batterie nur so viel Wasser füllen, dass die Platten gerade bedeckt sind. Beim Aufladen steigt der Säurestand erheblich. Erst nach dem Laden bis zur oberen Marke nachfüllen.

- Den Akku nicht überfüllen. Die Säure tritt sonst an den Verschlussstopfen oder an der seitlichen Entlüftungsbohrung aus. Das verursacht Korrosion und Säurekristalle an der Oberfläche der Batterie oder an Funktionsteilen im Motorraum. Daher überschüssige Batteriesäure unbedingt absaugen.

Ladezustand und Kapazität der Batterie prüfen

Wirkt die Batterie trotz richtigem Säurestand kraftlos, sollten Sie den Ladezustand kontrollieren. Dazu verwenden Sie einen handelsüblichen Säureheber (Aräometer). Seine Skala zeigt die Dichte des Elektrolyten in der Batteriezelle an.

Säuredichtemessung mit dem Säureheber

- Führen Sie die Messung erst durch, wenn die letzte Aufladung mindestens sechs Stunden zurückliegt.

- Schrauben Sie alle Batterie-Stopfen (Verschlussstopfen der Batteriezellen) heraus und tauchen Sie den Säureheber senkrecht in die Batteriezelle (1). Dann so viel Batteriesäure ansaugen, bis die Messspindel frei in der Säure schwimmt. Je höher die Säuredichte, desto mehr taucht der Schwimmer auf.

- An der Skala des Säurehebers können Sie die Säuredichte in kg pro Kubikdezimeter (l) ablesen.

- Vergleichen Sie nun den abgelesenen Messwert mit den Werten in der Tabelle.

- Die Säuredichte muss mindestens 1,24 kg/l betragen. Ferner dürfen die Messwerte für die Säuredichte der einzelnen Batteriezellen nicht mehr als 0,03 kg/l voneinander abweichen. Ist die Dichte zu gering: Batterie laden. Nach dem Laden die Säuredichteprüfung wiederholen.

Ladezustand in normalen Klimazonen:

Spezifische Dichte (kg/l)	Zustand der Batterie
1,28	voll geladen
1,22	halbentladen
1,15	entladen

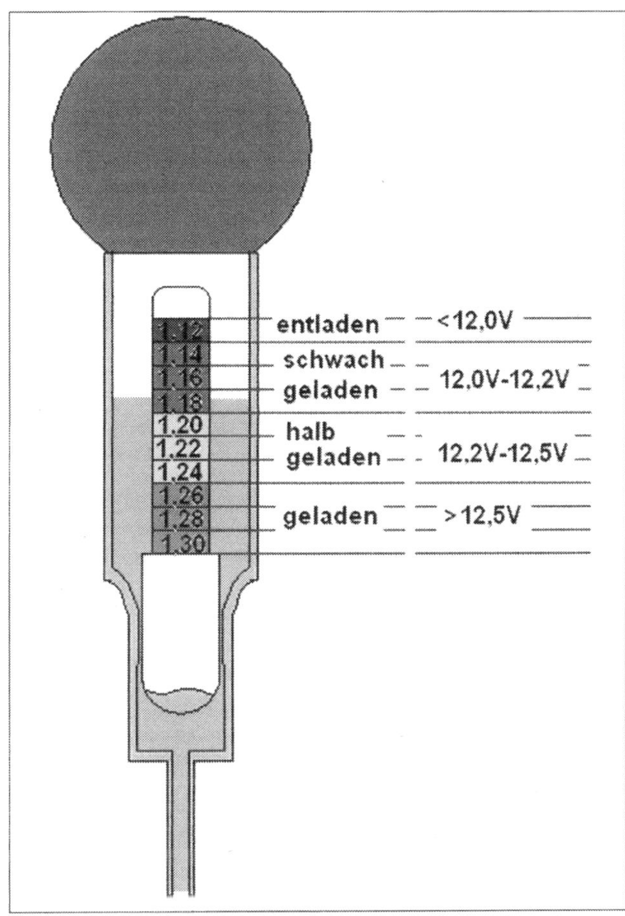

Säuredichte bestimmen: Unkompliziert und schnell erledigt.

Belastungsprüfung der Batterie

PRAXISTIPP

Im Zusammenhang mit der Säuredichteprüfung gibt eine Belastungsprüfung Aufschluss über den Zustand der Batterie. Erforderlich ist dazu ein Batterieprüfgerät. Wird ein Gerät VAS 1979 oder VAS 5033 verwendet, muss die Batterie nicht ausgebaut und auch nicht abgeklemmt werden. Dann Zündung ausschalten und die Zangen der Prüfleitungen an die Batteriepole anschließen. Je nach Batteriekapazität muss am Prüfgerät der richtige Belastungsstrom eingestellt werden:

Batterie-kapazität	Kälteprüf-strom	Belastungs-strom	Mindest-spannung
36Ah	175A	100A	10,0V
40–49Ah	220A	200A	9,2V
50–60Ah	265–280A	200A	9,4V
61–80Ah	300–380A	300A	9,0V
81–110Ah	380–500A	300A	9,5V

Durch die hohe Belastung der Batterie während dieser Prüfung sinkt die Batteriespannung, bei einwandfreier Batterie allerdings nur bis zur Mindestspannung. Wenn die Spannung sehr schnell unter die Mindestspannung laut Tabelle sinkt, ist die Batterie nur schwach geladen oder defekt.

Durch die hohe Belastung der Batterie während dieser Prüfung sinkt die Batteriespannung, bei einwandfreier Batterie allerdings nur bis zur Mindestspannung. Wenn die Spannung sehr schnell unter die Mindestspannung laut Tabelle sinkt, ist die Batterie nur schwach geladen oder defekt.

Batteriespannung messen

- Liegt die letzte Batterieladung weniger als sechs Stunden zurück, das Abblendlicht für etwa 30 Sekunden einschalten, damit durch die Ladung entstandene Spannungsspitzen abgebaut werden.
- Nach vier bis fünf Minuten Wartezeit die Batteriespannung zwischen den Polen messen. Dazu alle Stromverbraucher ausschalten. Eine ausgebaute Batterie sollten Sie einmal im Monat mit einem Ladegerät nachladen. Völlig leere Batterien können bei Frost einfrieren und platzen, randvoll geladen vertragen sie Kälte recht gut. Das gilt übrigens auch für einen Akku im vorübergehend stillgelegten Fahrzeug. Befindet sich die Batterie noch an Bord, schalten Sie zum Laden die Zündung aus. Räume, in denen Batterien geladen werden, dürfen wegen des entstehenden Knallgases nicht mit offenem Licht oder rauchend betreten werden. Stellen Sie Durchlüftung sicher: Funken beim An- oder Abklemmen könnten das Gas ebenfalls entzünden. Die Batteriestopfen müssen gut schließend eingeschraubt sein. Die Batterie muss eine Mindesttemperatur von 10 °C haben.

Und noch ein Tipp: So genanntes Schnellladen schadet der Batterie und führt bei tief entladenen Batterien auch nur zu »Oberflächenladung«.

Spannung (V)	Zustand der Batterie
12,66	100% geladen
12,48	75% geladen
12,3 (und mehr)	50% entladen

Prüfung des Spannungsreglers

- Multimeter zwischen Plus-Klemme (rotes Kabel) der Lichtmaschine und Masse anklemmen.
- Motor kurz laufen lassen, damit die Lichtmaschine betriebswarm wird (ca. 80 °C).
- Schalten Sie das Licht, Radio oder das Frischluftgebläse ein. Das entspricht einer Strombelastung von drei bis zehn Ampere. Die Ladespannung muss jetzt zwischen 13,5 und 14,8 Volt liegen.
- Messen Sie eine höhere Spannung, ist der Regler defekt und muss ausgetauscht werden. Ist die Spannung zu niedrig, deutet das auf abgenutzte Schleifkohlen oder einen Reglerdefekt hin. In diesem Fall zuerst den Fehlerspeicher auslesen, eventuell die Lichtmaschine ausbauen und zum Überholen in die Autoelektrik-Werkstatt bringen.

Ruhestrommessung am Fahrzeug

Liefert die am Vortag intakte Batterie keinen Strom, hat vielleicht ein defekter Verbraucher im Bordnetz den Akku über Nacht entladen. Das überprüfen Sie zunächst mit einer Strommessung. Wenn nötig ermitteln Sie dann den betreffenden Verbraucher. Bei Schaden an Leitungssätzen (Kabel, Kabelbäume) ist es wichtig, die Ursache wie Schmoren/Überhitzung, Scheuern, Klemmen, Quetschen, Durchtrennen, Ermüdungsbruch, Korrosion, Marderbiss oder Montagefehler herauszufinden. Nur so kann sichergestellt werden, dass sich der Schaden nach der Reparatur nicht wiederholt. Ersetzen Sie niemals eine defekte Sicherung durch eine stärkere Sicherung oder gar eine massive Brücke! Angeschmolzene Kabel oder sogar Kabelbrände können die Folge sein. Gehen Sie den Dingen lieber auf den Grund.

Im günstigsten Fall sollte ein Fahrzeug, wenn es abgestellt wurde, keine Energie umsetzen. Da diverse Steuergeräte in Bereitschaft liegen, verhält es sich nicht anders als beim heimischen Fernsehgerät. Es fließt immer ein geringer Strom, der auch irgendwann die Batterie vollständig entladen hat. Natürlich sollte, wenn schon nicht vermeidbar, der Strom so klein wie möglich ausfallen. Defekte Bauteile oder fehlerhafte Sensoren können allerdings leicht einen größeren Stromverbrauch verursachen. Schon beim Öffnen einer Tür werden neben der Innenraumleuchte diverse Steuergeräte hochgefahren und gehen in Bereitschaft. Die Stromaufnahme steigt dann zum Teil bis zu 30 A an. Schon diese Zahl zeigt, dass die Messung mit dem Multimeter nicht ratsam ist. Die Stromaufnahme kann mit einer Strommesszange leicht erfasst werden.

Strommesszange über alle oder Minus-/ Pluskabel der Batterie anschließen und den Wert ablesen. Die kleine Amperezange gibt es schon recht günstig in Elektronikversandhäusern.

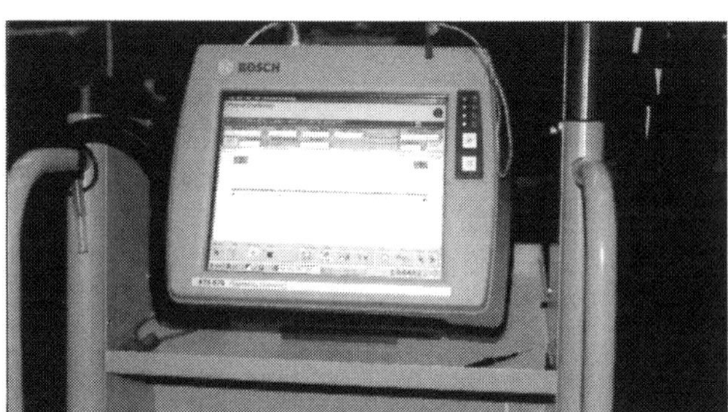

Besser ist natürlich eine Langzeitüberwachung über einen Tester. Hier kann die Aufzeichnung auch durchaus über mehrere Stunden durchgeführt werden. Die Auswertung erfolgt dann anhand des Oszilloskopbildes.

Starthilfe und Batterie laden

Batterie laden

- Pluskabel des Ladegeräts am Batterie-Pluspol, Minuskabel am Minuspol anklemmen.
- Ladestrom am Batterieladegerät entsprechend der Batteriekapazität einstellen und Ladegerät einschalten.
- Bei tief entladenen Batterien, bei denen die Ruhespannung unter 11,6 V abgesunken ist, den Ladestrom auf maximal 10% der Batteriekapazität einstellen. Bei einer 60-Ah-Batterie beträgt der Ladestrom dann 6 A.
- Unterschreitet nach Auffüllen der Batteriesäure und Aufladen der Batterie die Ruhespannung den Wert von 12,5 V, muss die Batterie ersetzt werden.
- Die Ladezeit muss dann mindestens 24 Stunden betragen.
- Wird die Batterie wieder angeklemmt, denken Sie daran, die Fahrzeugausstattungen wie Radio, Uhr und Komfortelektrik auf einwandfreie Funktion zu prüfen.

Batterie aus- und einbauen

Bevor Sie die Batterie ausbauen können, müssen Sie die Abdeckung der Scheinwerfer entfernen (falls vorhanden), eventuell das Luftfiltergehäuse und den Sicherungshalter auf der Batterie demontieren. Der Sicherungskasten ist entweder mit Clips oder mit Schrauben befestigt.

Ausbau:

- Schalten Sie die Zündung aus. Klemmen Sie das Batterie-Masseband am Batterie-Minuspol ab, damit beim weiteren Hantieren kein Kurzschluss entstehen kann. Mutter an der Klemme des Minuskabels lösen, Klemme vom Batteriepol abnehmen.
- Zum Öffnen des Sicherungshalters die Verriegelungslaschen zusammendrücken und Abdeckung aufklappen.
- Schrauben Sie die Befestigungsschraube des Stromleitbleches von der Plusklemme der Batterie ab.
- Zum Abklemmen der angeschlossenen Leitungen an den Streifensicherungen schrauben Sie die Befestigungsschrauben ab.
- Drücken Sie mit dem Daumen auf den Spannbügel und hebeln Sie mit einem Schraubendreher die Verrastung des Hebels mit der Batterie auf. Nehmen Sie den Sicherungshalter nach oben von der Batterie ab.
- Pluskabel-Klemme lösen und abnehmen.
- Sechskant-Schraube M8 x 25 am Batteriefuß losdrehen und den Befestigungsbügel abnehmen.
- Batterie herausheben.

Einbau:

- Achten Sie beim Einbau darauf, dass nur Batterien mit 10,5 mm-Fußleisten verwendet werden, um festen Sitz zu gewährleisten. Die Nase des Batterieträgers muss so in die Aussparung der Fußleiste eingreifen, dass sich die Batterie nicht mehr nach links oder rechts verschieben lasst. Nur so ist Rüttelsicherheit gegeben, um die Bleiplatten vor Schaden zu bewahren.
- Nun das Pluskabel mit 6 Nm an der Befestigungsschraube anschließen, dann das Minuskabel.
- Zur Aktivierung des automatischen Tief /Hochlaufs fahren Sie alle Türscheiben mit elektrischen Fensterhebern bis zum Anschlag nach oben. Anschließend betätigen Sie alle Fensterheberschalter für mindestens eine Sekunde in Stellung schließen.

Motor mit Starthilfekabel starten

Verwenden Sie zur Überbrückung von einer vollen zu einer leeren Batterie spezielle Elektronik-Starthilfekabel. Damit schützen Sie die elektronischen Bauteile Ihres Panda vor gefährlichen Spannungsspitzen.

- Hilfsfahrzeug dicht an Ihr Fahrzeug heranfahren, damit die Batterien durch die Starthilfekabel verbunden werden können. Schalten Sie in Ihrem Fahrzeug alle Stromverbraucher ab.

- Die Pluspole mit dem Starthilfekabel verbinden, zuerst die leere, dann die volle Batterie anklemmen.

- Das andere Kabel zuerst am Minuspol der Fremdbatterie und dann am Minuspol der entladenen Batterie (oder an Masse) anschließen.

- Motor des Hilfswagens starten und mit erhöhter Drehzahl laufen lassen, damit die Lichtmaschine viel Strom liefert.

- Starten Sie Ihr Fahrzeug. Wenn der Motor nicht gleich anspringt, sollten Sie nach weiteren Versuchen immer wieder eine Pause einlegen, damit der Anlasser abkühlen kann. Dabei den Motor des Hilfsfahrzeugs weiterlaufen lassen. Die leere Batterie in Ihrem Panda wird dadurch schon nachgeladen.

- Zum Abnehmen der Starthilfekabel zuerst den Minuspol der eigenen Batterie, dann den der Fremdbatterie abklemmen. Anschließend Kabel von den Pluspolen abnehmen, erst Vollbatterie, dann Leerbatterie.

Spannungsspitzenkiller.

PRAXISTIPP: Anschieben / Anschleppen

Wagen anschieben

Das klappt am besten, wenn Motor und Anlasser in Ordnung sind. Verzichten Sie aufs Anschieben, wenn der Motor wegen einer defekten Zündanlage nicht startet. Unverbrannte Gemischanteile können nachgezündet werden und die Temperatur im Katalysator auf gefährliche Höhen treiben. Anschieben oder Anschleppen über eine Strecke von mehr als 50 Metern ruiniert den Katalysator. Fahrzeuge mit Automatikgetriebe können nicht angeschoben werden.

- Zündung einschalten und zweiten oder dritten Gang einlegen.
- Kupplung durchtreten, Wagen durch Helfer anschieben lassen, bis er in Schwung ist.
- Kupplung schnell kommen lassen. Der Motor wird abrupt durchgedreht und müsste anspringen.
- Dann sofort Kupplung treten und Gas geben.

Wagen anschleppen

Auch diese Methode eignet sich nicht bei einer defekten Zündanlage. Arbeiten Sie nur mit einem erfahrenen Helfer zusammen. Denken Sie daran, dass Bremskraftverstärker und Servolenkung bei stehendem Motor nicht arbeiten. Fahrzeuge mit Automatikgetriebe können nicht angeschleppt werden. Auch hier gilt: Anschieben oder Anschleppen über eine Strecke von mehr als 50 Metern ruiniert den Katalysator.

- Zündung einschalten, zweiten oder dritten Gang einlegen und Kupplung treten.
- Der Zugwagen muss langsam anfahren.
- Bei etwa 15 km/h die Kupplung langsam kommen lassen. Bleiben Sie stets bremsbereit (Hand an die Handbremse).
- Ist der Motor angesprungen, Kupplung treten und Gas geben.
- Dem Schleppfahrer ein Hupsignal geben, beide Fahrzeuge sanft abbremsen. Achtung! Sämtliche Servoeinrichtungen (Bremse/ Lenkung) funktionieren ohne laufenden Motor nicht.

Glühlampenwechsel

Die Glühlampen in den Scheinwerfern werden vom Motorraum her ausgebaut. Der Wechsel einer Lampe fürs Standlicht verändert die Justierung des Scheinwerfers nicht. Bei allen anderen Lampen sollten Sie nach einem Tausch die Einstellung des betreffenden Scheinwerfers kontrollieren.
Fassen Sie intakte Glühlampen nicht mit den Fingern am Glaskolben an. Selbst geringe Spuren von Handschweiß verdampfen auf der brennenden Lampe, trüben den Glaskolben und können im Extremfall das Lampenglas zerstören. Verwenden Sie deshalb zum Einsetzen einer Lampe ein sauberes Tuch.
Streuscheibe und Scheinwerferreflektor sind miteinander verklebt. Bei einem beschädigten Scheinwerferglas oder einem matten Reflektor ist daher stets der Austausch des kompletten Scheinwerfers fällig. Der einzelne Wechsel des Streuglases oder des Reflektors ist nicht möglich.

Vorsicht: Nach dem Einbau eines neuen Scheinwerfers grundsätzlich die Einstellung kontrollieren (lassen). Der Blinker ist Bestandteil des Scheinwerfers und lässt sich separat nicht tauschen. Vor dem Ausbau wie bei allen Arbeiten an der elektrischen Anlage das Batterie-Masseband (Minuspol) abklemmen!

Lampen zugänglich machen:

- Bei Fahrzeugen mit Scheinwerferreinigungsanlage sind gegebenenfalls die Schlauchleitungen zur Seite zu legen. Prinzipiell gilt für alle Arbeiten an der elektrischen Anlage:
- Die Zündung und andere elektrischen Verbraucher müssen ausgeschaltet sein. Der Zündschlüssel sollte abgezogen werden.

Rücklicht befestigt.

Hauptscheinwerfer Panda von hinten.

Lampen für Abblendlicht und Fernlicht auswechseln

- Hebeln Sie die Halteklammer der Scheinwerfer-abdeckung auf.
- Nehmen Sie die Abdeckung ab.
- Ziehen Sie den Stecker von der Glühlampe ab.
- Haken Sie den Haltebügel auf und nehmen Sie die Glühlampe aus dem Reflektor. Neue Lampe so einsetzen, dass die Rastnase in den Aussparungen am Reflektor liegt.
- Setzen Sie die Abdeckung wieder auf.
- Schließen Sie den Haltebügel.

Lampe für Abblendlicht beim Panda.

Lampen für Standlicht auswechseln

- Hebeln Sie die Halteklammer der Scheinwerfer-abdeckung auf.
- Nehmen Sie die Abdeckung ab.
- Ziehen Sie die Fassung der Standlichtbirne aus dem Reflektor.
- Nehmen Sie die Glühbirne aus der Fassung und ersetzen Sie diese. Stecken Sie die Fassung wieder in den Reflektor.
- Setzen Sie die Abdeckung wieder auf.
- Schließen Sie den Haltebügel.

Lampen für Standlicht.

Lampen für Blinklicht auswechseln

- Hebeln Sie die Halteklammer der Scheinwerferabdeckung auf.
- Nehmen Sie die Abdeckung ab.
- Ziehen Sie die Fassung der Standlichtbirne aus dem Reflektor.
- Nehmen Sie die Glühbirne aus der Fassung und ersetzen Sie diese. Stecken Sie die Fassung wieder in den Reflektor.
- Setzen Sie die Abdeckung wieder auf.
- Schließen Sie den Haltebügel.

Lampen für Blinklicht auswechseln.

Hauptscheinwerfer aus- und einbauen

Ausbau:

- Bauen Sie den Stoßfänger vorn aus (siehe Kapitel »Die Karosserie«).
- Lösen Sie die Befestigungsschrauben (Pfeile im Bild) und ziehen Sie das Scheinwerfergehäuse ein Stück nach vorn heraus.
- Trennen Sie die Mehrfachsteckverbindung für Scheinwerfer.
- Ziehen Sie das Scheinwerfergehäuse nach vorn heraus.

Einbau:

- Beim Einbau gehen Sie sinngemäß in umgekehrter Reihenfolge vor.
- Die Befestigungsschrauben werden nur sanft mit 6 Nm angezogen.
- Prüfen Sie die Scheinwerfer nach dem Anschließen auf Funktion (Stand-, Abblend-, Fernlicht, Blinker und Nebelscheinwerfer).
- Achten Sie auf die Spaltmasse.
- Lassen Sie die Scheinwerfer einstellen.

Lampen der Heckleuchte wechseln

Ausbau:

- Öffnen Sie die Heckklappe.
- Schrauben Sie die drei Befestigungsschrauben heraus.
- Ziehen Sie das Lampengehäuse nach hinten ab
- Ziehen Sie die Steckverbindung ab.
- Schrauben Sie den Lampenträger von der Rückleuchte ab.
- Drehen Sie die fragliche Glühlampe heraus und ersetzen Sie diese durch eine neue.

Einbau:

- Befestigen Sie den Lampenträger wieder. Achten Sie darauf, dass die Dichtung richtig sitzt.
- Stecken Sie die Steckverbindung auf.
- Setzen Sie das Schlussleuchtengehäuse in den Karosserieausschnitt ein und ziehen Sie die Befestigungsschrauben leicht an (2,5 Nm).
- Achten Sie auf die Spaltmasse.

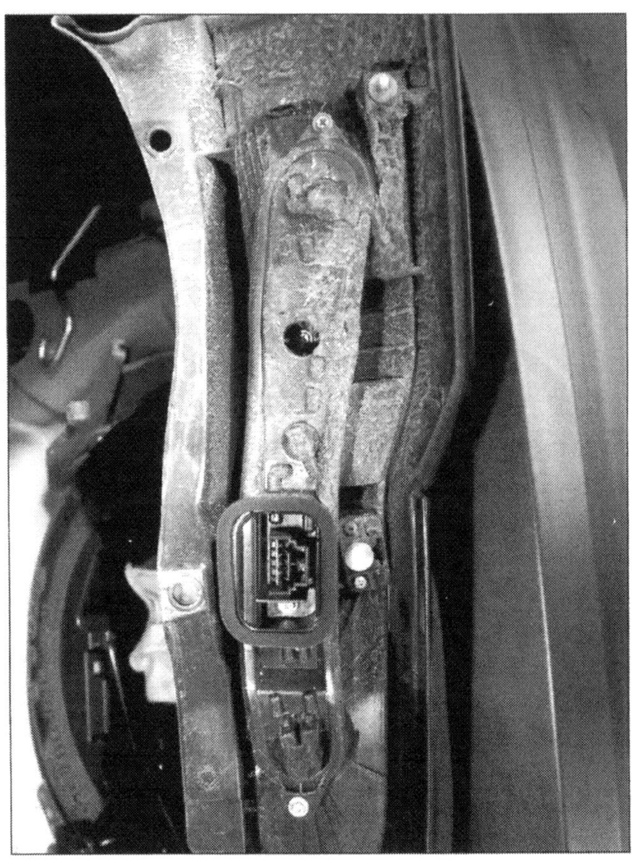

Der Lampenträger im Rücklicht.

Rücklichtverschraubungen.

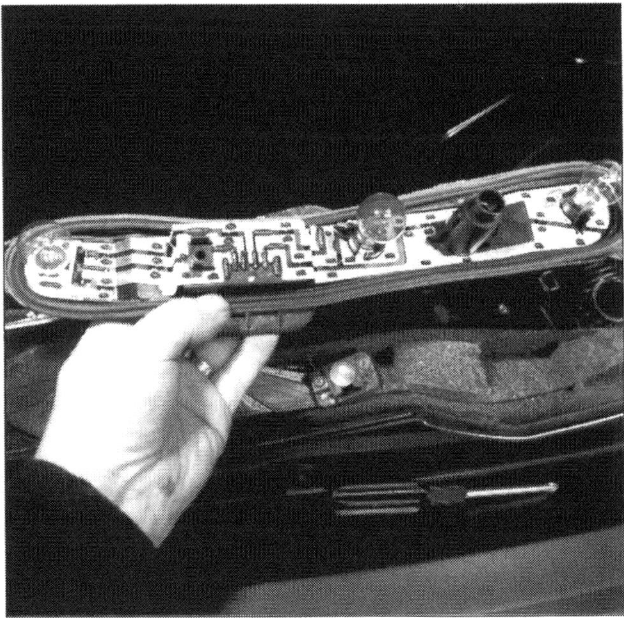

Blick auf die Birnen.

Kennzeichenleuchte wechseln

- Clipsen Sie die Streuscheibe der Kennzeichenleuchte vorsichtig heraus.
- Ersetzen Sie die Glühlampe (12 V/5 W) und bauen Sie das Glas wieder ein.
- Beim Einbau achten Sie bitte auf den richtigen Sitz der Streuscheibe (muss hörbar einrasten).

Kennzeichenleuchte demontieren.

Kennzeichenleuchte, Blick auf die Glühlampe.

Seitliche Blinkleuchte wechseln

Laut Fiat soll zum Ausbau der seitlichen Blinkleuchte die Radhausschale ausgebaut werden. Mit etwas Gefühl und der richtigen Technik geht es aber auch ohne den Ausbau der Radhausschale. Gehen Sie hierzu wie folgt vor.

- Drücken Sie die Blinkleuchte auf der Seite der Lagerstelle (s. 1 in Bild 1) vorsichtig in Pfeilrichtung gegen die Kraft der Federklammer (s. 2 in Bild 1) auf der anderen Seite der Leuchte und nehmen Sie diese heraus. Wenn Sie einen Schraubendreher benutzen, seien Sie vorsichtig, damit der Lack nicht zerkratzt wird. Der Ausbau der Blinkleuchte ist nur in einer Richtung möglich. Aber Sie können von außen nicht erkennen, auf welcher Seite die Lagerstelle und auf welcher Seite die Federklammer sitzt. In der Regel lässt sich die Blinkleuchte aber nur in Richtung der Feder verschieben.
- Drehen Sie den Lampenträger etwas gegen den Uhrzeigersinn und ziehen Sie diesen aus der Blinkleuchte heraus.
- Wenn Sie die Lampe (12 V/5 W) austauschen müssen, ziehen Sie diese aus der Fassung heraus (nicht drehen!).
- Stecken Sie dann den Lampenträger wieder in die Blinkleuchte ein und drehen sie wieder fest.
- Setzen Sie die Blinkleuchte in den Kotflügel ein.

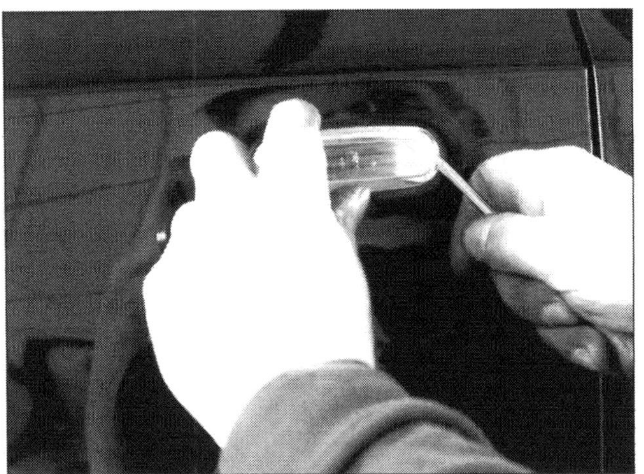

Seitliche Blinkleuchte demontieren.

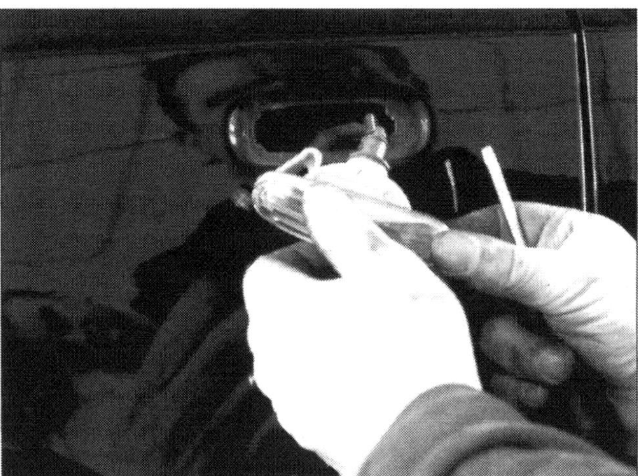

Seitliche Blinkleuchte, Lampe wechseln.

Lampe der Zusatzbremsleuchte wechseln

Die Zusatzbremsleuchte ist beim Panda am oberen Rand der Heckscheibe eingebaut.

- Öffnen Sie die Heckklappe.
- Drehen Sie die beiden Befestigungsschrauben der Bremsleuchte heraus.
- Ziehen Sie den Stecker ab.
- Schrauben Sie die Bremsleuchte von der Abdeckung.
- Haken Sie den Lampenträger aus der Bremsleuchte aus.
- Ziehen Sie die beschädigte Lampe aus dem Lampenträger heraus.
- Die Montage erfolgt in umgekehrter Reihenfolge.

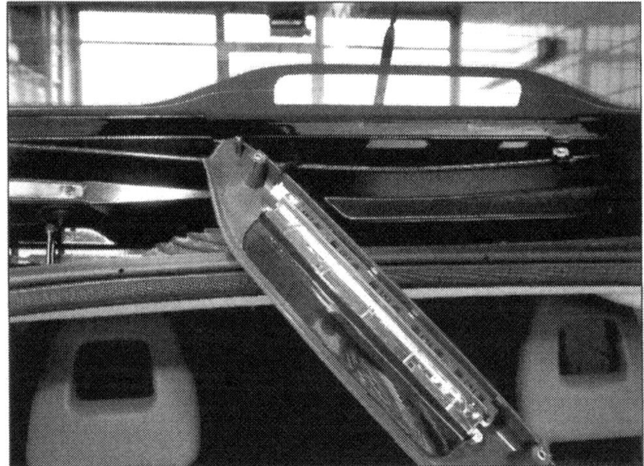

Zusatzbremsleuchte el. Anschluss.

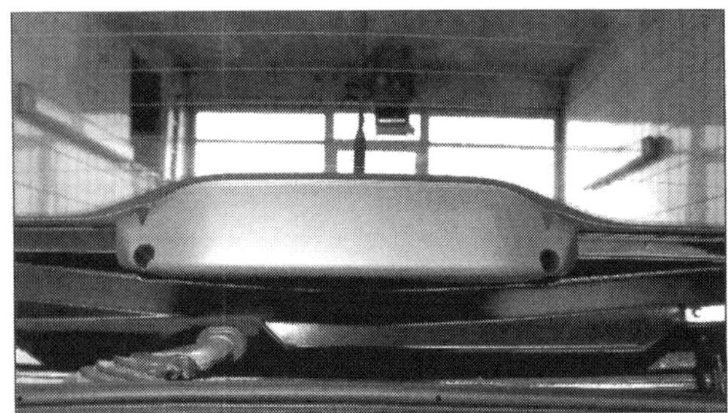

Zusatzbremsleuchte Verschraubung.

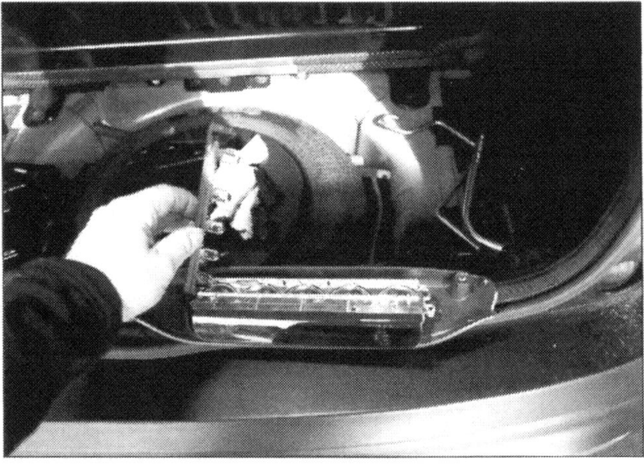

Zusatzbremsleuchte Lampenträger.

Hupe ausbauen und prüfen

Die Hupe des Panda ist am Frontträger auf der rechten Fahrzeugseite hinter dem Kühlergrill montiert – den man ausbauen muss, um an die Hupe heranzukommen. Das Horn wird über ein Relais betätigt.

Ausbau:

- Nach Ausbau des Kühlergrills die Haltemutter (Pfeil) an dem Signalhorn lösen und das Horn abnehmen.
- Stecker abziehen.
- Über Hilfsleitungen die Hupe direkt mit der Fahrzeugbatterie verbinden: Schwarzes Hupenkabel an den Pluspol, lila Hupenkabel an den Minuspol (Masse). Falls die Hupe jetzt nicht ertönt, muss sie ausgewechselt werden. Ertönt sie jedoch, muss im elektrischen System nach dem Fehler für das Hornversagen gesucht werden.
- Einbau erfolgt in umgekehrter Reihenfolge

Die Hupe.

Ständige Kontrolle der Beleuchtung

Lassen Sie die Einstellung der Scheinwerfer an Ihrem Fahrzeug regelmäßig prüfen, zum Beispiel bei den im Herbst stattfindenden Aktionen von ADAC, TÜV, Dekra und bei den meisten Werkstätten die der Kfz-Innung angehören. Außerdem sollten Sie vor jeder Fahrt die Beleuchtung Ihres Fahrzeugs kontrollieren. Dazu Zündung einschalten und nacheinander Standlicht, Abblendlicht, Fernlicht und Nebelscheinwerfer einschalten. Am Heck des Wagens müssen Rücklichter, Kennzeichenleuchten, Rückfahrscheinwerfer und Nebelschlussleuchte einwandfrei funktionieren.

Steuergerät reparieren

Es ist der Fluch der modernen Technik: Seltsame Fehlfunktionen, unregelmäßige Ausfälle ganzer Baugruppen oder auch die Totalverweigerung des Autos deuten oft auf ein defektes Steuergerät hin. Das kann sowohl die Motorsteuerung treffen, als auch das ESP. Oft genug ist zwar nur ein Sensor der Grund für den Elektronik-Spuk. Manchmal hilft aber alles nichts, und das Steuergerät muss ersetzt werden. Noch schlimmer als die Diagnose »Steuergerät defekt« ist in der Regel aber die darauf folgende Rechnung. Denn ein brandneues Steuergerät verschlingt mindestens eine vierstellige Euro-Summe. Dabei ist vielleicht nur eine Lötstelle defekt. Eine wachsende Zahl von Firmen hat sich deshalb darauf spezialisiert, Steuergeräte zu reparieren. Das kostet in der Regel nur die Hälfte. Immer noch viel Geld, falls der Fehler nur an einer Lötstelle lag, aber weniger schmerzhaft als der Austausch bei Fiat...

Selbstleuchtendes Nummernschild

Falls Sie zu denen gehören, die sich eine bestimmte Kombination reserviert haben und ihr Kennzeichen mit einem gewissen Stolz an das Auto schrauben, dürfen Sie sich freuen: Seit 2006 ist nämlich das selbstleuchtende Nummernschild SLN erhältlich. Natürlich hat die Sache einen vernünftigen Hintergrund: Das mittels LEDs und optischer Folien leuchtende Kennzeichen bietet zusätzliche Sicherheit im Dunkeln und ist auch bei starker Verschmutzung noch gut lesbar. Wichtiger scheint die Tatsache, dass Kennzeichenleuchten mit Kontaktschwierigkeiten oder durchgebrannten Lampen damit bald der Vergangenheit angehören. Technisch ist der insgesamt 21 Millimeter dicke Einbausatz bei jedem Auto mit normaler Schildgröße anbaubar, finanziell gesehen doch eine etwas größere Investition. Zum Leuchtkörper für rund 70 Euro addiert sich nämlich noch der Preis für das transluzente Kennzeichen. Immerhin ist das eine Innovation, die pünktlich zum 100sten Geburtstag des Nummernschildes eigentlich niemand erwartet hatte.

Selbstleuchtendes Nummernschild

Bi-Xenon Scheinwerfer als Leuchtmittel

Leuchten mit teurer Optik.

Oftmals kopiert, aber nie erreicht. Die Rede ist von farbigen Scheinwerferbirnen, die das Xenonlicht nachempfinden sollen. Beim Empfinden bleibt es dann aber auch schon. Denn die bunten Lämpchen bieten nachweislich weniger Licht und gefährden zusätzlich durch die stärkere Blendung (Streulichtanteil großer) auch noch den Gegenverkehr. Mittlerweile sind aber sogar schon Lösungen mit Gasentladungslampen für Abblend- und Fernlicht im Handel. Wichtig: Das Set muss eine Scheinwerferreinigungsanlage beinhalten, wenn diese nicht schon an Ihrem Panda installiert ist. Nur so erfüllen Sie auch nach dem Einbau noch die gesetzlichen Vorschriften der StVZO.

Komplettsatz: Die Scheinwerfer-Waschanlage ist Pflicht nach dem Einbau von Xenonlichtern.

Xenonlicht

WISSENSWERTES

Die Xenon-Technik bringt eine tageslichtähnliche Lichttemperatur einer zweieinhalbfachen Helligkeit im Vergleich zur Halogenlampe und einem um 35 Prozent niedrigeren Energieverbrauch. Die Ausleuchtung der Fahrbahn ist besser, ebenso die Reichweite des Lichtes. Statt einer Glühlampe kommt hier eine Gasentladungslampe zum Einsatz. Beim Anlegen der Zündspannung (10 bis 20 kV) wird das Gasgemisch aus Xenon und Metallhalogeniden zwischen den Elektroden leitend. Damit wird ein Lichtbogen gezündet. Durch kontrollierte Zufuhr von 400 Hz-Wechselstrom verdampft die metallische Füllsubstanz und strahlt dabei Licht ab. Für Einschaltvorgang und Betrieb braucht die Lampe ein elektronisches Vorschaltgerät. Wegen des starken Lichts muss ein Auto mit Xenon-Lampen eine automatische Leuchtweiten-Regulierung haben. Achtung: Den Lampenwechsel sollte nur ein Fach-Betrieb durchführen. Bei unsachgemäßem Umgang mit dem Hochspannungsteil der Lampe besteht unter Umständen Lebensgefahr. Nicht weniger gefährlich ist die Nachrüstung von Gasentladungslampen. Legale Sets zeichnen sich durch die enthaltenen Scheinwerferreinigungsvorrichtungen aus, die bei Xenonlichtern gesetzlich vorgeschrieben sind.

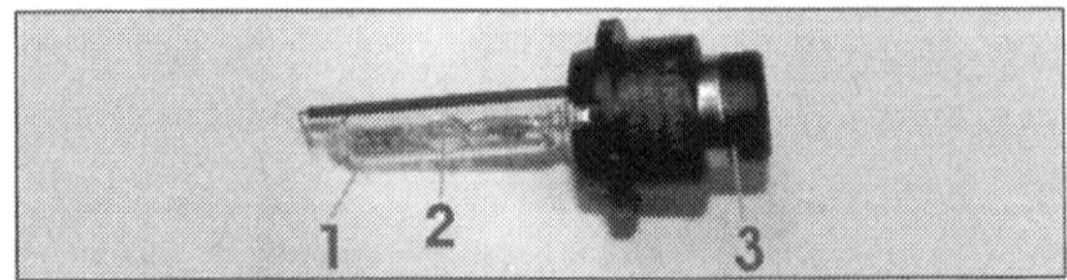

Xenonlampe D2R: (1) Glaskolben, (2) Entladungsraum, (3) Lampensockel.

Checkliste – Batterie

	Störung	Was kann das sein?	Was muss ich tun?
A	**Rote Ladekontrolle brennt nicht beim Einschalten der Zündung**	**1** Batterie leer	Mit Starthilfekabel starten oder Wagen anschleppen
		2 Batteriekabel gebrochen, Kabelklemmen lose oder oxidiert	Batteriekabel und -klemmen kontrollieren
		3 Kontrollleuchte defekt	ersetzen
		4 Schleifkohlen abgenutzt	Regler tauschen
		5 Spannungsregler defekt	Regler austauschen
		6 Lichtmaschine schadhaft	Lichtmaschine überholen oder austauschen
		7 Feuchtigkeit bildet einen isolierenden Schmierfilm zwischen den Schleifringen und Kohlen (z. B. nach Motorwäsche)	Lichtmaschine mit Druckluft ausblasen oder Schleifringe und Kohlen sauber reiben
B	**Ladekontrolle brennt oder glimmt bei laufendem Motor**	**1** Keilrippenriemen lose bzw. ohne Spannung	Keilrippenriemenspannung kontrollieren
		2 Mangelnder Kontakt an Kabelanschlüssen der Lichtmaschine oder unterbrochene Kabel	Kabelanschlüsse und Kabel prüfen
C	**Batterieoberfläche feucht**	**1** Zu viel eingefülltes destilliertes Wasser	Ausgasen lassen, keine Säure absaugen
		2 Batterieverschlüsse verstopft	Entlüftungslöcher säubern
		3 Spannungsregler defekt	Austauschen
D	**Batterie gast stark**	**1** Batterie Zellenschluss	Batterie ersetzen
		2 Ladespannung zu hoch	Lastmanagement prüfen, Fehlerspeicher auslesen (lassen)

Checkliste – Anlasser

STÖRUNGSBEISTAND

Störung	Was kann das sein?	Was muss ich tun?
A Beim Drehen des Zündschlüssels in Startstellung dreht der Anlasser zu lange oder gar nicht	**1** Kontrolllampen brennen schwach oder verlöschen **1a** Batterie entladen **1b** Kabelanschlüsse lose oder oxidiert **1c** Batterie entladen	Mit Starthilfekabel starten, Auto anschieben/ anschleppen, Kabel, befestigen, Anschlüsse säubern, Anlasser überholen lassen oder austauschen
	2 Kontrolllampen brennen hell, Klicken aus Richtung Anlasser immer noch nicht: **2a** Kohlenbürsten bzw. deren Anschlüsse im Anlasser gelöst **2b** Kontakte im Magnetschalter defekt **2c** Anlasserwicklung schadhaft	Anlasser überholen lassen oder austauschen
B Der Anlasser dreht, aber der Motor dreht nicht	**1** Ritzel verschmutzt	Ritzel reinigen
	2 Einrückvorrichtung klemmt	Anlasser überholen lassen
	3 Verzahnung des Ritzels oder Motorschwungscheibe beschädigt	Wagen bei eingelegtem Gang durch Helfer ein Stuck vorschieben lassen: Erneut starten. Beschädigte Teile ersetzen
C Magnetschalter schaltet schnell ein und aus. Anlasser läuft nicht an	**1** Batterie stark entladen, beim Einschalten des Magnetschalters fällt die Spannung ab und er schaltet wieder ab	Batterie laden
	2 Einrückvorrichtung klemmt	Anlasser überholen lassen
	3 Verzahnung des Ritzels oder der Motorschwungscheibe beschädigt	Wagen bei eingelegtem Gang durch Helfer ein Stück vorschieben lassen. Zündung aus! Erneut starten. Beschädigte Teile ersetzen
D Anlasser läuft weiter, obwohl der Zündschlüssel losgelassen wurde	**1** Magnetschalter hängt oder schaltet nicht ab	Zündung sofort abschalten, notfalls Batterie abklemmen. Magnetschalter reparieren oder Anlasser austauschen
	2 Zünd-/Anlassschalter defekt	Schalter ersetzen
E Ritzel spurt nach Anspringen des Motors nicht aus	**1** Rückstellfeder des Einrückhebels lahm oder gebrochen	Zündung abschalten, ggf. Anlasser austauschen

Checkliste - Hupe

Störung	Was kann das sein?	Was muss ich tun?
A Hupe tönt nicht	**1** Sicherung defekt	Ersetzen
	2 Kabel vom Lenkrad zum Lenksäulensteuergerät unterbrochen	Kabelverlauf kontrollieren, Steckkontakte der Hupe blank kratzen
	3 Hupe defekt	Prüfen, ggf. ersetzen
	4 Relais defekt	Prüfen, ggf. ersetzen
B Hupe tönt dauernd	**1** Hupenkontakt vom Lenkrad defekt	Prüfen, ggf. ersetzen
	2 Hupe hat inneren Masseanschluss	Hupe ersetzen. Unterwegs: Kabel von der Hupe abziehen

Checkliste - Bremslicht

Störung	Was kann das sein?	Was muss ich tun?
A Eine Bremsleuchte brennt nicht	**1** Glühlampe durchgebrannt	Austauschen
	2 Masseverbindung unterbrochen. Brennen alle Übrigen Lampen in derselben Heckleuchte?	Kabel kontrollieren
	3 Unterbrechung in der Zuleitung	Kabel kontrollieren
B Beide bzw. alle drei Bremslichter brennen nicht	**1** Sicherung defekt	Ersetzen
	2 Bremslichtschalter defekt	Überprüfen, ggf. ersetzen
	3 siehe A1 und A3	
C Bremslicht brennt dauernd	**1** Kabel zum Bremslichtschalter haben direkten Kontakt	Kabel kontrollieren
	2 Bremslichtschalter defekt	Überprüfen, ggf. ersetzen

STÖRUNGSBEISTAND

Checkliste – Warnblink- und Blinkanlage

	Störung	Was kann das sein?	Was muss ich tun?
A	**Kontrolllampe für Richtungsblinker leuchtet in ganz kurzen Intervallen auf. Normaler Blinkrhythmus beim Warnblinken**	**1** Eine Glühlampe defekt oder ohne Kontakt	Auswechseln
B	**Richtungsblinken funktioniert, aber kein Warnblinken**	**1** Sicherung defekt	Auswechseln
		2 Kabel vom Steckkontakt am Warnblinkschalter zum Lenksäulensteuergerät unterbrochen	Durchgang kontrollieren, ggf. erneuern
		3 Warnblinkschalter defekt	Auswechseln
C	**Warnblinken funktioniert, aber kein Richtungsblinken**	**1** Kabel zwischen Blinkerschalter zum Lenksäulensteuergerät unterbrochen	Durchgang kontrollieren, ggf. erneuern
		2 Blinkerschalter defekt	Auswechseln (lassen)
		3 Sicherung defekt	Ersetzen

Treibende Kraft

Mit einer breiten Auswahl an Otto- und Dieselmotoren sowie einem mit Erdgas betriebenem Motor, lässt der Panda keine Wünsche offen. Die sehr effizienten und schadstoffarmen Aggregate vom normalen Benzinmotor und Diesel-Direkteinspritzmotoren werden in der Serie stetig weiterentwickelt.

Der Panda wartet mit einer breiten Palette von Motoren auf. Erklärte Philosophie von Fiat ist es, dem Kunden ein genau auf seine Wünsche und Ansprüche zugeschnittenes Triebwerk zur Verfügung zu stellen – von hoch ökonomisch bis ausgesprochen sportlich. Alle Motoren sind flüssigkeitsgekühlt und quer zur Fahrtrichtung eingebaut. Sie sind oben links und rechts in Gummi-Metall-Lagern aufgehängt. Dadurch könnten sie theoretisch wie ein Pendel schwingen. Die Drehmomentkräfte werden von einer weit unten angeordneten Stütze abgefangen. Schwingungen werden nur geringfügig auf die Karosserie übertragen, wodurch sich der Fahrkomfort erhöht.

Die Wahl des Motors fällt also gar nicht leicht. Die Entscheidung zwischen Vernunft und Fahrspaß liegt in dieser Motorenpalette allerdings nicht so weit auseinander. Man sollte aber auch nicht nur nach der Situation schauen, die im Moment die Kosten des Autos ausmachen. Erfahrungsgemäß wird der Staat schon einen Weg finden, die neu erstandene Sparsamkeit der Autofahrer in irgendeiner Form als Steuer wieder einzukassieren.

Die Entscheidung zum Dieselmotor ist nicht nur von Sparsamkeit geprägt. Kenner der Fiat Multijet 16V-Diesel wählen durchaus dieses Motorkonzept aufgrund der Spritzigkeit und des druckvollen Durchzugs der auch im Vergleich zu anderen Fahrzeugherstellern seinesgleichen sucht.

Aber auch die Entscheidung zum bivalenten Erdgasmotor im Panda Natural Power ist eine Überlegung wert. So ist der bivalente Motor, er kann wahlweise mit Erdgas (CNG) oder Superbenzin betrieben werden, nicht nur äußerst sparsam, sonder auch sehr umweltfreundlich. Denn im Gasbetrieb sinkt der CO2-Wert merklich, auf 107g/km. Waren die ersten Natural Power Panda, mit dem 1,2 Liter-Motor noch verhältnismäßig schwach, so können sich die 1,4 Liter-Motoren der neueren Generation in Sachen Motorleistung durchaus sehen lassen.

Die Benzinmotoren

Bezeichnung	Hubraum ccm	Motorcode	Leistung
1,1 8V	1108	187A1000	40 kW
1,2 8V	1242	188A4000	44 kW
1,4 16V	1368	169A3000	74 kW

Die Dieselmotoren

Bezeichnung	Hubraum ccm	Motorcode	Leistung
1,3 Multijet	1248	188A8000	51 kW
1,3 Multijet DPF	1248	169A1000	55 kW

Die Erdgasmotoren

Bezeichnung	Hubraum ccm	Motorcode	Leistung
1,2 8V Bifuel	1242	188A4000	44 kW (Benzin) 38 kW (Erdgas, CNG)
1,4 8V Bifuel	1368	169A4000	57 kW (Benzin) 51 kW (Erdgas, CNG)

Benzinmotoren

Der Motorblock der Pandamotoren besteht meistens aus Aluminium. Der Zylinderkopf aus Aluminiumguss ist auf den Motorblock aufgeschraubt. Nach unten wird der Motor durch eine Leichtmetall- oder Stahlblech-Ölwanne abgeschlossen. Hier sammelt sich das für Schmierung und Kühlung nötige Motoröl. Der Zylinderkopf für die Pandamotoren funktioniert nach dem Querstromprinzip: Das frische Kraftstoff/Luft-Gemisch strömt auf der einen Seite ein, die verbrannten Gase werden auf der anderen Seite ausgestoßen. Ein schneller Gaswechsel über die Ein- und Auslassventile ist auf diese Art sichergestellt. Diese müssen bei den 8V-Motoren übrigens noch alle 40.000 km eingestellt werden. Bei den 16V-Motor hingegen sorgen hydraulische Ausgleichselemente, so genannte Hydrostößel, für den automatischen Ausgleich des Ventilspiels. Entsprechende Einstellungen etwa im Rahmen der Wartung sind damit überflüssig. Für Aufbereitung und Zündung des Kraftstoff/Luft-Gemisches sorgen wartungsfreie Motormanagement-Systeme. Das Einstellen des Zündzeitpunktes oder Leerlaufs im Rahmen der Wartung ist nicht erforderlich. Nur die Zündkerzen und der Luftfiltereinsatz müssen regelmäßig erneuert werden.
Alle Motoren haben einen Keilrippenriemen, der die Nebenaggregate wie Generator und Klimakompressor antreibt und nur sehr selten erneuert werden muss.
Mit welchem Motor aus der umfangreichen Palette Ihr Fahrzeug ausgestattet ist, können Sie dem Fahrzeugdatenträger im Serviceplan oder natürlich den amtlichen Fahrzeugpapieren entnehmen. Weiterhin ist die Motornummer auch dem Typenschild, welches sich im Kofferraum befindet, zu entnehmen.
Betrachten wir nun einige typische Vertreter der Motorenpalette etwas genauer:
Der 1,1 l Benzinmotor mit 40 kW (55 PS) (187A1000)
Der 1,1 Liter-Motor mit zwei Ventilen pro Zylinder hat eine Leistung von 40 kW (55 PS) bei einer Drehzahl von 5000/min. Er verfügt über eine obenliegende Nockenwelle, die über einen Zahnriemen direkt von der Kurbelwelle angetrieben wird. Der Leichtmetall-Zylinderkopf und die fünffach gelagerte Kurbelwelle erinnern dann wieder an andere Fiat-Motoren.
Bei allen diesen Motoren sind Motorcode und Motornummer auf dem Kurbelgehäuse, vorne im Bereich des Auspuffkrümmers und natürlich auf dem Fahrzeugdatenträger zu finden. Die Codes sind auch in das Typenschild des Fahrzeugs eingestanzt.

Italienische Nostalgie: Der 1,1 Liter-Motor Typ 187A1000 wurde bereits im Vorgänger-Panda verbaut.

Alle Varianten sind für den Betrieb mit Super bleifrei (95 Oktan) ausgelegt, können aber auch ohne Bedenken mit Normalbenzin betrieben werden. Eine geringe Leistungseinbuße und ein etwas höherer Verbrauch müssen dann allerdings einkalkuliert werden.

E10-Kraftstoff

WISSENSWERTES

Seit Januar 2011 wird an fast allen deutschen Tankstellen der neue Biokraftstoff E10 angeboten.

Doch Vorsicht! Bevor Sie Ihren Panda damit betanken, sollten Sie bei Fiat eine Anfrage speziell für Ihr Auto machen. Denn nicht alle Fahrzeuge vertragen den neuen Kraftstoff.

Es sind nicht nur die Motoren, die den Kraftstoff nicht mögen, auch der Tank und die Kraftstoffleitungen müssen für E10 geeignet sein.

Daher kann es durchaus sein, dass Ihr Motor zwar geeignet ist, jedoch der Rest Ihres Fahrzeuges nicht.

Man kann also nicht pauschal sagen, dass ein Auto mit einem bestimmten Motor immer geeignet ist.

Dieselmotoren

Mit den heutigen Common-Rail Dieselmotoren ist Fiat auf dem aktuellen Stand der Technik. Seit 2011 erfüllen alle Motoren die Euro-5-Norm. Zusätzlich sind seitdem alle Diesel serienmäßig mit einem Partikelfilter (DPF) ausgerüstet.

Was ist ein Multijet?

Multijet-Schriftzug am Heck.

Fiat hat in der Motorentechnologie schon immer Revolutionäres entwickelt. Mit Multijet hat Fiat die zweite Generation der Common Rail-Technologie definiert: Ein innovatives Einspritzverfahren, das mit mehreren Einspritztakten pro Verbrennungstakt die Zerstäubung des Kraftstoffs optimiert und so eine gleichmäßigere Verbrennung erreicht. Ein eigens entwickeltes Steuergerät und die elektronischen Einspritzdüsen, die eine Serie dicht aufeinander folgende, zeitlich genau gesteuerte Einspritzmomente ermöglichen, sind das Geheimnis des Multijet-Systems. Das Design-Prinzip für das Multijet-System ist eigentlich ganz einfach: Die heutigen Common Rail-Diesel nutzen eine Voreinspritzung (Piloteinspritzung). Mit ihr steigen der Druck und die Temperatur im Zylinder, die Verbrennung erfolgt wesentlich gleichmäßiger und der Motor läuft somit runder. Durch die Aufteilung des Haupteinspritzvorgangs in viele kleine Einspritzmomente können noch weitere Vorteile erzielt werden. Die Motoren überzeugen mit einer harmonischeren Leistungsentfaltung, einer höheren Laufruhe durch geringere Verbrennungsgeräusche, mehr Leistung und ein höheres Drehmoment bei niedrigeren Drehzahlen und nicht zuletzt einem geringeren Verbrauch bei niedrigeren Emissionen.

Bio-Diesel

Hinweis zur Verwendung von Biodiesel

Biodiesel, auch RME-Kraftstoff (»Rapsölfettsäuren-Methyl-Ester«) genannt, darf nur in Fahrzeugen verwendet werden, die vom Hersteller serienmäßig für RME-Kraftstoff freigegeben sind oder für den Betrieb mit Biodiesel umgerüstet wurden.

Wenn Sie RME-Kraftstoff einfüllen, obwohl Ihr Fahrzeug dafür nicht geeignet ist, kann das Kraftstoffsystem beschädigt werden. Verwenden Sie nur RME-Kraftstoff entsprechend der DIN EN 14214 (FAME= »Fatty Acid Methyl Ester«)! Bei Biodiesel, der von dieser Norm abweicht, kann der Kraftstofffilter verstopfen. Und über noch eines sollten Sie sich im Klaren sein: Bei Betrieb mit Biodiesel können die Fahrleistungen geringfügig niedriger sowie der Kraftstoffverbrauch geringfügig höher ausfallen. Biodiesel ist auch nur wintertauglich bis ca. -10 °C. Bei niedrigeren Temperaturen empfiehlt Fiat Winterdieselkraftstoff zu tanken. Beachten Sie bei Betrieb mit Biodiesel auch die geänderten Intervalle für das Entwässern und das Wechseln des Kraftstofffilters. Sind Standzeiten von mehr als ca. zwei Wochen geplant, empfiehlt Fiat, das Fahrzeug vorher mit herkömmlichem Dieselkraftstoff voll zu tanken und über eine Strecke von ca. 50 Kilometer zu fahren, um Schäden an der Einspritzanlage zu vermeiden.

Grundsätzlich sollten Sie vor einer Betankung mit Biodiesel auf jeden Fall bei Ihrem Fiat-Händler nachfragen, ob Ihr Fahrzeug dafür geeignet ist.

Was Sie am Motor noch selber tun können

Bei den Panda-Motoren handelt es sich um aufwändige Konstruktionen, die mit entsprechender Sorgfalt behandelt werden müssen. Wenn Sie nicht sicher sind, ob Sie eine Arbeit an den Bestandteilen des Motors fachgerecht durchführen können: Verzichten Sie aufs Do-it-yourself! Ein falsch ausgetauschter Zahnriemen zum Beispiel kann schwere Schäden an Kolben und Ventilen verursachen. Überlassen Sie Reparaturen an Zylinderkopfdichtung und Ventilen also besser der Fachwerkstatt, ebenso die Beseitigung eines Lagerschadens. Dort gibt es nicht nur das Fachwissen und die Erfahrung im Abschätzen der Schäden, sondern auch nötige Spezialwerkzeuge, Prüf- oder Messgeräte und alle andere Hilfsmittel bis hin zum Hebewerkzeug zum Ausbau der kompletten Antriebseinheit. Für die heimische Garage bleiben Ihnen trotzdem noch eine Reihe von Prüf- und Wartungsarbeiten, die Sie in Eigenregie durchführen können. Auf diese werden wir auch in den folgenden Arbeitsschritten ausführlich eingehen. Wichtig ist, dass Sie die Wartungsarbeiten regelmäßig durchführen und damit Ihren Motor in Schuss halten. Denn ein schlecht gewarteter Motor kann Ausgangspunkt einer Verkettung von Folgeschäden sein.

Grundbegriffe Motorentechnik

WISSENSWERTES

Alle Motoren arbeiten nach dem **Viertaktprinzip.** Das bedeutet: Bis der Motor Leistung abgibt, muss der Kolben vier Hübe zurücklegen.
Ansaugen (1. Takt): Kolben geht nach unten zum Unteren Totpunkt (UT). Einlassventil öffnet, das Kraftstoff-Luft-Gemisch strömt in den Zylinder.
Verdichten (2. Takt): Kolben bewegt sich von UT zum Oberen Totpunkt (OT). Einlassventil schließt. Der Kolben verdichtet das eingeströmte Gemisch.
Verbrennen (3. Takt): Kurz vor OT springt an der Zündkerze der Funke über. Beim Diesel zündet das Gemisch von selbst. Das Gemisch verbrennt und drückt den Kolben nach UT. Über das Pleuel wird die Kurbelwelle in Umdrehung versetzt.
Ausstoßen (4. Takt): Kolben bewegt sich wieder nach oben. Auslassventil öffnet, die verbrannten Gase werden ins Auspuffsystem geschoben.
Hubraum Der Raum, den die Kolben bei ihrer Bewegung von UT nach OT durchmessen. Wenn der Kolben seinen höchsten Punkt erreicht hat, bleibt noch der Brennraum, in dem sich das Kraftstoff-Luft-Gemisch befindet. Hubraum und Brennraum bilden zusammen den Zylinderraum.
Verdichtungsverhältnis Das Verhältnis des Zylinderraums zum Brennraum. Es gibt an, auf den wievielten Teil des Zylinderraums das Kraftstoff-Luft-Gemisch verdichtet wird. Bei Benzinern liegt es in der Regel bei etwa 10:1, bei Dieselmotoren bei rund 20:1.

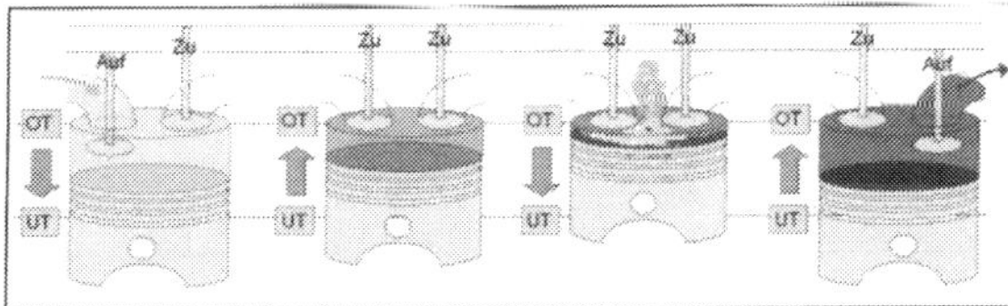

Takte am Motor

Der Keilrippenriemen

Der Antrieb von Nebenaggregaten wie der Wasserpumpe oder dem Klimakompressor (bei Fahrzeugen mit Klimaanlage), geschieht über einen Keilrippenriemen. Dieser wird selbst durch das Antriebsrad, welches auf der Kurbelwelle sitzt, angetrieben. Seine Längsrillen dienen der Führung an den Antriebsrädern der einzelnen Aggregate. Die Breite ist so dimensioniert, dass sie dem Riemen eine hohe Stabilität verleiht. Der Verlauf des meterlangen Riemens unterscheidet sich je nach Motorvariante und Ausstattung. Der Riemen ist aber bei allen Panda in seiner Auslegung so standfest, dass er nur sehr selten erneuert werden muss. So ist kein Wechselintervall vorgeschrieben. Dennoch kann natürlich ein prüfender Blick von Zeit zu Zeit nicht schaden. Wenn der Riemen deutliche Laufspuren zeigt oder an den Ränder ausgefranst ist, sollte er getauscht werden.

Der Zahnriemen

Der Steuerriemen (auch Zahnriemen genannt) hat die Aufgabe die Nockenwelle anzutreiben, welche über Hydrostößel die Ventile öffnet und schließt. Der Zahnriemen sitzt außerhalb des Kurbelgehäuses auf Zahnrädern an Nockenwelle und Kurbelwelle. Durch die Übersetzung der Zahnradpaarung Nockenwellen/Kurbelwellenrad im Verhältnis 2:1 treibt der Zahnriemen die Nockenwelle mit halber Umdrehungsgeschwindigkeit der Kurbelwelle an. Im Gegensatz zum Keilriemen besitzt der Zahnriemen keine längs verlaufende Rillen, sondern quer geschnittene Zähne. Aufgrund der höheren Kräfte ist er durch die Einlage von Stahl- oder Kevlarlagen verstärkt. Die Zähne dienen dazu, eine genaue Position der Nockenwelle zur Kurbelwelle sicherzustellen. Diese Steuerzeiten sind für den Motor elementar. Reißt der Riemen oder springt er nur um einen Zahn über, kann der Motor schweren Schaden nehmen. Im ungünstigsten Fall schlagen die Ventile auf den Kolben auf. Eine Schmierung ist nicht nötig, im Gegenteil: Der Riemen sollte frei von Fetten und Ölen gehalten werden. Allerdings muss bei den Motoren in streng einzuhaltenden Intervallen der Zahnriemen gewechselt werden. Die verschiedenen Intervalle sind vom Motortyp und der Bauzeit abhängig. Vergleichen Sie unbedingt die Service-Unterlagen Ihres Panda mit den Angaben aus der Tabelle. Ist ein vorgesehener Wechsel nicht erfolgt, lassen Sie Arbeit schnellstmöglich in einer Werkstatt erledigen! Warum? Der Wechsel erfordert eine Menge Erfahrung sowie das eine oder andere Spezialwerkzeug.

Nichts zu machen: Trotz der äußerst stabilen Auslegung steht bei den TDIs regelmäßig der Wechsel an, den Sie in der Werkstatt erledigen lassen sollten.

Die Motorschmierung

An allen Stellen, an denen Metallteile aneinander reiben, braucht es eine Schmierung. Das Motoröl ist dafür zuständig, dass Teile wie der Kolben und seine Zylinderlaufbahn oder auch die Lager der Kurbel- und Nockenwelle beim Verrichten ihrer Arbeit keiner Metallreibung ausgesetzt sind.
Die Durchströmung des Motors mit Öl wird durch ein komplexes Leitungssystem innerhalb des Motorblocks ermöglicht. Dabei versorgt die Ölpumpe die zahlreichen Bohrungen mit dem wichtigen Schmiermittel. Ihre Aufgabe ist es, das Öl aus der Ölwanne, die sich unten am Motorblock befindet, anzusaugen und über den Hauptstrom des Schmiersystems letztlich an alle Leitungen weiterzureichen. Dabei passiert das Öl auch den Ölfilter, der Verunreinigungen wie Ruß oder Staubablagerungen herausfiltert. Steigt der Öldruck zu sehr an, kann ein Überdruckventil an der Öldruckpumpe geöffnet werden, damit überschüssige Ölmengen zurück zur Ölwanne fließen können. Einen zu niedrigem Öldruck erkennt der Öldruckschalter, die Warnlampe im Cockpit schlägt dann, begleitet von einem Signalton, Alarm. Dann heißt es: Sofort anhalten und Ölstand kontrollieren. Meist ist nämlich »nur« zu wenig Öl im System und die Ölpumpe hat Luft angesaugt. Tritt das Problem nach dem Nachfüllen jedoch weiterhin auf, muss von einem mechanischen Schaden an der Ölpumpe, einer Verstopfung des Ansaugsiebes oder einem kapitalem Lagerschaden ausgegangen werden.

Der Ölkreislauf

Der Ölkreislauf sorgt mit Hilfe der Öldruckpumpe dafür, dass immer genügend Schmierung an allen benötigten Stellen vorhanden ist. Dieses System wird deshalb auch als Druckumlaufschmierung bezeichnet. Das Motoröl wird dabei unter Druck in einen Kreislauf durch den gesamten Motor geleitet. Vom Ölfilter gelangt das Öl durch die Ölbohrungen und Kanäle in Richtung Motorblock bis zu den Schmierstellen der Kurbelwelle und der Pleuel. Von den Gleitlagern der Kurbelwelle wird das Öl in den Zylinderkopf und zu den Lagerstellen der Nockenwelle sowie zur Kipphebelbrücke gedrückt. Von dort aus fließt das Öl über Rücklaufkanäle zurück in die Ölwanne, wo es wieder durch die Ölpumpe angesaugt wird und den Kreislauf von neuem durchlaufen kann.

Ölpumpe im Schnitt.

Der Ölfilter

Genauso wie das Öl nach einer gewissen Zeit gealtert ist und gewechselt werden muss, ist auch der Ölfilter auszutauschen. Er setzt sich mit den Verschmutzungen zu und wird im Extremfall über einen »Bypass« (durch den zu hohem Druck tritt ein Überdruckventil in Aktion) übergangen. Damit ist eine sichere Schmierung zwar stets gewährleistet, aber die notwendige Filterung wird umgangen, was zum Beispiel an den Lagerstellen einen erhöhten Verschleiß hervorruft.

Öldruckwarnung: Leuchtet die Öldruckwarnlampe (A) während der Fahrt rot auf, sollten Sie so schnell wie möglich anhalten und nach der Ursache suchen.

Der Öldruckschalter

Ein wichtiges Bauteil an der Ölfiltereinheit des Panda ist der Öldruckschalter. Er ist drucklos geschlossen und wird bei Erreichen des Schaltdruckes geschlossen. Die Öldrucküberwachung wird zehn Sekunden nach dem Einschalten der Zündung aktiviert. Die Einschaltverzögerung der Warnung beträgt drei Sekunden, die Ausschaltverzögerung etwa fünf Sekunden. In der Praxis bedeutet das: Nach Einschalten der Zündung muss bei stehendem Motor die Öldruckkontrolllampe im Schalttafeleinsatz leuchten. Spätestens drei Sekunden nach dem Anlassen sollte die Leuchte verlöschen. Wenn bei eingeschalteter Zündung und stehendem Motor der Öldruckschalter geschlossen ist, oder aber bei Drehzahlen über 1500 U/min noch geöffnet ist, erfolgt eine Warnung durch Blinken der Leuchte und dreimaliges Ertönen des Summers. Selbst wenn der Öldruck in der Zwischenzeit wieder in Ordnung ist, hält die Warnung für mindestens fünf Sekunden an. Passiert das Ganze bei Drehzahlen über 5000 U/min oder dreimal in Folge, wird die Öldruckwarnung gespeichert. Ansonsten ist das System spätestens nach dem Ausschalten der Zündung wieder auf null gesetzt. Für eine genauere Analyse muss der Öldruck gemessen und die Funktion des Öldruckschalters überprüft werden. Dazu verwendet die Werkstatt ein Öldruck-Prüfgerät) und eine Diodenprüflampe. Dabei arbeitet die Diodenprüflampe genau umgekehrt: Bei Motorstillstand darf diese nicht leuchten, bei leicht erhöhtem Leerlauf muss die Leuchtdiode dagegen bei dem für den jeweiligen Motor angegebenen Überdruck aufleuchten. Bei einer Drehzahl von 2000/min und 80 Grad Öltemperatur soll der Öldruck mindestens 2,0 bar betragen. Geringerer Öldruck weist auf ein defektes Öldruckregelventil, eine defekte Ölpumpe oder aber verschlissene Kurbelwellen- oder Pleuellager hin. Aber auch nach oben sind Grenzen gesetzt: Bei höherer Drehzahl darf der Öldruck 7,0 bar nicht überschreiten. Liegt er darüber, muss das Öldruckregelventil erneuert werden. Wird der Öldruck zu hoch, drohen Undichtigkeiten – es kann sogar der Ölfilter platzen.

Leichtlauföl

Auch Leichtlauföl (Synthetiköl) kommt nicht ohne Erdöl aus. Allerdings wird der Molekülaufbau des Rohöls in einem aufwändigen Verfahren (Cracken) aufgelöst und nach neuer Rezeptur mit speziellen Additiven neu zusammengesetzt. Synthetiköl ist im Prinzip nicht künstlicher als Mineralöl, aber durchweg teurer. Dafür versprechen die Hersteller einen geringeren Öl- und Kraftstoffverbrauch, eine größere Beständigkeit und langsamere Alterung. Das bedeutet theoretisch auch längere Ölwechselintervalle. Allerdings sieht Ihre Vertragswerkstatt für Leichtlauföle keine längeren Ölwechselintervalle vor. Wenn Sie sich den Luxus dieses Spitzenöls leisten, sollten Sie sich also trotzdem an die vorgesehenen Intervalle halten.

WISSENSWERTES

Ölnormen und Begriffe

Viskosität. Maß der Fließfähigkeit des Öls. Im Winter muss Motoröl so dünnflüssig sein, dass es nach dem Kaltstart sofort alle Schmierstellen versorgt. Im Sommer dagegen ist dickflüssiges Öl gefragt, das auch bei hohen Temperaturen den Schmierfilm nicht abreißen lässt.

SAE-Klasse (Society of Automotive Engineers). Bezeichnet die Klasse der Viskosität, zum Beispiel SAE 15W-40. Je kleiner die erste Zahl, um so dünner fließt das Öl bei Kälte (W = Winter). Ein Öl mit 0W schmiert noch bei minus 30 Grad, bei 5W steigt dieser Wert auf minus 25 Grad, bei 15W auf minus 15 Grad. Je höher die zweite Zahl, um so besser widersteht das Öl hohen Temperaturen.

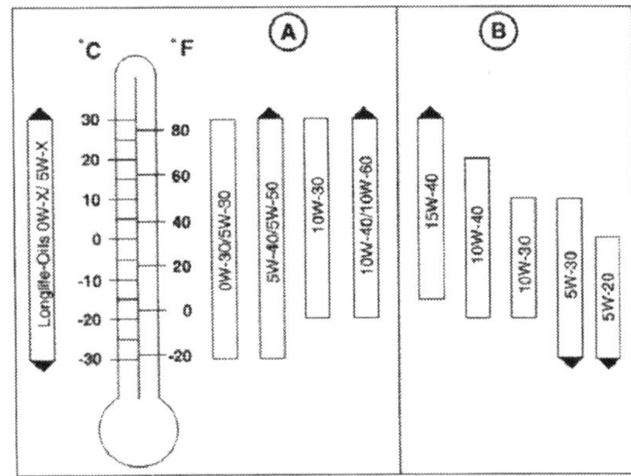

Die Ölviskositätsempfehlungen von VW:
In Mitteleuropa genügt das ganze Jahr über ein Öl der Viskositätsklasse 15W-40.

A: Mehrbereichs-Leichtlauföle nach VW-Norm 500 00; für Benzinmotoren, nicht für Turbo-Diesel.

B: Mehrbereichsöle nach VW-Norm 505 00 (alle Motoren) oder nach VW-Norm 501 01 bzw. API-SF oder SG; für Benzinmotoren, nicht für Turbo-Diesel.

ACEA (Association des Constructeurs Européen d'-Automobiles). 1996 eingeführte europäische Ölnorm. Löst die CCMC-Norm ab. Für Benziner gibt's die Gruppen A1 (spritsparendes Öl), A2 (gering belastetes Öl), A3 (Hochleistungs-Öl). Für Diesel gilt die Einteilung B1, B2 und B3.

CCMC (Comittée des Constructeurs d'Automobiles du Marché Commun). Die Spezifikation besteht aus den Buchstaben G (Benziner) und PD (Diesel) sowie einer Zahl. Je höher diese ist, um so besser ist die Qualität des Öls.

Die Hydrostößel

Frühere Motorkonstruktionen ohne Hydrostößel mussten noch von Zeit zu Zeit manuell nachjustiert werden. Dies entfällt im Panda dank des automatischen Ventilspielausgleichs. Die Hydrostößel selbst bestehen aus Kolben, Zylinder und Druckfeder. In den Motoren des Panda kompensieren die Hydrostößel die Wärmeausdehnung und den Verschleiß des Ventiltriebs. Ohne diese Maßnahme wäre, durch die im heißen Motor verlängerten Ventilschäfte, die Abdichtung zum Zylinder nicht mehr ausreichend. Die Funktionsweise ist recht einfach: Ist der Stößel nicht belastet (Ventil geschlossen), so drückt eine Feder den Kolben aus dem Zylinder, bis dieser am Ventilschaft anstößt. Das Ventilspiel ist quasi null. Motoröl fließt, von der Ölpumpe unter Druck gesetzt, durch eine umlaufende Ölnut in den Ölvorratsbehälter und dann durch das Rückschlagventil in den kleinen Hochdruckraum. Beginnt nun der Nocken auf den Hydrostößel zu drücken, schließt das Rückschlagventil und schottet somit den Hochdruckraum ab. Da man Öl nicht zusammenpressen kann, besteht jetzt zwischen Nocken und Ventilschaft eine »starre« Verbindung, und das Ventil öffnet sich unter dem Druck der Nockenwelle. Treten Defekte am Hydrostößel auf, macht sich das durch ein Klappergeräusch bemerkbar. Die Ursachen hierfür können unterschiedlich sein. Haben Sie Ihren Panda für längere Zeit nicht mehr gefahren, kann kurz nach dem Start die Ölversorgung noch nicht ausreichend sein. Andersherum kann aber kurz nach einer hohen Belastung bei erhöhten Außentemperaturen oder bei extrem niedrigem Ölstand die Ölversorgung ebenfalls nicht ausreichend sein. Ein schlechtes Zeichen ist ein anhaltendes Ventilgeräusch, das auch nach längerer Fahrt nicht verschwindet. Dann kommen Sie an einem Austausch der Stößel nicht vorbei. Dazu sind umfangreiche Demontagearbeiten nötig, Reparaturen wie diese finden Sie daher in unserer Reihe »Reparaturanleitung«.

Hydrostößel als Schnittmodell.

Ausgleichende Wirkung: Durch den Ventilspielausgleich der Hydrostößel dichten die Ventilteller stets optimal ab.

Motormanagement

Die stetig komplexeren Anforderungen an die Motorsteuerung, auch bedingt durch die verschärften Abgasbestimmungen, machen eine effizientere Verbrennung sowie emissionsminimierte Verwertung des Kraftstoffs erforderlich.
Sensoren (Fühler) erkennen die Ist-Zustände wie Temperatur, Last, Drehzahl und einige andere, erfassen aber auch Begebenheiten, die den normalen Motorlauf beeinflussen. Die Klimaanlage stellt eine solche Last dar. Aktoren (Stellglieder) verändern die Drosselklappenstellung oder auch die Luftzumischung. Realisiert werden diese sehr umfangreichen Steuerungsprogramme durch mehrere Computer, die zudem noch miteinander vernetzt sind. Für den Motor können sich nun anhand der bekannten Betriebszustände Rechenmodelle ergeben, die bestimmte Aktionen durch Aktoren erforderlich machen.

Der bordeigene Computer, also das Steuergerät (oder besser die Steuergeräte), kann aufgrund der zur Verfügung stehenden Informationen die Regelung vieler Systeme übernehmen. Schon allein am Motor ergeben sich vielfältige Aufgaben, die im normalen Betriebszustand bewältigt werden.

- Leerlaufdrehzahlregelung
- Lambdaregelung
- Steuerung des Kraftstoffrückhaltesystems
- Klopfregelung
- Abgasrückführung
- Steuerung des Turboladers

Zusammenschluss der Steuergeräte

Bei Automatikfahrzeugen wird die Getriebesteuerung mit dem Motorsteuergerät verknüpft, um zum Beispiel komfortable Schaltvorgänge umzusetzen. Das Schaltsignal der Automatik veranlasst die Motorsteuerung das Drehmoment zurückzunehmen, wodurch kein Rucken beim Gangwechsel zu spüren ist. Auch mit den Fahrsicherheitssystemen wie ABS und ESP muss das Motorsteuergerät zusammenarbeiten.

Bits und Bytes sind für die Verbrennungsoptimierung und Emissionsverbesserung unerlässlich geworden.

Druckregler der Automatik: Im Sinne des Fahrkomforts stimmt sich das Motorsteuergerät auch mit dem Automatikgetriebe ab. Druckregler bestimmen die Schaltvorgänge.

Das Duell von Diesel und Otto

WISSENSWERTES

Als Ende des 19. Jahrhunderts die Herren Rudolf Diesel und Nikolaus August Otto ihre Erfindungen zum Patent anmeldeten, konnten beide nicht ahnen, dass ihr Duell um das beste Motorenkonzept bis heute nicht entschieden sein würde. Lange Zeit galt der Benziner als das Maß der Dinge, war er doch auch schon rund 30 Jahre früher erfunden worden. Die schweren, robusten Diesel kamen zunächst nur bei Schiffen, Lastkraftwagen und Taxis zum Zuge, also überall dort, wo Temperament und Spitzenleistung kein Thema waren. Denn im Gegensatz zum Benziner, bei dem das Gemisch durch einen Funken fremdgezündet wird, braucht der hochverdichtete Diesel mehr Zeit, bis sich das Gemisch auf Grund des Druck- und Temperaturanstieges entzündet. Durch diesen so genannten Zündverzug kann der Diesel bis heute keine hohen Drehzahlen erreichen, bei maximal 5500 U/min ist Schluss. Kraft war dagegen schon immer vorhanden: Dieselkraftstoff hat mit 35,3 MJ/L nämlich einen höheren Energiegehalt als Benzin (32 MJ/L). Der spezifische Verbrauch pro kW war deshalb von Anfang an niedriger, das Drehmoment höher. Ab den 70er-Jahren machte der Turbolader den Dieseln zusätzlich Dampf. Das verfügbare Drehmoment hing bei hohem Luftüberschuss im Wesentlichen nur noch von der dazu eingespritzten Menge Diesel ab. Der Benziner ist dagegen in jedem Betriebszustand auf ein bestimmtes Gemisch (14,7 Teile Luft zu einem Teil Kraftstoff) – abgesehen von den Benzindirekteinspritzern FSI, welche auch mit »Luftüberschuss« betrieben werden können – angewiesen. Alles andere verbrennt nur unvollständig. Das konnten erst die elektronisch gesteuerten Einspritzsysteme wirklich gut, die Anfang der 80er-Jahre zusammen mit dem geregelten Katalysator Einzug hielten. Die Diesel kamen erst später in den Genuss einer digitalen Motorsteuerung, dann aber zusammen mit der Hochdruck-Direkteinspritzung. Heute ist das Vorglühen eine Sache von Sekunden, Abgasrückführung und Rußfilter sorgen für eine weitgehend reine Weste. Aber: Das raue Laufgeräusch ist geblieben und längst nicht jedermanns Sache. Auch direkt einspritzende Benziner der neuesten Generation versprechen weiteres Sparpotential und noch saubere Abgase. Die Technik von Diesel und Benziner wird dabei immer ähnlicher. Bereits heute laufen die ersten Diesotto-Motoren auf dem Prüfstand.

Komponenten der Steuerung und Regelung im Detail

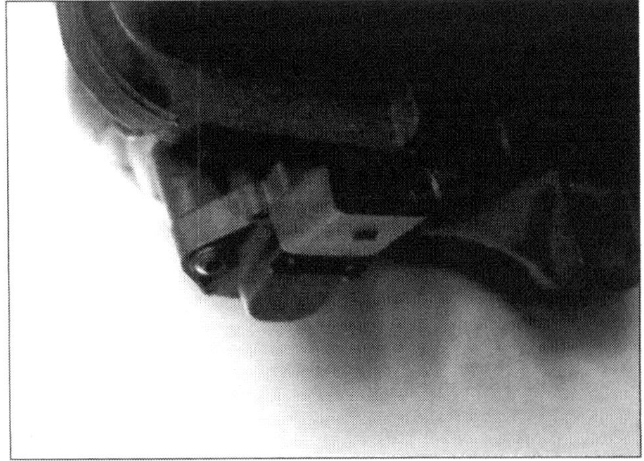

Saugrohrdrucksensor.

Drosselklappenpotentiometer.

Der Saugrohrdrucksensor

Der Saugrohrdrucksensor liefert zusammen mit der Motordrehzahl eine der Hauptsteuergrößen für die Bestimmung der Einspritzgrundzeit. Er kann entweder im Saugrohr oder als Element der Motorsteuerung verbaut sein.

Das Drosselklappenpotentiometer

Der Zugkraftwunsch wird über diesen Sensor an die Motorsteuerung weitergegeben. Der Wert gibt an, wie viel Gas der Fahrer gibt.

Höhendrucksensor.

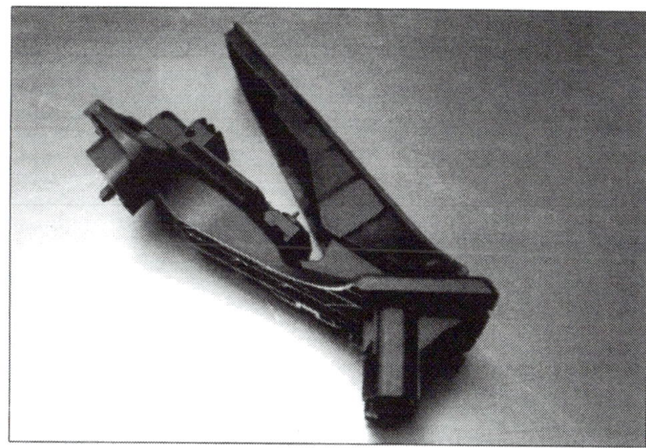

Fahrpedal- oder E-Gas-Sensor.

Der Höhendrucksensor

Sitzt direkt im Steuergerät. Der Sensor erlaubt eine exakte Bestimmung der Dichte der Umgebungsluft. Diese Information findet in zahlreichen Anpassungsfunktionen Anwendung. Beim Turbomotor kommt noch ein Ladedrucksensor zum Einsatz.

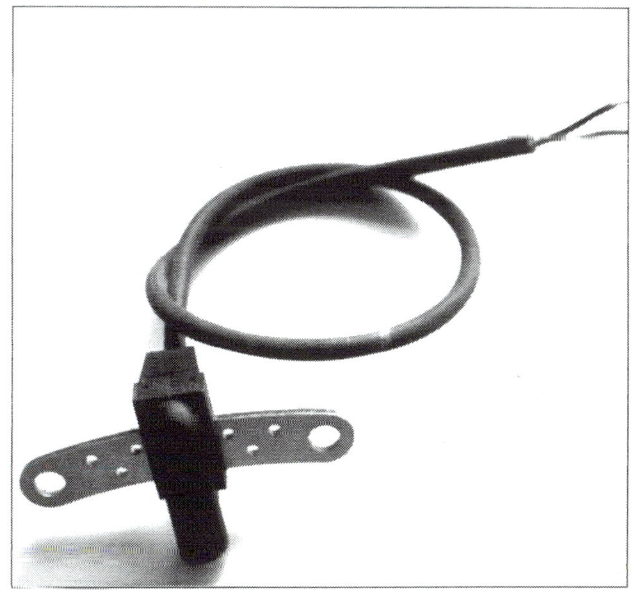

Der OT Geber oder I Geber.

Der OT-Geber oder I-Geber

Seine Position an der Kurbelwelle gibt dem Steuergerät Anhaltspunkte über die Stellung der Kurbelwelle und damit über die Stellung jedes einzelnen Zylinders. Wichtig ist auch die Stellung der Nockenwelle, über die ein weiterer Sensor Auskunft gibt. Das Steuergerät kann durch ihn erkennen, welche Zylinder sich gerade im Verdichtungstakt befinden, und so jeder einzelnen Zündspule das Zündsignal geben.

Das E-Gas und der Drosselklappen-Geber

Seit einigen Jahren haben alle Fiat ein elektronisches Gaspedal. Die Drosselklappe wird nicht mehr durch einen Seilzug betätigt. Zwischen den beiden Teilen besteht keine mechanische Verbindung mehr. Am Gaspedal sitzen stattdessen zwei Geber, die das Steuergerät über die Gaspedalstellung informieren. Die Stellung des Gaspedals (»Fahrerwunsch«) ist eine Haupteingangsgröße für das Motorsteuergerät. Entsprechend dieser Eingangsgröße betätigt das Steuergerät einen Elektromotor an der Drosselklappe. Das Steuergerät öffnet die Drosselklappe nun aber nicht immer so weit, wie vom Fahrer vorgeschlagen. Die Elektronik passt die Drosselklappenstellung stattdessen an den jeweiligen Betriebszustand an. So kann beim Beschleunigen die Drosselklappe schon ganz geöffnet sein, obwohl das Gaspedal erst halb durchgetreten ist. Dies hat den Vorteil, dass Drosselverluste an der Klappe vermieden werden. Das E-Gas greift auch bei der Antriebsschlupfregelung ein: Wenn der Fahrer zu viel Gas gibt, kann das Steuergerät das Gas so weit zurücknehmen, bis kein Rad mehr durchdreht.

Klopfsensor.

Der Klopfsensor

Ein Piezokeramik-Bauteil, eingebaut in den Zylinderblock, registriert die bei klopfender Verbrennung entstehende Schwingung und wandelt sie in elektrische Signale um. Die Motorsteuerung reguliert danach den Zündzeitpunkt.

Motortemperaturfühler.

Motortemperaturfühler

Der Motortemperatursensor sitzt im Kühlmittel-Kreislauf und gibt dessen Temperatur an das Steuergerät weiter. Der Ansauglufttemperatursensor befindet sich im Ansaugkanal und gibt die Temperatur der Ansaugluft an das Steuergerät weiter.

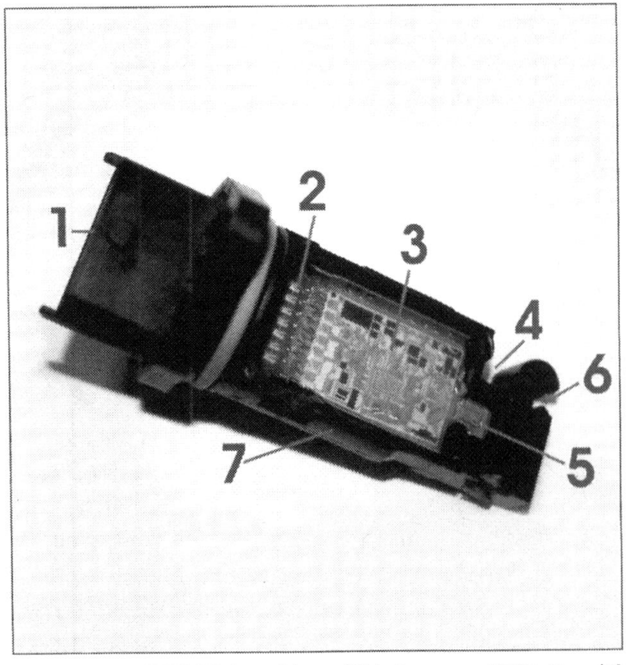

Aufbau des HFM: (1) Anschluss, (2) Leitungen, (3) Platine, (4) Lufteinlass, (5) Sensorelement, (6) Luftauslass, Gehäuse.

Der Luftmassenmesser

Er befindet sich im Ansaugrohr zwischen Luftfilter und Drosselklappe und bestimmt die Menge der angesaugten Luft, die bekanntlich von Temperatur, Feuchtigkeit und Dichte abhängt. Im Gegensatz zum früher verwendeten mechanischen Luftmengenmesser, der lediglich das Volumen der durchgesetzten Luft im Ansaugtrakt bestimmen konnte, gibt der heute sowohl beim Diesel als auch beim Benziner verwendete Heißfilmluftmassenmesser viel präzisere Signale zur Einspritzregelung ab. Die Messung basiert auf dem Prinzip »thermischer Lastsensoren«: Die Oberfläche des Sensors ist ein unterschiedlich beschichteter Filmdraht und beinhaltet gleich drei verschiedene elektrische Widerstände. Sie funktionieren als Heiz-, Sensor- und Temperaturwiderstand. Durch den Luftstrom kühlt die Oberfläche des beheizten HFM-Sensors ab, die daraus resultierenden Werte kann das Steuergerät interpretieren. Leider zählt der HFM zu den reparaturanfälligen Teilen. Ein Defekt äußert sich durch verminderte Leistungsabgabe des Motors, da ohne die Daten des HFM die Elektronik im Notprogramm läuft. Das heißt: Es wird anhand von Durchschnittswerten die durchströmende Luftmenge geschätzt und der Motor dementsprechend grob geregelt. Defekte werden durch Verschmutzung, zum Beispiel von der Motorseite durch Öl oder durch Wassereinbruch von der Luftseite, verursacht. Eine solche Verschmutzung bzw. Benetzung kann durch das ständige Nachheizen bis zur Überhitzung des empfindlichen Heißfilms führen. Leider kann man diesem Problem auch nicht mit einer Reinigung des Drahtes zu Leibe rücken, da dieser gut abgeschirmt ist. Es bleibt also nur der Austausch.

Ottos Motoren

Einspritzung und Zündung

Die Einspritzdüsen werden für jeden Zylinder einzeln angesteuert. Das bildet die ideale Grundlage für ein funktionales Gemischaufbereitungssystem. Die Betätigung der Einspritzventile erfolgt elektromechanisch, durch die Ansteuerung können die Einspritzzeit und damit auch die Einspritzmenge geregelt werden. Durch die verkürzten Wege im Saugrohr ist die Gefahr, dass sich bei kaltem Motor das Benzin an der Saugrohrwand niederschlägt, ebenfalls stark verringert. Auch die Zündanlage wird von diesem System komplett angesteuert. Jeder Zylinder hat seine eigene Zündspule, die auf der Zündkerze montiert ist. Verbrannte Verteilerkappen und Finger gehören bei diesen Zündanlagen endlich der Vergangenheit an. Die Ansteuerung durch das Steuergerät ermöglicht die Veränderung des Zündwinkels und des Zündzeitpunktes. Sogar eine Laufruheregelung für jeden einzelnen Takt des Motors wird nun möglich.

Die Einspritzdüsen

Das Steuergerät sorgt mit Hilfe eines elektrischen Impulses für das Öffnen der Einspritzdüsen. Die Öffnungsdauer, Art der Düsen und der anliegende Kraftstoffdruck entscheiden dann über die jeweils eingespritzte Kraftstoffmenge. In jedem Fall wird der Kraftstoff fein zerstäubt, um sich mit der Luft zu mischen.

Einspritzdüsen.

Die Lambdasonde

Die Lambdasonde hat die Aufgabe den Luftanteil im Abgasstrom zu messen. Sie ist Bestandteil eines Regelkreises, der ständig die richtige Zusammensetzung des Luft-Kraftstoffgemisches sicherstellt. Das optimale Mischungsverhältnis der Luftmenge zu Kraftstoff, bei dem eine maximale Umsetzung der Schadstoffe im Katalysator erreicht wird, liegt bei Lambda=1. Es entspricht einem Anteil von Luft zu Kraftstoff im Verhältnis von etwa 14,5:1 (auch »stöchiometrisches Mittel« genannt). Änderungen dieser Zusammensetzung werden von der Lambdasonde, die im Abgasrohr sitzt, registriert und dienen dem Motormanagement zur Steuerung zahlreicher Funktionen. Übermäßige Abweichungen werden ebenfalls erkannt und gelten als erster Hinweis für mögliche Fehler. Das Funktionsprinzip der Lambdasonde beruht auf der Umwandlung des gemessenen Luft-Kraftstoffverhältnisses in elektrische Spannung. Dies ermöglicht ein gasundurchlässiger Keramikkörper, der von einer dünnen, mikroporösen Platinschicht ummantelt ist. Die Keramik erlaubt ab einer Temperatur von ca. 300 °C die Leitung von Sauerstoffionen. Der Unterschied an Sauerstoffanteilen im Abgasstrom zwischen Abgas- und Luftseite bewirkt dabei die Entstehung einer elektrischen Spannung. Der Regelwert nimmt bei Lambda=1 sprunghaft einen bestimmten Wert (z. B. 500 mV) an. Bei Abweichungen dieser Größe (z. B. zwischen 100 mV = mageres Gemisch und 800 mV = fettes Gemisch), leitet das Motorsteuergerät entsprechende Korrekturmaßnahmen ein.

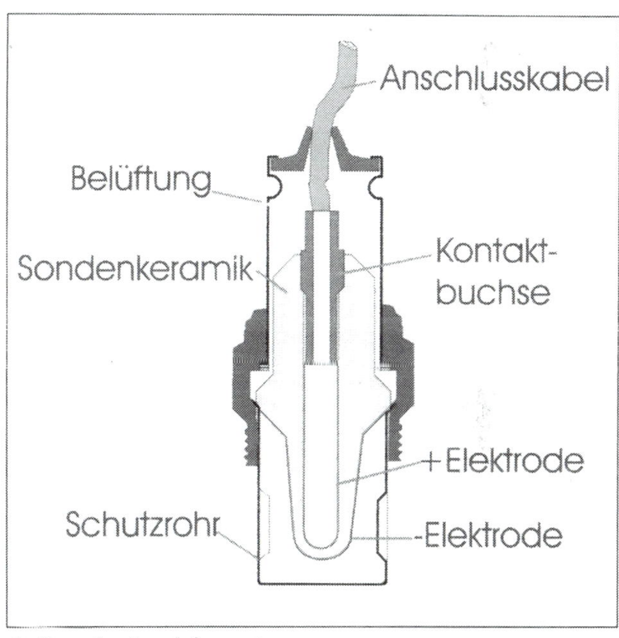

Aufbau der Lambdasonde.

Rudolfs Diesel hat Erfahrung

Mit der Entwicklung des Multijet-Systems gelang Fiat ein bedeutender Schritt in der Entwicklung der Diesel-Motoren. Dieser Erfolg wurde durch umfassendes Know-how und jahrelange Erfahrung erzielt, welches schon 1987 die sensationelle Einführung des ersten Diesel-Direkteinspritzers im Fiat Croma Tdi ermöglichte. Durch diese brillante Entwicklung, die später auch von vielen anderen Herstellern übernommen wurde, konnten Dieselfahrzeuge bessere Leistung, als auch geringere Verbrauchswerte erzielen. Ein Problem konnte damals jedoch noch nicht zur Zufriedenheit gelöst werden: Die hohe Geräuschentwicklung der Motoren in unteren Drehzahlbereichen und im Teillastbetrieb. Bei der Lösung des Problems entstand das Unijet-System.

1990 begannen dann Magneti Marelli, Elasis und das Fiat Research Centre das Unijet-System, auf Basis der Common Rail-Technologie, zur Serienreife zu entwickeln. 1994 entschied Fiat sich im Bereich der Diesel Einspritzsysteme mit weiteren Partnern zusammenzutun. Somit wurde die letzte Phase des Projekts, nämlich die letzten Entwicklungen und die Vorbereitung zur Serienreife, der Robert Bosch GmbH übertragen.

Zehn Jahre nach dem sensationellen Fiat Croma Tdi wurde ein weiteres meisterliches Fahrzeug auf den Markt gebracht: der Alfa 156 JTD, ausgestattet mit einem revolutionären Dieselmotor, dessen Leistungen bis dahin als undenkbar galten. Der Motor bestach durch eine unglaubliche Laufruhe und ein exzellentes Ansprechverhalten, wie es bis dahin nur von Benzinmotoren bekannt war. Der Alfa 156 JTD entwickelte sich sofort zum Erfolgsmodell. Fiat verwendete den Motor fortan auch in anderen Modellen. Schon bald setzten auch andere Hersteller auf diese erfolgversprechende Technologie. 2002 kam dann die zweite Generation der JTD-Motoren auf den Markt. Auf dem Pariser Autosalon wurde der 1,9 16V Multijet-Motor als einzigartiger innovativer Antrieb präsentiert. Eingesetzt wurde der Motor in den Alfa 156- und 147-Modellen. Im Jahr darauf setzte zunächst der kleinere 1,3 16V Multijet und dann auch der 1,9 8V Multijet die Dieselrevolution fort. Im Frühjahr 2004 markierte der 1,9 16V Multijet einen neuen Höhepunkt der innovativen Dieselantriebe, bis im Jahr 2005 der 2,4 20V Multijet im Croma mit 200 intelligenten Diesel-PS neue Bestwerte aufstellte.

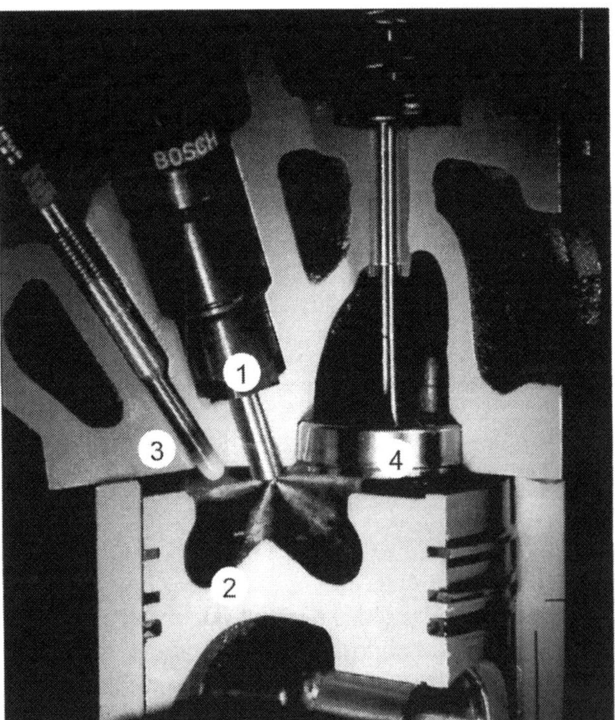

Verdichtungs- / Arbeitstakt des Direkteinspritzers: Das Einspritzventil (1) zerstäubt den Diesel in die Kolbenmulde, die als Verbrennungsraum dient (2). Die Glühstiftkerze (3) minimiert dabei den Schadstoffausstoss und verkürzt den Zündverzug beim kalten Motor.

Die Elektronische Diesel Control (EDC)

Die Komplexität moderner Dieselmotoren stellt selbstverständlich auch Herausforderungen an die Steuerung des Verbrennungsvorgangs. Ebenso wie der Einspritz- und Zündvorgang beim Benziner, wird auch die Selbstzündung des Dieselkraftstoffs heute von Sensoren, Aktoren und einem Steuergerät beeinflusst und gesteuert. Zusammengefasst sind all diese Aufgaben in der Electronic Diesel Control, kurz EDC. Ihr Regelkreis verfolgt dabei das klassische Prinzip Eingabe – Verarbeitung – Ausgabe. Für die Eingabe, der Datenerfassung aller momentanen Stellgrößen des Motors, sind die Sensoren zuständig. Zu den wichtigsten zählen Temperatursensoren im Kühlmittelkreislauf, im Ansaugkanal oder auch an der Einspritzpumpe. Der Kurbelwellen-Drehzahlsensor erkennt die Stellung der Kurbelwelle, wodurch die Position der einzelnen Kolben errechnet wird. Auch beim Diesel misst ein Luftmassenmesser die Menge und Dichte der angesaugten Luft. Die Aufladung mittels Turbo macht auch einen Ladedrucksensor erforderlich. Der Fahrpedalsensor gibt den Fahrerwunsch an das Steuergerät weiter. Dieses verarbeitet die Daten und bedient dann die Stellglieder, wie beispielsweise das Ladedruck-Regelventil oder auch die Regelung der Abgasrückführung. Diese hat beim Diesel die Aufgabe, die Rohemissionen zu senken und arbeitet nur in bestimmten Lastzuständen. Das wichtigste Teil ist jedoch die Pumpe, deren elektronische Regelung über Einspritzzeitpunkt und -menge wacht. Die Regelung ist dabei so exakt, dass bei den PDE-Triebwerken während der kurzen Zeitdauer eines Taktspiels mehrere Einspritzintervalle möglich sind. Dadurch läuft ein Diesel wesentlich sanfter und umweltfreundlicher.

Hauptkomponenten der Direkteinspritzung: Der Injektor (1), die Hochdruckbenzinpumpe (2) und das Rail (3).

Drucksache: Erst durch enorm hohe Drücke gelang es, den Diesel über eine Mehrlochdüse so fein zu zerstäuben, dass Drehfreudigkeit und Motorlauf salonfähig wurden.

Die Glühanlage

Da in der kalten Jahreszeit beim Startvorgang die Wärme der verdichteten Luft nicht zur Selbstzündung ausreicht, gibt es die Vorglühanlage. Sie heizt mittels einer Glühkerze den Brennraum auf Selbstzündungs-Temperatur auf. Die modernen 3-Phasen-Glühkerzen in Ihrem Panda ermöglichen einen problemlosen Kaltstart genauso schnell wie beim Benziner, selbst bis -30 °C Außentemperatur. Nach Einschalten der Zündung hat die Glühkerze in weniger als zwei Sekunden bereits eine Temperatur von 850 °C erreicht, was allemal genügt, um einen sicheren Kaltstart zu ermöglichen. Danach werden während dem Warmlaufen (Phase 2) die Glühkerzen weitergeglüht. Dies hat gleich mehrere Vorteile: Zum einen werden die Emissionen um bis zu 40% reduziert – vollständige Verbrennung des Dieselkraftstoffs – zum anderen wird das dieseltypische Nagelgeräusch in dieser Phase minimiert. Als erfreulicher Langzeiteffekt bleibt Ihr Dieselaggregat durch den ruhigeren Motorlauf geschont, was zur längeren Lebensdauer beiträgt.

Das Verschleißteil Glühkerze

Durch die Verwendung einer Regelwendel, die vor Überhitzung schützt, ist die Glühkerze sehr standfest. Um die Funktion sicherzustellen, empfehlen wir Ihnen die Glühkerzen regelmäßig etwa alle 30.000 km zu prüfen. Ein regelmäßiger Wechsel wird von Fiat nicht vorgesehen, bei sehr stark beanspruchten Motoren, beispielsweise durch häufigen Hängerbetrieb oder in überwiegend heißen Temperaturregionen, kann der Wechsel aber auch schon nach 30.000 km notwendig sein. Lesen Sie dazu im Arbeitsabschnitt die Seiten »Glühkerzen prüfen/austauschen«. In allen TDI-Dieselmotorvarianten des Panda wird dieselbe Glühkerze verwendet. Sie können zum Beispiel vom Glühkerzenhersteller Beru das Modell GN053 einsetzen. Beachten Sie unbedingt das Anzugsdrehmoment von 10 Nm bei der Montage, um Schäden an der Glühkerze und dem Einschraubgewinde zu vermeiden.

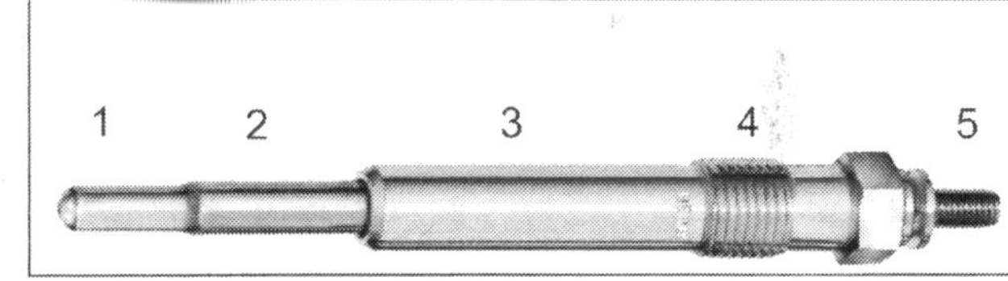

Aufbau einer Glühstiftkerze: (1) und (2) Heiz- und Regelwendel (innerhalb des Glührohrs), (3) Kerzenkörper, (4) Einschraubgewinde, (5) Anschlussbolzen.

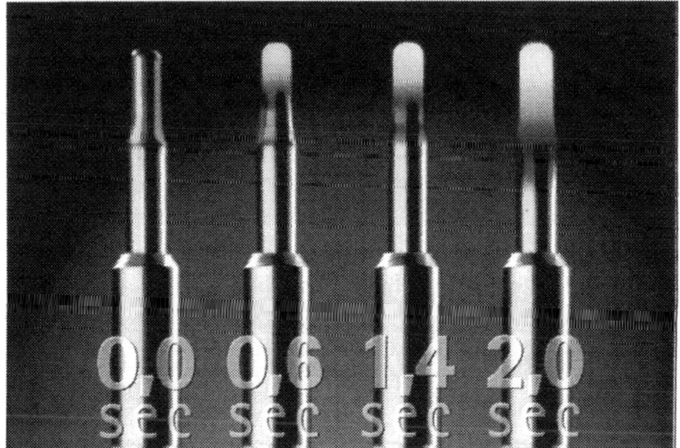

Zeitraffer: Bereits kurze Zeit nach der Ansteuerung durch das Vorglührelais erreicht die Glühstiftkerze eine Temperatur von 850 °C.

Motorraumverkleidung oben demontieren

Wer den Motorraum seines Panda begutachtet, sollte sich nicht blenden lassen: Über der eigentlichen Technik des Antriebsaggregates sitzen großflächige Kunststoffabdeckungen (leider aber nicht bei allen Fahrzeugen). Vom Motor selbst ist also so gut wie nichts zu sehen. Zwar sind der Luftfilter, der Ölmessstab sowie der Öleinfüllstutzen gut zu erreichen, um aber weiterführende Wartungstätigkeiten durchzuführen zu können, muss die Plastikhaube im Motorraum runter.

Benötigtes Werkzeug:
– kleine Ratsche (1/4") mit Verlängerung und 10er-Nuss

- Hinweis: Die unterschiedlichen Motoren weichen in der Befestigungsart ab.
- Eines haben aber alle Motoren gemeinsam: Die obere Motorabdeckung ist gleichzeitig ein Teil des Luftfiltergehäuses.
- Um dieses auszubauen, entfernen Sie zuerst den Luftfilter.
- Nun drehen Sie die Befestigungsschrauben der Motorabdeckung (hinterer Teil des Luftfiltergehäuses) heraus und nehmen dieses vorsichtig ab.
- Je nach Motorisierung sind von unten noch Schläuche am Gehäuse aufgesteckt, welche Sie vorsichtig abziehen können.

Keilrippenriemen prüfen

Der Keilrippenriemen im Panda wird über eine automatische Spannvorrichtung nachgespannt. Sie müssen also hier keine Wartungsarbeit mehr investieren. Allerdings sollten Sie dennoch den Zustand des Riemens von Zeit zu Zeit begutachten. Sollte der Riemen unterwegs reißen, stehen Sie nämlich vor einem größeren Problem.

- Die Spannung und die Funktion der Spannrolle überprüfen Sie durch kräftiges Drücken, zum Beispiel mit dem Daumen gegen den Riemen. Gibt der Riemen nach und die Spannrolle schwenkt aus (und beim Loslassen wieder in die Ausgangsstellung zurück), dann sind die Spannung und die Spannrolle in Ordnung. Hängt der Riemen aber lose durch, ist die Spannrolle defekt.
- Kontrollieren Sie den Zustand des Keilrippenriemens (am besten von unten). Achten Sie besonders auf:
  – Unterbaurisse (Anrisse, Kernbrüche, Querschnittbrüche)
  – Lagentrennung (Deckschicht, Zugstränge)
  – Ausbruch am Unterbau
  – Ausfransen der Zugstränge
  – Flankenverschleiß (Materialabtrag, Ausfransungen, Flankenverhärtung, Oberflächenrisse)
  – Öl- und Fettspuren
- Um alle Stellen zu inspizieren, lassen Sie den Motor zwischendurch kurz laufen. Setzen Sie eine Markierung, um sicherzustellen, dass Sie nicht per Zufall die gleiche Stelle in Augenschein nehmen.

Keilrippenriemen aus- und einbauen

Das Auswechseln des Keilriemens ist sehr aufwändig. Bei allen Motoren müssen dazu die obere und seitliche Abdeckung (am Radlauf) ausgebaut werden. Weiterhin muss der Ausgleichsbehälter vom Kühlwasser ausgebaut werden. Sie können allerdings die Wasserschläuche angeschlossen lassen. Drehen Sie lediglich die Befestigungsschrauben heraus und legen Sie den Behälter zur Seite. Bei einigen Motoren kann es notwendig sein, den Motorhalter auf der Motorstirnseite zu entfernen. Diese Arbeiten sollten Sie dann besser einer Fachwerkstatt überlassen.

Benötigtes Werkzeug und Materialien:
– Ringschlüssel SW 16
– Ringschlüssel SW 13

Ausbau:

- Motorabdeckung(en) wie unter »Motorabdeckung oben/unten ausbauen« beschrieben, entfernen.
- Die seitliche Verkleidung am Radhaus entfernen.
- Laufrichtung des Keilrippenriemens kennzeichnen.
- Im folgenden Arbeitsschritt die Spannrolle ausschwenken, um den Riemen zu lockern. Dazu gehen Sie bei den unterschiedlichen Motorvarianten folgendermaßen vor:
- Bei dem Riemen für die Servolenkung mit Schraubenschlüssel Spannrolle in Pfeilrichtung schwenken.
- Beim Riemen für den Generator lösen (nicht herausschrauben) Sie alle Befestigungsschrauben dessen, und schwenken den Generator zum Motor hin.
- Nehmen Sie nun den gelockerten Keilrippenriemen ab.

Einbau:

- Legen Sie den Keilrippenriemen zuerst über die Kurbelwellen-Riemenscheibe und dann über die Riemenscheiben der Nebenaggregate. Zuletzt den Riemen auf die Spannrolle schieben.
- Beim Riemen für den Generator den Keilriemen beim Einbau zuletzt am Generatorrad auflegen.
- Auf bündigen Sitz der Rippen in den Vertiefungen der Rollen achten.
- Je nach Bauart die Spannrolle wieder in die Ausgangsstellung zurückstellen.
- Motorraumabdeckungen wieder anbauen.
- Keilriemensitz überprüfen, dann Motor starten um den Keilriemenlauf zu überprüfen.

Ölstand prüfen

Prüfen Sie den Ölstand regelmäßig und vor allen Dingen vor längeren Fahrten wie zum Beispiel der Urlaubsreise. Dazu sollte der Motor ein paar Minuten stillgestanden haben und das Auto natürlich auf einer ebenen Fläche stehen. Der Pegel sollte ein bis zwei Millimeter unter der Maximal-Markierung liegen, denn auch zu viel Öl schadet dem Motor. Vorsicht beim Nachfüllen! Verschüttetes Öl kann sich am heißen Motor entzünden!

- Je nach Modell finden Sie den Ölpeilstab links am Motor oder zentral in der Mitte (Dieselmotoren) vor dem Motorblock. Gekennzeichnet ist er durch die rote Grifflasche.
- Ziehen Sie den Peilstab heraus und wischen Sie ihn zunächst ab, bevor Sie ihn wieder für einige Sekunden zurückstecken. Nach dem erneuten Herausziehen lesen Sie den Ölstand auf der Skala am unteren Ende ab.
- Bereich A – Öl muss nachgefüllt werden. Es genügt, wenn sich danach der Ölstand irgendwo im Bereich B befindet.
- Bereich B – Öl muss nicht nachgefüllt werden.
- Bereich C – Öl darf nicht nachgefüllt werden.
- **Achtung:** Bei Ölstand über der Max-Markierung (s. Abbildung) besteht die Gefahr von Katalysatorschäden!

Hier kommt das Öl rein, Öl-Norm beachten: Füllen Sie bei Ihrem Panda nur die für den jeweiligen Motor spezifizierte Ölsorte nach.

Schwarzes Gold: Bei gebrauchtem Öl fällt die Ölstandskontrolle auf Grund der dunklen Färbung besonders leicht. Ölkontrolle beim Diesel: Peilstab (orange) und Öleinfülldeckel sind leicht zu finden.

Ölwechsel

Der Ölwechsel beim Panda ist kein Hexenwerk und daher auch nicht schwer zu bewerkstelligen. Das Öl sollte betriebswarm sein, damit es besser abfließt. Achten Sie unbedingt auf die richtige Ölsorte und Füllmenge. Es empfiehlt sich diese Arbeit im Idealfall über einer Grube oder noch besser einer Hebebühne zu erledigen. Der Wagen darf dabei auf gar keinen Fall schräg stehen, da sonst nicht das ganze Altöl abfließen kann. Verbleibende Restmengen mindern sonst die Qualität des frisch nachgefüllten Öls.

Benötigtes Werkzeug und Material:
- Spannbandschlüssel, Ölfilterzange oder Spezialwerkzeug Hazet 2169 zum Lösen des Ölfilters
- Stecknuss zum Lösen der Ölablassschraube
- Ölablassschraube inkl. Dichtring
- Ölfilter und Dichtringe (klein und groß)
- ausreichende Ölmenge zum Neubefüllen der richtigen Sorte
- geeigneter Auffangbehälter (min. 6 Liter Fassungsvermögen) für Altöl
- geeigneter Auffangbehälter für den alten Ölfilter

Vorbereitende Maßnahmen:
- Motor vor Beginn der Arbeiten etwas warm fahren.
- Ölmessstab entfernen: Ziehen Sie den Ölmessstab vor Beginn der Arbeiten heraus, dann können Sie die Abdeckung abnehmen.
- Fahrzeug auf der Hebebühne anheben, so dass Sie bequem darunter arbeiten können. Alternativ ist auch eine Grube geeignet.

Öl ablassen:
- Halten Sie ein geeignetes Behältnis bereit, um das auslaufende Öl aufzufangen.
- Ölablassschraube mit dem Schlüssel öffnen und Altöl ganz auslaufen lassen.
- Achtung! Das Öl kann sehr heiß sein!
- Da die Gewinde in den Ölwannen sehr empfindlich sind, sollten Sie bei jedem Ölwechsel eine neue Ablassschraube (mit integriertem Dichtring) spendieren. Beachten Sie beim Anziehen der Schraube das zulässige Anzugsdrehmoment von 20 Nm.
- Fahrzeug wieder ablassen.

Filterwald.

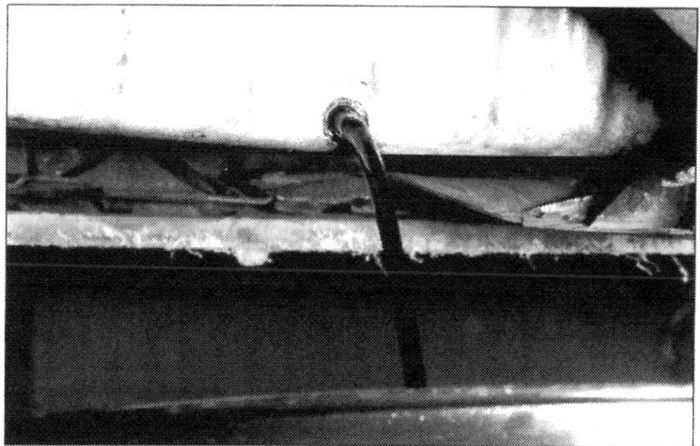

Verbrennungsgefahr: Das Altöl kann sehr heiß sein und durch die Gegend spritzen.

Ölfilter wechseln

Hinweis: Der Panda verfügt selbstverständlich über unterschiedliche Einbauarten des Ölfilters. Wir haben daher zunächst die Einbaulage der Diesel und anschließend die Einbaulagen der Benziner aufgeführt. Die Vorgehensweise für beide Motorarten ist jedoch prinzipiell gleich. Der Ölfilter muss bei jedem Wechsel mit getauscht worden. Zum Lösen des Ölfilters ist eventuell ein spezieller Schlüssel (Hazet 2169) nötig, um die Filterkappe zu lösen.

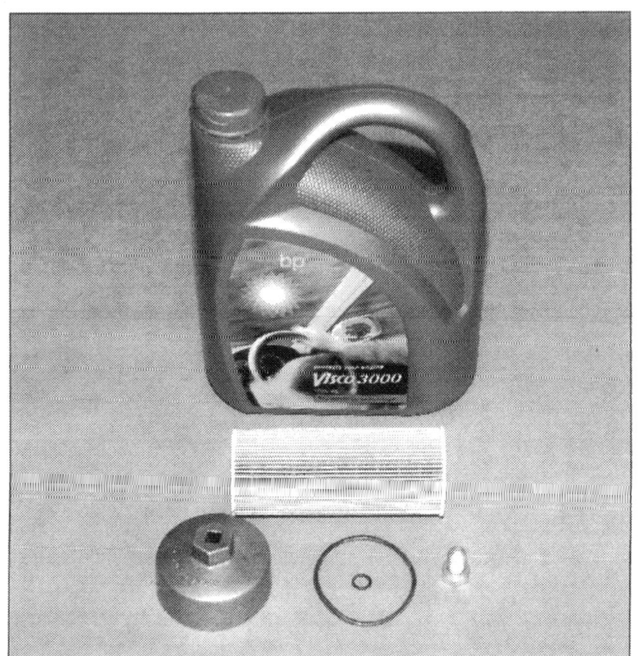

Kleiner Ölservice: Bei Motoren mit unverlierbarem Dichtring brauchen Sie auch eine neue Ablassschraube.

Ölfilterwechsel bei Dieselmotoren

- Den Verschlussstopfen des Ölfilters mit passendem Spezialwerkzeug lösen. Dieser kann sehr fest sitzen und muss dann langsam und gleichmäßig gelöst werden.
- Zunächst Verschlussstopfen abziehen, dann Ölfilter herausheben und eine kurze Weile abtropfen lassen. Anschließend Ölfilter in ein bereitgestelltes Gefäß stellen.
- Neuen Ölfilter einsetzen, dabei unbedingt die Einbaurichtung Oben/Top beachten. Ölfilter fest in die Halterung eindrücken.
- Verschlussstopfen reinigen und Dichtringe ersetzen.
- Dazu mit Schraubenzieher zuerst vorsichtig ablösen. Die neuen Dichtringe zur besseren Montierbarkeit und Abdichtung rundherum etwas einölen. Dann Deckel wieder einschrauben und mit max. 25 Nm anziehen.
- Öl einfüllen. Dabei die Nachfüllmenge bis auf eine kleine Restmenge einfüllen.
- Motor kurz laufen lassen, bis sich das Öl verteilt hat. Nochmals mittels Peilstab nachmessen. Restmenge bis knapp unter die Maximal-Markierung nachfüllen.

Altöl entsorgen

GEFAHRENHINWEIS

Altöl ist gefährlicher Sonderabfall, dessen Entsorgung die Altölverordnung (AltölV) regelt. Etwa 1 Liter Altöl kann 1 Mio. Liter Trinkwasser verseuchen! Auch kleinste Mengen an Altöl müssen daher gesammelt und zu den Altölsammelstellen (z. B. Ölverkaufsstellen, Tankstellen, Entsorgungsbetriebe) gebracht werden. Liefern Sie Ihr Altöl am besten immer dort ab, wo Sie das Frischöl gekauft haben. Sämtliche Verkaufsstellen müssen Altöl in der Menge des verkauften Frischöls entsorgen. Bewahren Sie daher den Kassenbeleg beim Ölkauf stets im Handschuhfach auf. Der Aufwand lohnt sich: Denn Altöl ist recyclebar und kann zu neuen Schmierstoffen aufgearbeitet werden. Dies setzt jedoch voraus, dass Altöl nicht mit anderen Abfällen verunreinigt oder vermischt wird. Was nach der Altölverordnung überdies als Ordnungswidrigkeit gilt. Die Beimischung von Lösemitteln, Brems- oder Kühlflüssigkeit ist indes sogar strafbar (AltölV §7)! Verwenden Sie ebenfalls der Umwelt zuliebe Mehrwegbehälter, die an der Tankstelle aufgefüllt werden können. Denken Sie daran, dass auch gebrauchte Ölfilter sowie mit Öl verschmutzte Lappen entsorgungspflichtig sind.

Ölfilterwechsel bei Benzinmotoren

Bei den Vierzylinder-Benzinern ist der Ölfilter nicht stehend, sondern hängend eingebaut. Außerdem befindet er sich vergleichsweise tief im Motorraum und ist daher nicht so leicht aufzufinden. Der Wechsel des Filters ist nur von unten möglich.

- Benziner Motoren: Bei diesen Motoren muss der Ölfilter von unten mit einem Ölfilter-Werkzeug gelöst werden.
- Vor dem Einbau des neuen Filters befüllen Sie diesen mit Motoröl und streichen Sie die Dichtung leicht mit Öl ein. So lässt sich der Filter später besser lösen.

Luftfilter wechseln

Der Luftfiltereinsatz hält die angesaugte Luft für die Verbrennung frei von Verunreinigungen wie Staub und Schmutz. Durch eine Gummidichtung ist der Filter nach außen abgedichtet. Mit der Zeit setzt der Luftfilter durch die Schmutzpartikel zu. Er sollte deshalb alle 12 Monate gereinigt und alle 24 Monate bzw. spätestens alle 60.000 km ausgetauscht werden. Bei den Multijet-Motoren muss der Luftfilter bereits nach 30.000 km ersetzt werden.

Luftfilter wechseln (Benziner)

Benötigtes Werkzeug und Ersatzteile:
- Staubsauger oder Staubtuch
- Neuer Luftfiltereinsatz (nur beim Wechsel)

- Clipsen Sie die beiden Verschlüsse seitlich am Luftfiltergehäuse auf.
- Nehmen Sie nun das Luftfiltergehäuse nach vorne ab.
- Entnehmen Sie den Luftfiltereinsatz und reinigen Sie das Gehäuse.
- Die Montage erfolgt in umgekehrter Reihenfolge.

Klammer am Luftfiltergehäuse.

Luftfiltergehäuse in Teilen.

Luftfilter wechseln (Diesel)

Benötigtes Werkzeug und Ersatzteile:
- Kreuzschlitzschraubenzieher
- Staubsauger oder Staubtuch
- Neuer Luftfiltereinsatz (nur beim Wechsel)

- Lösen Sie alle Schrauben am Luftfilterkasten (1) und nehmen Sie den Deckel nach oben ab.
- Für die Reinigung die Innenseite des Kastens aussaugen oder mit einem Staubtuch auswischen. Bei einer Wiederverwendung den gebrauchten Filter vorsichtig ausklopfen oder von der Motorseite her leicht ausblasen.
- Filter in das Gehäuse einsetzen.
- Anschließend den Deckel wieder aufsetzen und alle Schrauben des Gehäuses anziehen (3 Nm).

TIPP: Beachten Sie das Anzugsdrehmoment der selbstschneidenden Schrauben! Das Luftfiltergehäuse kann durch zu festes Anziehen der Schrauben beschädigt werden!

Luftmassenmesser wechseln

Ein defekter Luftmassenmesser kommt häufig vor und macht sich durch erhöhten Verbrauch bei geringerer Motorleistung bemerkbar. Oft fällt dieser Defekt kaum auf, manchmal wird der Motor aber auch gleich in den Notlauf gesetzt, was sich deutlich bemerkbar macht. Der Wechsel des Luftmassenmessers ist nicht schwer. Er ist mit zwei Schrauben am Luftfiltergehäuse angeschraubt und mit dem Schlauch des Ansaugrohrs durch eine Klemmschelle verbunden.

Benötigtes Werkzeug und Ersatzteile:
- Kreuzschlitzschraubenzieher oder auch Torxschrauben
- Grip- oder Schlauchschellenzange
- Neuer Luftmassenmesser

- Zunächst den Schlauch zwischen Luftmassenmesser und Turbolader entfernen.
- Den elektrischen Anschluss am Luftmassenmesser lösen.
- Der Luftmassenmesser ist mit zwei Kreuzschlitzschrauben am Gehäuse befestigt, diese mit dem Schraubenzieher lösen.
- Beim Abziehen des Luftmassenmessers vom Filtergehäuse tun Sie sich mit sanftem Rausruckeln leichter.
- Alten Luftmassenmesser durch neuen ersetzen und mit beiden Schrauben wieder am Luftfiltergehäuse festschrauben. Dichtring eventuell mit etwas Silikonspray behandeln, das erleichtert die Montage. Dabei nicht in das Innere des Luftmassenmessers sprühen!
- Anschluss des Luftmassenmessers wieder einstecken.
- Nach dem Einbau sollten Sie zur Sicherheit den Fehlerspeicher in einer Werkstatt auslesen lassen. Die wahrscheinliche Fehlermeldung, dass die Versorgungsspannung sporadisch nicht anliegt, rührt vom Abziehen des Steckers her und kann damit getrost auch wieder gelöscht werden.

Übersicht: Am Deckel des Luftfilterkastens ist der Luftmassenmesser mit zwei Schrauben befestigt. Dichtungsring beim Einbau nicht vergessen!

Filterelemente

WISSENSWERTES

Vielleicht ist Ihnen aufgefallen, dass die Wechselintervalle für Filter in den letzten Jahren immer länger geworden sind. Bis zu 60.000 Kilometer mit ein und demselben Luftfilter sind inzwischen kein Problem mehr. Möglich wird das durch neue Materialien und eine spezielle Beschichtung. Der Trick dabei: Mit Hilfe der Nano-Technologie werden selbst winzigste Partikel von 10 Mikrometer abgehalten, aber nicht zwangsläufig vom Filter aufgenommen. Im Gegensatz zu den üblichen Materialien auf Cellulose-Basis erlauben die neuen vollsynthetischen Filtermedien daher eine Verringerung der Baugröße um rund 35 Prozent bei gleichem Luftdurchsatz. Oder anders herum betrachtet: Bei gleicher Größe halten die Filter jetzt fast doppelt so lang, bevor der Luftdurchsatz merklich beeinträchtigt wird. Aber auch Ölfilter profitieren von dem neuen Material. Und die haben es nicht leicht: Schließlich werden beim Multijet mit DPF Ölwechselintervalle von bis zu 30.000 km erreicht. Während dieser Zeit darf kein einziges Schmutzpartikel durchschlüpfen, der Filter darf aber auch nicht verstopfen!

Kraftstofffilter wechseln

Kraftstofffilter auswechseln (Diesel)

Der Kraftstofffilter sollte beim Diesel alle 30.000 km oder 24 Monate erneuert werden. Zu seinen Hauptaufgaben zählen das Zurückhalten von Schmutzpartikeln und Wasser. Das System entlüftet sich selbst.

Benötigtes Werkzeug und Materialien:
- Schraubendreher
- Kombizange
- kleines Auffanggefäß (ca. 200 ml)
- neuer Filter und Dichtring (O-Ring)
- dicker Lappen, Reiniger

Vorsicht: Eventuell vorhandene Verschmutzungen und Wasserreste im Kraftstofffiltergehäuse müssen unbedingt vor dem erneuten Zusammenbau entfernt werden! Haben Sie keine geeignete Absaugeinrichtung zur Verfügung, müssen Sie das Gehäuseunterteil demontieren um es zu entleeren.

Achtung: Kraftstoffreste sind Sonderabfall und gehören nicht in den Ausguss. Füllen Sie Kraftstoffreste in einen verschließbaren, beschrifteten Behälter um und entsorgen Sie seinen Inhalt umweltgerecht.

Achtung: Dieselkraftstoff greift Gummiteile an! Kraftstoffreste an Kühlerschläuchen und Leitungen sofort gründlich entfernen. Beachten Sie die Entsorgungsvorschriften!

Ausbau:

- Die Kraftstoffleitungen mit den Schnellverschlüssen vom Filter abziehen.
- Das Kabel der Kraftstoffvorwärmung (oben am Filter) lösen.
- Die beiden Befestigungsmuttern des Filters entfernen.

GEFAHRHINWEISE

Kraftstoff

Der Umgang mit Kraftstoff ist gefährlich. Restgase sind hochexplosiv, Dämpfe gelten als krebserregend und unmittelbarer Kontakt oder Verschlucken können akute Reizungen, in schweren Fällen auch eine lebensbedrohende Lungenentzündung hervorrufen. Nehmen Sie daher Wartungsarbeiten und Reparaturen an Teilen der Kraftstoffanlage nicht auf die leichte Schulter. Stellen Sie sicher, dass sich keine eingeschalteten elektrischen Geräte, offenen Flammen, Wärme- und Funkenquellen in unmittelbarer Nähe befinden. Führen Sie Arbeiten an der Kraftstoffanlage möglichst nur mit kraftstoffbeständigen Handschuhen aus. Als chemisch resistent gelten Handschuhe

Kraftstoff: Entzündlich, giftig, umweltschädigend

aus Naturlatex, Nitril oder Vinyl. Vor allem beim Entleeren des Kraftstoffbehälters müssen Sie mit äußerster Vorsicht vorgehen. Kraftstoffbehälter sollten Sie nur bei genügend Frischluftzufuhr entleeren. Unverzichtbar ist dabei ein entsprechendes Abpumpgerät (z. B. kraftstofffeste Balgen-Schlauchpumpe). Auf keinen Fall den Kraftstoff durch Saugen an einem Schlauch mit dem Mund entleeren! Kraftstoffbehälter nie über Montagegruben entleeren. Die entweichenden Gase sind schwerer als Luft und würden sich für mehrere Stunden in der Grube absetzen. Folge: Gesundheitsschäden durch Einatmen, wie Kopfschmerzen, Schwindel, Übelkeit, Sehstörungen, Bewusstlosigkeit und akute Explosionsgefahr. Kraftstoff nur in einen verschließbaren, beschrifteten Behälter umfüllen. Gut sind spezielle Behälter mit Flammschutz und Druckausgleichsverschluss. Im entleerten Kraftstofftank befinden sich Restgase. Auch die sind gefährlich, gelten als krebserregend. Arbeiten also nur mit besonderer Vorsicht ausführen!

- Den Filter nach oben herausziehen und das Kabel des Wasserstandsensors lösen.
- Das Filtergehäuse in den Schraubstock einspannen.
- Das Filteroberteil aufschrauben. Hierzu gibt es von Fiat ein Spezialwerkzeug. Mit etwas Gefühl tut es aber auch eine große Rohrzange.
- Die Filterabdeckung abnehmen und das Filterelement ca. 50 Grad im Uhrzeigersinn verdrehen und abnehmen.
- Das Filtergehäuse entleeren und auswaschen.
- Kraftstofffilter entsorgen.
- Der Einbau erfolgt in umgekehrter Reihenfolge.
- Befüllen Sie das Filtergehäuse vor dem Zusammenbau mit frischem Diesel-Kraftstoff. Dadurch vermeiden Sie spätere Probleme mit dem Entlüften der Anlage.
- Achten Sie beim Aufschrauben des Filterdeckels darauf, dass die beiden Markierungen (siehe Bild) übereinander stehen.

Tipp: Etwas Fett auf dem O-Ring erleichtert die Montage auch später beim Zusammenbau des Gehäuses. Wenn Sie den neuen Filter vor dem Einbau befüllen (über die Öffnung für das Regelventil), ersparen Sie sich hinterher evtl. auftretende Probleme durch Luft in der Kraftstoffanlage.

Kraftstofffilter auswechseln (Benziner)

Ein Wechsel des Kraftstofffilters bei den Benzin-Motoren ist von Fiat nicht vorgesehen.

Motor

Störung	Was kann das sein?	Was muss ich tun?
A Motor startet nicht, Anlasser dreht nicht	**1** Die Wegfahrsperre bzw. die Anlasssicherung	Zu- und wieder aufschließen, Bremse getreten halten und Schalthebel auf Stellung N
	2 Batterie leer	Wenn die Scheinwerfer bei eingeschalteter Zündung nur schwach leuchten: Alle Verbraucher abschalten, Starthilfekabel benutzen und dann mindestens 20 Kilometer fahren
B Der Anlasser dreht, aber der Motor springt nicht an	**1** Die häufigsten Ursachen sind: Kein Sprit und/oder kein Zündfunke. Das kann leider an sehr vielen Bauteilen liegen	Zuerst prüfen, ob noch Sprit und auch die richtige Sorte (Benzin oder Diesel) im Tank ist. Dann die Verkabelung im Motorraum auf Beschädigungen prüfen (Marderbiss?) Vorsicht! Zündung dabei unbedingt ausschalten!
C Motor läuft nach dem Start unrund	**1** Benziner: ein Fehler in der Kraftstoffversorgung und/oder Zündanlage, Nebenluft durch undichte Schläuche	Zunächst eine Sichtkontrolle des Motorraums bei ausgeschalteter Zündung durchführen. Beschädigte Leitungen mit Isolierband notdürftig flicken. Mit einem Diagnosegerät den Fehlerspeicher auslesen lassen.
	2 Diesel: Falschbetankung oder defekte Glühkerzen	Vorsicht: Bei Falschbetankung nicht mehr weiterfahren, sonst kann die Hochdruckpumpe kollabieren
D Motor qualmt und stinkt aus dem Auspuff	**1** Turbolader (blauer Rauch) oder Zylinderkopfdichtung (weißer Rauch) defekt	Ist der Turbolader defekt, besteht akute Gefahr: Bruchstücke wandern durch den Motor. Nicht mehr starten! Bei einer kaputten Kopfdichtung fehlt Wasser im Ausgleichsbehälter, auf jeden Fall auffüllen
	2 Diesel: Wenn der Motor warm gut läuft, sind es die Glühkerzen	Die Glühkerzen können Sie selber prüfen und ersetzen. Anleitung dazu finden Sie in diesem Kapitel
E Motor zieht nicht mehr richtig	**1** Der Hauptverdächtige ist auch hier der Turbolader, besonders wenn der Motor im Leerlauf oder bei wenig Gas noch gut läuft	Beobachten Sie die Ladedruckanzeige (sofern vorhanden) und achten Sie auf ungewöhnliche Geräusche beim Beschleunigen. Eventuell entweicht Ladedruck. Ein blockierter Lader macht dagegen gar keine Geräusche mehr
	2 Luftmassenmesser defekt	Ladedruck prüfen und Fehlerspeicher auslesen
	3 AGR-Ventil undicht	AGR-Ventil rüfen, Fehlerspeicher auslesen
F Hoher Verbrauch	**1** Wahrscheinlich ist der Luftfilter stark verschmutzt	Luftfilter austauschen, die Anleitung dazu finden Sie in diesem Kapitel
G Motor wird zu langsam warm	**1** Thermostat hängt	Sie können zunächst weiter fahren, das Thermostat sollte jedoch so bald wie möglich getauscht werden

Wartung und Pflege

Damit Sie möglichst lange Freude an Ihrem Ibiza haben, finden Sie hier eine Übersicht der regelmäßig anfallenden Wartungsarbeiten und Prüfpunkte. Diese Inspektionen, falls durchgeführt, leisten einen erheblichen Beitrag dazu, Ihren Wagen eine lange Zeit in Schuss zu halten.

Service & Inspektion

Grundsätzlich gibt es für den Panda nur ein Wartungssystem zur Durchführung der Inspektion. Die Wartungsintervalle sind festgelegt durch die Fahrzeuglaufleistung und das Alter des Fahrzeugs. Dies ist auch die traditionelle Herangehensweise, der so genannte starre Wartungsintervall. Jedoch gibt es einige Unterschiede zwischen den Benziner- und Diesel-Modellen.

Was versteht man unter Wartung?

Unter Wartung wird laut DIN 31051 eine Maßnahme verstanden, die die immer existente Abnutzung verzögert. Der betriebsbereite Zustand des Fahrzeuges soll also so lange wie möglich erhalten bleiben. Die Wartung beschränkt sich nicht auf den Wechsel des Motoröls und den kurzen Blick unter das Auto, sie sollte auch nach Ende der Garantiezeit ernst genommen werden. In regelmäßigen Intervallen soll die Wartung von Fachkundigen durchgeführt werden. Fachkundige oder zumindest erfahrene Kfz-Mechaniker oder -Mechatroniker erkennen oftmals schon vor einem teuren Schaden die Ursache. Ein kleiner Defekt, wie ein undichter Kühlschlauch, kann schon zu einem kapitalen Motorschaden führen. Kabel und Züge können, wenn sie nicht sauber geführt werden, aufscheuern und entsprechende Ausfälle produzieren.
Das Ersetzen und Nachfüllen von Betriebsmitteln wie Schmierstoffen und Wasser, der Austausch von Verschleißteilen wie Bremsbelägen und Filtern sowie das Nachstellen, Schmieren und Reinigen von Komponenten bezeichnet man als Wartung oder Inspektion. Es macht Sinn, sich bei der Wartung an die Herstellerangaben zu halten, denn diesem sind Haltbarkeit der Betriebsmittel und der Verschleißteile bekannt. Entsprechend dieser Erfahrungswerte wurden auch die Wartungsintervalle und Prüfpunkte beim Panda festgelegt. Auch die Abfrage des Fehlerspeichers gehört zur Wartung und Pflege eines Fahrzeuges. Entgegen der landläufigen Meinung sind im Fehlerspeicher nicht nur die großen Probleme abgelegt, sondern oftmals verstecken sich hier schon kleine Hinweise auf einen möglicherweise nahen Defekt. Gerade veränderte Werte und Parameter sowie so mancher Softwareeingriff werden so vom Hersteller leicht erfasst. Garantie und Kulanzleistungen werden dann im Zweifelsfall sehr eingeschränkt.

Müssen Sie Öl nachfüllen, so sollten Sie diese Spezifikationen unbedingt beachten. Modernen Ölen sind Adjektive beigemischt, welche spezielle Eigenschaften im Bezug auf Schmierung, Hitze- und Druckfestigkeit sowie Emissionen erfüllen. Sollte Ihr Öl nicht die nötigen Eigenschaften für Ihren Motor erfüllen, können sich hieraus Schäden für den Motor ergeben.

Starre Wartungsintervalle

Die Wartungsintervalle für den Ölwechsel (Service) und die Inspektion (Service-Inspektion) hängen nur von der Laufleistung in Kilometern und der Zeitdauer seit dem letzten Kundendienst ab. Außerdem gibt es Servicetätigkeiten, die nach einer festen Kilometerlaufleistung durchzuführen sind, wie etwa die Erneuerung des Zahnriemens nach einer bestimmten Laufleistung. Die Fahrzeuge, die nach starren Wartungsintervallen gewartet werden, erhalten jährlich einen Ölwechsel mit kleinerer Durchsicht und alle zwei Jahre zusätzlich eine große Inspektion. Als Limit gilt hier die Grenze von 20.000 km. Das bedeutet: Wenn Sie nur eine jährliche Laufleistung von 10.000 km haben, muss Ihr Panda trotzdem alle 12 Monate frisches Motoröl und einen neuen Ölfilter erhalten. Ebenso verhält es sich mit der Inspektion, spätestens alle 24 Monate ist diese fällig, unabhängig der gefahrenen Kilometer. Sind Sie ein

Die verschiedenen Ölsorten für Ihren Panda

Motor	Ölnormen (muss auf der Ölflasche lesbar sein!)	
1,1	SAE 10W-40	ACEA A3 – API SL
1,2 8V	SAE 5W-30	ACEA A1 – API SL
1,1 Multijet	SAE 15W-40	
1,3 Multijet	SAE 5W-40	ACEA B4 – API CF

Vielfahrer und haben die 20.000 km vor 12 Monaten gefahren, müssen Sie auch schon vorher zum Service. Genauso bedeutet es, dass bei 40.000 km die Inspektion fällig ist, egal wann der letzte Service stattgefunden hat. Zusammengefasst heißt das für Sie: Der Service ist fällig alle 20.000 km oder spätestens nach einem Jahr, je nachdem, was zuerst eintrifft.

Serviceanzeige zurücksetzen
Grundsätzlich wird die Serviceanzeige mit dem Fiat-Diagnosegerät zurückgesetzt. Die Rückstellung in der Werkstatt hat zudem einen weiteren Vorteil: Wenn das Fahrzeug sowieso am Diagnoseanschluss (Stecker unter dem Armaturenbrett) hängt, können Sie bei dieser Gelegenheit gleich den Fehlerspeicher auslesen lassen. Das Auslesen des Fehlerspeichers ist übrigens Prüfpunkt bei jedem Kundendienst und sollte nicht vernachlässigt werden.

Der Wartungsplan

Auf den folgenden zwei Seiten finden Sie einen tabellarischen Wartungsplan für Fahrzeuge mit starren und flexiblen Wartungsintervallen. Diesen können Sie sich herauskopieren und als Arbeitsgrundlage für die Wartung verwenden.
In den Spalten finden Sie den jeweils fälligen Wartungsdienst für Ihren Panda – entweder die Kilometerlaufleistung oder die Dauer seit dem letzten Kundendienst, je nachdem was zuerst eintrifft. In der entsprechenden Spalte sind die angekreuzten Prüfpunkte oder Arbeitspositionen abzuarbeiten. Allgemeine Bemerkungen und Hinweise finden sich in der letzten Spalte.

Beschreibung	**Tausend Kilometer**								
	20	**40**	**60**	**80**	**100**	**120**	**140**	**160**	**180**
Reifenzustand, -abnutzung und -druck prüfen und ggf. einstellen	X	X	X	X	X	X	X	X	X
Einwandfreie Funktion der Beleuchtungsanlage (Scheinwerfer, Fahrtrichtungsanzeiger, Warnblinkanlage, Kofferraumleuchte, Innenraumleuchte, Kontrollleuchten am Armaturenbrett usw.) prüfen	X	X	X	X	X	X	X	X	X
Funktion der Scheibenwisch-/waschanlage und Einstellung der Waschdüsen prüfen	X	X	X	X	X	X	X	X	X
Position und Abnutzung der Wischerblätter an Front- und Heckscheibe prüfen	X	X	X	X	X	X	X	X	X
Bremsbelagverschleiß und Zustand der Vorderradscheibenbremsen prüfen	X	X	X	X	X	X	X	X	X
Zustand und Abnutzung der Bremsbeläge hinten prüfen (Trommelbremse)			X			X			X
Zustand der hinteren Scheibenbremsbeläge prüfen (Versionen 4x4)		X		X		X		X	
Sichtprüfung: Karosserieaußenseite, Unterbodenschutz, Schläuche und Rohrleitungen (Abgasanlage, Kraftstoffleitungen, Bremsleitungen), Gummiteile (Hauben, Muffen, Buchsen usw.)	X	X	X	X	X	X	X	X	X
Zustand der Schlösser an Motorhaube und Kofferraum kontrollieren, Hebelwerk schmieren	X	X	X	X	X	X	X	X	X
Spannung der verschiedenen Antriebsriemen prüfen und eventuell einstellen (ausgenommen Motoren mit automatischen Riemenspannern)	X								

Beschreibung	Tausend Kilometer								
	20	40	60	80	100	120	140	160	180
Sichtprüfung Antriebsriemen der Zusatzaggregate		X		X		X		X	
Ventilspiel prüfen/einstellen (Benzinversionen)		X		X		X		X	
Einstellung des Handbremshebelweges prüfen		X		X		X		X	
Emissionen im Abgas/Abgastrübung prüfen (Versionen 1.3 Multijet)		X		X		X		X	
Kraftstoffdampfrückführung (Benzinversionen) prüfen				X				X	
Kraftstofffiltereinsatz (Greenfilter) austauschen (Versionen 1.3 Multijet)			X			X			X
Luftfiltereinsatz austauschen (alle 30.000 km bei Versionen 1.3 Multijet)			X			X			X
Flüssigkeitsstand ergänzen (Motorkühlung, Bremsen, Scheibenwaschanlage, Batterie usw.)	X	X	X	X	X	X	X	X	X
Steuerriemen prüfen (außer Versionen 1.3 Multijet)			X						X
Steuerriemen auswechseln (*) (außer Versionen 1.3 Multijet)					X				
Zündkerzen wechseln (Benzinmotor)		X		X		X		X	
Funktion der Motorelektronik (über Diagnosestecker) prüfen		X		X		X		X	
Ölstand im Robotgetriebe prüfen	X	X	X	X	X	X	X	X	X
Getriebeölstand prüfen				X				X	
Motorölfilter wechseln (alle 30.000 km bei Versionen 1.3 Multijet ohne DPF)	X	X	X	X	X	X	X	X	X
Motorölfilter wechseln (alle 30.000 km bei Versionen 1.3 Multijet mit DPF) (**)	(X)	(X)	(X)	(X)	(X)	(X)	(X)	(X)	(X)
Bremsflüssigkeit wechseln (oder alle 2 Jahre)			X			X			X
Pollenfilter wechseln (jedenfalls jährlich)	X	X	X	X	X	X	X	X	X

(*) Oder alle 3 Jahre, wenn das Fahrzeug unter einer der nachstehenden erschwerten Bedingungen verwendet wird:
- lange Benutzung bei kaltem/heißem Klima;
- Stadtverkehr mit langem Betrieb im Leerlauf;
- häufige Fahrten auf sehr verstaubten oder mit Sand und/oder Salz bedeckten Straßen.

Oder alle 5 Jahre, unabhängig vom Kilometerstand und den Benutzungsbedingungen des Fahrzeuges.

(**) Das tatsächliche Wechselintervall für das Öl und den Ölfilter hängt vom Einsatz des Fahrzeugs ab und wird über eine Kontrollleuchte oder eine Meldung an der Instrumententafel (wo vorgesehen) angezeigt.

Wie viel Öl darf mein Motor maximal verbrauchen?

Fiat hat hierzu klare Vorstellungen und gibt einen maximalen Motorölverbrauch von 1 Liter pro 1000 km an. Ist Ihr Motor technisch in Ordnung, verbraucht er so wenig Öl, dass zwischen den einzelnen Ölwechselintervallen nur eine geringe Menge nachgefüllt werden muss. Das gilt jedoch nur, wenn Sie regelmäßig das Öl wechseln und der Motor nicht übermäßig belastet wird. Genauso besorgniserregend wie der übermäßig hohe Ölverbrauch ist ein kaum abnehmender Ölstandspegel. Denn nimmt der Ölstand zwischen den Messungen nicht ab, ist das Motoröl durch Kraftstoff und Kondenswasser verdünnt, was seine Schmiereigenschaft verschlechtert. Das kann im Winter vorkommen, wenn Sie das Fahrzeug nur auf Kurzstrecken bewegen. In diesem Fall empfiehlt es sich, das Öl auch mal zwischen den üblichen Intervallen zu wechseln.

Probefahrt zum Abschluss

Auch die Probefahrt ist ein wichtiger Bestandteil der Wartung eines Fahrzeuges. Natürlich bewegen Sie Ihr Fahrzeug jeden Tag und selbstverständlich geht man davon aus, jedes ungewöhnliche Geräusch wahrzunehmen. In der Regel aber ist man durch die Alltagseinflüsse während der Fahrt eher von der Fahrzeugfunktion abgelenkt. Suchen Sie sich eine asphaltierte Strecke, auf der Sie auch Bremsproben gefahrlos durchführen können. Achten Sie auf das Beschleunigungsverhalten und auch die Höchstgeschwindigkeit bei einem bestimmten Punkt Ihrer »Teststrecke«. Ein Leistungsverlust lässt sich so recht einfach erkennen.

Prüfposition	Beschreibung
Motor	Leistung o.k.? Aussetzer? Ruckeln? Leerlaufverhalten? Beschleunigungsverhalten?
Kupplung	Anfahrverhalten? Rubbeln? Geruch? Pedalkraft? Durchschleifen im höchsten Gang?
Schaltung	Leichtgängigkeit? Schalthebelstellung? Automatisches Getriebe Stellung des Wahlhebels? Anzeige im Tachodisplay? Zündschlüsselsperre? Schaltverhalten?
Fuß- und Handbremse	Funktion? Rubbeln? Quietschen? Pedalweg? Einseitiges Ziehen des Fahrzeugs beim Bremsen?
ABS-Funktion	Beim Durchführen einer ABS-Bremsung darf kein Rad blockieren und ein deutliches Pulsieren ist am Bremspedal festzustellen.
Lenkung	Lenkspiel? Mittelstellung bei Geradeausfahrt? Leichtgängigkeit Funktion? Geräusche?
Ausstelldach-Funktion	Funktion?
Radio / Navigationssystem	Empfang? Funktion?Störgeräusche? GALA?
MFA	Funktionen?
Klimaanlage	Funktion?
Geradeauslauf	Wirkung auf Spurrillen? Geradeauslauf?
Unwucht	Konstante Vibrationen im Lenkrad? Bei bestimmten Geschwindigkeiten Vibrationen im Lenkrad?
Radlager	Geräusche bei Linkskurven? Geräusche bei Rechtskurven? Geräusche bei Geradeausfahrt?
Heißstartverhalten	Springt der Motor auch dann gut an, wenn er heiß ist?

Technisches Lexikon

Begriffe und Erklärungen von A-Z

Das folgende Stichwortverzeichnis soll keine Übersetzung vom »Fach-Chinesisch« ins Deutsche sein; es soll Ihnen aber helfen, einige der häufig benutzten Ausdrücke zu verstehen, die Sie im Gespräch mit den Leuten in der Werkstatt immer wieder hören.

Abgasturbolader
Von Abgasen angetriebenes Turbinenrad. Die Turbine nutzt die im Abgas enthaltene Energie und drückt zur Leistungssteigerung Frischluft und vorverdichtete Luft in die Zylinder.

ABS
Antiblockiersystem. Drehzahlsensoren an allen vier Rädern melden einem Steuergerät, wenn das jeweilige Rad kurz vor dem Blockieren ist. Der Bremsdruck am Rad wird abwechselnd verringert und erhöht und das Blockieren verhindert.

ACC
Adaptive Cruise Control (adaptive Geschwindigkeitsregelung); hält die gewünschte Fahrzeuggeschwindigkeit konstant.

Achsschenkel
Bauteil der Vorderradaufhängung, auch Radlagergehäuse genannt. Es schwenkt beim Lenken um die Lenkdrehachse. Auf dem Achsschenkel ist das Vorderrad gelagert.

Achstrieb (Vorderachstrieb, Hinterachstrieb)
Baugruppe, die ein Stirnradpaar und das Differenzial zum Antrieb der Gelenkwellen vom Getriebe aus enthält. Bei Hinterradantrieb sind in einem eigenen Gehäuse ein Kegelradsatz (»Teller- und Kegelrad«) und das Differenzial vereinigt.

Achswelle
Angetriebene Welle, starr oder mit Gelenken, an deren Nabe eines der Räder montiert ist.

Adaptives Kurvenlicht
Horizontal schwenkbare Scheinwerfer, die die Kurven optimal ausleuchten, sobald der Fahrer in sie einlenkt. Sensoren erfassen den Lenkwinkel, die Gierrate (Drehgeschwindigkeit um die Hochachse) und die Fahrgeschwindigkeit. Die Xenon-Scheinwerfer werden elektromechanisch so gesteuert, dass die Kurve ihrem Verlauf entsprechend besser ausgeleuchtet wird.

Airbag
Aufblasbares Luftkissen, das bei Frontalaufprall des Autos auf ein Hindernis die Insassen vor Verletzung schützt. Gewöhnlich in die Lenkradnabe und die Schalttafel (evtl. auch in die Sitzlehnen = Seiten- Airbags) eingebaut.

Aktivkohlefilter (EVAP)
System zur Verminderung der Emission schädlicher Benzindämpfe aus dem Tank. Die Dämpfe werden in einem Filter aus Holzkohle gespeichert und später im Motor verbrannt.

Anlasser
Elektromotor, der zum Anlassen des Motors dient. Sein längs verschiebbares Ritzel wird zuerst in den großen Zahnkranz des Schwungrads eingespurt und dreht dann die Kurbelwelle.

Antriebsriemen
Normalerweise aus Gummigewebe gefertigter Riemen, der über mindestens zwei Riemenscheiben läuft und von der Kurbelwelle aus Nebenaggregate oder die Nockenwelle(n) antreibt (als Keilriemen, Flachriemen oder Zahnriemen).

Antriebsstrang
Oberbegriff für den gesamten Antrieb eines Fahrzeugs mit Motor, Kupplung, Getriebe, Kardanwelle (soweit vorhanden), Achstrieb/Differenzial und Antriebswellen.

Asphärischer Außenspiegel
Asphärische Außenspiegel besitzen eine zweigeteilte, teilweise gebogene (konvexe) Spiegelfläche. Dadurch vergrößert sich die Sichtfläche des Rückspiegels. Die korrekte Einstellung der Seitenspiegel auf die Sitzposition des Fahrers verringert beim asphärischen Außenspiegel den toten Winkel fast vollständig. Alle Modelle aus der Volkswagen-Pkw-Palette sind mit asphärischen Außenspiegeln auf der Fahrerseite ausgerüstet.

ASR
Antriebsschlupfregelung; verhindert Durchdrehen der Antriebsräder, hält den Wagen in der Spur.

ATF
Automatic Transmission Fluid (Getriebeöl für automatische Getriebe).

Aufbohren (Zylinder)
Verfahren zum Nacharbeiten der Zylinderbohrungen bei starkem Verschleiß. In die um ein geringes Maß vergrößerten Bohrungen werden entsprechend größere Kolben eingebaut. Nur nach langer Laufzeit erforderlich.

Ausdehnungsbehälter
Teil der modernen, unter Druck arbeitenden Kühlanlage. In diesen Behälter kann das infolge des Temperaturanstiegs sich ausdehnende Kühlmittel ausweichen.

Ausgleichgetriebe
Siehe Differenzial.

Ausgleichscheibe
Stahlscheibe, zumeist in verschiedenen Dicken, zum Ausgleich des Axialspiels beweglicher Bauteile.

Ausgleichswelle
Eine zur Kurbelwelle gegenläufig rotierende Welle für einen ruhigen Motorlauf.

Auspuffkrümmer
Sammelrohr, das die Abgase des Motors von jedem der Zylinder in die (gemeinsame) Abgasanlage leitet.

Ausrücklager (Kupplung)
Wälzlager, das axial gleitend auf einer Hülse vorn im Getriebegehäuse montiert ist, beim Auskuppeln vom Kupplungs-Ausrückhebel gegen die rotierende Tellerfeder gedrückt oder gezogen wird und dabei die Kupplungsscheibe freigibt.

Auswuchten (Räder)
Prüfen und Korrigieren eines Rades mit Reifen im Hinblick auf statische und dynamische »Unwucht«, d. h. auf Kräfte, die das Rad zu Flatter- oder Zitterbewegungen veranlassen könnten.

Automatikgurt
Sicherheitsgurt, der den Fahrzeuginsassen bei normaler Fahrt Bewegungsfreiheit lässt, aber blockiert wird, wenn das Auto stark verzögert wird oder die angegurtete Person plötzliche Bewegungen macht.

AWD
All Wheel Drive (Allradantrieb).

Axialspiel
Bewegungsfreiheit eines Bauteils in Achsrichtung, z. B. die seitliche Bewegung eines Pleuels auf dem Lagerzapfen der Kurbelwelle.

Batterie
(Akkumulatorenbatterie) »Reservoir«, in dem elektrische Energie gespeichert wird. Sie liefert den Strom zum Anlassen des Motors und für die übrigen Verbraucher bei stehendem Motor. Sie wird bei laufendem Motor vom Generator aufgeladen.

Benzindirekteinspritzung
Bei der Benzindirekteinspritzung wird der Kraftstoff mit einem maximalen Druck von bis zu 150 bar direkt in den Brennraum eingespritzt. Eine besondere Brennraumgeometrie sorgt für eine optimale Verwirbelung des Kraftstoff- Luft-Gemischs.

Biodiesel
Biodiesel wird aus nachwachsenden Rohstoffen gewonnen. In Deutschland wird häufig Raps zur Gewinnung von Biodiesel genutzt. Daher haben sich auch die Bezeichnungen RME (Raps-Methyl-Ester) bzw. PME (Pflanzen-Methyl-Ester) durchgesetzt. Aus ökologischer Sicht stellt Biodiesel eine sinnvolle Alternative zu herkömmlichem Dieselkraftstoff dar, da man sich in einem geschlossenen CO2- Kreislauf bewegt. Das bedeutet, dass die Pflanze während ihres Wachstums so viel an CO2 aufnimmt, wie nachher bei der Verbrennung wieder abgegeben wird. Da sich Biodiesel jedoch in seiner Zusammensetzung von herkömmlichem Dieselkraftstoff unterscheidet, kann er nicht uneingeschränkt als direkter Ersatz für Diesel genommen werden. Größtes Problem ist derzeit, dass es keine einheitliche Norm für die Qualität und Zusammensetzung von Biodiesel gibt. Der Marktanteil von Pflanzen-Methyl-Ester liegt zurzeit unter einem Prozent. Selbst bei Ausschöpfung aller Anbaupotenziale könnte Pflanzen-Methyl-Ester nur ein Zehntel des Dieselkraftstoffbedarfs decken.

Bi-Xenon
Xenon-Scheinwerfer für Abblend- und Fernlicht (siehe Xenonlicht).

Blattfeder
Lange, schmale, gekrümmte Feder, zumeist als Paket aus mehreren Blättern zusammengesetzt. Heute nur noch bei Lkws, schweren Geländewagen und alten Autos mit hinterer Starrachse zu finden.

Bord-Diagnosesystem
Für das Motor-Managementsystem. Sie lässt über den Fehlercode Fehlfunktionen erkennbar werden, die sich negativ auf Abgasemissionen oder das Gemischaufbereitungssystem auswirken können. Über die Vernetzung der einzelnen Steuergeräte lassen sich die Fehler aller auslesefähigen Steuergeräte auslesen.

Boxermotor
Motorbauform, bei welcher die Zylinder einander gegenüberliegen; im Allgemeinen sind gleich viele Zylinder auf jeder Seite der Kurbelwelle.

Bremsankerplatte
Stahlblechplatte, am Radträger (zumeist nur noch der Hinterräder) befestigt. Daran sind die Bremsbacken der Trommelbremse montiert.

Bremsbacken
Gekrümmtes Bauteil in der Trommelbremse, mit Bremsbelägen bewehrt. Die Backen werden beim Bremsen von innen gegen die Bremstrommel gedrückt.

Bremsbelag
Trommelbremse: Auf die Bremsbacken aufgebrachter Reibbelag aus hitzebeständigem Werkstoff; Scheibenbremse: Mit aufvulkanisiertem Reibbelag versehene Metallplatte. Die Bremsbeläge werden von den Hydraulikkolben von beiden Seiten her beim Bremsen an die Bremsscheibe angedrückt.

Bremse entlüften
Entfernen der unerwünschten Luft aus einer geschlossenen hydraulischen Bremsanlage.

Bremsflüssigkeit
Spezielles, hitzebeständiges Hydraulikflüssigkeit auf Alkoholbasis für Bremsanlage (ggf. auch für Kupplungsbetätigung).

Bremsscheibe
Mit dem Rad umlaufende, häufig hohl gegossene (»belüftete« Bremsscheibe) Metallscheibe. Beim Betätigen der Bremse werden von beiden Seiten her die Bremsbeläge an die Scheibe angedrückt und verzögern dadurch Scheibe und Rad.

Bremsservo (Vakuum-Bremsverstärker)
Gerät, das die am Pedal aufgebrachte Kraft zum Betätigen des Hauptbremszylinders erhöht. Der Unterdruck, mit dem das Gerät arbeitet, kommt beim Benzinmotor vom Saugrohr, beim Dieselmotor von einer zusätzlichen Pumpe.

Bremstrommel
Mit dem Rad umlaufendes, schüsselförmiges Bauteil der Trommelbremse. Beim Betätigen der Bremse werden von innen her die beiden Bremsbacken an die Trommel angedrückt und verzögern dadurch Trommel und Rad.

Bremszange, -sattel
Bauteil, das am Achsschenkel montiert ist und sattelförmig die Bremsscheibe übergreift. Enthält die Hydraulikkolben und Bremsbeläge. Es setzt den hydraulischen Druck der Bremsanlage in Reibkräfte mit den Belägen auf der Bremsscheibe um.

Brennraum
Raum über dem Kolben, in dem dieser das Gemisch verdichtet, und in dem im Augenblick der Zündung die Verbrennung stattfindet. Der Brennraum kann auch zum Teil in den Kolbenboden eingelassen sein.

CAN
Control Area Network (Kontroll-Netzwerk); verknüpft alle im Fahrzeug vorhandenen Steuergeräte. Der Datenaustausch verarbeitet Informationen aus Sensoren und leitet Befehle an Aktoren weiter. Sensor und Aktor müssen nicht mehr am selben Steuergerät angeschlossen sein.

Carbon
Kohlenstoff; belastungsstarker und extrem leichter Werkstoff für Karosserieteile und Bremsen von Supersportwagen und für die Formel 1.

Chip-Tuning
Leistungssteigerung durch Austausch eines elektronischen Speicherbausteins. Auf diesem Chip sind veränderte Kennfelder gespeichert, die höhere Drehzahlen oder größere Kraftstoffmengen zulassen.

Choke (Vergaser)
Manuell oder automatisch betätigtes Klappenventil, das beim Kaltstart durch Drosselung der Luftzufuhr zum Motor das Gasgemisch anreichert.

CNG
Compressed Natural Gas (komprimiertes Naturgas); Erdgas für speziell ausgerüstete Personenwagen und Transporter.

CO-Gehalt
Anteil von Kohlenmonoxid im Abgas.

Common Rail
(Gemeinsame Leitung) Diesel-Direkteinspritzer, bei dem alle Zylinder über eine gemeinsame, unter Druck stehende Verteilerleitung mit Kraftstoff versorgt werden.

Comprex-Lader
Druckwellenlader, Mischung aus Turbolader und Kompressor. Wird von der Kurbelwelle über einen Zahnriemen angetrieben.

Crossover
Kreuzung verschiedener Fahrzeug-Gattungen zu neuem Typ.

CVT-Automatik
(Continuously Variable Transmission) Automatische, stufenlose Kraftübertragung mit je einer zweigeteilten, kegelförmigen Scheibe auf An- und Abtriebswelle. Durch axiales Verschieben der Scheiben wird der wirksame Radius eines auf ihnen laufenden Keilriemens oder einer Lamellenkette stufenlos verändert und damit auch die jeweilige Übersetzung.

dB
Dezibel, Einheit für Lautstärke. dB (A) stellt dann eine genau definierte Kennlinie dar, die dem menschlichen Ohr nachempfunden wurde.

DBC
Dynamische Bremskontrolle (siehe BAS).

Diagnosesystem
Siehe Bord-Diagnosesystem.

Diagnose-Warnleuchte
Warnleuchte an der Schalttafel. Zeigt an, dass eine Fehlfunktion an Abgas-relevanten Bauteilen oder Systemen vorliegt und als solche im Steuergerät gespeichert wurde.

Drehstabfederung/Torsionsfederung
Eine in manchen Automodellen angewandte Art der Federung, die auf der Verdrehung eines geraden Stabes (Drehstab) um seine eigene Achse beruht.

Drive-by-wire
(Fahren per Draht). Befehle des Fahrers werden nicht mechanisch übermittelt, sondern elektronisch.

Drosselklappe
Vom Gaspedal betätigte Ventilklappe vor dem Saugrohr, die mehr oder weniger Luft zu den Einlassventilen strömen lässt.

Drosselklappenschalter
Bauteil des Motor-Managementsystems, das dem Steuergerät die jeweilige Stellung der Drosselklappe signalisiert.

Druckfester Verschluss (Kühler)
Schraubkappe auf dem Ausdehnungsgefäß. Wirkt als Sicherheitsventil bei Über- und Unterdruck im Kühlsystem, um dieses vor Beschädigungen zu schützen.

Dynamische Kopfstützen
Auch aktive Kopfstützen; sollen vor allem bei Auffahrunfall vor Verletzungen der Halswirbelsäule (Schleudertrauma) schützen.

Dynamisches-Energiemanagement
Das Batterie-Energiemanagement sorgt in Abhängigkeit vom Batterieladezustand und der Temperatur selbstständig dafür, dass stets genügend Energie für einen Motorstart zur Verfügung steht. Dies gilt auch dann, wenn das Fahrzeug einmal für einen längeren Zeitraum abgestellt ist. Moderne Fahrzeuge entnehmen ihren Batterien selbst im Ruhezustand Energie: Verkehrsfunkspeicher, aber auch Diebstahlwarnanlage oder der Empfänger für die Funkfernbedienung verbrauchen konstant ein geringes Quantum Strom. Wenn ein kritischer Ladezustand der Batterie droht, reduziert das Energiemanagement im Ruhezustand den Verbrauch durch stufenweises Abschalten der Verbraucher. Während der Fahrt kontrolliert das dyna-

mische Energiemanagement laufend die Batteriespannung und Ladeaktivität. Bei Bedarf erhöht das System die Leerlaufdrehzahl geringfügig, um die Leistung des Ladegenerators zu erhöhen. In extremen Fällen werden kurzzeitig besonders verbrauchsintensive Komponenten wie etwa die Sitz- oder Heckscheibenheizung deaktiviert. Der Komfort leidet darunter nicht, im gewöhnlichen Fahrbetrieb erfolgt dieser Stopp so, dass der Fahrer ihn nicht bemerkt.

Dichtung
Verformbares Material, das zwischen zwei Oberflächen eingefügt wird, um gas- bzw. flüssigkeitsdichte Verbindungen zu schaffen.

Dieselmotor
Der »Selbstzünder« (Gegensatz: »Ottomotor« = Fremdzünder) arbeitet mit der durch Verdichtung reiner Luft im Zylinder entstehenden Temperatur, die ausreicht, um den zerstäubten Dieselkraftstoff zu entzünden. Hierfür ist freilich eine weit höhere Verdichtung erforderlich als beim Ottomotor.

Differenzial/Ausgleichgetriebe
Zumeist als Kegelrädertrieb ausgeführt, treibt es die beiden Räder einer Achse gemeinsam in gleicher Drehrichtung, erlaubt ihnen aber, sich bei Kurvenfahrt unterschiedlich schnell zu drehen.

Differentialsperre
Schafft starren Durchtrieb zwischen Rädern einer Achse oder beider Achsen für eine bessere Traktion des Fahrzeugs.

Direkteinspritzung
Spezielle Bauart von Motoren, bei denen der Kraftstoff durch Düsen unmittelbar in die Brennräume eingespritzt wird.

DOHC
(Double Overhead Camshaft) Bezeichnung für einen Motor mit zwei obenliegenden Nockenwellen, von denen eine die Ein- und eine die Auslassventile betätigt. Dies erlaubt optimale Anordnung der Ventile in Bezug auf Leistung und Emissionen (strömungsgünstigere Kanalführung im Kopf).

DOT-Nummer
Auf die Reifenflanke geprägt, verrät den Produktionszeitraum des Pneus.

Drehkolbenmotor
Siehe Wankelmotor.

Drehmoment-
Die an einem Hebelarm wirkende Kraft, früher in mkp (Meter-Kilopond), heute in Nm (Newtonmeter) ausgedrückt (1 mkp = 9,81 Nm).

Drehmomentschlüssel
Werkzeug zum Anziehen von Schrauben und Muttern mit einem vorgegebenen Drehmoment.

Drehmomentwandler/»Wandler«
Eine Abart der Flüssigkeitskupplung, eingebaut anstelle einer mechanischen Kupplung zwischen Motor und Automatikgetriebe. Kann das Motordrehmoment nach Bedarf verändern.

DynAPS
Dynamisches Autopilot-System, berücksichtigt Staumeldungen bei der Routenberechnung.

EBD
Electronic Brake Distribution, sorgt für eine elektronische Bremskraftverteilung. EBV – elektronische Bremskraftverteilung.

ECE
Economic Comission for Europe (Wirtschaftskommission für Europa), befasst sich mit der Harmonisierung von Vorschriften rund ums Auto.

EDS
Elektronische Differentialsperre.

E-Gas
»E« steht für elektronisch. Das Gaspedal wirkt bei Fahrzeugen mit E-Gas wie ein Sensor. Dieser erkennt anhand der Pedalstellung unmittelbar den Lastwunsch des Fahrers. Auf Basis dieses Ausgangssignals regelt die Motorelektronik Drosselklappe, Ladedruck und Zündung. Dieses elektronische System löst die bisherige Übertragungstechnik per Seilzug ab und bringt wesentliche Vorteile: E-Gas erleichtert die elektronische Motorsteuerung, reagiert schneller und ist eine technische Voraussetzung für das elektronische Stabilisierungsprogramm(ESP).

EGR
(Exhaust Gas Recirculation) Abgasentgiftung: Ein Teil der Abgase wird der Ansaugluft wieder zugeführt, um unverbrannte Kraftstoffanteile weiter zu verbrennen.

Einscheiben-Sicherheitsglas
Scheibe aus thermisch behandeltem Glas in nur einer Schicht. Wenn die Scheibe zerspringt, zerfällt sie in viele kleine Teile mit stumpfen Kanten. Zerspringt sie beim Auftreffen eines Körpers nicht, wird der Durchblick stark behindert.

Einspritzdüse
Gerät, das den Kraftstoff direkt oder indirekt in den Brennraum eines Otto- oder Dieselmotors einspritzt.

Einspritzpumpe (Diesel)
Gerät, das beim Dieselmotor für die Zumessung der Kraftstoffmenge und die Einspritzung unter hohem Druck zum genau festgelegten Zeitpunkt sorgt.

Einspritzzeitpunkt (Diesel)
Die kurz vor dem Erreichen des oberen Totpunktes (OT) liegende Stellung des Kolbens, in welcher der Kraftstoff eingespritzt wird.

Einzelradfederung
Federungssystem, bei welchem jedes Rad ohne gegenseitige Wirkung auf die übrigen Räder des Wagens Auf- und Abbewegungen ausführt.

Elektrode
An der Zündkerze springt zwischen diesen Metallteilen der Zündfunke über; zwischen Verteilerfinger und Verteilerkappe sorgen Elektroden für die Übertragung des hochgespannten Stroms an die einzelnen Kerzen.

Elektrodenabstand (Kerze)
Einstellbare Distanz zwischen Plus- und Masse-Elektrode der Zündkerze.

Elektrolyt
Aus Schwefelsäure und destilliertem Wasser bestehende Flüssigkeit, die in der Batterie den Strom leitet.

Elektronische Einspritzung
Kraftstoffeinspritzung mit elektronischer Steuerung.

Elektronische Zündung
Zündanlage, die von einer Elektronik gesteuert wird, welche die Funktion des Verteilers und der Unterbrecherkontakte übernimmt.

Elektronisches Steuergerät
Elektronische Zentraleinheit, die Signale von diversen Sensoren empfängt, verarbeitet und entsprechende Befehle an Zünd-, Einspritz- und andere Systeme erteilt.

Emissionen/Abgasemissionen
Vom Auspuff und verschiedenen anderen Teilen des Autos (Tank, Kurbelgehäuse) in die Atmosphäre abgegebene Substanzen, die gasförmig oder als Partikel auftreten.

Emissionskontrolle
Oberbegriff für diverse Systeme zur Verminderung schädlicher Emissionen.

Endanschlag
Dämpfendes Gummiteil, das beim Durchfedern auf schlechter Fahrbahn das Anschlagen der Radaufhängung an die Karosserie verhindert.

Entkohlen
Entfernen von Verbrennungsrückständen in den Brennräumen, den Kanälen und auf den Kolbenböden bei einer Motorüberholung.

Entlüftung
Öffnung oder Ventil, aus dem Luft oder Gase aus einem Gehäuse (z. B. Kurbelgehäuse) austreten bzw. in ein System eintreten können.

Entlüftungsnippel
Hohlschraube, durch welche nach dem Lösen zur Entlüftung eines geschlossenen Systems (Bremse, Kupplungsbetätigung) Luft und Flüssigkeit austreten können.

Entstörgerät
Gerät zur Beseitigung oder Unterdrückung elektrischer Störeinflüsse von der Zündung oder anderen Bauteilen der Elektrik.

ESP
Elektronisches Stabilitäts-Programm; hält durch das Bremsen einzelner Räder die Spur.

Euro-NCAP
Das Euro-NCAP (New Car Assessment Programme = Programm zur Bewertung der passiven Sicherheit von Nutzfahrzeugen) gilt heute als einer der wichtigsten Maßstäbe für die passive Fahrzeugsicherheit. Es stellt beim Offsetcrash noch härtere Anforderungen als das seit Oktober 1998 geltende EU-Gesetz. Die Aufprallgeschwindigkeit wurde von 56 km/h (Gesetz) auf 64 km/h erhöht (Euro-NCAP), was einer um über 30% höheren Aufprallenergie entspricht. Organisiert wird das Euro-NCAP unter anderem von der englischen und der schwedischen Verkehrsbehörde, vom internationalen Automobilverband FIA, vom ADAC sowie von anderen europäischen Automobilclubs.

Fading (Bremse)
Vorübergehendes Nachlassen der Bremsenfunktion infolge Überhitzung des Reibmaterials (vor allem bei Trommelbremsen).

Federbein
Siehe McPherson.

Federung
Oberbegriff für die Bauteile eines Fahrzeugs, die der Isolierung der Karosserie von den Rädern dienen und dafür sorgen, dass alle vier Räder ständigen Fahrbahnkontakt halten.

Fehlercode
Elektronischer Code, den das Steuergerät eines Diagnosesystems beim Auftreten eines Funktionsfehlers speichert. Der verschlüsselte Code enthält Einzelheiten zur Fehlerquelle und veranlasst, dass eine Warnlampe am Schaltbrett aufleuchtet.

Fehlercode-Transmitter
Elektronisches Bauteil, das den verschlüsselten Code für die Werkstatt lesbar macht.

Festsattelbremse
Fest am Radträger montierter Bremssattel der Scheibenbremse. Der Festsattel besitzt (im Gegensatz zum Schwimmsattel) mindestens zwei einander gegenüberliegende Hydraulikkolben.

Fettes Gemisch
Ausdruck für ein Kraftstoff-Luft-Gemisch mit höherem als dem optimalen Kraftstoffanteil.

Fliehkraftregler (Zündung)
Vorrichtung im Zündverteiler, die auf der Fliehkraft von kleinen Gewichten beruht und entsprechend der Motordrehzahl laufend automatisch den Zündzeitpunkt verstellt.

Fluid
Häufig benutzter Ausdruck für Flüssigkeit, Kühlmittel, Bremsöl usw.

Flüssiggas
(LPG = Liquefied Petroleum Gas) Gemisch von aus Rohöl gewonnenen Brenngasen (Butan, Propan...), das in manchen Fällen statt anderer Kraftstoffe für entsprechend eingerichtete Ottomotoren eingesetzt wird. Zurzeit sehr stark im Kommen, da die Nachrüstung relativ günstig geworden ist.

Frostschutz
Flüssigkeit, die dem Kühlwasser zugesetzt wird, um das Einfrieren der Motorkühlung im Winter zu unterbinden und sie vor Korrosion zu schützen.

Fühlerlehre
Einfaches Messgerät zum genauen Messen einer Spaltbreite (z. B. den Elektrodenabstand einer Zündkerze); besteht aus einem Satz verschieden dicker Stahlblech-»Fühler«.

Gasgemisch
Mischung aus bestimmten Gewichtsanteilen an Luft und Kraftstoff zur Verbrennung im Ottomotor. Das optimale Verhältnis für eine vollständige Verbrennung beträgt 14,7:1.

Gelenkwelle/Antriebswelle
Welle zum Antrieb eines (Vorder- oder Hinter-)Rads vom Differenzial aus. Gelenkwellen an derselben Achse können gleich oder auch verschieden lang sein und ein oder zwei Gelenke besitzen.

Generator (Wechselstromgenerator)
Stromerzeuger, vom Motor über Riemen getrieben. Er liefert bei laufendem Motor den Strom für die elektrische Anlage des Wagens und zum Aufladen der Batterie.

Hauptzylinder (Geberzylinder)
Hydraulikzylinder mit Kolben, gefüllt mit Hydraulikfluid. Das Brems- oder Kupplungspedal wirkt direkt (oder über einen Bremsservo) auf den Kolben und gibt die eingeleitete Kraft über das Fluid an die Nehmerzylinder weiter.

Head-up-Display
Überkopf-Anzeige, spiegelt Armaturenanzeigen in die Windschutzscheibe.

Heizungs-Wärmetauscher
Kleiner »Kühler«, der in den Kühlkreislauf des Motors eingefügt und für die Bereitstellung von Warmluft für die Wagenheizung zuständig ist. Die durch die Rippen strömende Kaltluft erwärmt sich am heißen Kühlwasser des Motors, das durch den Wärmetauscher fließt.

Hilfsrahmen
Kleiner Rahmen aus Stahlprofilen, der unter der Karosserie montiert ist und Radaufhängungen und/oder Antriebsaggregate aufnimmt.

Hochspannungskreis (Zündanlage)
Stromkreis mit hoher Spannung für die Erzeugung des Funkens an der Zündkerze (bis zu 25.000 V).

Hub/Kolbenhub
Weg, den der Kolben eines Verbrennungsmotors im Zylinder vom oberen zum unteren Totpunkt zurücklegt.

Hubraum
Volumen eines Motors, gerechnet zwischen dem unteren und oberen Totpunkt der Kolben.

Hybridantrieb
Kombination von zwei verschiedenen Abtriebsquellen.

Hydraktives Fahrwerk
Hydropneumatik (siehe unten) mit elektronischer Steuerung.

Hydraulik
Bezeichnung für ein mit Drucköl arbeitendes Übertragungssystem.

Hydraulikstößel
Ventilstößel, in dem das Ventilspiel bei allen Betriebszuständen durch Drucköl ausgeglichen wird. Dadurch entfällt die Ventilspiel-Einstellung.

Hydropneumatik
Eine mit Gas und Öl gefüllte Kugel übernimmt die Funktion herkömmlicher Dämpfer. Erstmals von Citroën in den 50er-Jahren bei ID/DS eingesetzt.

Getriebe/Schaltgetriebe
Aus Wellen und veränderlichen Zahnradübersetzungen aufgebautes Aggregat, angeordnet zwischen Kupplung und Achstrieb. Mit Hilfe der im Getriebe wählbaren Übersetzungen kann der Motor trotz veränderlicher Fahrgeschwindigkeiten in seinem günstigsten Arbeitsbereich gehalten werden.

Getriebeeingangswelle
Von der Kupplung (oder dem Drehmomentwandler) ins Getriebe (oder in die Automatik) führende Welle.

Gleichlaufgelenk
Variante des Kardangelenks für Gelenkwellen (Antriebswellen) frontangetriebener Wagen. Dieses Gelenk ermöglicht eine gleichförmige, ruckfreie Kraftübertragung trotz der Überlagerung von Federungs- und Lenkbewegungen.

Gleitlager
Metallische oder sonstige verschleißarme Oberfläche an einem Bauteil, gegen die sich ein anderes Bauteil frei bewegen (normal: rotieren) kann, und die zur Minderung von Reibung und Verschleiß ausgelegt ist. Gleitlager werden gewöhnlich geschmiert.

Gleitmittel gegen Fressen
Schmiermittel, das besonders temperatur- und druckbeanspruchte Bauteile am »Fressen« (Festgehen bei Trockenlauf) hindert.

Glühkerze
Elektrisches Heizgerät, das in die Brennräume der (zumeist aller) Zylinder eines Dieselmotors hineinragt, um ihn beim Kaltstart vorzuwärmen und damit die Rauchentwicklung unmittelbar nach dem Anspringen zu verringern.

GPS
Global Positioning System. Satellitensystem zur Positionsbestimmung, wird von Navigationssystemen benutzt.

Gürtel-/Radialreifen
Reifen, bei dem die Cordfäden in der Karkasse (Grundstruktur des Reifens) im rechten Winkel zur Reifenflanke verlaufen.

Gurtstraffer
Zieht bei einem Aufprallunfall den Gurt fest an den Körper.

Handling
Häufig verwendeter Ausdruck für das Fahrverhalten eines Autos, schließt Kurvenverhalten, Geradeauslauf und die gefühlsmäßige »Handhabung« ein.

Hydropneumatische Federung
Fahrzeugfederung, bei welcher eine Kombination aus Hydraulik und Luftfederung die Stelle der üblichen Stahlfedern (zuweilen auch der Stoßdämpfer) übernimmt.

IDE
Benzindirekteinspritzer der französischen Hersteller(siehe Direkteinspritzung).

Indirekte Einspritzung
Dieselmotoren-Bauart, bei der der Kraftstoff nicht unmittelbar in den Brennraum, sondern in eine benachbarte Wirbelkammer eingespritzt wird.

IPS
Intelligent Protection System (intelligentes Sicherheitssystem); Kombination aller passiven Sicherheitssysteme im Auto.

Isofix
System zur einfachen und sicheren Befestigung von Kindersitzen, bei dem eine starre Verbindung zwischen Sitz und Karosserie hergestellt wird.

Kardangelenk
Flexible, das Drehmoment übertragende Verbindung zwischen zwei Wellen, die ein mehr oder weniger starkes Abknicken der Wellen zueinander erlaubt. Wird in Kardanwellen und manchen Gelenkwellen verwendet, ergibt jedoch keine gleichförmige, ruckfreie Drehbewegung.

Kardanwelle
Welle, die die Kraft vom Schalt-/Automatikgetriebe zur Hinterachse (Motor vorn und Hinterradantrieb) und ggf. vom Verteilergetriebe zur Vorderachse (bei Vierradantrieb) überträgt.

Katalysator
In die Abgasanlage eines Autos eingebautes Gerät, das die in die Atmosphäre austretenden Schadstoffe auf chemischem Wege reduziert, ohne sich selbst zu verändern.

Kerzen
Siehe Zündkerzen.

Keyless Go
Schlüssel oder Chipkarte, tauscht Signale mit dem Auto. Berührt der Fahrer den Türgriff, öffnet sich der Wagen. Starten per Knopfdruck, Schlüssel oder Karte bleibt in der Tasche.

Kick-down (Automatik)
Vorrichtung, die bei vollem Durchtreten des Gaspedals einen kleineren Gang einschaltet und starkes Beschleunigen erlaubt.

Kipphebel
Übertragungsteil im Ventiltrieb, in der Mitte gelagert, setzt die Aufwärtsbewegung des Nockens (bzw. der Stoßstange) in eine Abwärtsbewegung des Ventils um.

Klimaanlage (AC)
Anlage zur Kühlung und Entfeuchtung der in den Fahrgastraum von außen einströmenden Luft. Dient dem Fahrkomfort und der Freihaltung der Scheiben von Beschlag.

Klingeln
Siehe Klopfen/Klingeln.

Klopfen/Klingeln
Metallisches Motorgeräusch, das oft bei zu frühem Zündzeitpunkt, zu niedriger Oktanzahl des Kraftstoffs oder starken Ablagerungen im Brennraum auftritt. Es rührt von Druckwellen her, die die Zylinderwände in Schwingungen versetzen.

Klopfsensor
Signalgeber, der beim ersten Auftreten von Klopfgeräuschen einen Befehl ans Steuergerät im Motor-Managementsystem erteilt.

Kolben
Zylindrisches Bauteil, das sich in einer Bohrung linear bewegt. Beim Motor verdichtet der Kolben ein Kraftstoff-Luft-Gemisch, überträgt lineare Kraft durch den Pleuel auf die rotierende Kurbelwelle und schiebt verbranntes Gas durch Auslassventile aus dem Zylinder.

Kolbenring
Federnder Feingussring, der in einer um den Kolben laufenden Nut liegt und sich im Betrieb derart an die Zylinderwand anschmiegt, dass der Kolben im Zylinder praktisch gasdicht ist.

Kompakt-Van
Großraumlimousine auf Basis der Kompaktklasse.

Kompressor
Mechanischer Lader, bläst Luft in den Ansaugtrakt; wird vom Keilriemen angetrieben.

Kondensator
Zündanlage: Gerät zur Unterdrückung zu starker Funkenbildung an den Zündkontakten; Klimaanlage: Gerät zur Umwandlung des Kühlmittels vom gasförmigen in den flüssigen Zustand.

Kontakte
Siehe Zündkontakte.

Kontermutter/Gegenmutter
Schraubenmutter, mit der eine Einstellmutter oder ein anderes Gewindeteil gegen Lösen gesichert wird.

Kopfdichtung
Siehe Zylinderkopfdichtung.

Kraftstoff
Bezeichnung für die verschiedenen in Verbrennungsmotoren verwendeten Treibstoffe wie Benzin, Diesel, Flüssiggas usw.

Kraftstoff-Druckregler
(Systemdruckregler) Regler in der Einspritzanlage, der für konstanten Kraftstoffdruck an den Einspritzdüsen sorgt. Arbeitet gewöhnlich mit dem Saugrohr-Unterdruck.

Kraftstoffeinspritzung
Siehe Einspritzung.

Kraftstofffilter
Auswechselbarer Filter, der Fremdkörper und Wasser aus dem Kraftstoff abscheidet.

Kraftstoffpumpe/Benzinpumpe
Pumpe, heute meist elektrisch angetrieben, fördert den Kraftstoff vom Tank zur Vergaser- oder Einspritzanlage.

Kraftübertragung
Allgemeine Bezeichnung für die Baugruppen des Antriebsstrangs (Getriebe, Achstrieb, Wellen) mit Ausnahme des Motors.

Kugelgelenk
Wartungsfreies, in mehreren Ebenen bewegliches Übertragungsteil, vor allem in Radaufhängungen und Lenksystemen verwendet. Es besteht aus Kugel und Kugelpfanne sowie einer Gummiabdichtung, die kein Fett austreten lässt.

Kugellager
Reibungsarme Wellenlagerung, besteht aus zwei geharteten Stahlringen und zwischen ihnen abwälzen den Kugeln (»Wälzkörper«).

Kühler
Bauteil des Kühlsystems, durch dessen feine Röhren oder Waben das heiße Kühlmittel fließt. Er ist vorn im Motorraum so angeordnet, dass er vom Fahrtwind durchströmt und dabei das Kühlmittel abgekühlt wird.

Kühlmittel
Mischung aus Wasser und Frostschutzmittel für die Motorkühlung.

Kühlmittel (Klimaanlage)
Flüssigkeit, die beim Betrieb der Klimaanlage wechselweise gasförmig und wieder verflüssigt wird.

Kühlmittelpumpe
Siehe Wasserpumpe.

Kühlmittelsensor
Sensor, der im Motor-Managementsystem Informationen über die momentane Temperatur des Kühlmittels an das Steuergerät gibt.

Kühlventilator
Siehe Ventilator.

Kupplung
Auf Reibung beruhende Einrichtung zur Übertragung und zur weichen Einleitung (Einkuppeln) des Drehmoments vom Motor ins Getriebe, ohne dass hierzu eine der beiden Komponenten zum Stillstand kommen muss.

Kupplungs-Ausrückhebel
Überträgt die Pedalkraft auf das Kupplungs-Ausrücklager.

Kupplungsscheibe
Metallscheibe mit verzahnter Nabe, trägt auf beiden Seiten Reibbeläge; gewöhnlich abgefedert zur weichen Einleitung der Kräfte.

Kurbelgehäuse
Der unterhalb der Zylinder liegende Teil des Motorblocks, in welchem die Kurbelwelle gelagert ist.

Kurbelwelle
Welle mit außermittigen (exzentrischen) Kurbelzapfen, durch die die geradlinige Bewegung der Kolben über die Pleuel in Drehbewegung umgewandelt wird.

Kurbelwellensensor
Sensor, der im Motor-Managementsystem Informationen über die momentane Kurbelwellenstellung (und evtl. -drehzahl) an das Steuergerät gibt.

kW/PS
Siehe PS/kW.

Ladeluftkühler
Kühlt die vom Turbolader komprimierte Luft.

Lader/Kompressor
Luftverdichter, der Frischluft unter Druck zu den Einlassventilen des Motors fördert, um einen höheren Zylinderfüllungsgrad und damit erhöhte Leistung zu erzielen. Laderantrieb erfolgt entweder mechanisch von der Kurbelwelle oder beim Abgasturbolader über den Abgasdruck und eine Turbine.

Lambda-Regelung (geregelter Katalysator)
Geschlossener Regelkreis mit Lambda-Sonde und Katalysator zur optimalen Abgasentgiftung. Die von der Lambda-Sonde ans Steuergerät geleiteten Signale sorgen in der Einspritzanlage für eine genaue Kraftstoffzumessung, um die bestmögliche Funktion des Katalysators zu erzielen.

Lambdasonde
Gerät in der Abgasleitung eines Ottomotors mit geschlossenem Regelkreis (Lambda-Regelung), das den Sauerstoffgehalt der Abgase überwacht. Die von der Lambdasonde ans Steuergerät geleiteten Signale sorgen in der Einspritzanlage für eine genaue Kraftstoffzumessung, um die bestmögliche Funktion des Katalysators zu erzielen.

Längslenker
Parallel zur Fahrtrichtung auf und ab schwenkender Tragarm, an dessen Ende das Rad montiert ist. Seine Schwenkachse liegt im rechten Winkel zur Fahrzeuglängsachse.

LCD-Display/Info-Display
Der bedarfsorientierte Aufbau des Info-Displays erlaubt sowohl das Reduzieren fester Anzeigen auf den gesetzlichen Minimalumfang, als auch eine umfangreiche Informationsauswahl. Möglich wird diese Vielfalt durch die Koppelung von mechanischen Zeigern mit LCD-Displays. Ob Navigationshinweise oder Tempomat-Einstellungen – der Fahrer hat alles stets im Blick. Über das Info-Display kann er z. B. den Stufentempomat ab ca. 30 km/h aktivieren. Dieser kann bis zu sechs Wunschgeschwindigkeiten speichern und bei Bedarf aufrufen. Über die Navigationshinweise werden die Routenführung zu einem gewünschten Zielpunkt und aktuelle Staumeldungen angezeigt. Weiterhin befinden sich insgesamt 14 Kontroll- und Warnleuchten im LCD-Display. Die Palette reicht von Klassikern wie »Bitte angurten« über Fahrassistenten wie die Dynamische Stabilitäts Control (DSC) bis hin zur Parkbremse mit Automatic-Hold-Funktion.

LED-Technologie
Die LED (Light Emitting Diode) ist ein Licht-emittierender Halbleiter, der eine wesentlich längere Lebensdauer und einen geringeren Stromverbrauch gegenüber konventionellen Glühlampen aufweist. Die Vorzüge der LED-Technologie liegen in ihrem niedrigeren Energieverbrauch, kürzeren Ansprechzeiten, geringerem Raumbedarf sowie einer höheren Lebensdauer (Fahr-

zeuglebensdauer). Die hohe Betriebssicherheit und Lebensdauer von LEDs erhöhen die Sicherheit durch die verringerte Ausfallwahrscheinlichkeit von Rückleuchten und Bremslichtern.

Leerlaufdrehzahl
Drehzahl des Motors bei geschlossener Drosselklappe.

Leerweg/Spiel
Freie Beweglichkeit eines Bauteils (z. B. eines Pedals), ehe eine Wirkung oder Funktion einsetzt.

Lenkgetriebe
Siehe Zahnstangenlenkung.

Lenkung
Oberbegriff für die Bauteile der Lenkanlage. Das eigentliche Lenkgetriebe ist heute in der Regel eine Zahnstangenlenkung.

LHM-Fluid (Citroën)
Spezielle Hydraulikflüssigkeit auf Mineralölbasis für die Hydraulik bestimmter Citroën-Modelle.

LongLife-Öl
Je nach Motor- und Modellvariante sind Intervalle für Service oder Ölwechsel von bis zu 30.000 Kilometern oder maximal zwei Jahren bei Benzinmotoren und bis zu 50.000 Kilometern oder maximal zwei Jahren bei bestimmten Dieselmotoren möglich.

Lufteinblasung
Maßnahme zur Schadstoffreduktion mit Katalysator. In den Auspuffkrümmer wird Frischluft eingeblasen, um die Abgastemperatur zu erhöhen. Dies hilft dem Kat, seine Betriebstemperatur rascher zu erreichen.

Luftfilter
Ein auswechselbarer Einsatz aus Papier oder Schaumstoff in einem Gehäuse. Der Filter hält Fremdkörper aus der zum Motor strömenden Luft zurück.

Luftmengenmesser
Messvorrichtung, die im Motor-Managementsystem die durchfließende Luftmenge zu den Zylindern misst und diese Information an das Steuergerät weitergibt.

Mageres Gemisch
Ausdruck für ein Kraftstoff-Luft-Gemisch mit geringerem als dem optimalen Kraftstoffanteil.

Massekabel
Flexibles Kabel, das den Minuspol der Batterie mit der Karosserie bzw. die Karosserie mit dem Motor/Getriebe-Aggregat verbindet. Die Metallteile dienen der elektrischen Anlage als Rückleitung.

McPherson-Federbein
Einzelradfederung. Kombinierte Einheit aus Schraubenfeder und Stoßdämpfer, bildet bei Einbau an der Vorderachse gleichzeitig die Lenkdrehachse der Vorderräder.

Mehrventiler
Motor mit mehr als zwei Ventilen pro Zylinder, nämlich zumeist vier (2 Einlass-, 2 Auslassventile), seltener drei (2 Einlass-, 1 Auslassventil).

Membrane
Scheibe aus flexiblem, luftundurchlässigem Werkstoff, z. B. im Bremsservo verwendet, wo die Membrane vom Unterdruck gesteuert wird.

Minivan
Auf Kleinwagen basierender Van (siehe Van).

Motor-Managementsystem
Anlage in modernen Fahrzeugen, die mit Hilfe eines elektronischen Steuergeräts die Motorfunktionen (Zündung, Einspritzung, Abgasemission) regelt und überwacht.

Motornachlauf
Neigung eines Motors zum Weiterlaufen nach dem Ausschalten der Zündung. Zumeist verursacht durch zu geringe Oktanzahl des Benzins, zu frühe Zündeinstellung, starke Ablagerungen im Brennraum oder schlechte Wartung des Motors.

Motronic
Motorsteuerung von Bosch, bei der Zünd- und Einspritzsystem von einem Steuergerät realisiert werden.

MP3
Mit »MP3« werden komprimierte digitale Audiodaten bezeichnet. Das MP3-Format ist ein weit verbreiteter Standard zur Komprimierung digitaler Audiodateien. Bei gleicher Klangqualität belegen MP3-Dateien in etwa nur ein Zehntel des Speicherplatzes einer Audio-CD. »MP3« steht für MPEG 1 Audio Layer 3. MPEG ist ein von der »Motion Picture Experts Group« entwickel-

tes Verfahren zur Komprimierung digitaler Video- und Audiodaten. Um MP3-Daten wiedergeben zu können, wird ein MP3-fähiges Wiedergabegerät benötigt.

MPV
Multi Purpose Vehicle (Mehrzweckfahrzeug), anderer Ausdruck für Van (siehe Van).

Multi-Point-Einspritzung
Einspritzanlage bei Ottomotoren mit je einer Einspritzdüse pro Zylinder.

Nachlauf
Strecke, die das Rad seinem Aufhängungspunkt hinterherläuft. Einkaufwagenprinzip zur Radberuhigung in Richtung des Geradeauslaufs.

Nachschleifen (Kurbelwelle)
Verfahren zum Nacharbeiten der Lagerzapfen der Kurbelwelle bei starkem Verschleiß. Die um ein geringes Maß verkleinerten Zapfen werden mit Lagerschalen mit entsprechend kleinerem Durchmesser montiert. Nur nach langer Laufzeit erforderlich.

Navigationssystem
Elektronisches Gerät, das zur geographischen Positionsbestimmung dient und gegebenenfalls bei der Erreichung eines gewünschten Zieles behilflich ist. Das System besteht aus den wesentlichen Elementen: GPS-Antenne, Navigationsrechner und Display. Mit Hilfe der Antenne für das Global Positioning System (GPS) peilt das Navigationssystem Satelliten an, die sich in einer geostationären Umlaufbahn um die Erde befinden. Diese Peilung ermöglicht es, den exakten Standort des Fahrzeuges auf der Erdoberfläche auf wenige Meter genau zu bestimmen.

NCAP
New Car Assessment Program (Neuwagen-Sicherheitsprogramm); Crashtest-Definition für Europa.

NEFZ
Neuer europäischer Fahrzyklus; Messverfahren zur Ermittlung von Durchschnittsverbrauch und Abgasverfahren.

Nehmerzylinder (Radbremszylinder)
Hydraulikzylinder mit Kolben unmittelbar an der Radbremse, gefüllt mit Hydraulikfluid. Er erhält den hydraulischen Druck über Rohrleitungen vom Hauptbremszylinder. Seine Kolbenbewegung wirkt auf die Bremsbacken bzw. Bremsbeläge.

NOx (Stickoxide)
Einer der Schadstoffe in den Abgasen von Otto- und Dieselmotoren.

Nocken
Exzentrische Erhebungen an der Nockenwelle zur Betätigung der Ventile.

Nockenwelle
Umlaufende, von der Kurbelwelle angetriebene Welle mit Nocken. Sie betätigt die Ein- und Auslassventile über diverse Zwischenglieder.

Nockenwellen-Antriebsriemen/Zahnriemen
(Alternative zur Steuerkette) Verstärkter, verzahnter Flachriemen aus Gummi-Gewebe-Material, der über Riemenscheiben mit flachen Zähnen die Nockenwelle(n) von der Kurbelwelle aus antreibt.

Nockenwellensensor
Sensor, der im Motor-Managementsystem Informationen über die momentane Stellung der Nockenwelle(n) ans Steuergerät gibt.

Oberer Totpunkt (OT)
Höchste Position in der Kolbenbewegung. Im OT bleibt der Kolben für Sekundenbruchteile stehen, ehe er abwärts geht.

OHC
(Overhead Camshaft) Obenliegende Nockenwelle(n). Bezeichnet die Motorbauart, bei welcher die Nockenwelle(n) über den Zylindern im Kopf angeordnet ist/sind (angetrieben über Zahnriemen, Kette oder Zahnräder). Infolge der direkteren Betätigung der Ventile für Motoren höherer Leistung vorteilhaft.

OHV
(Overhead Valves) Stoßstangenmotor. Die Ventile sind im Zylinderkopf, werden jedoch von einer unten im Gehäuse liegenden Nockenwelle über Stoßstangen betätigt.

Oktanzahl
Vergleichszahl, die die Klopffestigkeit eines Otto-Kraftstoffs angibt (siehe Klopfen/Klingeln).

Ölfilter
Auswechselbarer Filter, der Fremdkörper und Kondenswasser aus dem Motorenöl abscheidet.

Ölkühler
Kleiner Kühler, der mit Hilfe des Fahrtwinds hauptsächlich bei Diesel- und Hochleistungsmotoren das Motorenöl zusätzlich kühlen soll.

Ölpeilstab
Metall- oder Kunststoffstab mit mehreren Markierungen zum Prüfen des Ölstands.

Ölsumpf/Ölwanne
Auffangschale und Reservoir unter dem Kurbelgehäuse für das im Motor umlaufende Öl.

O-Ring
Gummi-Dichtring mit kreisrundem Querschnitt. Wird oft zur Abdichtung zylindrischer Flächen in eine Nut eingesetzt.

Oxidations-Katalysator
Die Abgase von Dieselmotoren können, da sie mit Luftüberschuss arbeiten, mit dem Dreiwege-Katalysator nicht nachbehandelt werden. Der Einsatz einer Lambdaregelung ist hier technisch ausgeschlossen. Es kommt zur Reduzierung von Kohlenwasserstoff (HC) und Kohlenmonoxid (CO) in Kohlendioxid (CO2) der Oxidationskatalysator zur Anwendung. Er eignet sich jedoch nicht zum Abbau von Stickoxiden.

Pleuel
Bauteil im Motor, das den Kolben (auf- und abgehend) mit der Kurbelwelle (rotierend) verbindet.

Pleuellager
Unteres Gleitlager des Pleuels, das dessen Bewegung auf den zugehörigen Zapfen der Kurbelwelle überträgt.

PME/Pflanzen-Methyl-Ester
Pflanzen-Methyl-Ester, oder auch Biodiesel, wird aus nachwachsenden Rohstoffen (Pflanzen) gewonnen. In Deutschland wird häufig Raps zur Gewinnung von Biodiesel genutzt. Daher hat sich auch die Bezeichnungen Raps-Methyl-Ester (RME) durchgesetzt. Aus ökologischer Sicht stellt PME eine sinnvolle Alternative zu herkömmlichem Dieselkraftstoff dar, da man sich in einem geschlossenen CO2-Kreislauf bewegt. Das bedeutet, dass die Pflanze während ihres Wachstums so viel an CO2 aufnimmt, wie nachher bei der Verbrennung wieder abgegeben wird. Da sich Biodiesel jedoch in seiner Zusammensetzung von herkömmlichem Dieselkraftstoff unterscheidet, kann er nicht uneingeschränkt als direkter Ersatz für Diesel genommen werden. Größtes Problem ist derzeit, dass es keine einheitliche Norm für die Qualität und Zusammensetzung von Biodiesel gibt. Daher gibt es auch keine bedingungslose Freigabe für die Verwendung von Biodiesel in Volkswagen-Fahrzeugen.

PS/kW (Leistung)
Ausdruck für die pro Zeiteinheit von einem Motor (Verbrennungs-, Elektromotor) aufgebrachte Arbeit. Die jahrzehntelang nur in PS (Pferdestärken) angegebene Leistung misst man heute in kW (Kilowatt; 1 kW entspricht 1,36 PS).

Querstabilisator
Federstahl-Drehstab, an Vorderachse und/oder Hinterachse montiert, um die Neigung der Karosserie zum »Rollen« (Wankbewegungen um die Fahrzeug-Längsachse) zu reduzieren. Wird nicht in jedem Auto verwendet.

Radbremszylinder
Siehe Nehmerzylinder.

Rad(muttern)schlüssel
Werkzeug, mit dem die Radschrauben oder -muttern eines Autos gelöst oder festgezogen werden.

Radträger
Teil der Vorder- oder Hinterradaufhängung, in dem die Radlagerung und der feste Teil der Bremsanlage untergebracht sind.

RDS/Radio Data System
RDS steht für Radio Data System und ist ein Service der Rundfunkanstalten. Neben dem hörbaren Sendeprogramm werden Zusatzinformationen in Form verschlüsselter Digitalsignale ausgesendet. Durch die Übermittlung des Sendernamens (Programm Service) wird nicht die Sendefrequenz, sondern der Name des jeweiligen Senders im Radio angezeigt. Die Angabe von alternativen Frequenzen ermöglicht den Empfang der am besten zu empfangenden Frequenz des gehörten Programms.

Regensensor/Lichtsensor
Der Regensensor sorgt für mehr Fahrkomfort und -sicherheit. Mittels optischer Messung erkennt er automatisch die Regenstärke. Einmal eingeschaltet, aktiviert der Regensensor automatisch die Scheibenwischer und regelt selbsttätig die Wischfrequenz. Mit der integrierten Fahrtlichtautomatik wird das Fahren noch sicherer und praktischer. Über zwei Lichtsensoren in der Frontscheibe werden die Lichtverhältnisse, etwa Dämmerung, Dunkelheit oder Tunnelfahrten, erkannt und das Abblendlicht wird selbsttätig eingeschaltet.

Reihenmotor
Verbrennungsmotor, bei welchem alle Zylinder in einer Reihe angeordnet sind.

Ritzel
Bezeichnung für ein Zahnrad mit kleiner Zähnezahl, das in eines mit größerer Zähnezahl oder in eine Zahnstange eingreift.

Rußpartikelfilter
Mit dem Diesel-Partikelfilter werden Rußpartikel zu mehr als 95 Prozent aus dem Abgas entfernt. Der Grenzwert für die EU4-Norm wird dabei deutlich unterschritten.

Sattel
Siehe Bremssattel.

Saugrohr/Ansaugrohr
Bauteil des Motors, in dem je nach Art der Gemischaufbereitung reine Luft oder Kraftstoff-Luft-Gemisch zu den Einlassventilen befördert wird.

Saugrohrdrucksensor
Gerät, das den Innendruck im Saugrohr eines Ottomotors misst und Signale an das Steuergerät im Motor-Management gibt.

Schaltsaugrohr
In der Länge variabler Ansaugtrakt.

Scheibenwaschmittel
Wasser mit handelsüblichen Zusätzen (Frostschutz- und Reinigungsmittel) zum Befüllen der Scheibenwaschanlage.

Schräglenker
Auf und ab schwenkender Tragarm, an dessen Ende eines der Hinterräder montiert ist. Seine Schwenkachse liegt nicht im rechten Winkel zur Fahrzeuglängsachse.

Schrägverzahnte Räder
Zahnradpaar, dessen Verzahnung unter einem Winkel zur Radachse steht. Sorgt für günstigeren Zahneingriff und ruhigeren Lauf.

Schraubenfeder
Für Personenwagen-Federungen heute meistverwendete, gewindeförmige Stahlfeder.

Schwimmsattelbremse
Am Radträger seitlich verschiebbar montierter Bremssattel der Scheibenbremse. Der Schwimmsattel besitzt (im Gegensatz zum Festsattel) nur auf einer Seite einen (oder mehrere) Hydraulikkolben.

Schwungrad
Schwere metallene Scheibe am Abtriebsende der Kurbelwelle. Soll die von den Kolbenkräften herrührende Ungleichförmigkeit der Kurbelwellen-Drehbewegung teilweise ausgleichen.

Selbstbeteiligung
Der vom Versicherten selbst zu übernehmende Kostenanteil im Schadensfall.

Sequenzielles Manuelles Getriebe
Das Sequenzielle Manuelle Getriebe (SMG) basiert auf dem bewährten Schaltgetriebe. Die Gangreihenfolge verläuft immer sequenziell (nacheinander) und nicht wie bei konventionellen Schaltungen durch die direkte Ganganwahl.

Service-Heft
Nachweis (wichtig beim Wiederverkauf), dass das Fahrzeug von Anbeginn und lückenlos in Fachwerkstätten gewartet wurde.

Servolenkung
System, das hydraulische Hilfskraft (Servokraft) zur Verfügung stellt, sobald der Fahrer am Lenkrad dreht.

Servo-Unterstützung
Anlage, die mit Hilfskräften (Hydraulik, Pneumatik) die vom Fahrer aufgewendete Kraft (am Lenkrad, am Pedal usw.) unterstützt.

Sicherungsblech
Blechscheibe mit einer oder mehreren Laschen, mit denen eine Mutter oder ein Schraubenkopf gegen Lösen gesichert wird.

Sidebag
Seitenairbag (in der Tür oder im Sitz untergebracht).

Single-Point-Einspritzung
Einspritzanlage mit nur einer Einspritzdüse für alle Zylinder.

SLS
Self Leveling Suspension (automatische Fahrwerk-Höhenverstellung).

SOHC
(Single Overhead Camshaft) Bezeichnung für einen Motor mit nur einer obenliegenden Nockenwelle, die Ein- und Auslassventile betätigt.

Spannungsregler
Elektrischer Regler, der die Spannung des Generators konstant hält.

Speedster
Sportliches Cabrio mit extrem flacher Frontscheibe.

Sprengring
Ringförmige Sicherung in einer Bohrung oder auf einer Welle, eingelassen in eine Innen- oder Außennut. Der Ring stoppt die ungewollte axiale Bewegung von Bauteilen.

Spurstange
Teil des Lenkgestänges, das die Lenkbewegungen vom Lenkgetriebe zum Vorderradträger überträgt.

SRS
Supplemental Restraint System (Rückhaltesystem); Abkürzung für das Airbag-System.

Starrachse
Aufhängung der Hinterräder an einem starren, sie verbindenden Achskörper. Federbewegung des einen Rades wirkt sich direkt auf das andere aus.

Starthilfekabel
Siehe Überbrückungskabel.

Steuerkette
Metallgliederkette, die über Kettenräder die Nockenwelle(n) von der Kurbelwelle aus antreibt.

STC
Stability Traction Control (stabile Traktionskontrolle); anderer Ausdruck für ASR (siehe oben).

Stoß-/Schwingungsdämpfer
Bauteil der Radaufhängung, welches das Auf- und Abschwingen der Federung eines Wagens beim Überfahren schlechter Wegstrecken absorbiert.

Stößel
Siehe Ventilstößel, Tassenstößel.

Sturz, Radsturz
Der Winkel, unter dem sich die Räder von der Senkrechten nach außen neigen. Negativer Sturz bedeutet, dass die Räder nach innen gekippt sind.

SUV
Sport Utility Vehicle (sportliches Nutzfahrzeug).

Synchronisierung
Vorrichtung im Schaltgetriebe. Sie gleicht zum Schalten eines Ganges die Drehzahlen der beiden in Eingriff zu bringenden Teile einander an, um geräuschloses Schalten zu ermöglichen.

Tagfahrlicht
50 Prozent aller Unfälle an Kreuzungen tagsüber werden durch das nicht rechtzeitige Erkennen anderer Verkehrsteilnehmer verursacht. Als Abhilfe gilt unter Experten das Einschalten des Abblendlichtes am Tag oder der Einsatz von zusätzlichen Tagfahrlichtern.

Tassenstößel
Topfförmiges Zwischenglied, geführt in einer zylindrischen Bohrung, das zwischen den Ventilen des Motors und der (obenliegenden) Nockenwelle eingebaut ist (zuweilen mit einer spielausgleichenden Hydraulik versehen).

Telematik
Verbindung aus Telekommunikation, Informatik und Satelliten-Ortung zur Verkehrsleitung.

Thermostat
Temperaturabhängige Regelanlage im Kühlkreislauf, die das Erwärmen des Kühlmittels beschleunigt, indem sie ihm erst ab einer bestimmten Temperatur den Weg zum Kühler freigibt.

Tire Mobility Set
Reifenreparaturset, mit dem leichte Reifenleckagen behoben werden können. Das Set enthält Dichtmittel und einen Luftkompressor (12 Volt) zum Befüllen des Reifens.

Totpunktmarke/Einstellmarke
Kerben oder Markierungen an der vorderen Riemenscheibe der Kurbelwelle oder am Schwungrad und an den Antriebsteilen der Nockenwelle(n); sie dienen zum exakten Einstellen des Zünd- bzw. Einspritzzeitpunkts eines bestimmten Zylinders.

Transaxle
Kombination von Getriebe und Achstrieb in einem Gehäuse.

Turbolader/Abgasturbolader
Lader (s. d.), dessen Antrieb über den Druck der Abgase des Motors erfolgt, die auf eine Turbine wirken. Der Lader fördert zusätzliche Luft in die Zylinder und erreicht damit einen höheren Füllungsgrad und höhere Leistung.

Überbrückungs-/Starthilfekabel
Kabelsatz (1 rotes, 1 schwarzes) mit großem Querschnitt und kräftigen Klemmen an den Enden. Bei leerer Batterie kann mit Hilfe der Kabel und einer vollen »Spenderbatterie« der Motor angelassen werden.

Ungeregelter Katalysator
»Offenes« System, das die Schadstoffe im Abgas mit Hilfe eines von der Gemischbildung unabhängig arbeitenden (ungeregelten) Katalysators nur teilweise reduzieren kann.

Unterdruckpumpe
Dieselmotor: Der für die Servobremse erforderliche Unterdruck wird hier von einer vom Motor angetriebenen Pumpe geliefert (siehe auch Bremsservo).

Unterer Totpunkt (UT)
Tiefste Position in der Kolbenbewegung. Im UT bleibt der Kolben für Sekundenbruchteile stehen, ehe er aufwärts geht.

Unverbleites Benzin (Bleifrei)
Benzin, das außer dem im Rohöl enthaltenen Bleianteil bei der Herstellung nicht zusätzlich verbleit wird, damit keine Schädigung des Katalysators hervorgerufen wird.

Van
Großraumlimousine.

Variomatic
Einfaches CVT-Getriebe (siehe oben) von DAF, erstmals 1958 im DAF 33 eingesetzt.

VDC
Vehicle Dynamics Control (fahrzeugdynamische Kontrolle); Fahrdynamik-Regelung für allradgetriebene Autos.

Ventil
Allgemein eine Vorrichtung, die geöffnet und geschlossen werden kann, um den Durchfluss von Gasen oder Flüssigkeiten zu ermöglichen bzw. zu stoppen.

Ventilator
Heute meist elektrisch, früher vom Motor angetriebener, vorn im Motorraum hinter dem Kühler angeordneter Lüfter (Ventilatorflügel). Soll die Kühlung unterstützen.

Ventilatorriemen
Keilriemen, der bei mechanischem Antrieb des Ventilators von der Kurbelwelle aus verwendet wird.

Ventileinstellung
Siehe Ventilspiel.

Ventilspiel
Gesamter Leerweg zwischen dem Ende des Ventilschafts und dem Nocken der Nockenwelle. Das Spiel ist erforderlich, um das völlige Schließen des Ventils trotz Wärmedehnung der Bauteile zu gewährleisten. Es wird entweder an einer Stellschraube manuell eingestellt oder von einem Hydraulikstößel (s .d.) automatisch ausgeglichen.

Ventilsteuerung
Oberbegriff für die Bauteile, die das Öffnen und Schließen der Ein- und Auslasskanäle des Motors bewirken: Nockenwelle(n), Stößel, Stoßstangen, Kipphebel, Ventile usw.

Ventilstößel
Bauteil im Motor, das die Drehbewegung der Nockenwelle in die Auf- und Abbewegung der Ventile umwandelt. Siehe auch Tassenstößel.

Verbleites Benzin (Bleibenzin)
Benzin, das außer dem im Rohöl enthaltenen Bleianteil bei der Herstellung zusätzlich verbleit wird. Nicht für Katalysatorbetrieb geeignet, da Blei dem Kat schadet.

Verbundglas
Sicherheitsglas für Autoscheiben. Besteht aus zwei dünnen Schichten aus gehärtetem Glas mit einer dünnen Schicht aus Spezial-Kunststoff dazwischen. Bei einem Aufprall zerbröselt das Glas nicht, und die Sicht bleibt weitgehend erhalten.

Verdichtung (-sverhältnis)
Gibt an, auf welches Volumen die Zylinderfüllung zwischen dem unteren und dem oberen Totpunkt des Kolbens verdichtet wird (Volumen eines Zylinders plus Brennraumvolumen im Verhältnis zum Brennraumvolumen allein, z. B. 10:1).

Vergaser
Vorrichtung, mit der (bei älteren Autos) das Kraftstoff-Luft-Gemisch in dem zur Verbrennung nötigen Verhältnis gebildet wird. Heute meist durch ein Einspritzsystem ersetzt.

Verteilerfinger (-läufer)
Im Zündverteiler umlaufendes Teil, dessen Elektrode über weitere Elektroden in der Verteilerkappe den Zündstrom an die Kerzen befördert.

Verteilerkappe
Kunststoffkappe, die auf den Verteiler aufgesetzt wird und von welcher die Zündkabel (Hochspannungskabel) zu den Kerzen führen.

4 WD
Allradantrieb.

Viertaktmotor
Bezeichnet einen Otto- oder Dieselmotor, der nach dem Viertaktverfahren arbeitet, d. h. für jeden vollständigen Arbeitszyklus zwei Auf- und zwei Abwärtshübe des Kolbens benötigt.

Vierventiler/16-Ventiler
Bezeichnung für einen Verbrennungsmotor mit zwei Einlass- und zwei Auslassventilen pro Zylinder. Der Ausdruck 16-Ventiler wird für den weit verbreiteten Vierzylindermotor mit je vier Ventilen pro Zylinder verwendet.

V-Motor
Motorbauweise, bei welcher die Zylinder in zwei Reihen angeordnet sind, die von vorn oder hinten gesehen ein »V« bilden. Zum Beispiel hat ein V8-Motor zwei Reihen zu vier Zylindern.

Vorderachseinstellung
Prüfung und Berichtigung gemäß der werkseitig vorgeschriebenen Einstellung von Vorspur, Sturz und Nachlauf. Einstellbar sind an den meisten Autos nur die Vorspurwerte. Fehlerhafte Einstellung kann hohen Reifenverschleiß und schlechtes »Handling« zur Folge haben.

Vorspur/Nachspur
Der Winkel oder der Betrag, um den die Stellung der Vorderräder bei Geradeausfahrt von einer Geraden parallel zur Fahrzeuglängsachse abweicht. Vorspur bedeutet, dass die Räder vorn leicht einwärts gerichtet sind.

VSA
Vehicle Stability Assistent (Fahrzeug-Stabilitätshelfer); entspricht ESP (siehe ESP).

VTC
Variable Timing Camshaft (variable Nockensteuerung), steuert Öffnungszeiten der Einlassventile.

VTG
Variable Turbine (variable Turbolader-Geometrie).

Wankel-/Drehkolben-/Kreiskolbenmotor
Verbrennungsmotor, der im Wesentlichen nur rotierende Teile besitzt. Der Kolben (Rotor) ist etwa dreiecksförmig und rotiert in einem Gehäuse mit spezieller, lang ovaler Innenform (Epitrochoide). Nur sehr wenige Automodelle sind mit einem solchen Motor ausgerüstet.

Wasserpumpe/Kühlmittelpumpe
Vom Motor angetriebene Flügelpumpe, die das Kühlmittel durch alle Teile des Kühlkreislaufs pumpt.

Wertminderung
Mit dem Altern eines Autos (gefahrene Kilometer, Unfallschäden usw.) verbundene Minderung des möglichen Wiederverkaufserlöses.

Windowbag
Airbag vor dem Seitenfenster.

Xenonlicht
Modernes Autolicht ohne Glühdraht. In der Glühlampe befindet sich unter anderem das Edelgas Xenon. Bringt mehr als die doppelte Lichtleistung gegenüber Halogenlicht.

Zahnriemen
Siehe Nockenwellen-Antriebsriemen.

Zahnstangenlenkung
Heute weit verbreitete Ausführung des Lenkgetriebes, bestehend aus einem Ritzel und einer Zahnstange, welche die Räder über Spurstangen einschlägt.

Zündanlage
Elektrisches System, das beim Ottomotor für das Zünden des Gasgemisches im Zylinder verantwortlich ist.

Zündfolge
Reihenfolge, in der die Zylinder eines Motors gezündet werden.

Zündkabel
Besonders stark isolierte Kabel für die Übertragung des hochgespannten Stroms vom Zündverteiler zu den Kerzen.

Zündkerze
Bauteil des Ottomotors. Die Kerze ragt mit zwei Elektroden in den Brennraum hinein, zwischen denen zum Zünden des Kraftstoff-Luft-Gemisches ein Funken erzeugt wird.

Zündkontakte
In der Zündanlage älterer Autos dient ein Kontaktpaar zum Unterbrechen des Niederspannungsstroms und erzeugt dadurch in der Zündspule eine Hochspannung, die an der Kerze Zündfunken überspringen lässt.

Zündspule
Elektrisches Bauteil, das beim Ottomotor die eingeleitete Batteriespannung in Hochspannung (12 Volt) für den Zündfunken umsetzt.

Zündverteiler
Bauteil der Zündanlage, zuständig für die Verteilung der Hochspannungsenergie an die einzelnen Zündkerzen des Motors.

Zündzeitpunkt
Die kurz vor dem Erreichen des oberen Totpunkts (OT) liegende Stellung des Kolbens, in welcher der Zündfunken überspringt.

Zylinder
Hohlraum, in welchem der Kolben eines Motors auf und ab geht. Die Zylinder können entweder direkt in den Motorblock gebohrt sein, oder es werden Laufbüchsen in den Block eingesetzt.

Zylinderblock/Motorblock
Haupt-Bauteil (Gussteil) eines Motors, der im oberen Teil zumeist die Zylinder und im unteren die Lagerung der Kurbelwelle (Kurbelgehäuse) umfasst.

Zylinderbohrung
Innendurchmesser eines Motorzylinders.

Zylinderkopf
Gussteil unmittelbar über dem Motorblock, in dem normalerweise die Brennräume und die Ein-/Auslaskanäle sowie der Ventiltrieb untergebracht sind. Der Zylinderkopf ist mit dem Block verschraubt.

Zylinderkopfdichtung/Kopfdichtung
Dichtung, die zwischen Zylinderblock und Zylinderkopf liegt und für Abdichtung unter hohem Arbeitsdruck sorgt.

Zylinder-Laufbüchsen
Metallhülsen, die in entsprechende Bohrungen im Zylinderblock eingeschoben werden und in denen die Kolben auf und ab gehen. Wenn verschlissen, können Laufbüchsen und Kolben miteinander ausgetauscht werden.

Zeitfracht Medien GmbH
Ferdinand-Jühlke-Straße 7
99095 Erfurt, Deutschland
produktsicherheit@kolibri360.de

Druck:
CPI Druckdienstleistungen GmbH
im Auftrag der
Zeitfracht Medien GmbH
Ein Unternehmen der Zeitfracht - Gruppe
Ferdinand-Jühlke-Str. 7
99095 Erfurt